纺织服装“十三五”部委级规划教材

女装结构设计

第二版

柴丽芳 李彩云 编著

東華大學出版社 · 上海

图书在版编目(CIP)数据

女装结构设计/柴丽芳,李彩云编著. —2 版. —上海：东华大学出版社，2020.3

ISBN 978-7-5669-1700-3

Ⅰ. ①女… Ⅱ. ①柴… ②李… Ⅲ. ①女服—结构设计 Ⅳ. ①TS941.717

中国版本图书馆 CIP 数据核字(2019)第 292384 号

女装结构设计(第二版)

Nüzhuang Jiegou Sheji

编著/ 柴丽芳　李彩云

责任编辑/ 谢未

封面设计/ 王丽

出版/ 東華大學出版社

上海市延安西路 1882 号

邮政编码：200051

出版社网址/http://dhupress.dhu.edu.cn

天猫旗舰店/http://dhdx.tmall.com

印刷/ 苏州望电印刷有限公司

开本/ 889mm×1194mm　1/16

印张/ 19.25　　字数/ 678 千字

版次/ 2020 年 3 月第 1 版

印次/ 2020 年 3 月第 1 次印刷

书号/ ISBN 978-7-5669-1700-3

定价/ 49.00 元

前　　言

女装结构设计是服装设计与工程、服装与服饰设计专业的核心课程之一，一直是企业与大专院校研究讨论的热点。目前出版的同类书籍各有长处，均对女装结构设计的系统方法进行了介绍和总结，实例丰富，有很好的参考性。

本书的优点在于：

(1)条理清晰，重点突出，偏重实用。与其他教材相比，本书主要分析女装结构设计的实际操作技巧和方法，较少阐述精深的理论。

(2)视角偏向结构设计，而非纸样制图。结构设计与纸样的区别在于有无“设计”的主动性，只有掌握结构的原理，才能在服装设计与打板时灵活运用，真正做到“结构设计”。本书主要从结构变化原理与规律出发，使学生理清服装结构变化的脉络，从而能深刻理解、系统掌握这门知识。

(3)图片与讲解细致。很多教材的实例是纸样的最后完成图，初学的学生不容易看懂。本书的图片包含了较多制图的中间过程，步骤详细，对学生容易出错的地方有详细的讲解。

(4)与传统款式相比，本书内容包含服装结构设计手法和理念上出现的一些新的变化。如弹性面料的广泛使用、消费者对款式创新的要求，都使现在的服装呈现出结构更加大胆和新颖、手法更加创新等特点。本书搜集了一些热销服装的款式图，尝试分析其结构，引导学生建立在创新的款式面前科学分析、积极思考的系统性思维习惯。

服装结构设计是一项繁琐的工作，在结构处理、制图和描图的过程中，难免出现疏忽和错漏，敬请读者批评指正，以期共同进步。

广东工业大学
柴丽芳

目　录

第一章　绪论 …… 1

第一节　结构设计的定义与意义 …… 1

第二节　服装结构设计的内容 …… 3

第三节　结构设计在服装设计生产中的地位 …… 6

第二章　人体与号型标准 …… 10

第一节　人体体型分析 …… 10

第二节　人体测量 …… 17

第三节　我国号型规格标准 …… 18

第四节　国外号型规格与制图尺寸 …… 24

第三章　女装基本纸样与结构分析 …… 26

第一节　女装结构设计的方法 …… 26

第二节　基本纸样的构成方法 …… 28

第三节　纸样制图工具 …… 30

第四节　制图符号 …… 33

第五节　基本纸样的绘图方法 …… 36

第六节　基本纸样结构分析 …… 42

第四章　省的结构设计与变化技巧 …… 45

第一节　省的概念 …… 45

第二节　省转移的基本方法 …… 48

第三节　腋下省的转移 …… 51

第四节　肩胛省的转移 …… 55

第五节　腰省(胸腰省和背省)的转移 …… 59

第六节　折线省与曲线省 …… 64

第七节　单个省转为多个省 …… 67

第五章　分割线结构设计与变化技巧 …… 71

第一节　分割线结构分析 …… 71

第二节　装饰分割线 …… 72

第三节　结构分割线 …………………………………………………… 74
第四节　装饰分割线与省的综合设计 ………………………………… 80
第五节　背部分割线结构 ……………………………………………… 83

第六章　褶裥结构设计与变化技巧 ………………………………… 86

第一节　合体结构的褶裥……………………………………………… 86
第二节　加褶……………………………………………………………… 88

第七章　领子结构设计与变化技巧 ………………………………… 97

第一节　无领……………………………………………………………… 98
第二节　立领……………………………………………………………… 104
第三节　连体翻领………………………………………………………… 107
第四节　分体翻领………………………………………………………… 111
第五节　扁领……………………………………………………………… 113
第六节　翻驳领…………………………………………………………… 118

第八章　袖子结构设计与变化技巧 ………………………………… 126

第一节　袖子结构分析…………………………………………………… 127
第二节　无袖……………………………………………………………… 130
第三节　合体袖…………………………………………………………… 132
第四节　袖子的款式与结构变化………………………………………… 135
第五节　插肩袖与连身袖………………………………………………… 141

第九章　裙子结构设计………………………………………………… 150

第一节　裙子结构设计概述……………………………………………… 150
第二节　裙摆结构处理…………………………………………………… 154
第三节　裙腰结构处理…………………………………………………… 164
第四节　分割线和褶皱在裙子结构上的应用…………………………… 169

第十章　裤子结构设计………………………………………………… 188

第一节　裤子基本纸样…………………………………………………… 188
第二节　裤子基本廓型与结构处理……………………………………… 193

第十一章　女上装结构设计…………………………………………… 219

第一节　肩胛省与腋下省的处理 ……………………………………… 219
第二节　有腋下省或转省结构的基本款 ……………………………… 222
第三节　无腋下省或转省结构的基本款 ……………………………… 232

第十二章　放松量与廓型结构设计 ………………………………… 237

第一节　放松量设计概述 ……………………………………………… 237

第二节　宽松廓型服装的放松量设计 …… 239
第三节　合体廓型服装的放松量设计 …… 251
第四节　紧身廓型服装的放松量设计 …… 263

第十三章　服装综合结构设计 …… 268

第一节　服装结构设计的系统性方法一——亚原型法 …… 268
第二节　服装结构设计的系统性方法二——拆解法 …… 273
第三节　服装结构设计的系统性方法三——改版法 …… 277
第四节　分类服装结构设计 …… 279

参考文献 …… 299

第一章　绪　论

第一节　结构设计的定义与意义

在现代商品社会中,结构设计无处不在。**结构是组成整体的各部分的搭配和安排,它与材料、色彩等其他要素共同构成了产品的外观和形态。**结构设计这门学科的出现,是因为产品的直接制作原料往往是二维平面的,而产品本身却是三维立体的——即使产品仅仅是一张 A4 的白纸,在生产前也需要确定其长和宽,以便裁剪成型。

举一个简单的例子,如果设计和生产任务是用纸黏合一个长方体,那么首先应该确定长方体的规格尺寸,即长、宽、高分别是多少;接下来考虑长方体有几个组成平面;各平面之间是否断开或连接在一起裁剪。在考虑成熟后,画出长方体的设计图。根据设计图,将组成长方体的每个平面拆解开,成为一个个具有确定的长、宽尺寸的纸片,在纸片边缘加出黏合边(图 1－1)。

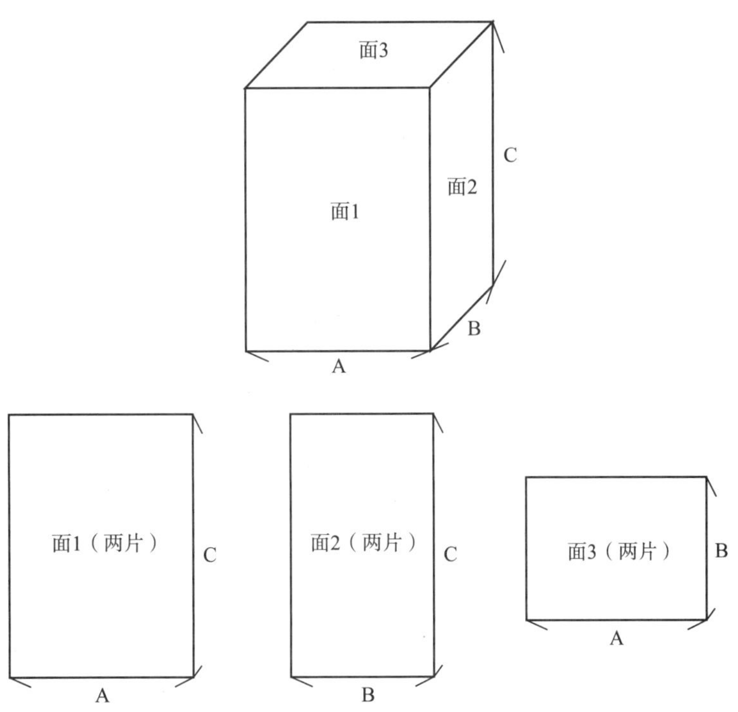

图 1－1　长方体结构图与裁剪图

有了这些组成部分,就可以黏合出一个长方体了。上述的思考、设计和拆解的过程,就是结构设计的过程。

在设计结构的时候,一个长方体也可以设计成为另一种结构,拆解的平面纸片图就变成了如下的形状(图 1－2)。

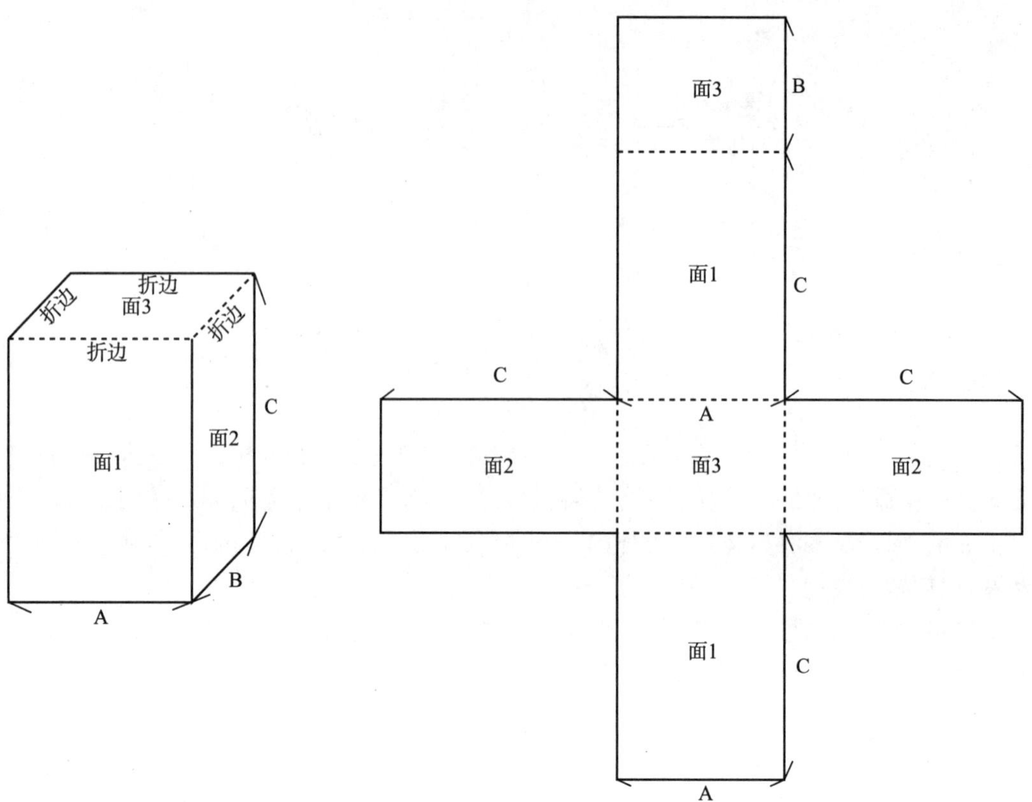

图 1 - 2　长方体结构图与裁剪图方案 2

这体现了结构设计的主观性和自主性。不同的设计者，可以基于不同的考虑，设计出不同大小的长方体、不同的结构，这造就了产品的多样性。

再例如一个圆锥体，同样可以有不同的形态和不同的结构处理(图 1 - 3)。

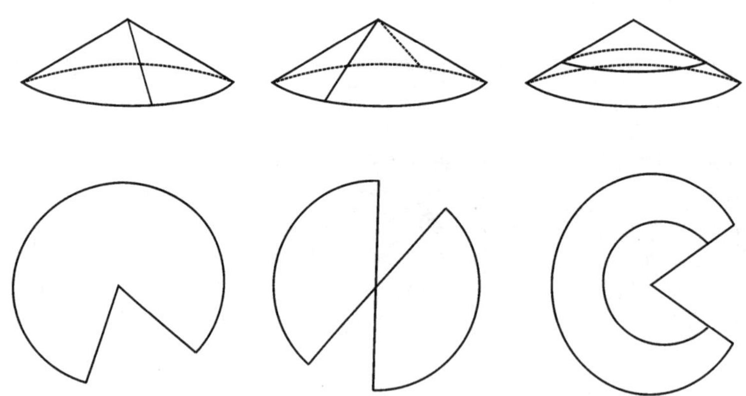

图 1 - 3　圆锥体的不同分割方法

以上的例子虽然简单，但立体几何的空间造型能力、立体转化为平面的空间想象能力和计算能力是一个结构设计师必须具备的。在几何造型的基础上，加上对形态细微变化产生的审美敏感度，就有条件成为一个合格的结构设计师。

在大多数的产品结构设计里，设计师面临的设计和技术任务不仅停留在简单的几何形体构建上，而往往是不规则形体，需要多种思路、多种手段，达到结构设计的目的，完成任务(图 1 - 4)。

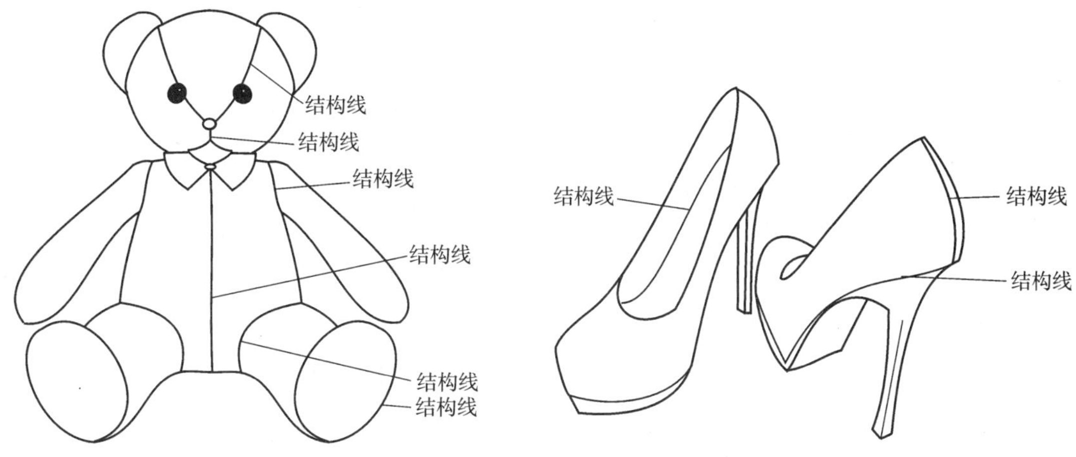

图 1-4 其他工业产品的结构

总的来说，产品的结构设计是指产品开发环节中结构设计师根据产品功能而进行的内部结构的设计工作，产品结构设计的工作包括：(1)根据外观模型进行零件的分件；(2)确定各个部件的大小和形状；(3)设计产品使用和运动功能的实现方式；(4)确定产品各部分的使用材料和表面处理工艺等。

结构设计要考虑产品结构紧凑、外形美观，既要安全耐用、性能优良，又要易于制造、降低成本。所以说，结构设计师应具有全方位和多目标的空间想象力，并具有跨领域的协调整合能力，能根据各种要求与限制条件寻求对立中的统一。

第二节 服装结构设计的内容

服装既是手工业制品，又属于工业产品。它是典型的用二维纺织材料制作成服装，以供三维人体穿着的产品。因此，服装结构设计必不可少，也至关重要。服装产品有性能明确的制作原料、形态特殊的服务对象、相对简单的功能设定，因此服装结构设计有一套独特的设计方法和规律，自成体系。

服装结构设计是研究人体和服装的结构以及它们之间关系的学科。它设计出服装造型所要表现的服装外形轮廓与细部款式，使之分解成合理的衣片，拆解出服装各组成部位的形状、大小，同时对设计中不可分解、费工费料的不合理部分进行修正，为服装的制作提供成套的规格齐全的样板。

在传统观念里，结构设计就是版型师根据设计师的设计稿画出纸样，再复制到面料上裁剪。在这个过程中，结构设计没有主动性和创造性。真正的结构设计可以分成两部分，一部分是在设计师的职责范围内，完成造型设计(长度、围度、形态)和细部款式分割，其中细部款式分割必须能够支撑造型设计，保证其合理、科学；另一部分才是版型师完成的，根据设计师的结构设计方案，将设计图里的衣片实现为 1∶1 的平面纸样，揭示出其正确的尺寸配比关系和衣片之间的缝合关系，制作生产样板。从这个意义上看，无论是设计师，还是版型师，都有必要全盘掌握和娴熟运用结构设计知识(图 1-5、图 1-6)。

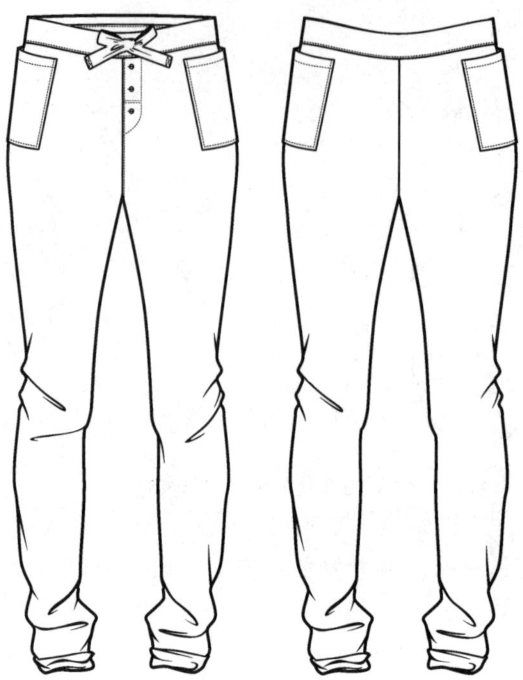

图 1－5　服装结构设计图(款式结构图)

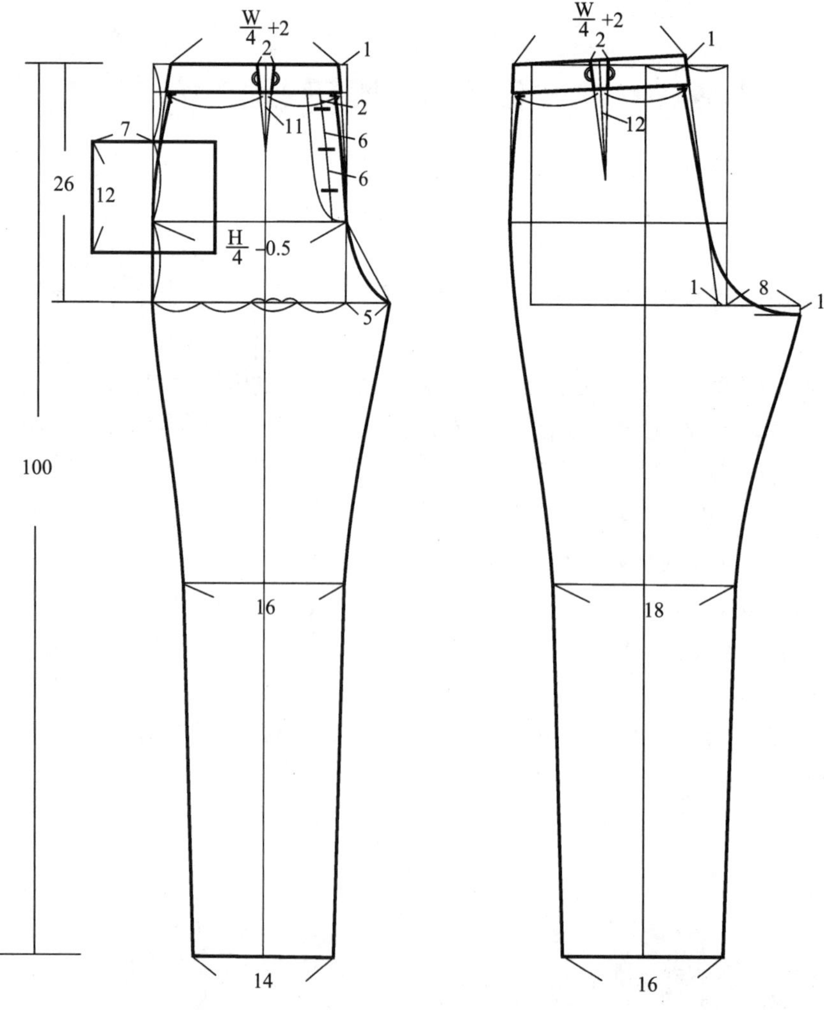

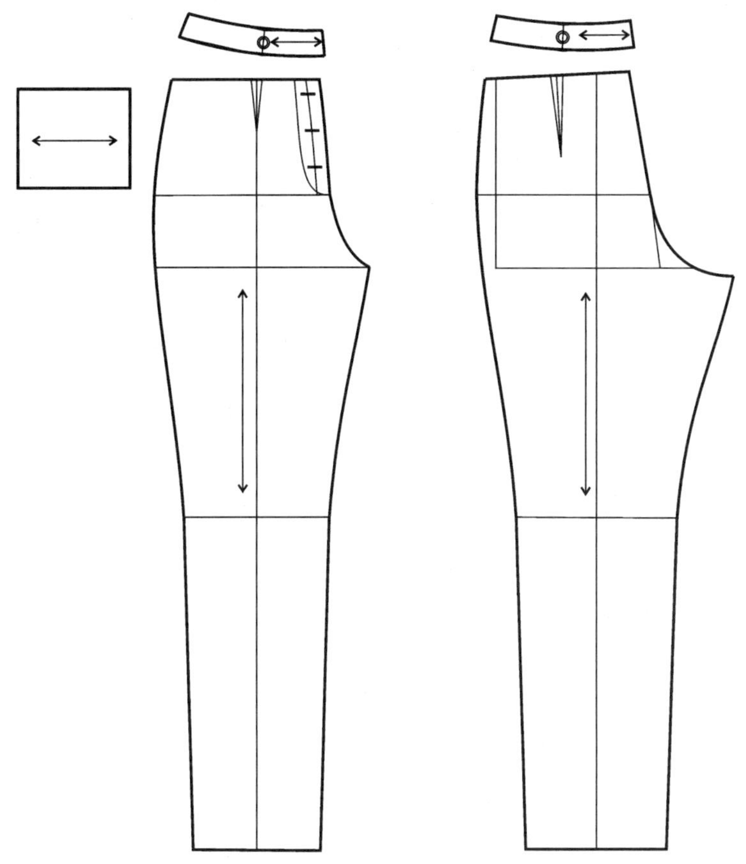

图 1－6　服装结构制图与裁剪图

结构设计一般包括以下内容：

1. 人体结构

人是服装服务的对象，人体与服装的关系紧密而微妙，服装必须紧扣人体的特征，为人体的各种生理活动服务，但服装又不是人体体表形态的简单拆解。首先，服装与人体之间是有空隙的，不同部位空隙不同，必须保证人体运动部位的服装活动量；其次，根据穿着场合、造型表现效果，服装呈现不同的外观，有个别的结构甚至是脱离人体的；第三，人体的差异千变万化，必须找到既覆盖大多数人群，又顾及工业生产成本的结构设计方法。

无论如何，人体是服装结构设计师必须深入研究和掌握的。内容包括：人体体表特征，测量方法，体型的差异，人体静态与动态运动，用于工业化生产的国家标准、号型系列及结构设计制图尺寸。

2. 基本衣片

基本衣片是常用的结构设计方法，一方面有利于揭示包覆人体的最基础的平面形式，便于认识和分析人体的形态；另一方面便于使衣片脱离人体进行变化。

内容包括：基本衣片的组成、形状、尺寸分析；基本衣片与人体的符合关系等。

3. 结构设计变化方法

有人说服装是移动的花朵。服装造型千变万化，但都以一定的方法和技巧作为技术支撑。学习这些方法和技巧，在做造型设计和结构设计时，可以使设计师的思路更加开阔、更有逻辑和理论依据，从而减少设计到制作的矛盾，使服装的生产制作过程更加顺利。专门负责将结构设计转化为平面样板的版型师，也借助这些方法技巧，获得正确的平面衣片，制作样板，以供生产。

内容包括：轮廓造型方法；省道、省移、分割、展开等形态的变化；领与袖的结构等。

4. 服装分类产品结构设计

由于面料、穿着场合、运动需求等因素的影响，不同的服装产品结构设计的具体尺寸和方法也不相同，应区别考虑和分析。这部分内容包括：T恤、衬衫、裙子、裤子、连衣裙、套装、大衣、礼服等各类服装的结构特点，常见款式与结构设计方法。

第三节　结构设计在服装设计生产中的地位

服装结构设计是服装设计的深层考虑，是设计思想转化为实物的必经技术途径，是缝制生产顺利开展的基础。无论对个体服装制作，还是企业生产运营，结构设计都起到至关重要的作用(图1－7)。

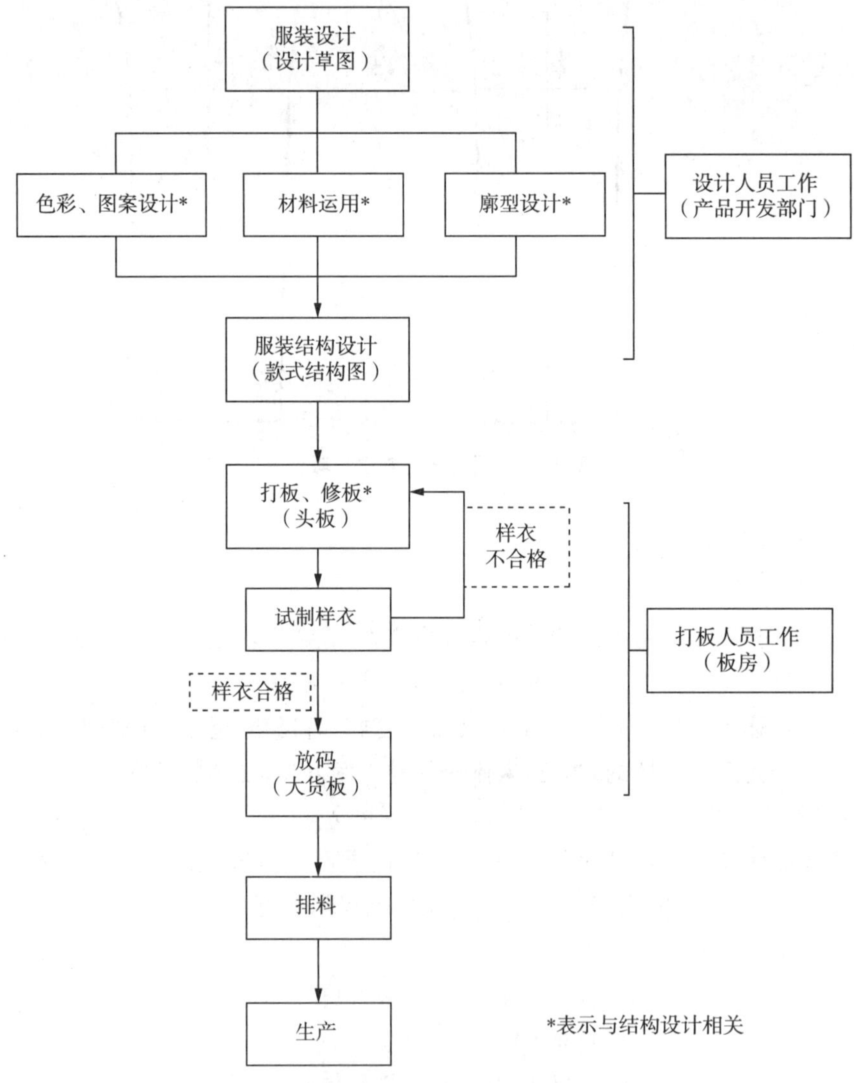

图1－7　服装设计生产流程

一、服装设计

色彩、面料和款式是构成服装的三个基本要素。值得注意的是，三者之间并不是彼此独立的，而是相互影响、相互制约，成功的服装设计作品应该达到三者的彼此融合和高度和谐。而这三个要素都对服装结构设计和最后的制板方案有一定的影响(图1－8)。

（1）设计草图　（2）效果图　（3）实际着装图

图 1-8　服装设计构思的实现

1.服装色彩和图案

(1) 色彩拼接需要借助结构设计实现。色彩并不是游离在服装和人体之外任意发挥的。很多成功的服装设计作品利用色彩修饰人体的缺陷和瑕疵(图 1-9)。那么在色彩拼接的地方,就需要设置断缝。

(2) 一些采用条格面料的服装,既想保留面料本身完整的图案之美,又想使服装达到合体修身的效果,也必须使用一定的结构设计手段,才能实现。

2.服装的面料

(1) 面料的弹性对结构设计的影响很大。结构设计一般以梭织面料作为默认面料。本身具备弹性的针织面料和弹性面料,可以不做任何结构处理,就能在一定程度上满足三维人体的造型和运动需要,因此,在做结构设计以前,必须对服装面料的性能做深入的分析。

(2) 不同面料的工艺处理特性不同,也决定了结构设计采用的尺寸。例如,织物的厚度和紧密程度不同,使织物的打褶效果不同,设计师的期望也不同。雪纺类的服装轻松、活泼,富有女性气息,因此褶皱量大;中厚毛呢类的服装严谨、正式,过多的褶皱会使服装的款式与面料气质发生冲突。

3.服装的廓型

廓型与服装结构设计直接相关。设计师的设计理念在初始阶段,往往形态是模糊的,只有一个大致轮廓的设想。在认真分析了色彩运用、面料特性后,就要开始对服装的廓型进行精雕细琢。这就是服装结构设计的过程。肩部、胸部、腰部、臀部、底摆等呈现怎样的合体程度,贴合人体还是远离人体,应该在哪些部位设置分割线?哪些部位加大面料的宽度?哪些部位设置褶皱?设计师必须认真考虑,并使每一步结构设计准确、精练、和谐。

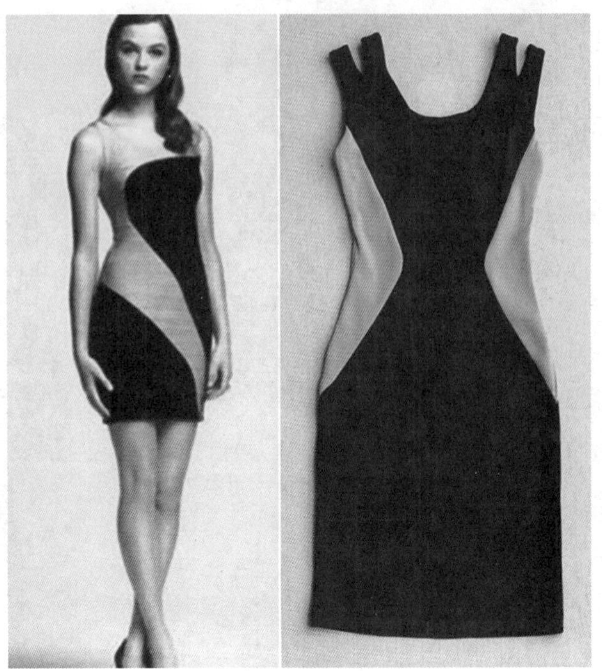

图 1-9　色彩分割线

二、服装结构设计

一个全备的服装结构设计图(图 1-10)必须比例正确、表述清楚,除了结构以外,衣片之间的组装关系,即服装的工艺处理方法也要进行详细的说明。这是因为不同的工艺处理方式,会使服装样板的缝边宽度发生变化。

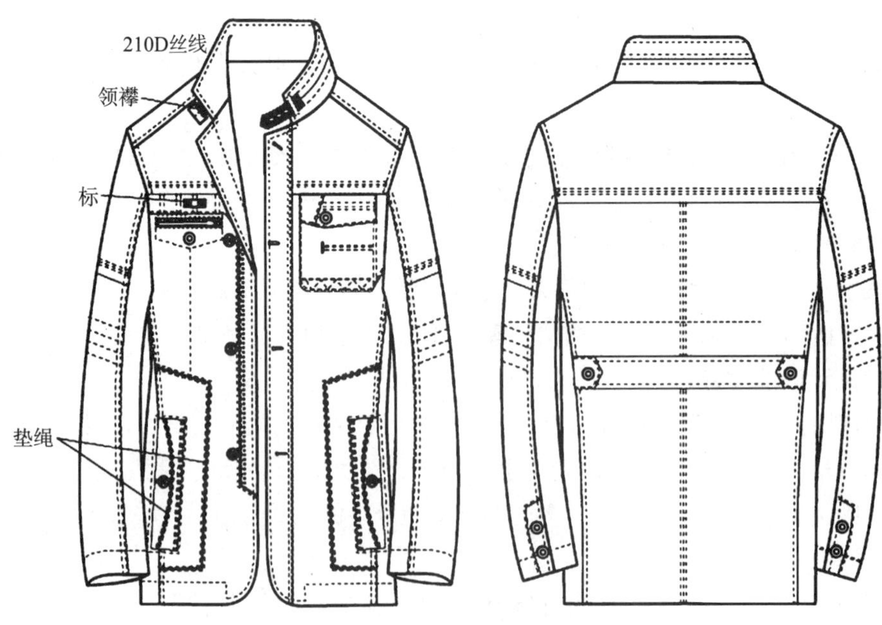

图 1-10　详细的结构设计图

三、打板、试制样衣、修板

打板是传统意义上的结构设计，是结构设计的主体工作，就是根据款式结构图，将服装上的每一个衣片在纸上画出平面的裁剪样，包括衣片的长度、围度、轮廓型状、内部结构关系等。一般画纸样采用的人体尺寸是M码，即中码，女性身高160cm，胸围84cm；男性身高170cm，胸围92cm。

第一次打板获得的一套纸样叫作头板，用头板缝制出样衣后，设计部、板房的技术人员将进行检验，对未达到设计要求的部位提出修改意见，由板房修改纸样，继续进行第二遍的样衣缝制。经过两、三遍的版型试制和修改，基本可以获得符合要求的纸样。

由于缝分加放尺寸与工艺处理方法有关，有很多变化，所以本教材的纸样是净纸样（净板），未加放缝分，加放出缝分的纸样叫作毛板。

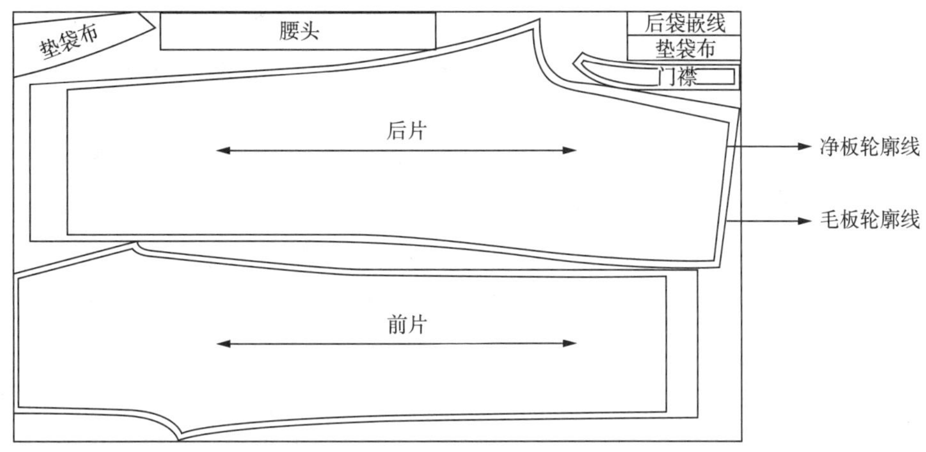

图1-11 男西裤裁剪图

四、放码

服装放码是服装结构设计的延伸。得到头板后，板房的技术人员根据国家的号型标准，或根据外加工客户的要求，按照不同规格的档差，运用一定的方法把其他不同尺码的纸样做出来，这个过程就叫放码，也叫推档。画好的全部尺码的样板叫作大货板，可用于排料、裁剪和大批量生产。

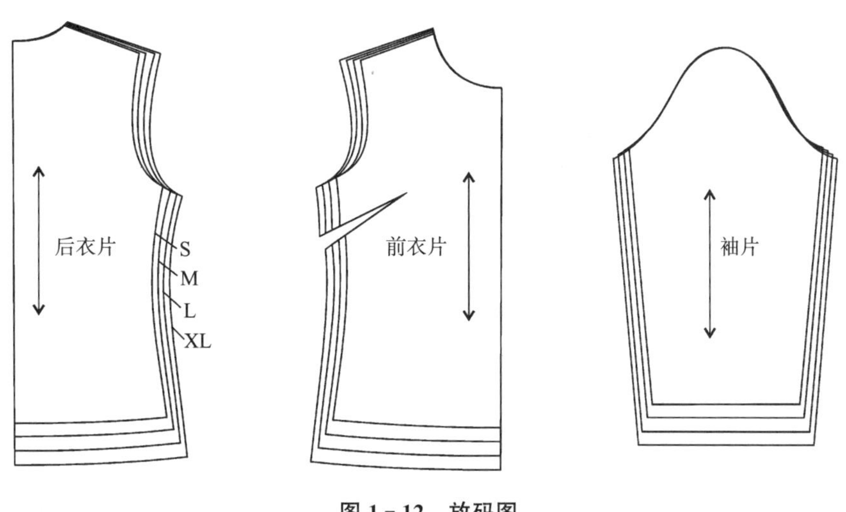

图1-12 放码图

第二章　人体与号型标准

第一节　人体体型分析

人是服装服务的对象，人的体型直接决定服装结构设计的规律、技巧和方法。

（1）服装是人体的第二层皮肤，衣片的基本轮廓形状和结构由人体的体型决定，是人体体表铺展开的平面。

（2）人体的静态和动态生理活动决定了服装的基本放松量和基础结构线的设置位置。由于纺织材料特性所限，服装无法像皮肤那样随着人体的活动伸缩自如，所以应当考虑在服装和人体之间增加活动空间，特别是没有弹性的梭织面料，必须增加放松量。放松量加放多少，要建立在对人体运动深入了解和掌握的基础上。人在日常生活中、在运动中的舒适放松量各不相同，人体运动部位不同，决定了不同种类服装的结构设计尺寸和分割线设置方法。

（3）人体工程学也是服装设计必须考虑的重要因素。**所谓服装的人体工程学，是以人为主体，运用人体测量、生理、心理计测等手段和方法，研究人体结构功能、心理、力学等方面与服装之间的合理协调关系，以适合人的身心活动要求，取得最佳的使用效能，其目标应是安全、健康、高效能和舒适。**以人为本的服装设计不会停留在脱离生活的虚空艺术表达上，而应该是令人舒适、愉悦的。随着社会的进步和历史的沉淀，现代服装除了美观以外，在很多常见的款式细节中体现了人体工程学的科学性和功能性。如果对人体工程学更多研究和关注，在结构设计中更多地灌输人体工程学的理念，一定会使服装技术更加进步，更好地满足人们的需求。

一、人体的组成

人体表面是皮肤，皮肤下面有肌肉和骨骼和内部器官。

皮肤的卫生与健康主要与服装材料相关，也依赖合理的服装结构提供必要的透气和保暖空间。

人体内部器官与服装有一定关系，比如肺部呼吸使人体胸腔产生微幅运动，是服装必须加放的基本放松量之一。

与服装结构直接相关的主要是构成人体体型的骨骼和肌肉。

（一）骨骼与关节

骨骼是人体的支架，决定了人体的高度和人体各部位的比例，也是围度的主要决定因素之一。

在骨骼中，脊柱对人的体态影响最明显。脊柱呈S形，将头骨、胸廓、骨盆连接在一起。胸廓的上端是锁骨和肩胛骨；臂骨连在肩胛骨上；骨盆向下连接着腿骨。

骨与骨之间连接的地方叫作“关节”。关节是人体活动的部位，也常常是服装结构设计重点考虑的部位。主要的关节有上肢的肩关节、肘关节、腕关节，下肢的髋关节、膝关节和踝关节。脊柱也是可动的，与关节一起组成了人体的运动枢纽，见图2－1。

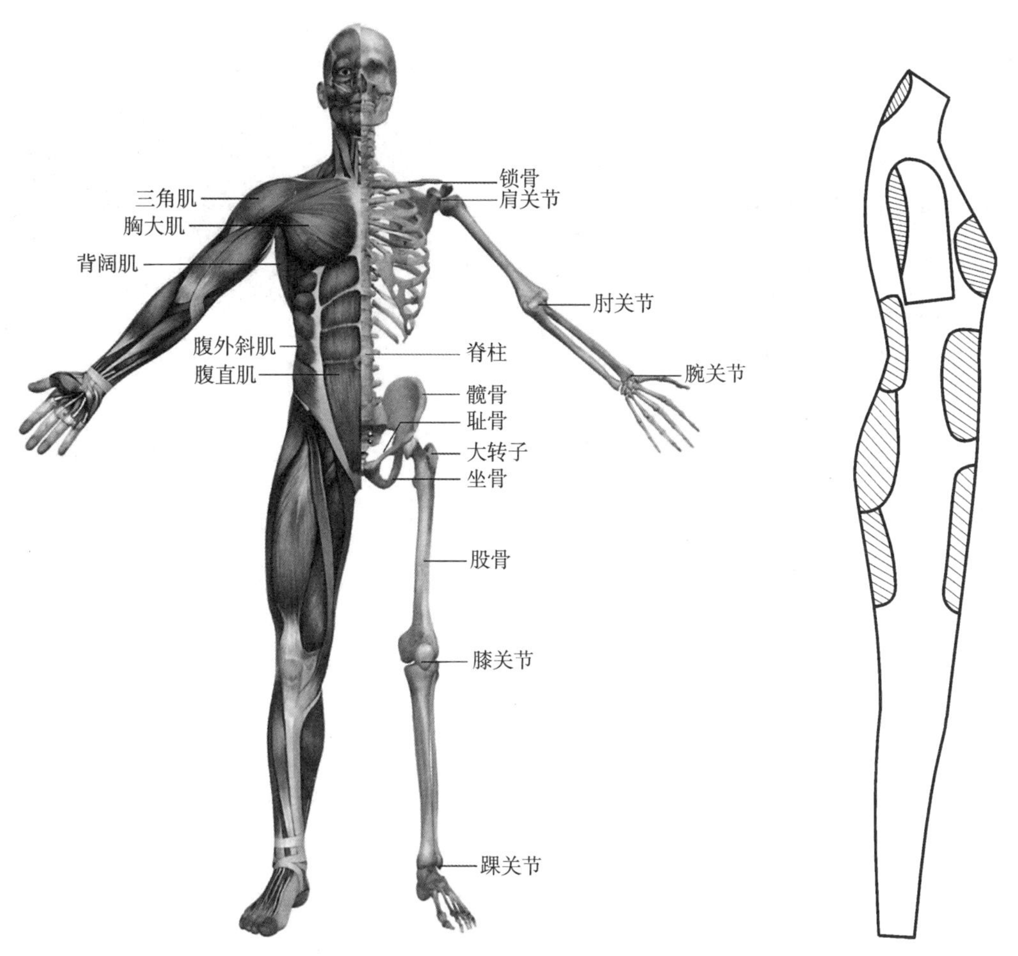

图 2－1　人体骨骼与肌肉

图 2－2　人体脂肪堆积带

（二）肌肉与脂肪

肌肉是人体表面形态的决定因素，特别是浅表肌肉的分布，决定了人的细部廓型。肌肉的集中带还是人体运动的主要部位，在服装设计时需要格外考虑运动舒适性。

附在肌肉外的脂肪也是构成人体外形的重要因素。脂肪容易堆积的位置为乳房、腹部、肋部、上臂、臀部、腿部等处，如图 2－2 所示。

人体胖瘦程度不同，实际上取决于肌肉和脂肪的面积和厚度，也因而呈现不同的体型特征。偏瘦的人体肌肉层和脂肪层都比较薄，体型受骨骼的影响大，一般是扁平体型；肌肉发达的人，肩、胸、背、腿结实粗厚，腰部细，体型呈 X 型；脂肪层较厚的人，胸部、肋部、腰腹部、腿部圆润，整体呈 H 型或 O 型(图 2－3)。

人体体型千差万别，随着遗传、骨骼和饮食、运动等生活习惯的差别，有一些体型上身肌肉较发达，另一些腹部脂肪堆积多。深入了解目标顾客群(或个体顾客)的体型特征，有利于我们更好地进行服装设计和结构设计，改善人体比例，带给人们更多的美和舒适。

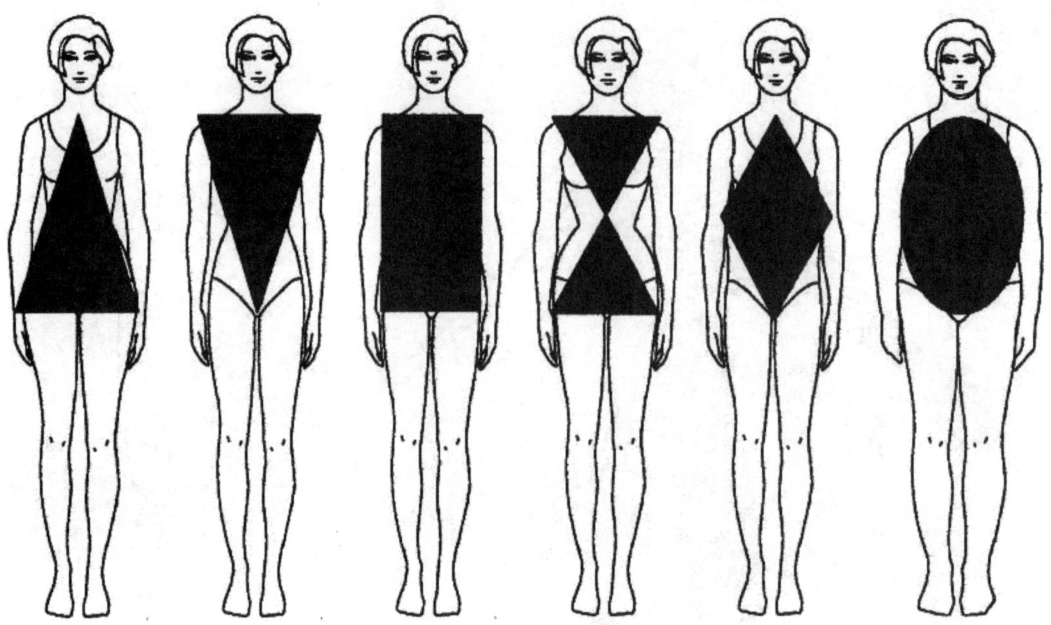

图 2-3　各种女性体型

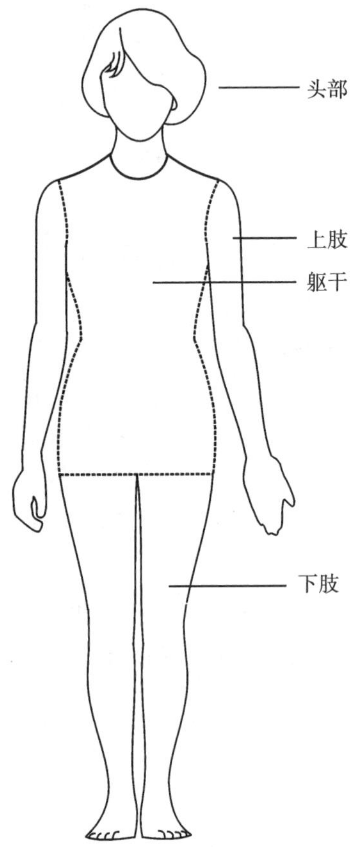

图 2-4　人体的四大体块

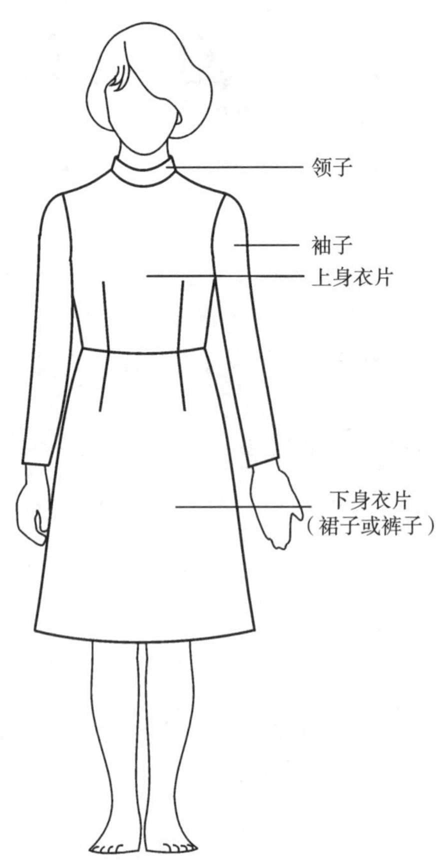

图 2-5　服装的基本衣片结构

（三）人体主要体块和主要部位

从人体结构的组成部分看，人体可被分为四大体块（图 2－4），即头部、躯干、上肢和下肢。其中头部往往裸露在外，不作为服装结构设计的重点。

划分服装的基本衣片结构，往往更多从人体的运动带角度考虑。比如人体的躯干部分，虽然在体表看来连成一体，但以腰围为界，肩、胸、背部的运动与腹、臀部明显是不同的，腰围是两片区域的分界线。因此服装的基本衣片结构在腰线处断开，与人们的运动习惯相吻合（图 2－5）。

服装衣片的形状与人体的轮廓点、轮廓线是一一对应的，因此，标记和了解人体的基准线和基准点非常重要，基准线是人体正面、侧面、背面轮廓的凹进或凸起线，是人体体块的分界线，也往往是人体运动带的分界线（图 2－6）。四肢的基准线对应人体的关节。基准点是人体上重要的轮廓突起点，也是服装纸样制图的关键点或辅助点（图 2－7）。

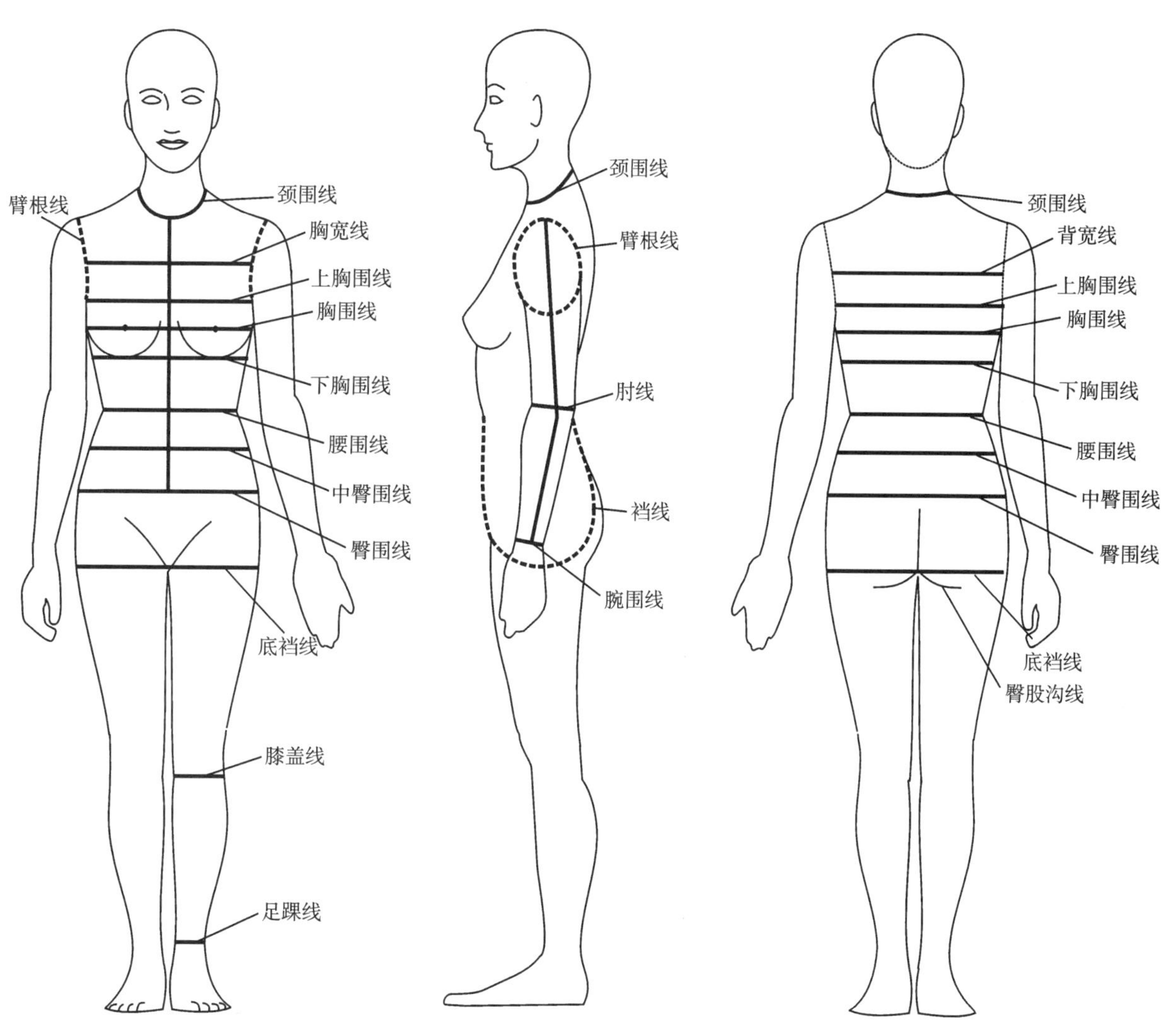

图 2－6　人体基准线

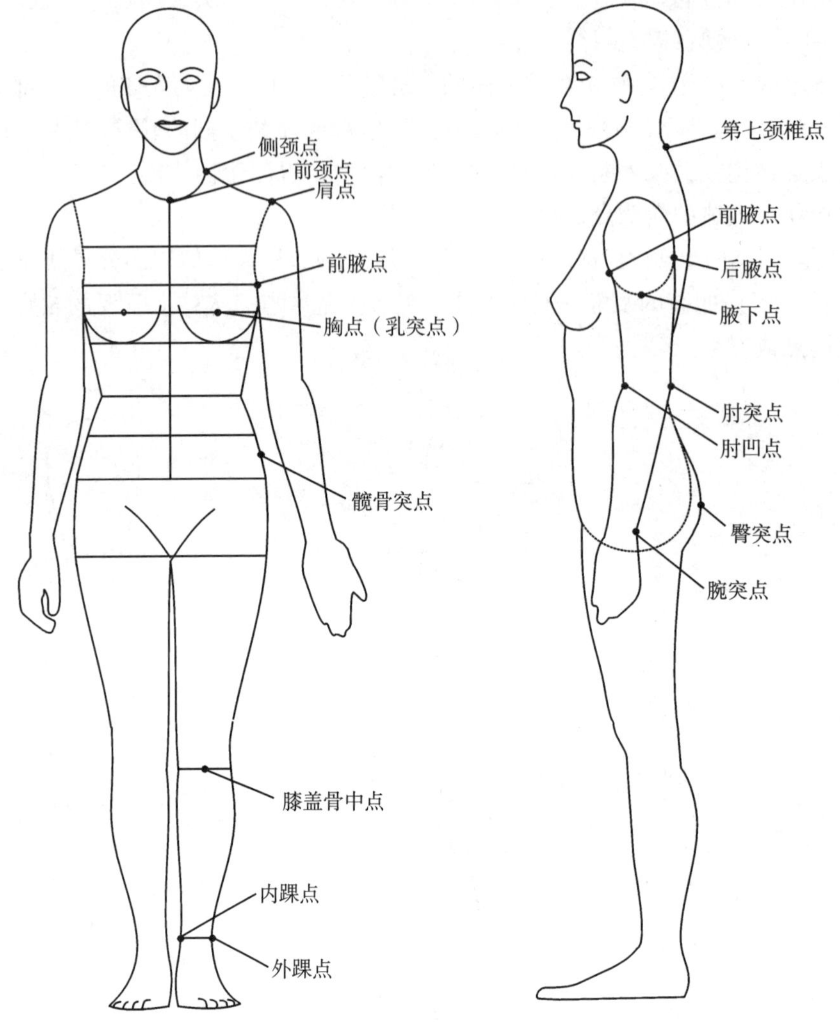

图 2-7　人体基准点

二、女性体型分析

与男性人体相比,女性体型的特点是肩窄小,骨盆宽而厚,躯干整体略显正梯形。体表曲线曲率大,线条柔和,特别是胸围—腰围—臀围之间的曲线,无论是正面、侧面,都呈优美的S形。这是女性独特的体型,富于女性的柔和与性别美(图 2-8)。因此,女装设计的重点在于强调胸、腰、臀的围度变化,衣片的轮廓线、分割线多以曲线为主,并采用收腰的处理手法(图 2-9)。

相反,弱化曲线变化、廓型宽松或宽肩的结构处理方法,往往是中性或男性化风格。

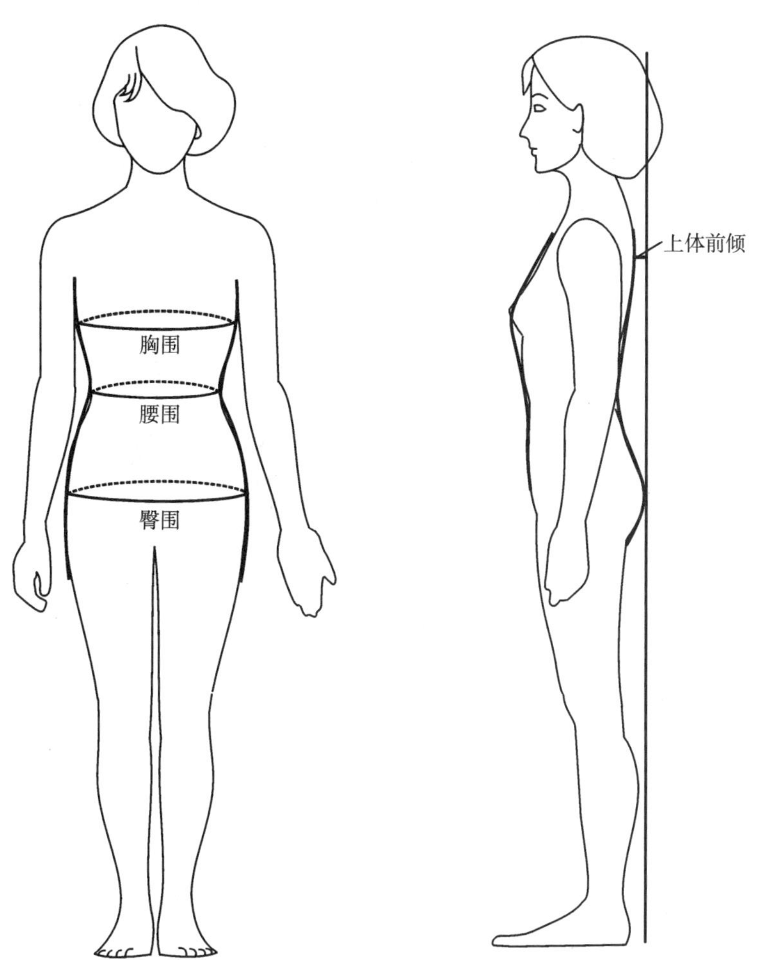

图 2-8　女性人体的曲线美与体态

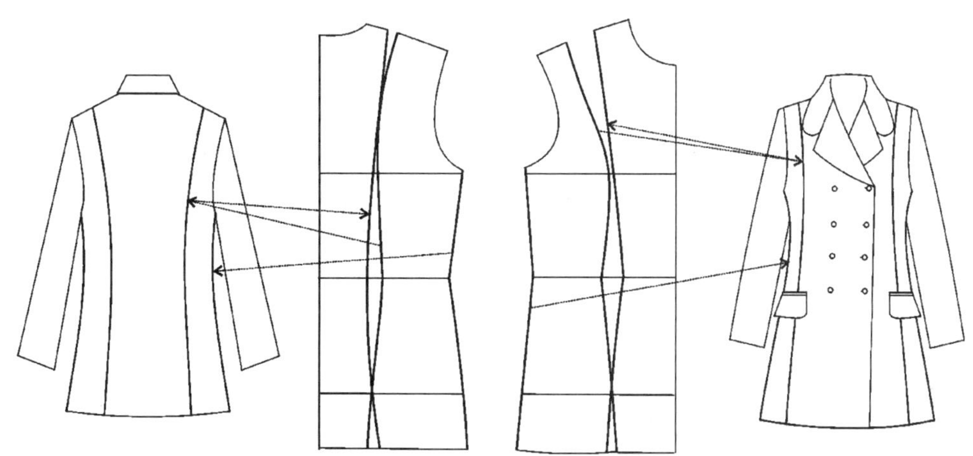

图 2-9　贴合人体的收腰处理

三、男女体型特征比较

男女体型特征有着较大的差异，主要体现在颈肩部、胸廓部、腰部、臀部和四肢的造型上。男性躯干部上大下小，肩部较宽而臀部较窄，同时具有粗壮的骨骼和健硕的肌肉。女性躯干部上小下大，乳房突出，腰线较长，臀部较宽，股骨和大转子的结构比较明显。男女体型对比见图 2－10，男女骨盆结构见图 2－11，体型特征对比和各部位尺寸对比见表 2－1 和表 2－2。

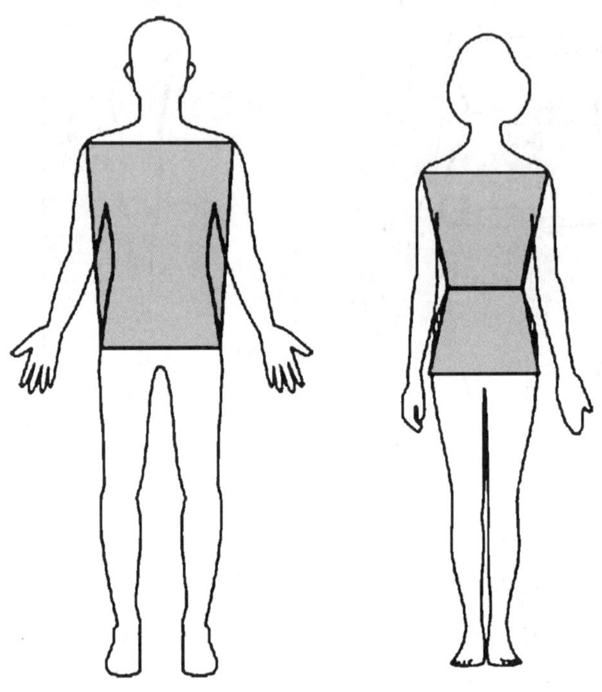

图 2－10　男性倒梯型与女性沙漏型体型比较

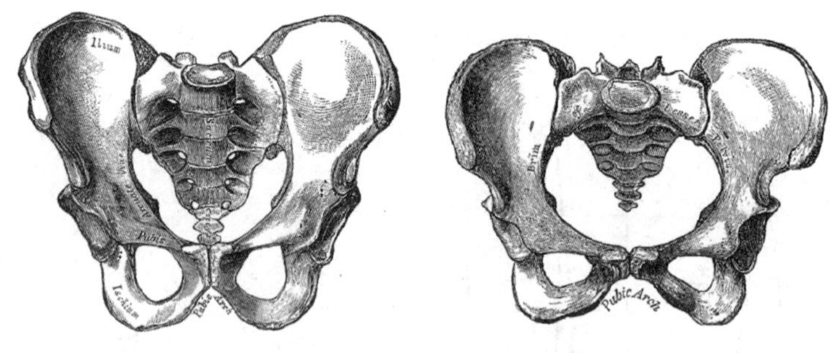

图 2－11　男女骨盆结构对比

表 2－1　男性与女性体型特征对比

身体部位	男性体型特征	女性体型特征
颈肩部	颈部形体方正，肩宽平阔	颈部上细下粗，整体细长，肩窄且肩斜度较男性大
胸廓部	胸廓长、宽厚，腰际线位置低	胸廓短、窄、薄，腰际线位置高
腰部	胸廓部下边缘至髂嵴的长度略短于女性	胸廓部下边缘至髂嵴的长度略长于男性
臀部	大多肩宽于臀	臀下弧线位置较低，肩臀同宽
四肢	上肢、手足显粗壮；下肢显得长而健壮	上肢、手足较修长；下肢显得粗短

表 2-2　男性与女性各部位尺寸对比　　单位:cm

性别	身高	胸围	腰围	臀围	颈根围	全臂长	背长	股上长	股下长
女	160	84	68	90	36.5	52	38	26	67
男	160	88	76	90	37	54.5	39	23.5	69
女	170	94	76	98	39	54	40	28	68
男	170	92	80	94	39	57.5	41	25	73

第二节　人体测量

人体尺寸是纸样的制图依据，是纸样设计的基础。在绘制纸样之前，除了查找相关的国内外制图尺寸，或采用已有的经验数据之外，进行大量的人体测量，掌握人体每一个部位的尺寸，积累数据，是非常有必要的。这对制图和样板复核，以及对人体的理解都有很大的好处。

测量要点如下：

(1) 使用身高尺和软尺测量，软尺应由不易变形的玻璃纤维制成；

(2) 测量人体时，应保证被测者穿着贴身的内衣，自然站立，双臂下垂，不得收腹、后仰等；

(3) 测量用皮尺应不紧不松，在测量围度时，以刚好能插入一个手指的松紧度为宜；

(4) 应通过基准点和基准线测量，如测量胸围时，软尺应通过胸突点水平测量；测量袖长时，应从肩点开始，经过肘突点，到腕突点；

(5) 测量长度应使软尺随着人体的起伏，而不是两点之间的直线距离。如背长、股上长等尺寸。

人体测量部位见图 2-12。

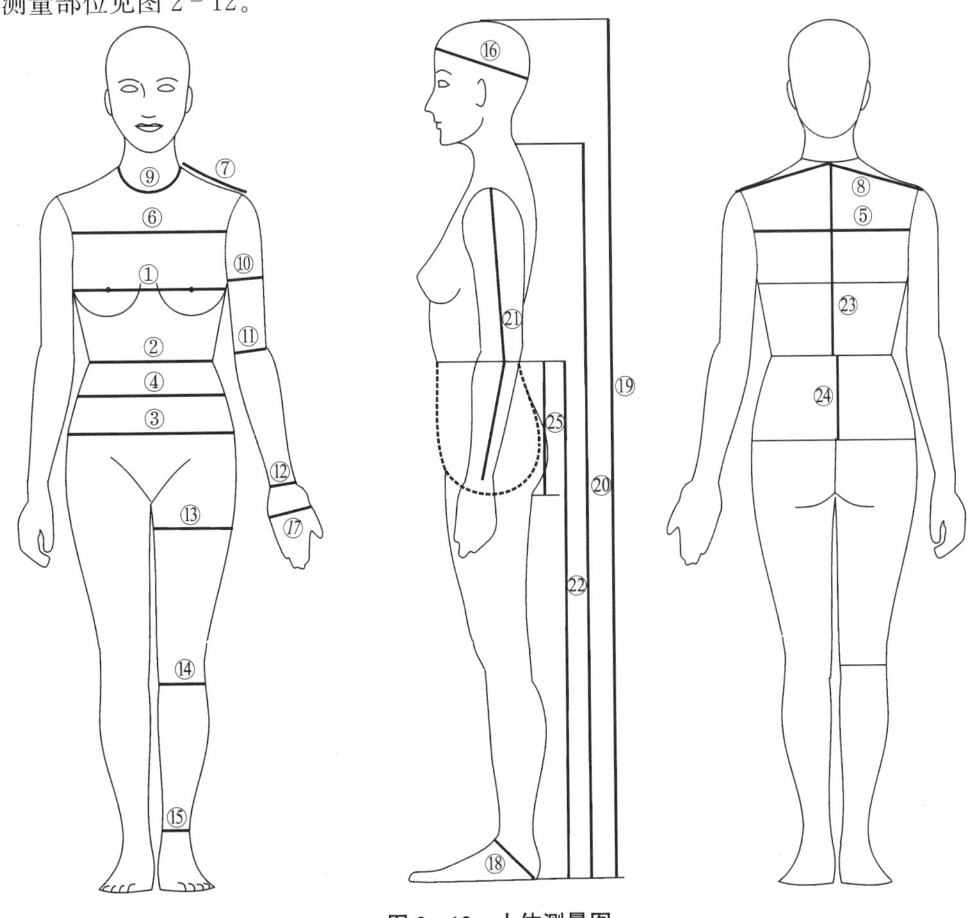

图 2-12　人体测量图

一、横向测量部位与方法

① 胸围:经过两个乳点,沿人体水平测量一周;胸围是上身服装纸样围度的制图依据。

② 腰围:在人体腰部最细处水平测量一周;腰围是下装(裙子和裤子)的重要制图尺寸,在上装纸样中,腰围是服装收腰量的直接参考尺寸。

③ 臀围:在人体臀围最粗处水平测量一周;作为下身最大的围度尺寸,臀围是下装纸样围度的制图依据。

④ 中腰围:在腰围与臀围之间的 1/2 处,水平测量一周;中腰围虽然在制板时很少直接使用,但它是复核服装腰腹部合体度的唯一参考尺寸。

⑤ 背宽:在后颈围线和后胸围线之间的 1/2 处,从左侧的手臂与人体躯干交界线,水平测量至右侧;背宽尺寸在制板时很少直接使用,但它是复核肩胛部活动松量的唯一参考尺寸。

⑥ 胸宽:在前颈围线和前胸围线之间的 1/2 处,从左侧的手臂与人体躯干交界线,水平测量至右侧;胸宽尺寸在制板时很少直接使用,但它是复核上胸围部活动松量和廓型外观的唯一参考尺寸。

⑦ 肩宽(小肩宽):从侧颈点测量至肩点;它是复核肩部合体度的主要参考尺寸。

⑧ 总肩宽:从一侧肩点出发,经过第七颈椎点,到另一侧肩点;它也是复核肩部合体度的主要参考尺寸。

⑨ 颈围:沿颈根部,测量其围度一周;它是服装领口合体度的参照尺寸。

⑩ 上臂围:测量上臂最粗处围度;它是袖子合体度和运动松量的基本参考尺寸。

⑪ 肘围:测量肘部围度:它是紧身袖或七分袖等袖子合体度或袖口尺寸的基本参考数据。

⑫ 腕围:测量腕部围度;它是袖口的基本参考尺寸。

⑬ 大腿围:测量大腿最粗处围度;它是裤子在大腿处合体度和运动量的参照尺寸。

⑭ 膝围:测量膝盖部围度;它是紧身裤或七分裤等在膝盖处的合体度和运动量的参考尺寸。

⑮ 足踝围:测量足踝部围度。它是紧身裤裤口的制图尺寸,也是一般裤型裤口放松度的参照尺寸。

⑯ 头围:测量从前额到枕骨的围度;它是帽子、连身帽和套头式服装结构设计和制图尺寸的依据。

⑰ 掌围:测量手掌最粗的围度;它是手套、不开衩紧身袖口等的制图尺寸依据。

⑱ 足围:测量从足跟至脚背的围度;它是一般裤口制图的最小尺寸。

二、纵向测量部位与方法

① 身高:从头顶测量至地面的长度;身高是服装号型的长度标准。

② 颈椎点高:从第七颈椎点处测量至地面的长度。

③ 全臂长:从肩点,经过肘突点,测量至腕骨的长度;可作为袖长的参考尺寸。

④ 腰围高:从腰围线测量至地面的长度;可作为裤长的参考尺寸。

⑤ 背长:从后颈点测量至腰围线的长度。

⑥ 腰围到臀围(腰长):从腰围线测量至臀围线的长度。

⑦ 股上长:从腰围测量至裆线的长度,常采用坐姿,测量从腰围线到椅面的长度;它是裤子裆部的纵向参考尺寸。

第三节　我国号型规格标准

由于人体身高和体型千差万别,工业化生产无法做到个体定制,为满足服装工业化大批量生产需要,有必要制定服装号型系列标准,将人群按照身高和胸围的平均值,归纳为从低到高的几个代表体型,总结出各部位尺寸，作为服装制板和生产的依据。

世界各国都有各自的常用号型规格和制图尺寸，一些研究单位和企业也制定了自己的号型规格，定义了号型代码，确定了人体各部位制图尺寸。我国现在使用的号型标准为GB/T1335系列，以身高的数值为号，以胸围或腰围的数值为型，同时标明所属体型。

1. 号型定义

“号”指身高，以厘米表示人体的身高，是成衣结构设计与选购服装长度的依据。

“型”指围度，以厘米表示人体净体胸围和腰围，上装用胸围表示型，下装用腰围表示型，是成衣结构设计与选购服装肥瘦的依据。

需要注意的是，“号型”与“规格”的意义是不同的。号型指的是人体的净体尺寸（净尺寸）；规格指的是测量服装的尺寸，即成衣的胸围和腰围。

2. 人体体型分类

同样的身高，随着人体胖瘦不同，各部位的围度尺寸也不相同。研究发现，人体的胖瘦可由胸围和腰围的差量显示出来。因此，我国国家标准依据人体胸围和腰围的差数，将人体的体型分为Y（瘦体）、A（标准体）、B（偏胖体）、C（胖体）四种类型。其中A体型是人群中比例最大的标准体型（表2－3）。

表2－3　女性人体体型分类表

单位：cm

体型类别	Y（瘦体）	A（标准体）	B（偏胖体）	C（胖体）
胸腰差	19～24	14～18	9～13	4～8

3. 号型标志与应用

我国国家标准规定，必须在服装上标明号型，套装中的上下装要分别标明。号型的表示方法是在号与型之间用斜线分开，后面加上体型分类代号，如160/84A。

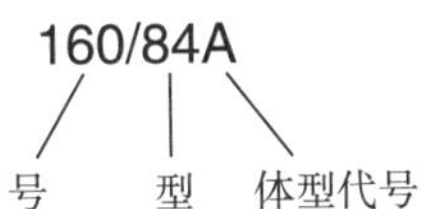

号型的应用可使用“靠近使用”的方法，如160/84A，即适用于身高160cm左右（158～162cm），胸围约84cm（82～85cm），胸腰差在14～18cm之间的人。有一些身高，如163cm，可根据自身的骨骼和体型特点归靠，如骨骼较大，可采用165cm的号型。

4. 中间体型

中间号型，或称中间体，是指从人体的调查数据中选出的，在各类体型人群中占有最大比例的体型。我国女性的中间体型默认为身高160cm，胸围84cm。

5. 号型系列

（1）号型系列定义：指号（身高）或型（胸围、腰围）以人体的中间体为中心，按一定规律向两边依次递增或递减。即身高（号）每档以5cm分档，胸围以4cm、3cm分档，腰围（型）以4cm、3cm、2 cm分档，组成我国国家标准5・4系列、5・3系列和5・2系列。

（2）号型系列应用：上装以身高与胸围搭配成5・4和5・3分档的系列数，下装以身高与腰围搭配成5・4、5・3、5・2分档的系列数。设计套装时，一个胸围只对应一个腰围，上下装实行5・4或5・3系列；下个胸围对应三个腰围（即腰围半档排列），上装实行5・4系列，下装实行5・2系列（表2－4～表2－7）。

表 2-4 $\begin{matrix}5\cdot4\\5\cdot2\end{matrix}$ Y 号型系列

单位：cm

	Y													
胸围＼腰围＼身高	145		150		155		160		165		170		175	
72	50	52	50	52	50	52	50	52						
76	54	56	54	56	54	56	54	56	54	56				
80	58	60	58	60	58	60	58	60	58	60	58	60		
84	62	64	62	64	62	64	62	64	62	64	62	64	62	64
88	66	68	66	68	66	68	66	68	66	68	66	68	66	68
92			70	72	70	72	70	72	70	72	70	72	70	72
96					74	76	74	76	74	76	74	76	74	76

表 2-5 $\begin{matrix}5\cdot4\\5\cdot2\end{matrix}$ A 号型系列

单位：cm

	A																				
胸围＼腰围＼身高	145			150			155			160			165			170			175		
72				54	56	58	54	56	58	54	56	58									
76	58	60	62	58	60	62	58	60	62	58	60	62	58	60	62						
80	62	64	66	62	64	66	62	64	66	62	64	66	62	64	66	62	64	66			
84	66	68	70	66	68	70	66	68	70	66	68	70	66	68	70	66	68	70	66	68	70
88	70	72	74	70	72	74	70	72	74	70	72	74	70	72	74	70	72	74	70	72	74
92	74	76	78	74	76	78	74	76	78	74	76	78	74	76	78	74	76	78	74	76	78
96	78	80	82	78	80	82	78	80	82	78	80	82	78	80	82	78	80	82	78	80	82

表 2-6 $\begin{matrix}5\cdot4\\5\cdot2\end{matrix}$ B 号型系列

单位：cm

	B													
胸围＼腰围＼身高	145		150		155		160		165		170		175	
68			56	58	56	58	56	58						
72	60	62	60	62	60	62	60	62	60	62				
76	64	66	64	66	64	66	64	66	64	66				
80	68	70	68	70	68	70	68	70	68	70	68	70		
84	72	74	72	74	72	74	72	74	72	74	72	74	72	74
88	76	78	76	78	76	78	76	78	76	78	76	78	76	78
92	80	82	80	82	80	82	80	82	80	82	80	82	80	82
96			84	86	84	86	84	86	84	86	84	86	84	86
100					88	90	88	90	88	90	88	90	88	90
104							92	94	92	94	92	94	92	94

表 2-7　$\begin{matrix}5\cdot4\\5\cdot2\end{matrix}$ C 号型系列标志列表　　单位:cm

B														
胸围＼腰围＼身高	145		150		155		160		165		170		175	
68	60	62	60	62	60	62								
72	64	66	64	66	64	66	64	66						
76	68	70	68	70	68	70	68	70						
80	72	74	72	74	72	74	72	74	72	74				
84	76	78	76	78	76	78	76	78	76	78	76	78		
88	80	82	80	82	80	82	80	82	80	82	80	82	80	82
92	84	86	84	86	84	86	84	86	84	86	84	86	84	86
96			88	90	88	90	88	90	88	90	88	90	88	90
100			92	94	92	94	92	94	92	94	92	94	92	94
104					96	98	96	98	96	98	96	98	96	98
108							100	102	100	102	100	102	100	102

6. 成衣规格设计

(1) 成衣规格

成衣规格:即服装成品的实际尺寸,是以服装号型数据、服装式样为依据,加放适当松量等因素,设计服装成品规格。

成衣规格对服装工业至关重要,直接影响服装成品的销售和服装工业的发展。服装款式造型设计、工艺质量和成衣规格是服装成品构成的三大要素,缺一不可。

对于服装企业打板师而言,成衣尺码规格是展开样板设计的依据,否则无从下手,所以,掌握成衣规格设计知识是非常必要的。

(2) 控制部位

所谓控制部位是指设计成衣规格时起主导作用的人体主要部位。在长度方面,有身高、颈椎点高、坐姿颈椎点高、全臂长、腰围高。在围度方面,有胸围、腰围、臀围、颈围及总肩宽(表 2-8～表 2-11)。

表 2-8　$\begin{matrix}5\cdot4\\5\cdot2\end{matrix}$ Y 号型系列控制部位数据表　　单位:cm

Y															
部位	档差	数值													
身高	5	145		150		155		160		165		170		175	
颈椎点高	4	124.0		128.0		132.0		136.0		140.0		144.0		148.0	
坐姿颈椎点高	2	56.5		58.5		60.5		62.5		64.5		66.5		68.5	
全臂长	1.5	46.0		47.5		49.0		50.5		52.0		53.5		55.0	
腰围高	3	89.0		92.0		95.0		98.0		101.0		104.0		107.0	
胸围	4	72		76		80		84		88		92		96	
颈围	0.8	31.0		31.8		32.6		33.4		34.2		35.0		35.8	
总肩宽	1	37.0		38.0		39.0		40.0		41.0		42.0		43.0	
腰围	2	50	52	54	56	58	60	62	64	66	68	70	72	74	76
臀围	1.8	77.4	79.2	81.0	82.8	84.6	86.4	88.2	90.0	91.8	93.6	95.4	97.2	99.0	100.8

表 2-9 $\frac{5\cdot4}{5\cdot2}$ A 号型系列控制部位数据表　　单位:cm

A																						
部位	档差	数值																				
身高	5	145			150			155			160			165			170			175		
颈椎点高	4	124.0			128.0			132.0			136.0			140.0			144.0			148.0		
坐姿颈椎点高	2	56.5			58.5			60.5			62.5			64.5			66.5			68.5		
全臂长	1.5	46.0			47.5			49.0			50.5			52.0			53.5			55.0		
腰围高	3	89.0			92.0			95.0			98.0			101.0			104.0			107.0		
胸围	4	72			76			80			84			88			92			96		
颈围	0.8	31.2			32.0			32.8			33.6			34.4			35.2			36.0		
总肩宽	1	36.4			37.4			38.4			39.4			40.4			41.4			42.4		
腰围	2	54	56	58	58	60	62	62	64	66	66	68	70	70	72	74	74	76	78	78	80	82
臀围	1.8	77.4	79.2	81.0	81.0	82.8	84.6	84.6	86.4	88.2	88.2	90.0	91.8	91.8	93.6	95.4	95.4	97.2	99.0	99.0	100.8	102.6

表 2-10 $\frac{5\cdot4}{5\cdot2}$ B 号型系列控制部位数据表　　单位:cm

B								
部位	档差	数值						
身高	5	145	150	155	160	165	170	175
颈椎点高	4	124.0	128.0	132.0	136.0	140.0	144.0	148.0
坐姿颈椎点高	2	56.5	58.5	60.5	62.5	64.5	66.5	68.5
全臂长	1.5	46.0	47.5	49.0	50.5	52.0	53.5	55.0
腰围高	3	89.0	92.0	95.0	98.0	101.0	104.0	107.0

部位	档差	数值																			
胸围	4	68		72		76		80		84		88		92		96		100		104	
颈围	0.8	30.6		31.4		32.2		33.0		33.8		34.6		35.4		36.2		37.0		37.8	
总肩宽	1	34.8		35.8		36.8		37.8		38.8		39.8		40.8		41.8		42.8		43.8	
腰围	2	56	58	60	62	64	66	68	70	72	74	76	78	80	82	84	86	88	90	92	94
臀围	1.6	78.4	80.0	81.6	83.2	84.8	86.4	88.0	89.6	91.2	92.8	94.4	96.0	97.6	99.2	100.8	102.4	104.0	105.6	107.2	108.8

表 2-11 $\frac{5\cdot4}{5\cdot2}$ C 号型系列控制部位数据表　　单位:cm

C								
部位	档差	数值						
身高	5	145	150	155	160	165	170	175
颈椎点高	4	124.5	128.5	132.5	136.5	140.5	144.5	148.5
坐姿颈椎点高	2	56.5	58.5	60.5	62.5	64.5	66.5	68.5
全臂长	1.5	46.0	47.5	49.0	50.5	52.0	53.5	55.0
腰围高	3	89.0	92.0	95.0	98.0	101.0	104.0	107.0

续表

C																							
部位	档差	数值																					
胸围	4	68		72		76		80		84		88		92		96		100		104		108	
颈围	0.8	30.8		31.6		32.4		33.2		34.0		34.8		35.6		36.4		37.2		38.0		38.8	
总肩宽	1	34.2		35.2		36.2		37.2		38.2		39.2		40.2		412.2		42.2		43.2		44.2	
腰围	2	60	62	64	66	68	70	72	74	76	78	80	82	84	86	88	90	92	94	96	98	100	102
臀围	1.6	78.4	80.0	81.6	83.2	84.8	86.4	88.0	89.6	91.2	92.8	94.4	96.0	97.6	99.2	100.8	102.4	104.0	105.6	107.2	108.8	110.4	112.0

(3)规格设计

① 长度规格:一般是号的比例数,加减变量来确定服装的衣长、袖长、裤长、裙长等。

② 围度规格:用型加放松量来确定服装的胸围、腰围,而颈围、总肩宽、臀围的规格必须查阅控制部位中颈围、总肩宽、臀围的数值再加放松量取得,也可以直接在纸样或成衣上量取。

服装各部位的常见规格计算公式如表 2-12。

表 2-12 各部位规格计算公式

单位:cm

规格	部位	计算公式
长度	L(腰节长、短裙长)	号/4
	L(短衣长、及膝裙长)	3/10 号+0～6
	L(外衣长、中庸裙长)	2/5 号+0(女)～6(男)
	L(短大衣长、长裙)	1/2 号±0～4
	L(中长大衣长、裤长)	3/5 号±0～4
	L(长大衣长、连衣裙长)	7/10 号±0～4
	SL(短袖长)	号/10±0～4
	SL(长袖长)	3/10 号+6(女)～8(男)+1～2(垫肩厚)
围度	B(胸围)	B+内穿厚(0～3～5～8)+松量(0～12～16)
	W(腰围)	W+内穿厚(0～2)
	H(臀围)	H+内穿厚(0～3～5)+松量(0～6～12～20)
	N(领围)	N+(松量)1.5～2.5(合体) 3～4(春季外衣) 6～7(春秋外衣) 8～10(秋冬外衣)
宽度	S(肩宽)	总肩宽+变量(1～2～3～5)
	胸宽/2	0.15B+4～5
	背宽/2	0.15B+5～6
细部	袖窿深	0.15B+7～8+变量
	袖口宽	0.15B+3～5
	直裆	0.15L+0.1H+6～8 或号/8+6(净)+1～2(空隙量)
	腹臀宽	0.16H
	大裆宽	0.1H
	小裆宽	0.045H
	裤口宽	0.2H +3～5(松量)

第四节　国外号型规格与制图尺寸

1. 日本女装规格及参考尺寸

日本人体特征和我国的相似，可借鉴日本的服装规格及参考尺寸(表 2－13)。

表 2－13　日本女装规格和参考尺寸

单位:cm

规格 名称		文化型					登丽美型		
		S	M	ML	L	LL	小	中	大
围度	胸围	78	82	88	94	100	80	82	86
	腰围	62～64	66～68	70～72	76～78	80～82	58	60	64
	臀围	88	90	94	98	102	88	90	94
	中腰围	84	86	90	96	100			
	颈根围						35	36.5	38
	头围	54	56	57	58	58			
	上臂围						26	28	30
	腕围	15	16	17	18	18	15	16	17
	掌围						19	20	21
长度	背长	37					36		
	腰长	18	20	21	21	21		20	
	袖长	48	52	53	54	55	51	53	56
	全肩宽								
	背宽						33	34	35
	胸宽						32	33	34
	股上长	25	26	27	28	29	24	27	29
	裤长	85	91	95	96	99			
	身长	148	154	158	160	162			

2. 英国女装规格及参考尺寸(表 2－14)

表 2－14　英国女装规格和参考尺寸

单位:cm

部位规格	8	10	12	14	16	18	20	22	24	26	28	30
胸围	80	84	88	92	97	102	107	112	117	122	127	132
腰围	60	64	68	72	77	82	87	92	97	102	107	112
臀围	85	89	93	97	102	107	112	117	122	127	132	137
颈根围	35	36	37	38	39.2	40.4	41.6	42.8	44	45.2	46.4	47.6
颈宽	6.75	7	7.25	7.5	7.8	8.1	8.4	8.7	9	9.3	9.6	9.9
上臂围	26	27.2	28.4	29.6	31	32.8	34.4	36	37.8	39.6	41.4	43.2
腕围	15	15.5	16	16.5	17	17.5	18	18.5	19	19.5	20	20.5

续表

部位规格	8	10	12	14	16	18	20	22	24	26	28	30
背长	39	39.5	40	40.5	41	41.5	42	42.5	43	43.2	43.4	43.6
前身长	39	39.5	40	40.5	41.3	42.1	42.9	43.7	44.5	45	45.5	46
袖窿深	20	20.5	21	21.5	22	22.5	23	23.5	24.2	24.9	25.6	26.3
背宽	32.4	33.4	35.4	36.4	37.8	39	40.2	41.4	42.6	43.8	45	46.2
胸宽	30	31.2	32.4	33.6	35	36.5	38	39.5	41	42.5	44	45.5
肩宽	11.75	12	12.25	12.5	12.8	13.1	13.4	43.7	14	14.3	14.6	14.9
全省量	5.8	6.4	7	7.6	8.2	8.8	9.4	10	10.6	11.2	11.8	12.4
袖长	57.2	57.8	58.4	59	59.5	60	60.5	61	61.2	61.4	61.6	61.8
股上长	26.6	27.3	28	28.7	29.4	30.1	30.8	31.5	32.5	33.5	34.5	35.5
腰长	20	20.3	20.6	20.9	21.2	21.5	21.8	22.1	22.3	22.5	22.7	22.9
裙长	57.5	58	58.5	59	59.5	60	60.5	61	61.25	61.5	61.75	62

3. 美国女装规格及参考尺寸(表2-15)

表2-15 美国女装规格和参考尺寸

单位:cm

部位规格	女青年规格					成熟女青年规格					妇女规格					少女规格					注
	12	14	16	18	20	14.5	16.5	18.5	20.5	22.5	36	38	40	42	44	9	11	13	15	17	
胸围	88.9	91.4	95.3	99.1	102.9	97.8	102.9	108	113	118.1	101.6	106.7	111.8	116.8	122	85.1	87.6	91.4	95.3	99.1	包括放松量6.4cm
腰围	67.3	71.1	74.9	78.7	82.6	76.2	81.3	86.4	91.4	96.5	77.5	82.6	87.6	92.7	97.8	63.5	66	69.2	72.4	76.2	包括放松量2.5cm
臀围	92.7	96.5	100.3	104.1	105.4	99	104.1	109.2	114.3	119.4	104.1	109.2	114.3	119.4	124.5	87.6	90.2	93.3	96.5	100.3	
落肩度	7.6	7.6	7.6	7.6	7.6	7.6	7.6	7.6	7.6	7.6	7.6	7.6	7.6	7.6	7.6	7.6	7.6	7.6	7.6	7.6	定寸
背长	40.6	41.3	41.9	42.5	43.2	38.7	39.4	40	40.6	41.3	43.2	43.5	43.8	44.1	44.5	38.1	38.7	39.4	40	40.6	
袖窿长	41.9	43.2	45.1	47	48.9	46.4	48.9	51.4	54	56.5	48.3	50.8	53.3	55.9	58.4	40	41.3	43.2	45.1	47	胸围1/2减去2.5cm
袖内缝长	41.9	42.5	43.2	43.8	44.5	41.3	41.9	42.5	43.2	43.2	44.5	44.5	44.5	44.5	44.5	39.4	40	40.6	41.9	42.5	腋下至手腕
腰长	18.1	18.4	19.1	19.7	20.3	19.1	19.4	19.7	20.3	21	20.6	21.5	21.9	22.2	22.2	17.1	17.5	17.8	18.1	18.4	
股上长	29.8	30.5	31.1	32.4	33						33	33.7	34.3	34.9	35.6	29.2	29.8	30.5	31.1	31.8	
裤长	104.1	104.8	105.4	106	106.7	100	100	100	100	100	106.7	106.7	106.7	106.7	106.7	96.5	97.8	99.1	100.3	102.2	
身长	165	165.7	166.3	167	167.6	157	157	157	157	157	169	169	169	169	169	152	155	157	160	164	

第三章　女装基本纸样与结构分析

第一节　女装结构设计的方法

按照操作方式的不同，结构设计可大致分为平面法和立体法两大类。其中平面法又可分为比例法和原型法等（图3－1）。

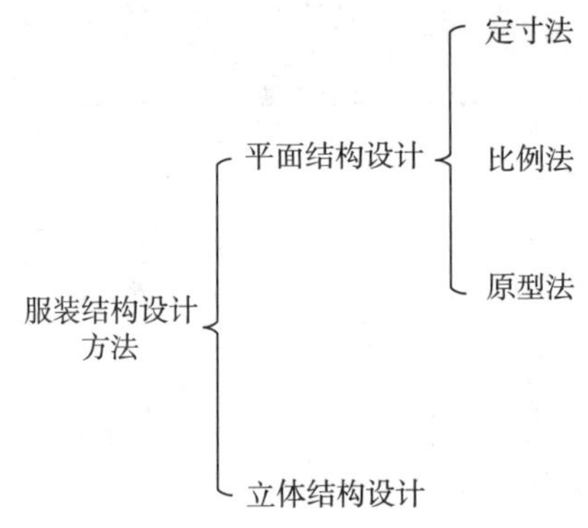

图3－1　服装结构设计方法

一、平面结构设计

平面结构设计是考虑人体形态特征、服装款式造型并结合人体穿衣的动静态和舒适性要求，通过平面制图的形式绘制出服装的平面分解结构图。平面结构设计的优点是：

（1）平面结构设计是实践经验总结后的升华，因此具有很强的理论性。

（2）尺寸较为固定，比例分配相对合理，具有较强的操作稳定性和广泛的可操作性。

（3）对于西装、夹克、衬衫以及职业装等款式相对固定的产品而言，不必经常调整版型，一套准确、稳定的纸样可稍作修改或直接用于裁剪，因此有利于提高生产效率。

（4）在松量的控制上，平面结构有据可依，便于初学者掌握与运用。

平面结构设计又可分为定寸法、比例法和原型法三种。

1. 定寸法

亦称“直接注寸法”。这是一种原始的结构制图方法。制图时，只需要按照服装尺寸和款式要求，凭经验直接画出辅助线及轮廓线。这种方法没有复杂的计算公式，主要是靠长期实践所得出的经验制图。该方法比较简单，尺寸少，适合款式简单的服装。其缺点是：不能灵活变动尺寸，不易任意变化款式，需要经验。日本的平面裁剪中也有这种方法，称为“框式制图”。

还有一类定寸法，又叫短寸法、实寸法。首先准确地测量出人体的前胸，背部，腰节等各部位的长度，宽度厚度和斜度的尺寸，然后按这些数据进行结构制图。常用于制作高度贴合人体的服装制图，在服装的定做加工中较多使用，也适合于特体服装和高档服装的裁剪。

2. 比例法

以人体胸围的比例形式推算出上衣其他部位尺寸而进行结构制图。常用的分配法有：十分法、八分法、六分法、五分法、四分法、三分法、二分法等。其中三分法和六分法常用于合体卡腰风格服装的结构制图，而四分法，八分法常用于宽身服装的结构制图，十分法运算比较方便，常单独使用或与其他方法混合使用(图 3 - 2)。

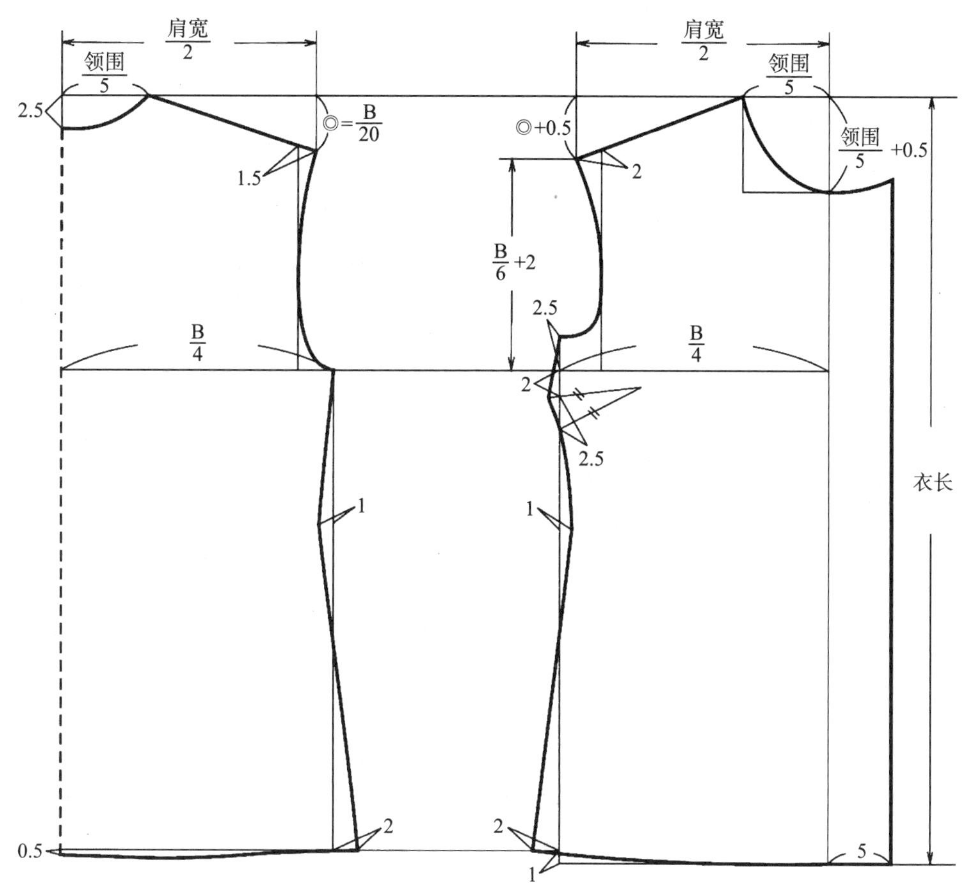

图 3 - 2　比例法绘图

3. 基本纸样制图法(原型制图法)

基本纸样制图法发展至今已有两百多年的历史，它一直盛行于日本服装业，经过多次变迁和发展，目前已成为颇受人们欢迎的服装结构方法之一。日本原型对世界各地有着不同程度的影响，尤其对东南亚及港澳台地区影响较大。而欧美也有其各自的基本纸样，由于种族间体型的差异及制图习惯的不同，各种原型制图方法的差异虽然较大，但其应用基本相似。所谓基本纸样制图法，是指根据人体的尺寸，考虑呼吸、运动和舒适性要求，绘制出合乎人体体型的基本衣片结构，即原型，然后再按照款式设计在原型上做加长、放宽、缩短、省道变换、分割线设置、褶裥处理等调整和处理，得到服装结构图的方法。

基本纸样制图法不仅是一种纸样绘制方法，更是一种结构设计方法和一种科学有效的解决思路。它根植于人体，依托几何的科学原理，有利于帮助初学者建立人体意识，并提供保证衣片合体度的基本保障。其系统的纸样处理方法也有利于学习者进一步深入研究、灵活应用。使用原型法，还可以促进款式设计思路，真正达到结构设计的目的。

同时，基本纸样可以变化，但结构设计的规律是共通的。学习基本纸样制图法不可拘泥在细节制图尺寸上，而应该真正掌握其变化规律和实质，做到举一反三，打破定寸法、比例法、基本纸样法的界限，取长补短，完全掌握结构设计这门科学。

二、立体结构设计

立体结构设计又叫作立体裁剪，是将面料披覆在人体模型上，按照造型设计构思进行剪切和固定，直接得到各部位衣片的设计方式。立体结构设计的优点是：

(1) 立体裁剪以人台或模特为操作对象，是一种具象操作，所以具有较高的适体性和科学性；

(2) 立体裁剪的整个过程实际上是二次设计、结构设计以及裁剪的集合体，操作的过程实质就是一个美感体验的过程，因此立体裁剪有助于设计的完善；

(3) 立体裁剪是直接对布料进行的一种操作方式，所以，对面料的性能有更强的感受，在造型表达上更加多样化，许多富有创造性的造型都是运用了立体裁剪来完成的(图 3-3、图 3-4)。

平面法和立体法不是对立的，两者可以相互融合，取长补短。在服装的立体结构较简单时，常采用平面构成的结构设计方法；在服装的立体结构较复杂，分解成平面衣片较为困难时，常采用立体构成的结构设计方法。平面构成方法注重计算，立体构成方法侧重造型，两种方法各有其特点，相辅相成。所以，在很多情况下，常常两种方法交叉使用，相互补充。

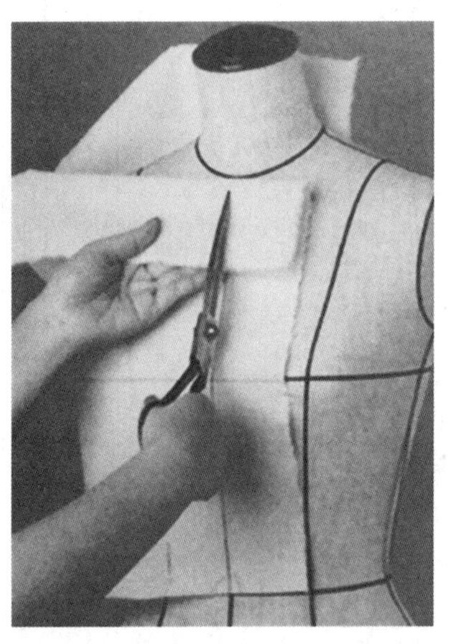

图 3-3　立体裁剪

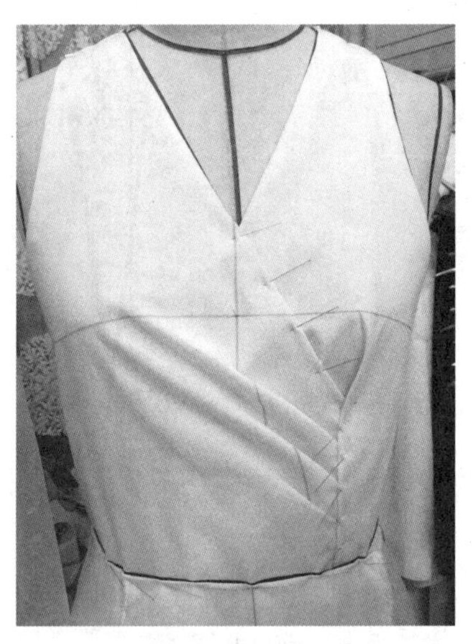

图 3-4　立体裁剪作品

第二节　基本纸样的构成方法

基本纸样是指满足服装最基本款式，符合人体基本形态，具有较舒适的放松量和活动量，廓型较为合体的衣片。基本纸样是服装结构设计的基础，它按照人体体块的划分，根据人体的体型特点和活动特点，把衣片分为上身基本纸样、袖子基本纸样、裙子基本纸样。

一、基本纸样的立体裁剪

基本纸样的获得往往通过大量立体裁剪实验，得到一定数量的基本衣片样本，测量这些样本的关键部位，获得平均值，再与胸围尺寸进行比对，得到各部位与胸围相互关联的公式。这个过程的目的在于简化制图，使结构设计人员只要掌握胸围尺寸和必要的长度尺寸，就能绘制衣片。

二、基本纸样的分类

必须说明的是，在立体裁剪的过程中，由于操作者或组织者对服装的放松量、美观度、舒适度等细节的主观判断不同；在总结公式的时候，要使公式便于计算性，适应大多数体型，结构简单易于绘制，因此，得到基本衣片的过程存在较多人为决定的因素，基本衣片的形状并没有固定标准。

按照纸样的服务对象，基本纸样可分为群体原型和个体原型；

按照性别，可分为男装原型和女装原型；

按照年龄，可分为儿童原型和成人原型；

成熟的服装品牌往往面向特定的目标客户，有特定的年龄段、品牌风格，往往也会有特殊的版型处理手法，研发出具有品牌风格的基本纸样，就能使一系列的结构设计都具备这种风格特征，这就是企业原型。

日本服装纸样技术发展多年，早已成熟。日本文化式原型、登丽美式原型、伊东式原型等版型各异，呈现出不同的服装外观效果。如图 3－5～图 3－7 所示，是日本文化式原型的绘制方法。文化式原型对我国版型技术影响较大，使用范围较广，不少学术机构与企业使用这种原型，或在文化式原型的基础上进行修正。

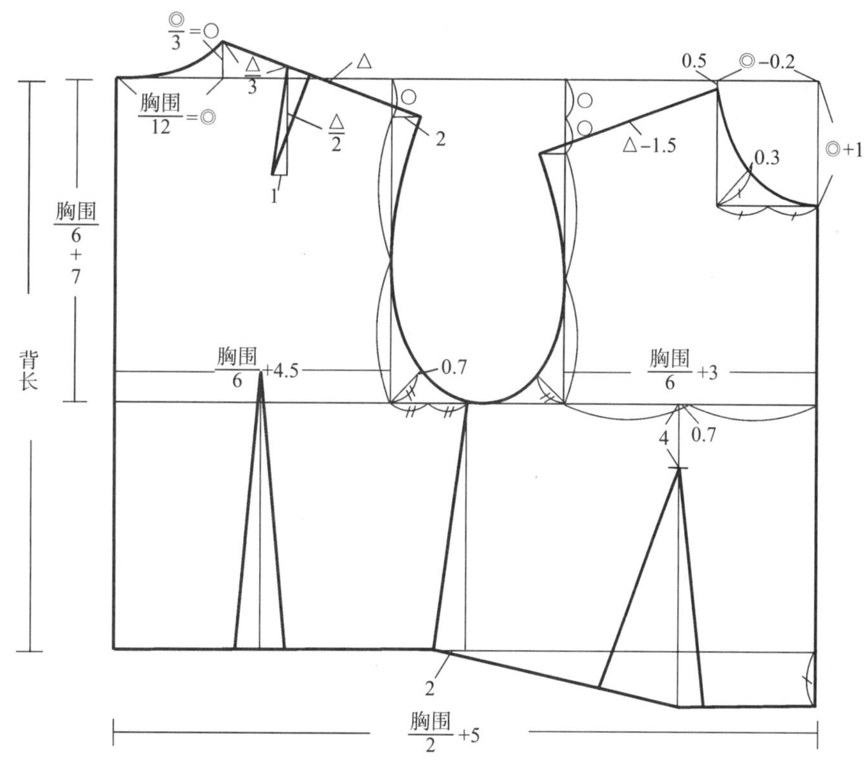

图 3－5　日本文化式女装原型

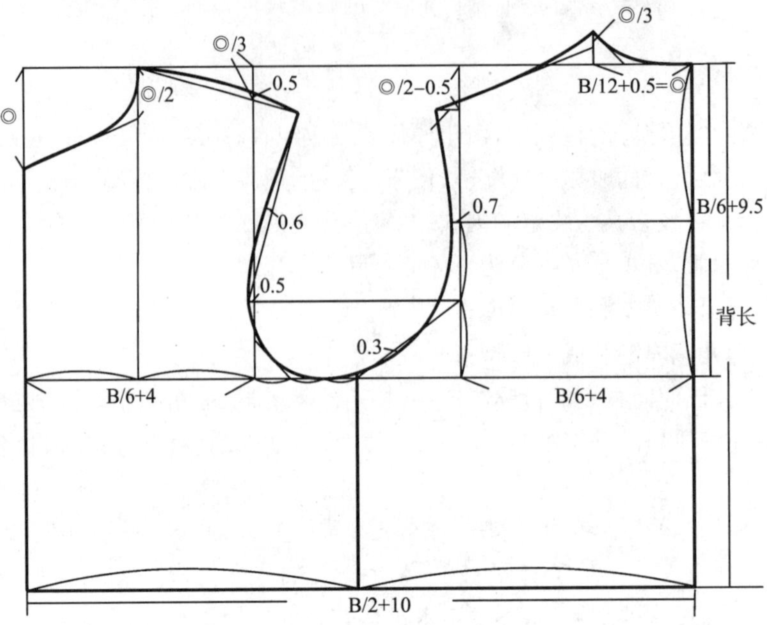

图 3－6　日本文化式男装原型

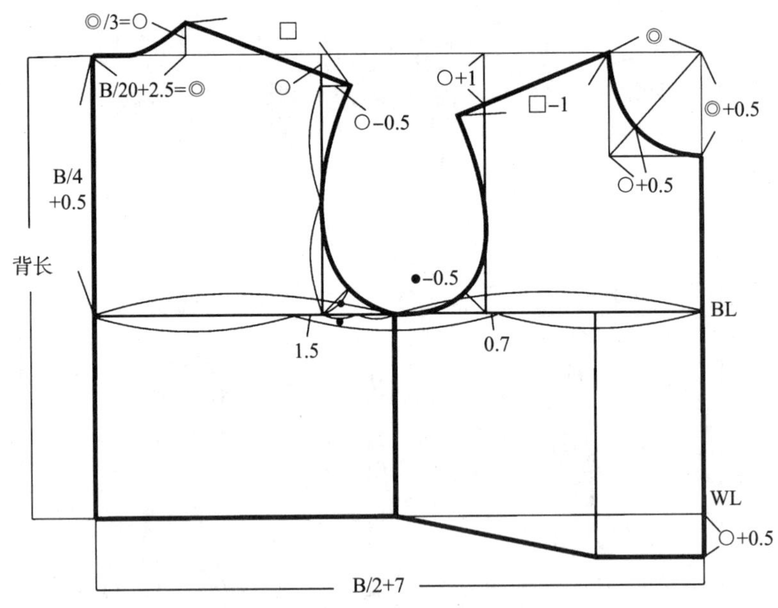

图 3－7　日本文化式童装原型

第三节　纸样制图工具

一个舒适的打板环境、一套便捷的制板工具，是创造和修正版型的有力保障。特别是配备齐全的工具，可以使制板更加快捷、精确，节省时间，提高效率，从而提高产品的品质。

图 3-8　打板工作台

1. 工作台

工作台应稳定、平整，长度、宽度充足，高度约在臀围线位置附近(图 3-8)。

2. 纸

打板纸常见两种，一种是全开牛皮纸，较硬厚，有一定的韧度，适合多次使用、描边、复制、存档等；另一种是一般白纸，呈卷状，长度非常长，适合画排料图(又称“麦架”)和裁料时铺在首层。这种纸薄而透明，也可制板，但易破损。

3. 笔

铅笔：制图必须用铅笔，因服装纸样制图分为辅助线与完成线两种线迹，因此应该准备 HB、2B 两种深浅不同的铅笔，或者在制图时有意用轻重区分这两种线。

划粉或裁剪笔(褪色笔)：纸样完成后，单件裁剪需要拓到面料上，可以使用划粉或裁剪笔描边(图 3-9)。

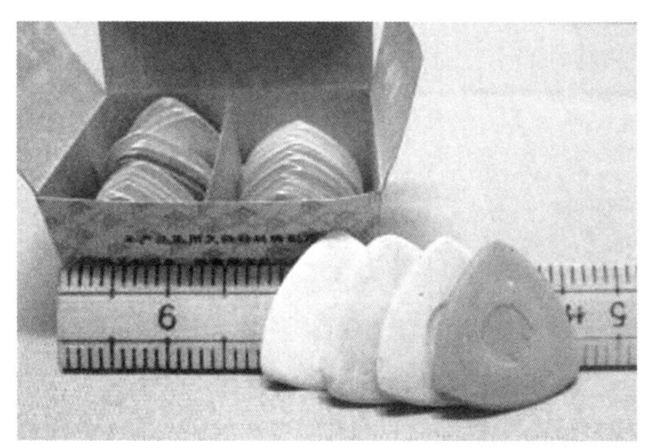

图 3-9　划粉和褪色笔

4. 尺子

服装结构设计与纸样制图属于工程制图，讲求规范、准确、整洁、美观。所有的线尺寸都要非常精确，线条形态也要准确。因此各种尺子在制图时必不可少。

(1) 直尺：常用 40cm 和 100cm 的公制透明直尺。透明尺便于观察纸样相关位置，有利于精确制图。

(2) 弯尺(曲线板)：形状略呈弧形。用于画裙子、裤子的侧缝、下裆、袖窿及衣下摆等弧线。

(3) 皮尺：用于测量人体和纸样曲线长度，复核尺寸等。

其余有辅助作用的尺子有(图 3-10)：

L尺:主要用于测量直角和弧线,有缩小比例度数,可作为比例尺使用。在课程学习或试样时,可用比例尺做缩小的版型。

放码尺:又名方格尺。用于绘平行线、放缝分和缩放规格,长度常见的有45cm、60cm。

D尺:又名袖窿尺。用于画袖窿弧、领圈弧、袖山弧等曲线。

自由曲线尺:又名蛇尺。可自由折成各种弧线形状,用于测量弧线长度。

缩尺:又名比例尺。用于绘制缩小图。其刻度根据实际尺寸按比例缩小,一般有1/2、1/3、1/4、1/5的缩小比例。

量角器:作图时用于肩斜度、省道角度等的测量。

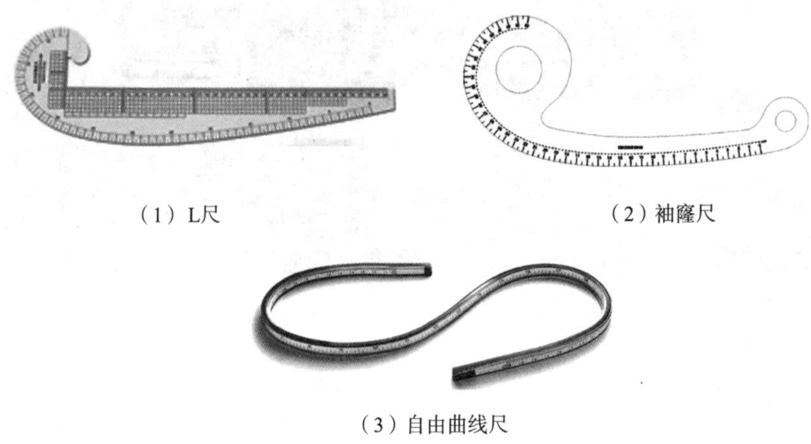

(1) L尺　　(2) 袖窿尺

(3) 自由曲线尺

图3-10　各种尺子

5. 人体模型

人体模型又称人台,是代替人体进行服装试样的工具(图3-11)。根据模拟对象的不同,人台有各种分类,比如按照性别与年龄可分为男装人台、女装人台、童装人台;按照材料与用途可分为展示人台和立裁人台;按照人台面积,可分为半身人台、全身人台等。

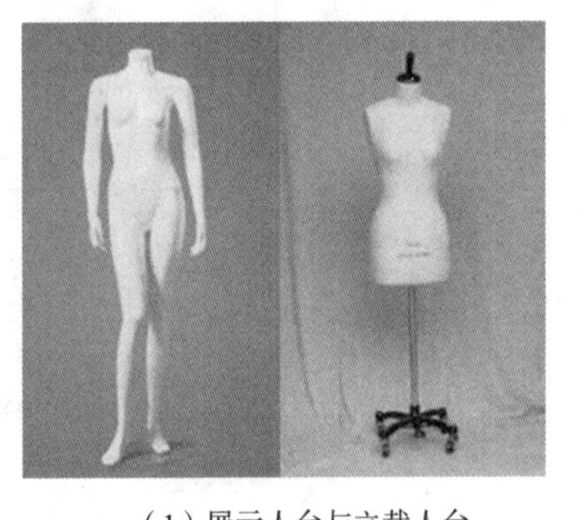

(1) 展示人台与立裁人台

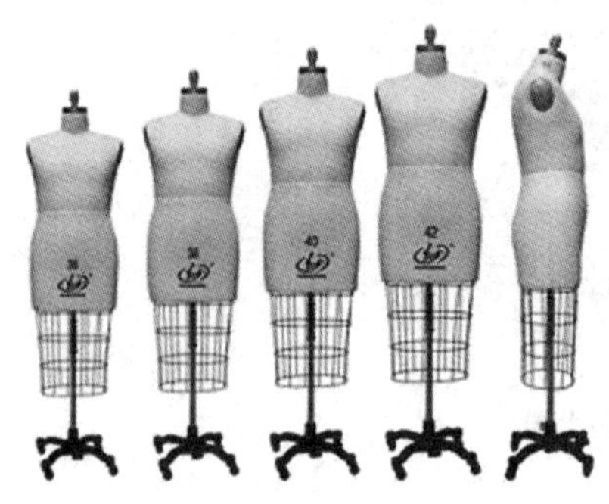

(2) 肥胖体人台

图3-11　各种人台

6. 其他工具

(1) 剪刀:分为裁纸剪刀与裁布剪刀两种。裁布剪刀一般长24~28cm(10~12号)。

(2) 点线器:又名滚轮。用于将基础纸样或立裁衣片的轮廓线、结构线拷贝、描画到另一张纸样上。

(3) 锥子:纸样内部的关键点,如省尖点、口袋端点等,从一个纸样拓到另一个纸样很难操作,用锥子辅助则很方便(图3-12)。

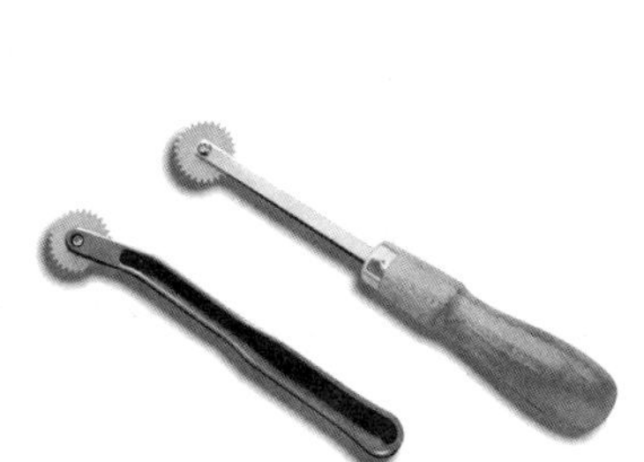
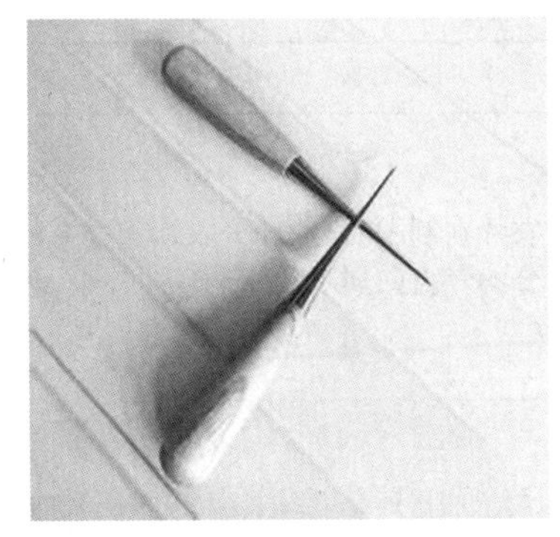

图 3-12　点线器与锥子

第四节　制图符号

服装纸样上有各种线和点，有一些线是辅助线，有一些线是裁剪线，还有一些部位需要特殊工艺处理。本书采用如下制图符号，表示纸样制图的不同意义和处理方式(表 3-1、表 3-2)。

表 3-1　服装制图符号

名称	说明	制图符号
辅助线	制图基础线	
完成线	纸样的边线、省线、分割线等。表示纸样的裁剪线、缝合线、工艺处理线	
连折线	对折线，表示左右上下相连对折，不裁开	
等分线	将某线段划分成若干等份	
直丝线	表示面料的经向	
方向线	表示样板、衣片的方向，面料倒顺毛，工艺连续性	顺毛　倒毛
省缝线	省结构的缝合线	衣片边缘　衣片边缘　衣片边缘　衣片边缘
缝缩线	衣片抽细褶	

续表

名称	说明	制图符号
重叠符号	两个衣片在制图时，一部分衣片重叠在一起，用重叠符号表示重叠部分的各自归属衣片	
褶裥符号	服装上的规则褶，如倒褶、对褶等。阴影斜线的方向是布料压褶的方向	A A A A A A A $\frac{A}{2}$ A $\frac{A}{2}$
归拔符号	需要归拢熨烫、拉伸熨烫部位	
合并符号	将不同衣片上切割下来的部分或两个衣片合并在一起，成为一片	
直角符号	两线垂直相交成 90°	
切开符号	沿图样中线剪切开	

表 3-2　人体部位及尺寸常用代号

简写	含义	对应英文
B(L)	胸围(线)	Bust (Line)
H(L)	臀围(线)	Hip (Line)
W(L)	腰围(线)	Waist (Line)
MH(L)	中臀围(线)(腹围线)	Middle Hip (Line)
BP	胸点	Bust Point
L	衣长	Length
SL	袖长	Sleeve Length
AH	袖窿长	Arm Hole
KL	膝线	Knee Line
EL	肘线	Elbow Line

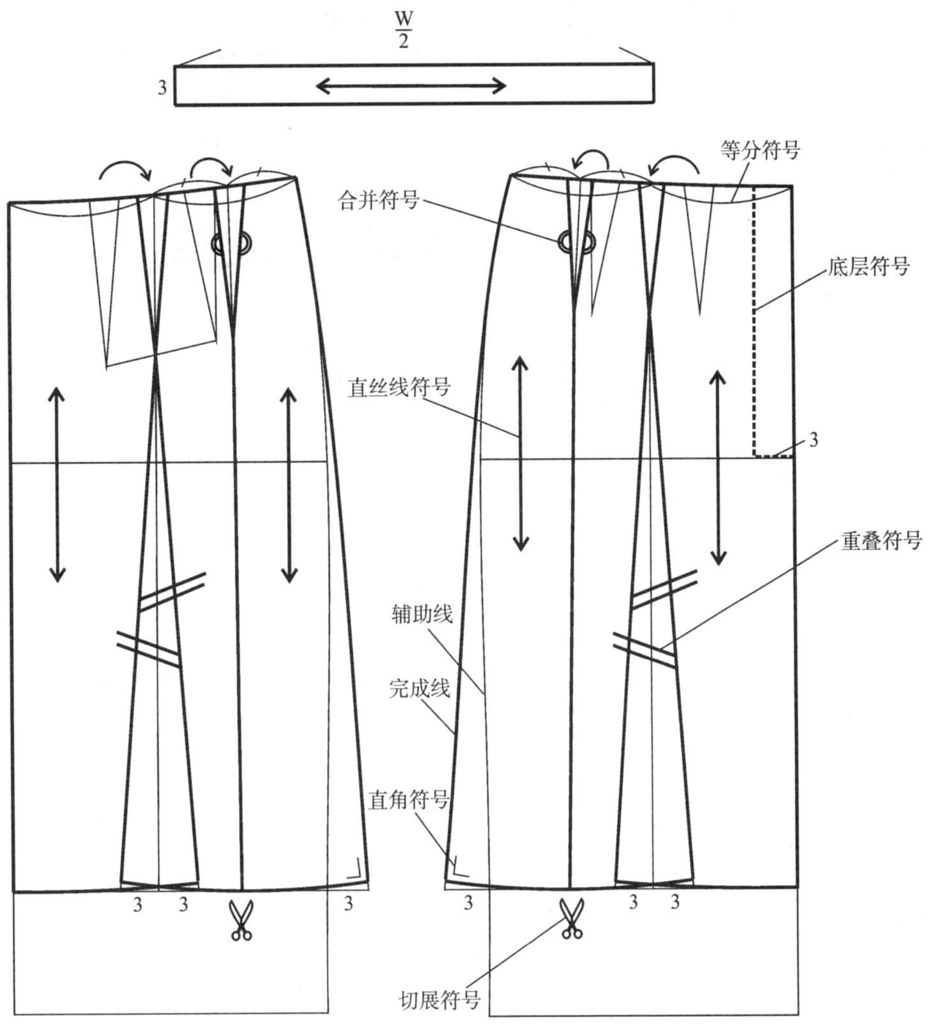

图 3-13　各种符号的实际运用

正确使用符号是制板规范的要求之一，符号是无声的语言，表达制板者的设计与处理意图。乱使用符号，将使纸样表达的意义发生错误(图 3-13、图 3-14)。

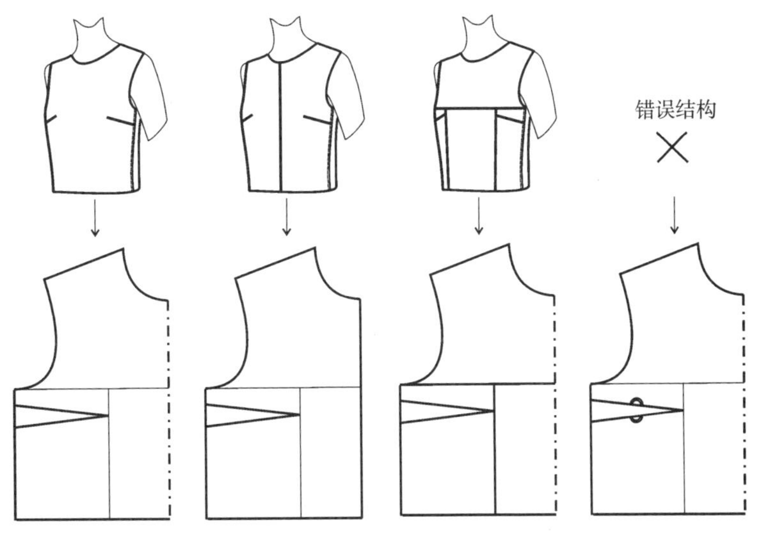

图 3-14　符号代表的含义

从图 3－13 看到，同样的纸样，轻浅的辅助线和深粗的完成线使用不同，是否使用对折线，表达的款式是截然不同的。有一些符号不可胡乱使用，也不可误解其含义。比如合并符号，并不是缝合的意思，而是在纸样上分开画的两个独立衣片，在最终的裁剪方案中合并在一起，裁成一整块。因此，出现合并符号的部位，成衣款式上没有缝合线，而且并不是所有部位都可合并，应考虑其结构的可操作性。

第五节　基本纸样的绘图方法

一、基本纸样各部位名称与服装的对应关系(图 3－15)

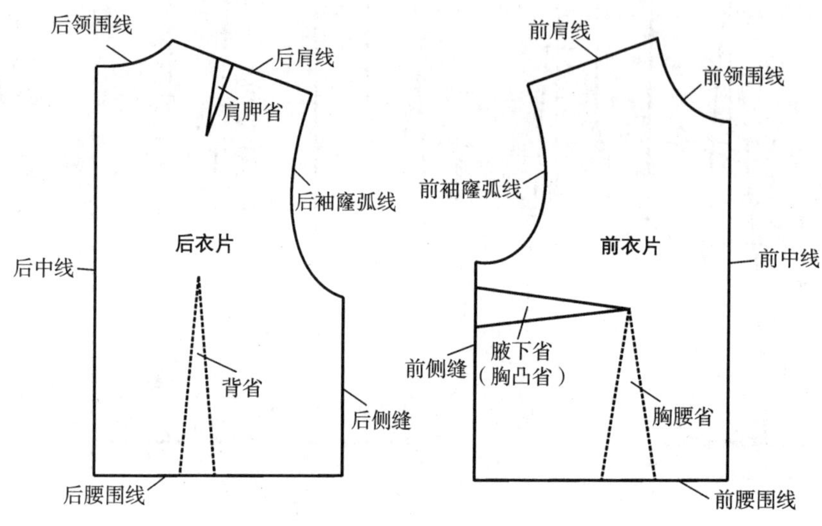

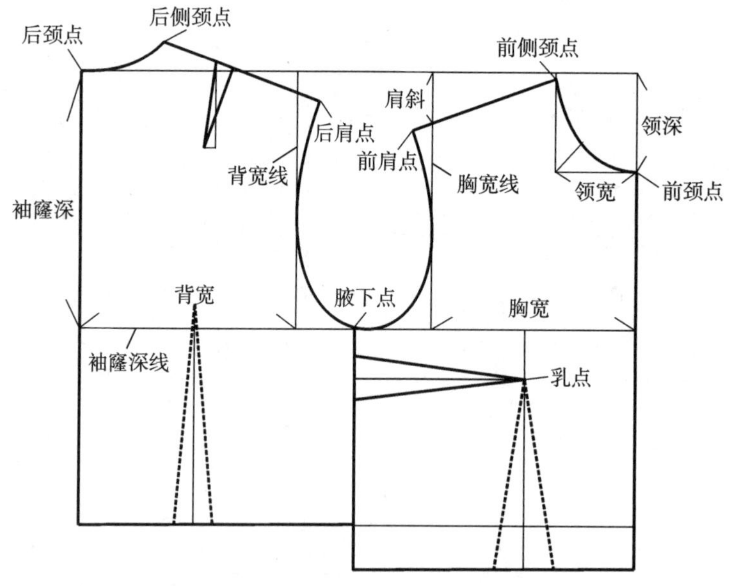

（1）衣身基本纸样的各部位名称

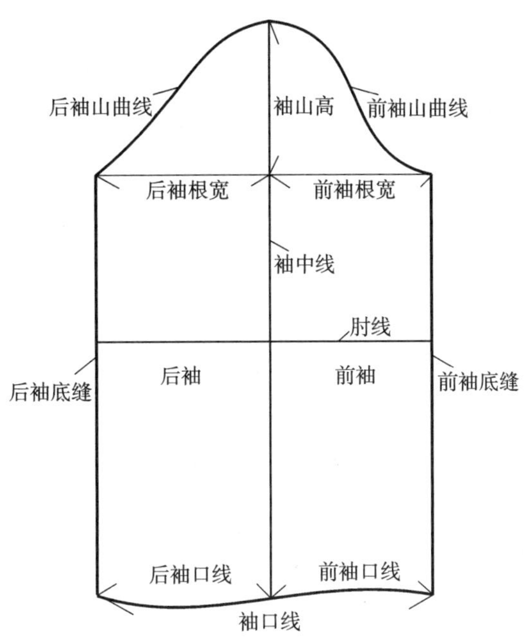

（2）袖子基本纸样的各部位名称

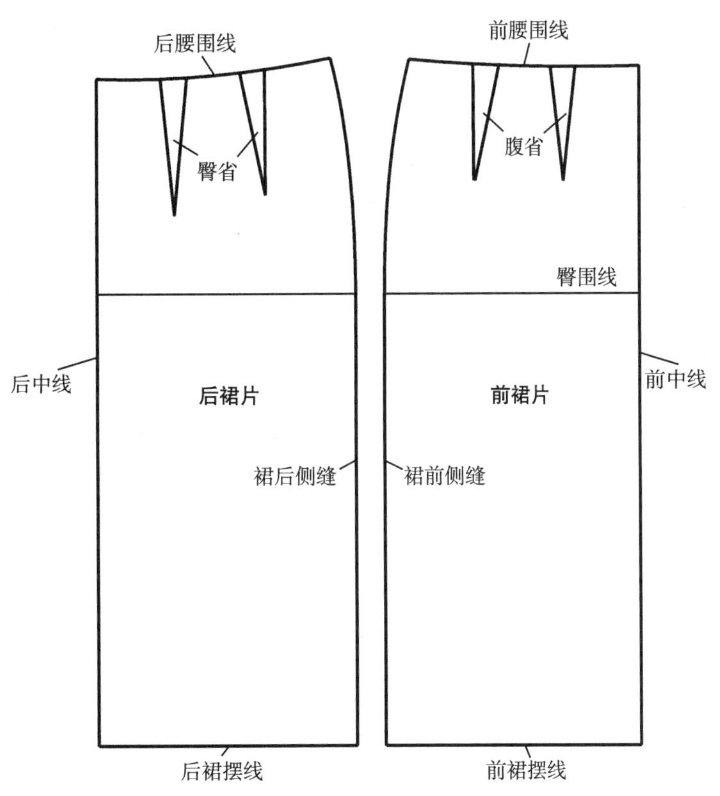

（3）裙子基本纸样的各部位名称

图 3－15　基本纸样的形状与各部位名称

为节约时间、提高效率，使左右身更加对称，基本纸样采用半身裁剪纸样。按照行业惯例，女装纸样为右半身（图 3－16）。

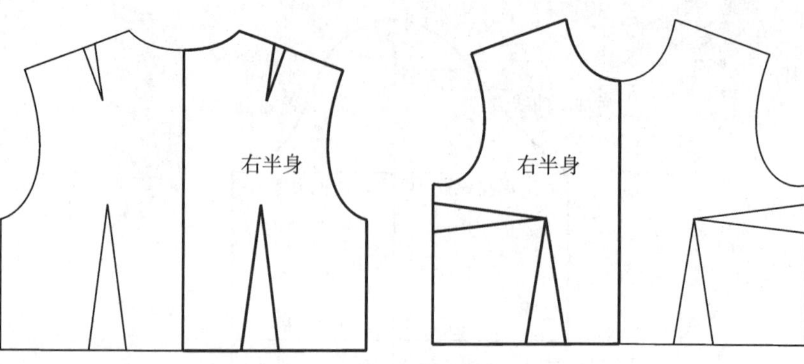

图 3-16　衣身整体与右半身裁剪

二、基本纸样的制图方法

(一)基本纸样(图 3-17)

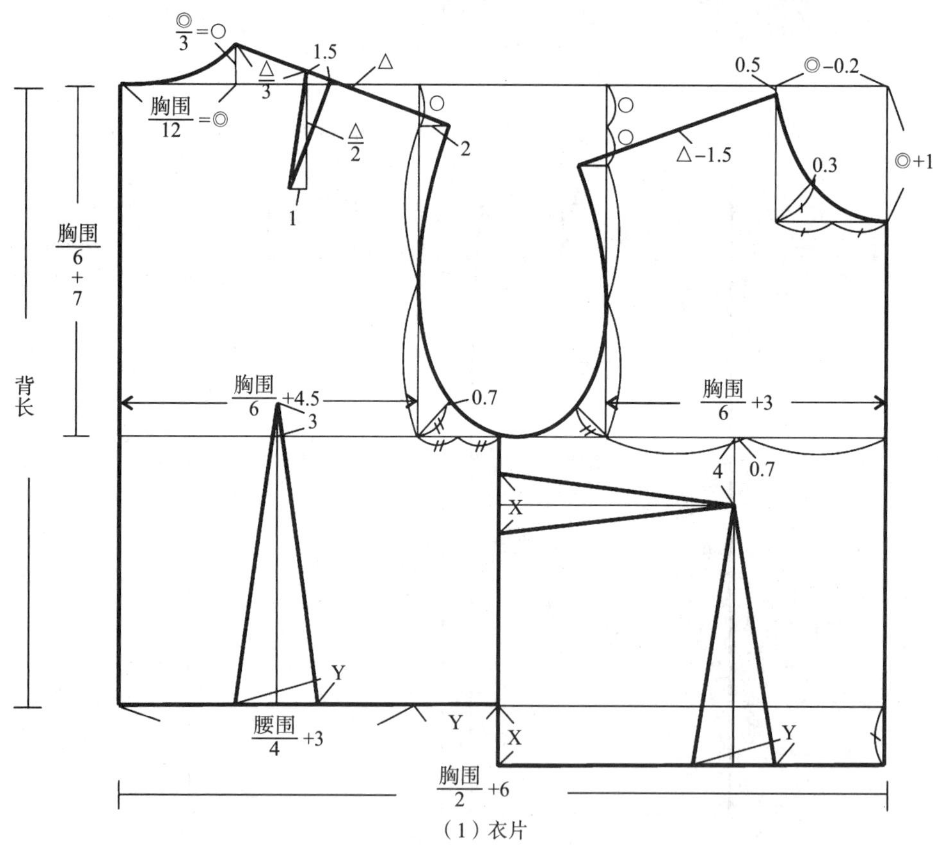

(1) 衣片

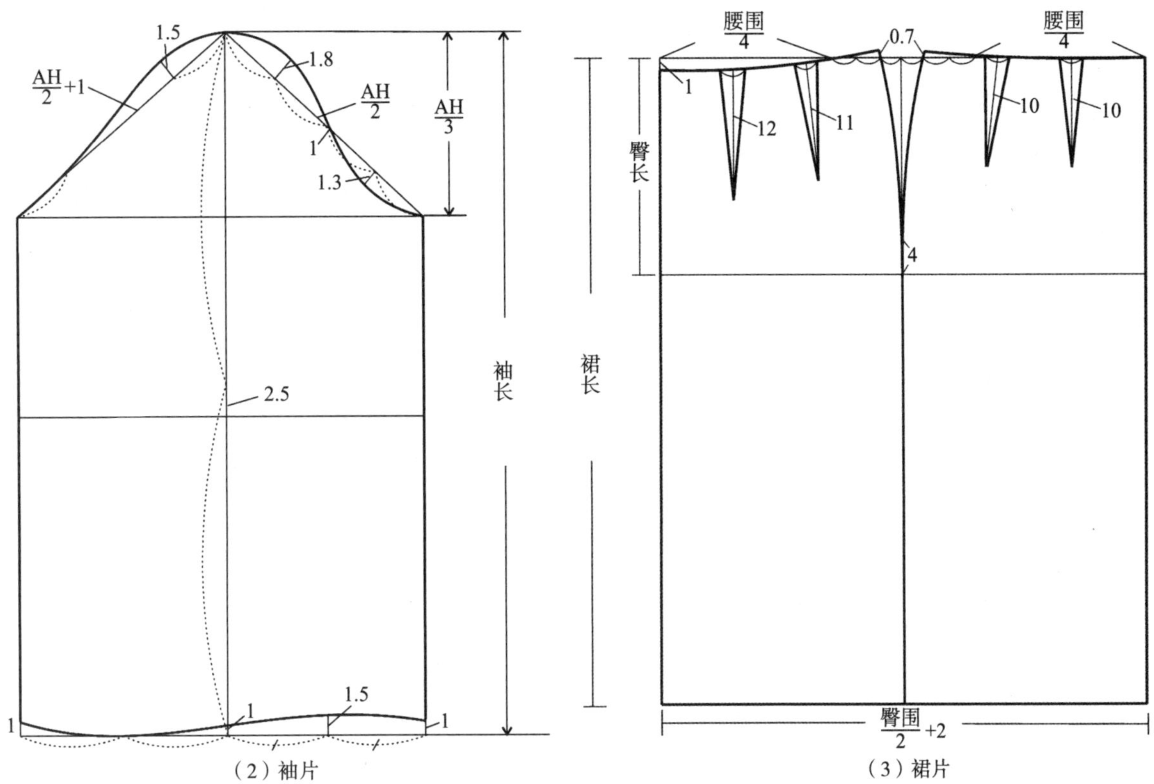

图 3－17　基本纸样的结构制图方法

（二）制图数据

胸围 84cm，背长 38cm，腰围 68cm。

（三）制图过程

1. 衣片的绘图方法[图 3－17(1)]

(1) 绘制衣片外轮廓长方形：长方形的长为胸围/2＋6，由于是半身制图，所以原型的整体胸围尺寸是净胸围＋12，其中 12cm 是基本纸样的胸围放松量；长方形的宽为背长尺寸。

(2) 绘制袖窿深线：从长方形的上边向下测量胸围/6＋7，画出一条水平线，此线为袖窿深线，亦可近似看作胸围线。

(3) 绘制侧缝：将袖窿深线二等分，向下画出一条垂线，此线为前后片的交界线，即原型侧缝所在的位置。

(4) 绘制胸宽线与背宽线：从袖窿深线左端点向右量取胸围/6＋4.5，向上画垂线，这条线为背宽线；从袖窿深线右端点向左量取胸围/6＋3，向上画垂线，这条线为胸宽线。

(5) 绘制后颈曲线：从长方形的左上顶点(后颈点)向右测量胸围/12，因为这个数值常用，因此标记为◎，从这个点垂直向上测量◎/3，得到后片侧颈点。◎/3 这个数值也经常使用，因此标记为○；从后片侧颈点向后颈点引一条曲线与长方形的上边相切，这条曲线为后颈曲线。

(6) 绘制前颈曲线：以长方形的右上端点为基准，做出一个小长方形，长为◎，高为◎＋0.5，在长方形的左下端点引一条角度为 45°的斜线，在斜线上量取领宽的一半减去 0.3cm，作为辅助点。从小长方形的左上端点(前片侧颈点)，经过斜线上的辅助点，至长方形的右下短线(前颈点)，画一条圆顺的曲线，这条线为前颈曲线。

(7) 绘制后肩线：背宽线上端点向下○处，画出一条长 2cm 的水平短线，短线的右端点为后肩点，连接后片侧颈点和后肩点，得到后肩线。

(8) 绘制前肩线：在胸宽线上端点向下距离两个○的点上，向左画一条水平短线，领口长方形的左上端点向下 0.5cm，向这条短线上量取后肩线－1.5，得到前肩线。

(9) 绘制袖窿曲线：以前后肩点为端点，经过图上所示的各辅助点，绘制出一条圆顺的曲线，得到袖窿曲线。

(10) 绘制前片腰围线：前片中心线和侧缝向下延长领宽的一半，连接两个端点，得到前片的腰围线。

(11) 绘制肩胛省：肩胛省的左端点为后肩线靠近后侧颈点的 1/3 处，省的大小为前后肩线的长度差量 1.5cm，省的长度为后肩线长度的 1/2。

(12) 绘制腋下省(胸凸省)：取胸宽线中点向左 0.7cm，再垂直向下 4cm，此点为乳点。以乳点为省的尖点，水平画一条线至前侧缝，量取前侧缝和后侧缝的长度差 X 为省量，完成腋下省。

(13) 绘制胸腰省和背省：胸腰省的省尖点为乳点，背省的省尖点在背宽线中点垂直向上 3cm；在后片腰围线上截取腰围/4＋3cm，剩下的长度用 Y 表示，Y 为背省和胸腰省应收取的省量，分别画出胸腰省和背省。必须注意的是，胸腰省和背省的收省目的是收紧腰部，当服装的廓型效果不需要收腰时，这两个省可以省略不画。

2. *袖片的绘图方法*[图 3－17(2)]

(1) 绘制袖山底线、袖中线和袖山高：画出两条垂直相交的直线，水平线为袖山底线，垂直线为袖中线；从两条线的交点向上量出袖山高 AH/3，为袖山顶点。

(2) 绘制袖山曲线：从袖山顶点向左边的袖山底线量取 AH/2＋1，画出一条直线，称为后袖山参考线；向右量取 AH/2cm，称为前袖山参考线。将前袖山参考线从上到下分为四等分，第一等分点垂直于参考线向上 1.8cm，第二等分点沿袖山参考线向下 1cm，第三等分点垂直于参考线向下 1.3cm；从袖山顶点开始，在后袖山参考线上量取前袖山参考线的 1/4，此点垂直于参考线向上 1.5cm。经过这些参考点，绘制一条圆顺的曲线，作为袖山曲线。

(3) 绘制袖身和袖口曲线：从袖山顶点向下量取袖长，绘制袖子的左右轮廓和袖口参考线；将袖口参考线以袖中线为界，分为后袖口线和前袖口线；分别找到前后袖口的中点，从袖口线的左端点向上 1cm 的辅助点开始，经过后袖中点，前袖中点向上 1.5cm，最后到袖口线右端点向上 1cm 的辅助点，画出一条圆顺的曲线，为袖口曲线。

3. *裙片的绘图方法*[图 3－17(3)]

(1) 绘制一个长方形，宽为臀围/2＋2cm，高为裙长(裙长可取值 60cm)。

(2) 将长方形的宽二等分，为前裙片和后裙片的侧缝。

(3) 从长方形的上边向下量取 20cm，画一条水平线，为臀围线。

(4) 将前裙片的宽臀围/4＋1 并减去腰围/4 所得到的差量分为三份，在侧缝用曲线收去一份，并起翘0.7cm，修正腰围曲线。起翘 0.7cm 是为了保证腰线与侧缝的夹角为直角。另外两份差量分别在前腰线的两个三等分点上收成省，省的长度如图。

(5) 后裙片腰线与省的处理与前裙片相同，但省的长度不同。

(四) 纸样的修正与复核

基本纸样画好后，必须对纸样的准确性、各衣片彼此连接处和缝合处进行复核，以保证后续的裁剪与缝制环节顺利进行。需要复核的位置有：

(1) 上身前、后片以前、后中线为对称轴，裁剪为整个衣片后，领口在前颈点处是否圆顺(图 3－18)。

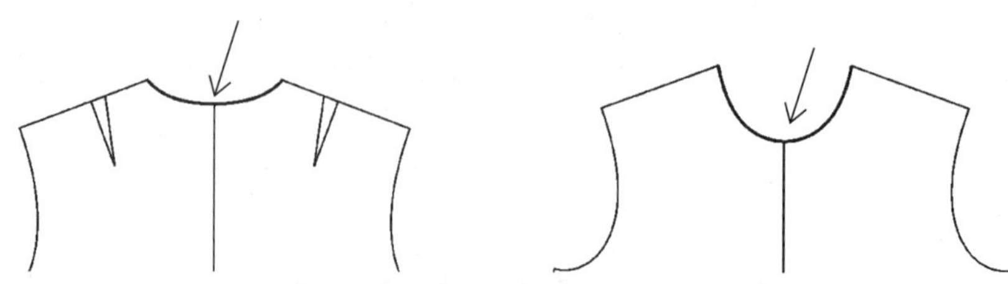

图 3－18　复核领口是否圆顺

(2) 省缝合后,省边是否圆顺(图 3-19)。

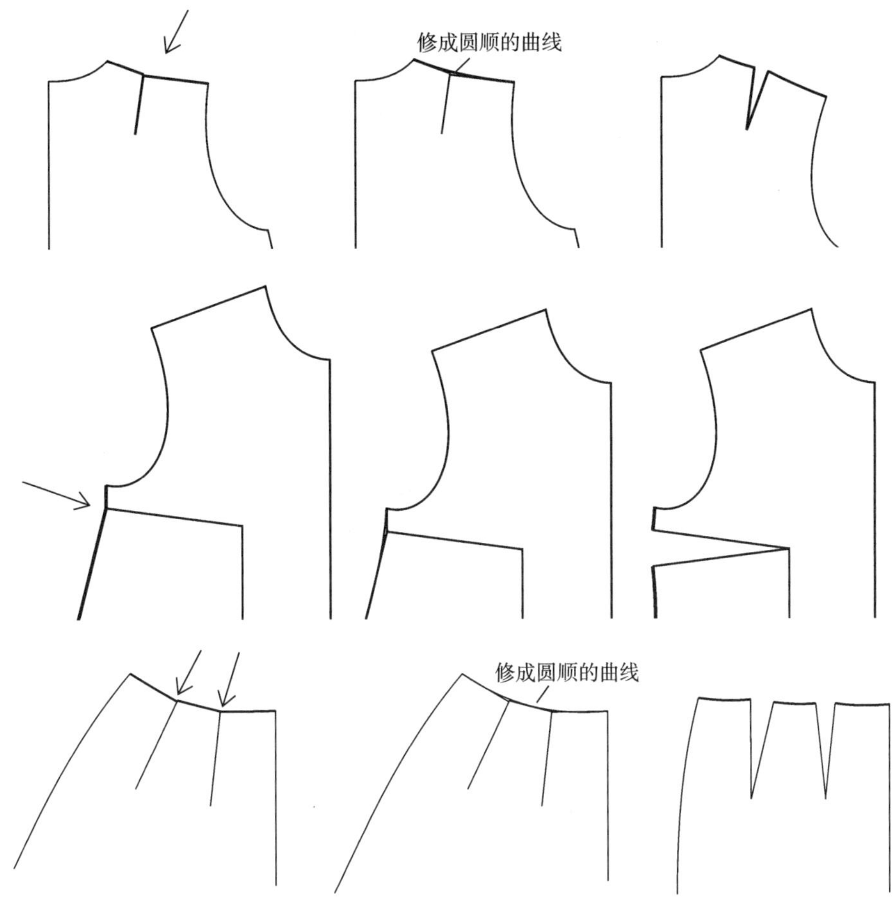

图 3-19　复核省边线是否圆顺

(3) 前、后片缝合后,前、后领口在侧颈点、肩点处的连接是否圆顺,裙子在侧腰节点处是否圆顺(图 3-20)。

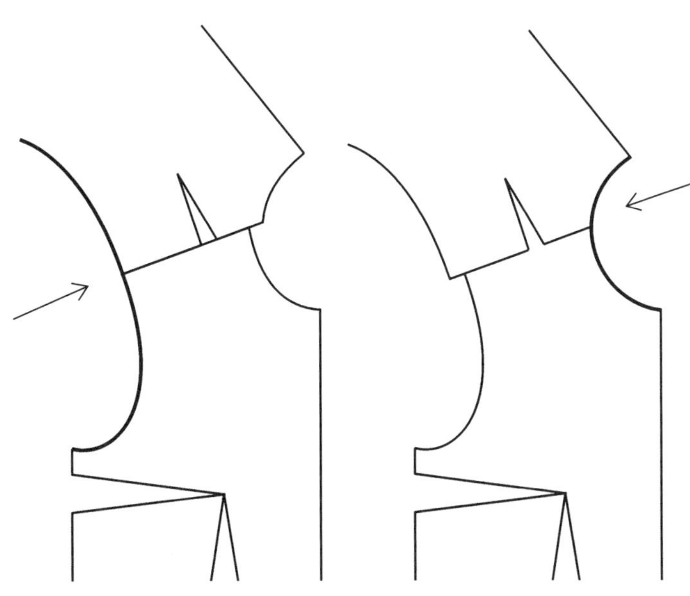

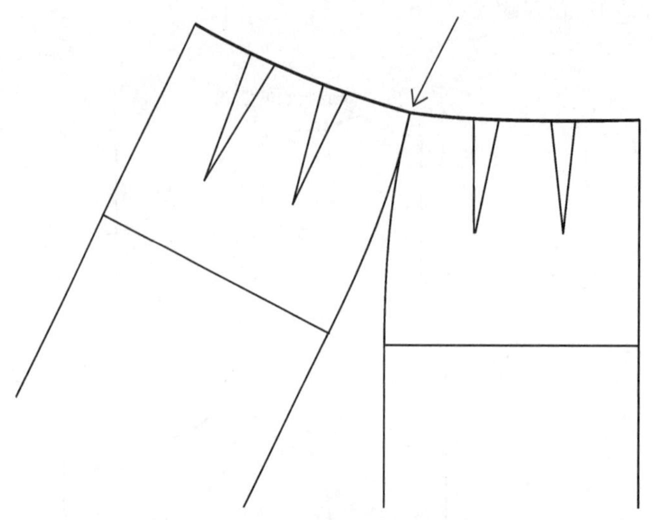

图 3-20 复核接缝处是否圆顺

（五）各号女装基本纸样数据调整量

基本纸样使用的公式是在实验获得的统计公式基础上，为简化制图而总结的实用公式，其中的常数是对比例公式的调节量，当人体的号型发生改变时，可对这些常数进行必要的调整，使其余号型的基本纸样更加准确（表 3-3）。

表 3-3 公式常数调整量

单位：cm

号型	胸围	背长	袖长	袖窿深	背宽	胸宽	后冲肩	前领宽	前领深	前侧颈点降	胸点距袖窿深线
S	78	37	48	B/6+7.4	B/6+4.8	B/6+3.3	2.1	◎−0.1	◎+0.9	0.4	3.5
M	84	38	52	B/6+7	B/6+4.5	B/6+3	2.0	◎−0.2	◎+1	0.5	4
ML	88	39	53	B/6+6.6	B/6+4.3	B/6+2.8	1.9	◎−0.3	◎+1.2	0.5	4.5
L	94	40	54	B/6+6.2	B/6+4.1	B/6+2.6	1.8	◎−0.4	◎+1.3	0.6	5
LL	100	41	55	B/6+5.8	B/6+3.9	B/6+2.4	1.7	◎−0.5	◎+1.4	0.7	5.5

第六节 基本纸样结构分析

一、上身基本纸样

首先应明确的是，这套基本纸样是合体套装的基本纸样，肩部、袖部、腋下以及胸围等处的放松量大小适中，适合制作一款春秋季穿着、内套一件紧身毛衫或衬衫的套装。

1. 胸围放松量

在基本纸样中，一半胸围的放松量为 5cm，即胸围的整体放松量为 10cm。如果将人体看作圆柱体近似计算，基本纸样与人体之间胸围处的空隙约为 1.6cm。服装的胸围放松量可以在基本纸样的基础上，通过一定的技巧和方法增减，以满足不同种类、不同廓型服装的需要。如旗袍的胸围放松量，一般是 4～6cm，而宽松廓型服装的胸围放松量则可以达到 30cm 以上。

图 3-21　基本纸样成衣松量效果

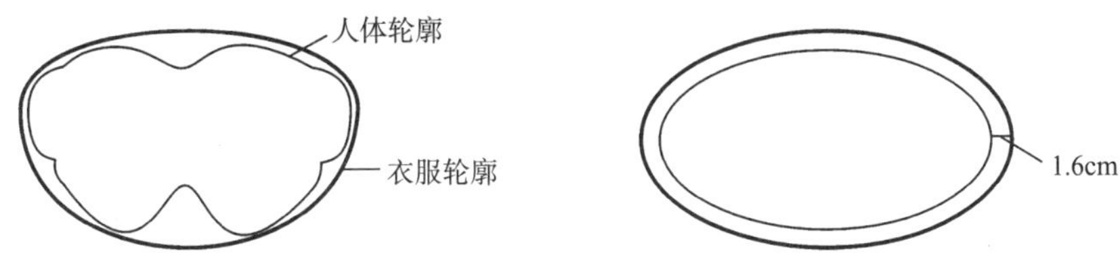

图 3-22　基本纸样与人体之间的空隙

2. 领口放松量

基本纸样的领围有一定的放松量：领宽比颈宽约大 0.3cm，前领深放松量约为 0.4cm。领围放松量是为了满足颈部舒适的需要。

3. 胸宽、背宽放松量

胸宽和背宽的放松量对于手臂的活动量来说非常重要，也决定了服装穿着的舒适度。虽然从经验上看，女性胸宽似乎应该大于背宽，但制图数据却相反。这一方面是由于女性背部向前包拢的形态，另一方面也由于背部活动量大，因此基本纸样的后片包含了更多的放松量。

4. 袖窿放松量

袖窿对应人体躯干与手臂连接的部位，这里是活动最多、运动最复杂的区域。从视觉上看，袖窿的形态对服装的廓型影响也很大。基本纸样的袖窿在腋窝处有 2cm 的放松量，且后袖窿应比前袖窿长 1cm 左右。

5. 肩线放松量

基本纸样的肩斜度小于人体实际的肩斜度，这是考虑到了人体手臂上抬的要求，在肩线处做了纵向的放松。肩点所在的位置基本在人体肩点上(图 3-21、图 3-22)。

二、袖子基本纸样

人体的上臂与小臂可近似看作圆柱体，上臂基本垂直，小臂前倾，肘部弯曲。袖子基本纸样仅为初步原型，整体呈筒状，完全垂直于地面。

袖山高是袖子形态的控制因素，它决定和影响了袖子的肥瘦程度、装袖角度、运动舒适性等。基本纸样的袖山高取值公式为 AH/3，按照基本纸样制图后，约为 14cm。上袖角度约为 45°，是袖子的常见状态，抬手臂不觉得困难，放下手臂腋下不觉得臃肿，肩角适当。

袖子的袖山曲线比衣身的袖窿曲线长 1.5cm 左右，在缝合的时候用“吃势”的工艺手法缝合在一起，袖山略拱起，包住衣身。

袖子上臂肥的松量约为 3cm，袖口的松量约为 14cm。袖口的形状为S形，对应的成衣效果如图 3－23。

图 3－23　基本纸样袖子外观

3. 裙子基本纸样

裙子基本纸样缝合后，是筒裙的外观。腰围无松量，臀围有 4cm 的最基本运动量，保证人在站立、坐下、蹲下、坐地前伏等静态姿势时，臀围尺寸满足需要。

基本纸样的裙长一般可取 60cm，裙摆位置在膝盖线下。如果制作成成品，需要设置开衩。

裙子基本纸样腰省的设置兼顾了造型与生产效率。从理论上说，省的设置越细密，成衣造型越圆顺，但过多的省会给生产造成不便。基本纸样在前后片各设 2 个省，加上侧缝的收腰量，基本可以满足外观合体的要求(图 3－24)。

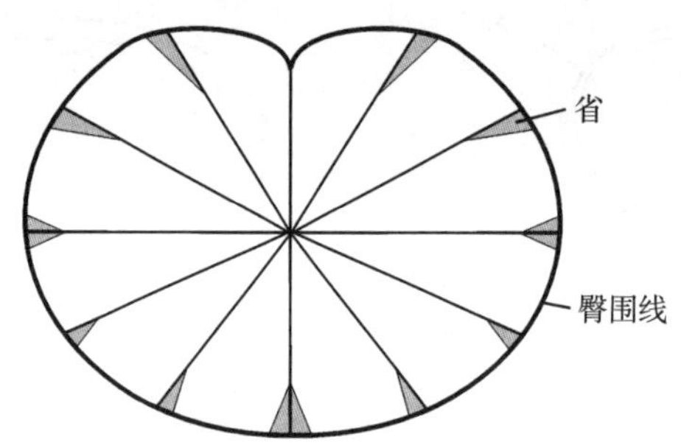

图 3－24　裙子收省位置

基本纸样的裙腰线不在一条水平线上，后腰处下落 1cm，这是考虑到人体的支撑点而做的调整。人体后腰处内凹、平滑，裙子在这个位置无法固定，必然下滑，将造成裙摆前翘的外观弊病。裙子后腰下调 1cm，便于裙子更好地得到支撑，使裙摆保持在一条水平线上(图 3－25)。

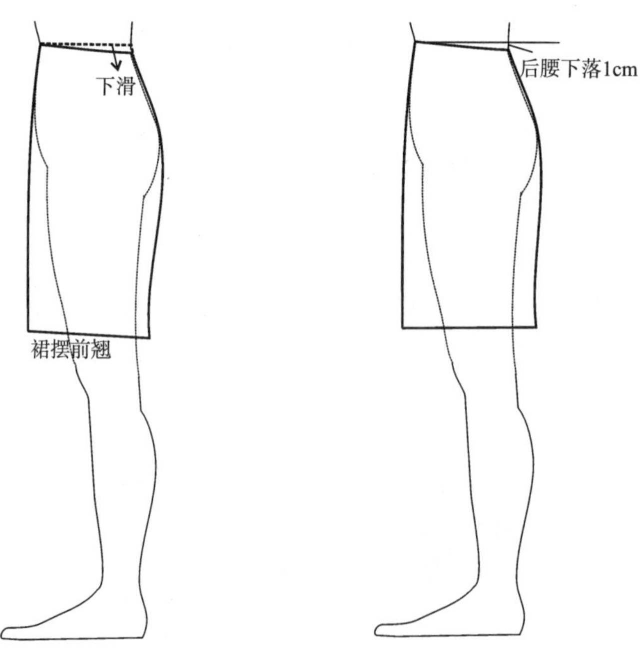

图 3－25　裙子后腰下落

第四章　省的结构设计与变化技巧

第一节　省的概念

当平面材料（面料）披覆在立体物体（人体）表面上的时候，由于物体表面的凹凸而产生浮余量，这些浮余量就是省。如果需要使面料贴合人体，塑造出人体的曲线特征，就必须用缝合、捏合、转移、剪除等方法，对省进行处理。

基本纸样上的省对应人体躯干的几个较大的凸起带：胸部凸起、腹部凸起、肩胛凸起、臀部凸起等（图4－1、图4－2）。

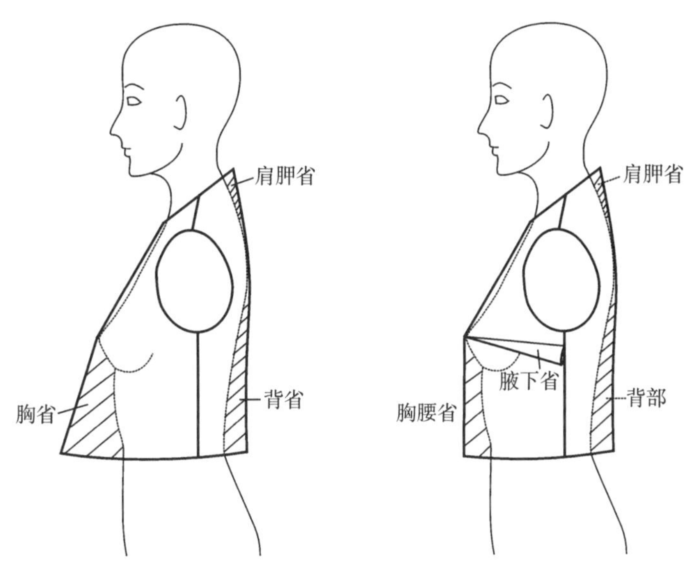

图4－1　上身衣片的省

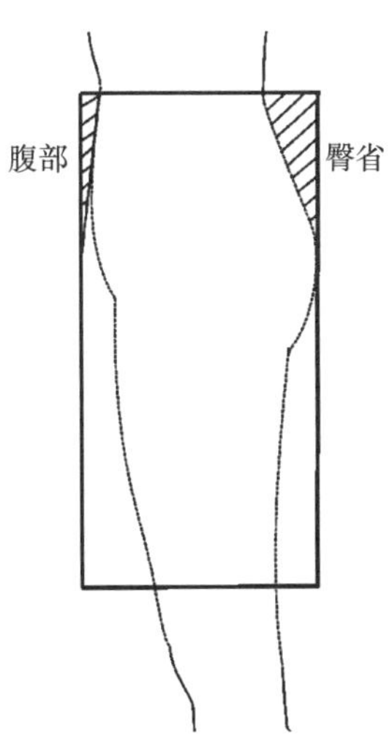

图4－2　下身衣片的省

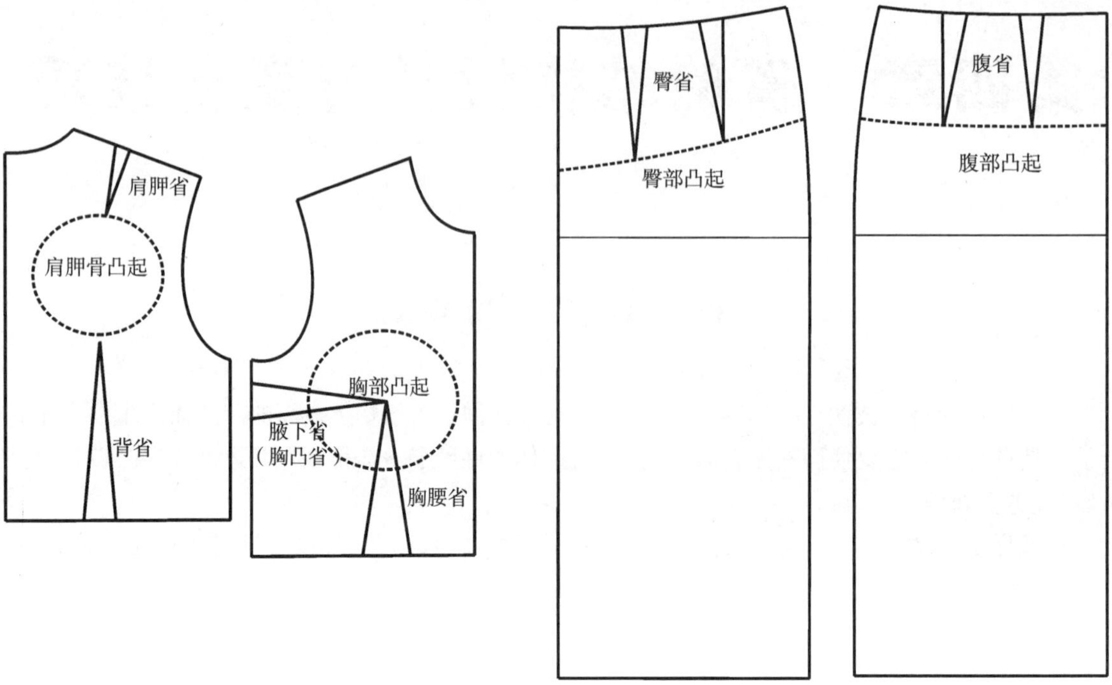

图 4-3　基本衣片上的省对应人体的凸起部位

省的组成元素包括省尖点、省边线和省量，其中省尖点形成凸起点，对应人体的凸起位置，或特殊廓型设计的凸起点。省的大小和省的长度决定省结构的凸起程度，省量越大，省长越小，凸起效果越明显。省的组成如图 4-4 所示。

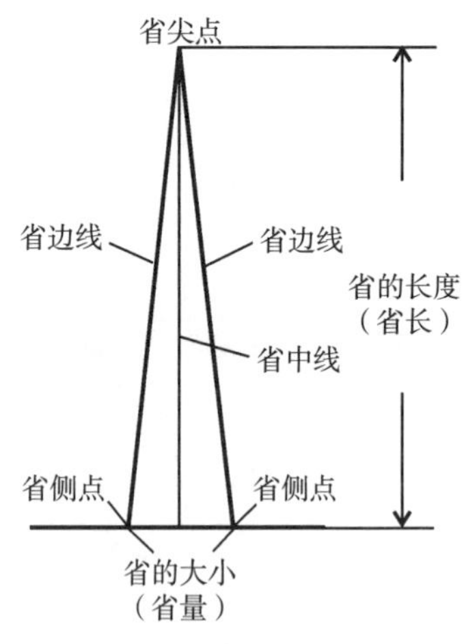

图 4-4　省的组成

服装款式不同，人体部位不同，对应的省形式也不相同。常见的省形式如图 4-5 所示。

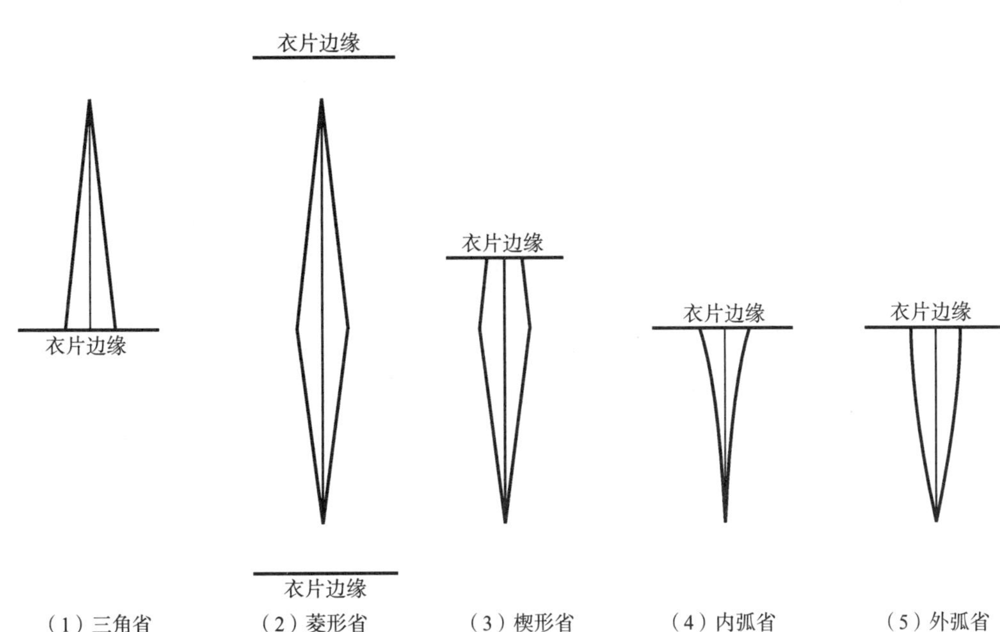

图 4-5 常见的省形

其中三角省对应衣片的单一凸起区域，菱形省连接人体的两个凸起区域（如连衣裙的腰省，连接胸部的凸起和腹、臀部凸起），楔形省常见于高腰裙、高腰裤、短款上衣上。内弧省和外弧省缝合后，形成的省形是曲线，更符合人体体表的曲面造型，因此内弧省常见于礼服、文胸等贴体服装上，裙子和裤子侧缝也符合内弧省的特征。外弧省并不常见，多用于塑身内衣或零部件的特殊造型。

省边线的形状与缝合后的造型对应关系如图 4-6 所示。

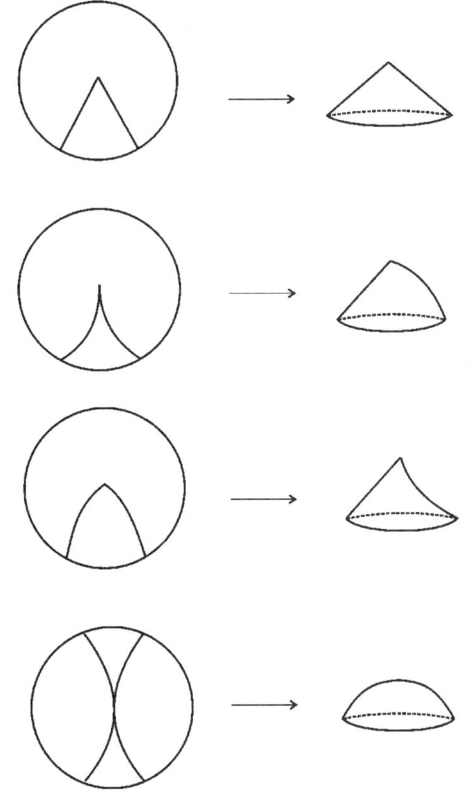

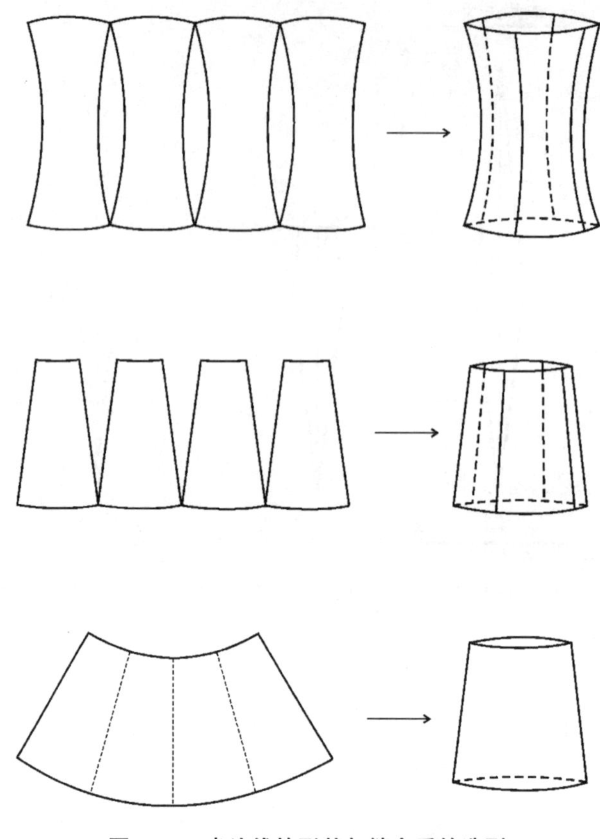

图 4-6　省边线的形状与缝合后的造型

第二节　省转移的基本方法

省具有可转移的特性，正是这样的特性使服装既贴合人体，又千变万化。省是服装(特别是女装)结构设计最主要的手段之一，服装设计师和打板师必须掌握省的转移原理与方法。

省的转移特性可以用立体裁剪的方法验证，也可以用几何的方法分析，得到同样的结论。如图 4-7，一个圆锥体的平面展开图有一个缺口结构，可看作服装的省结构。将这个缺口结构转移到其他位置，或分解成若干个小的缺口，重新黏合，得到的锥体形态是一样的，唯一变化的是黏合线在锥体上的位置。请注意，在这个过程中，缺口结构的夹角不变，即 A＝A1＋A2＝A3。

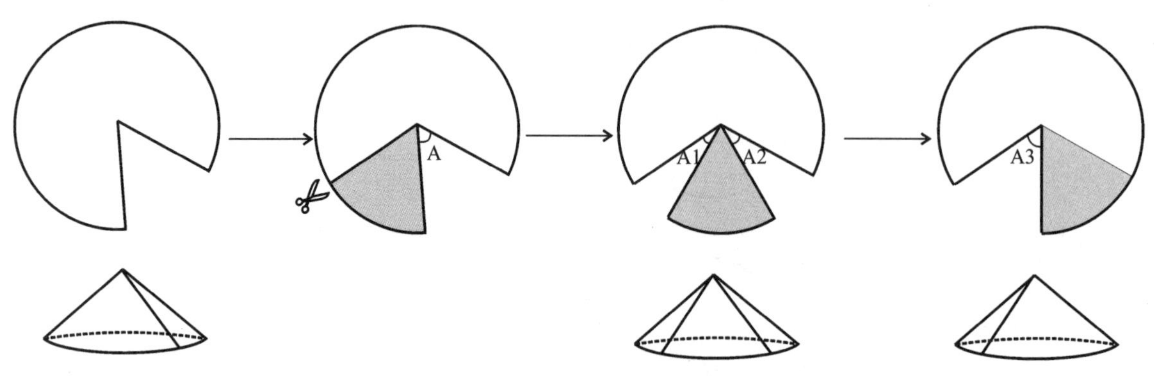

图 4-7　转省的过程中省夹角不变

立体裁剪的转省过程，或锥体缺口结构转移的过程在服装基本纸样上重现，就可以将基本纸样的省转移到设计师设计的位置，得到新的款式。

以前衣片的腋下省为例。基本纸样的腋下省缝合后，成衣款式如图 4－8 所示。

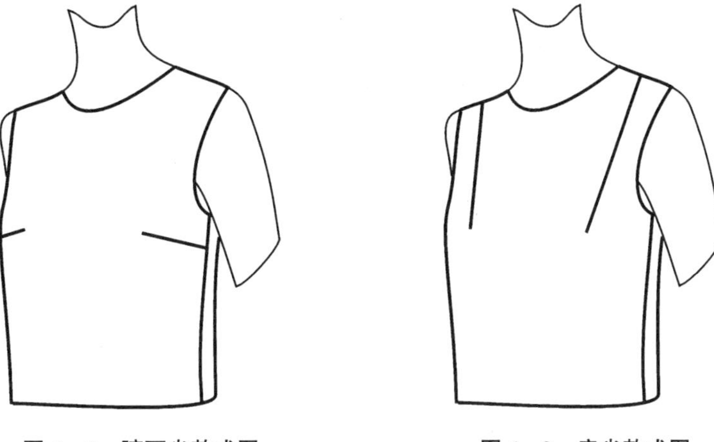

图 4－8　腋下省款式图　　图 4－9　肩省款式图

如将腋下省转移到肩线，要经过以下步骤。

(1) 准备好上衣前片基本纸样(图 4－10)。

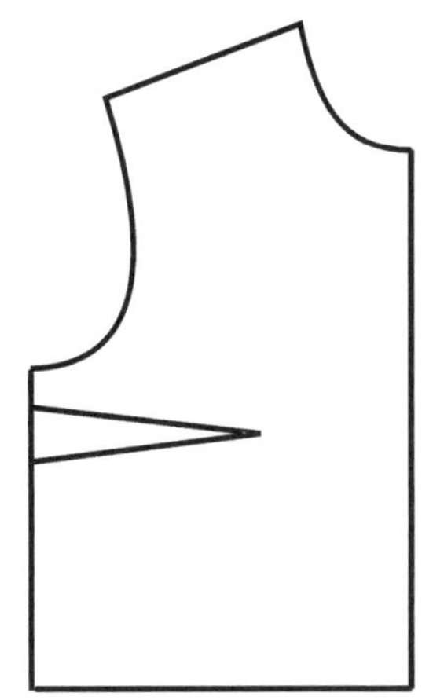

图 4－10　准备好纸样

(2) 画出新省的位置，注意新的省必须从原省的省尖点(腋下省是胸点)出发，达到衣片的边缘线(图 4－11)。

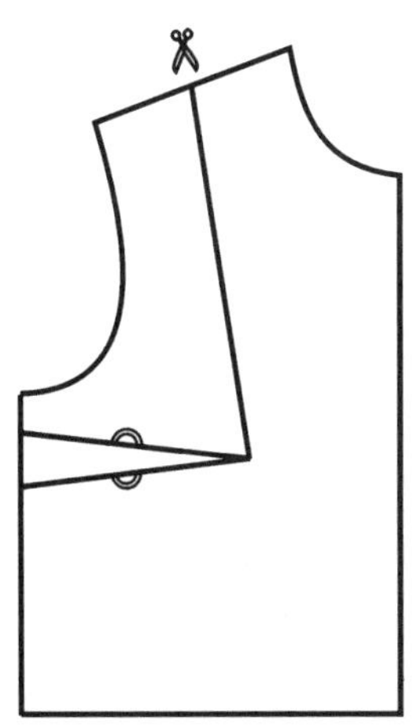

图 4－11　设计出新的省位

（3）剪开原有的省量，再剪开新的省线。可在省尖位置保留 0.2～0.3cm 不剪断，这时新省到原省之间的衣片可以转动（图 4－12）。

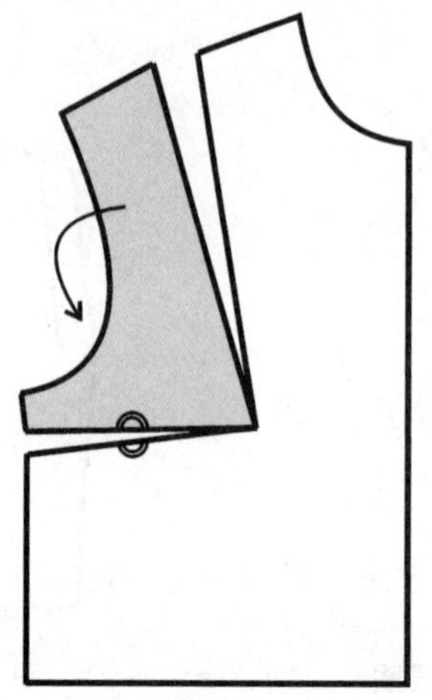

图 4－12　将原省和新省位剪开，保持中心线不动，旋转

（4）将原有省的两个边线合并，这时新的省位打开了一个三角形的省（图 4－13）。

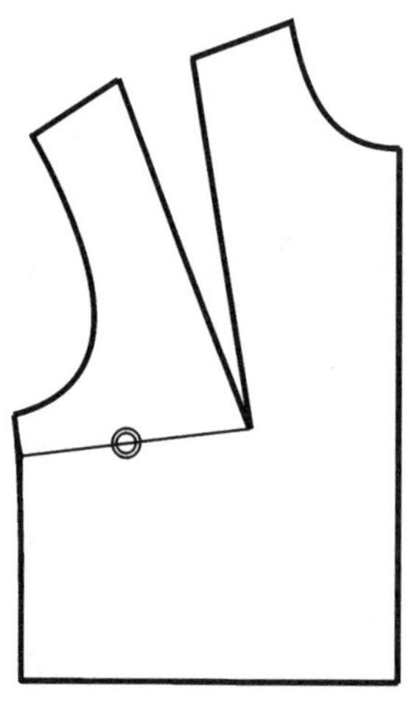

图 4－13　将原省完全合并，新省位形成

（5）省的缝合是直接将省量捏合后在背面缝合，不用将省剪开，因此要在省的开口处补齐缺口。省开口处折线的画法如图 4－14、图 4－15 所示。

图 4－14　补齐省开口的折线，完成作图

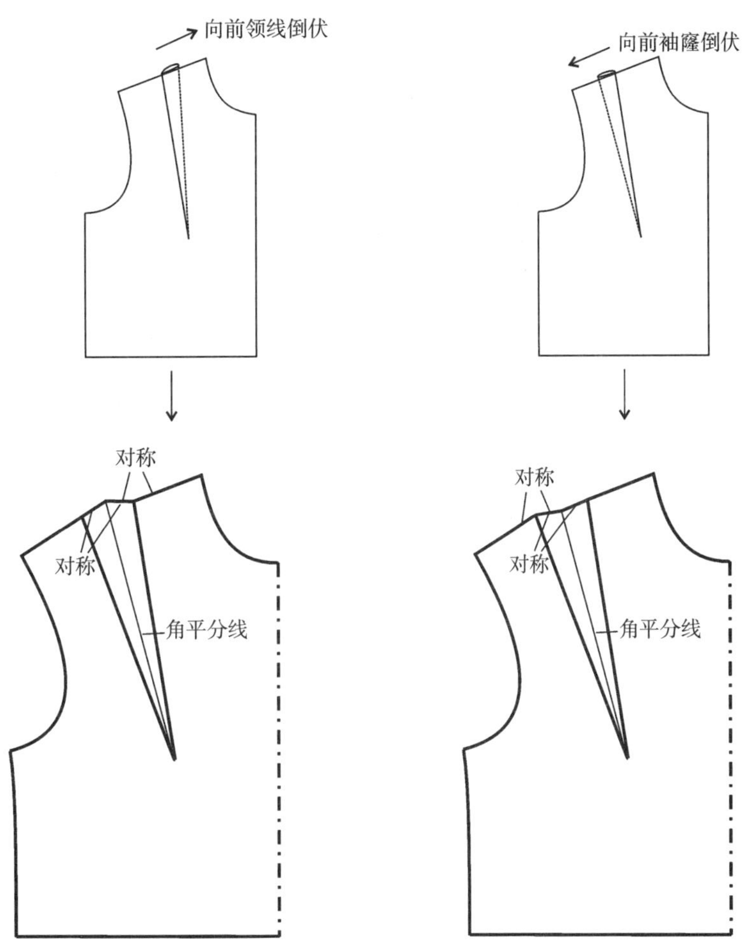

图 4-15　省开口折线的画法

第三节　腋下省的转移

腋下省是由于女性乳突量造成的，女性乳房的形态可近似认为是圆锥形，其省转移的特点是以胸点为圆心转动，新的省位指向前衣片各个边缘，整体呈发散形（图 4-16）。

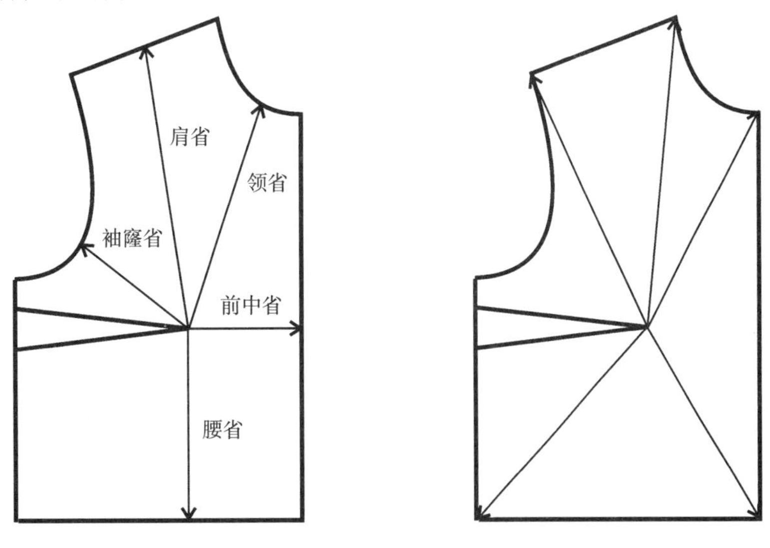

图 4-16　腋下省的发散转移特性

1. 腋下省转移至袖窿(图 4－17、图 4－18)

图 4－17　袖窿省款式图

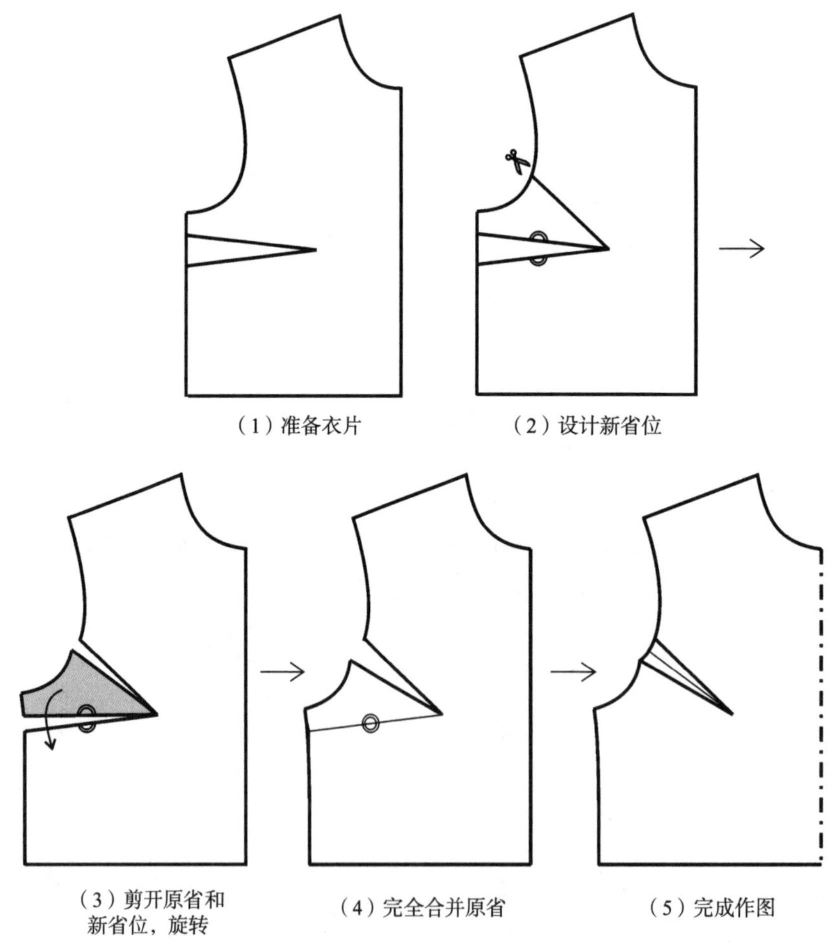

图 4－18　腋下省转至袖窿的步骤

2.腋下省转至领口(图 4－19、图 4－20)

图 4－19　领口省款式图

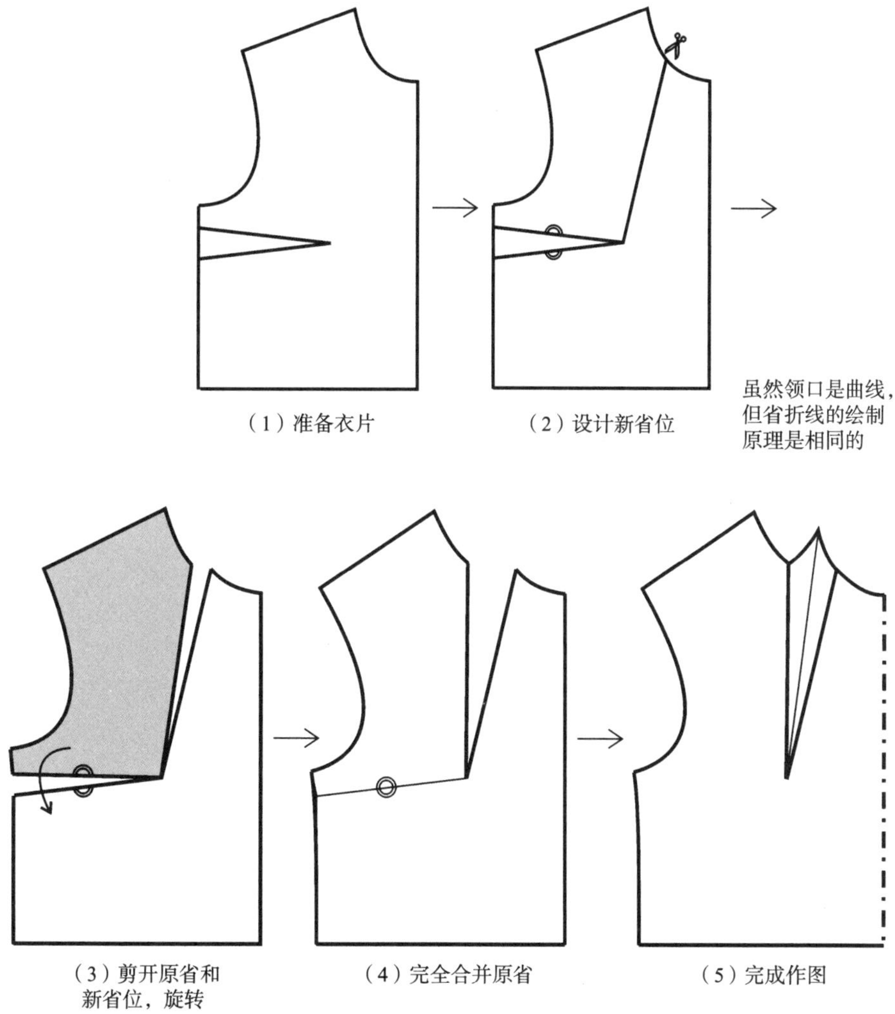

图 4－20　腋下省转至领口的步骤

3. 腋下省转移至前中线(图 4－21～图 4－24)

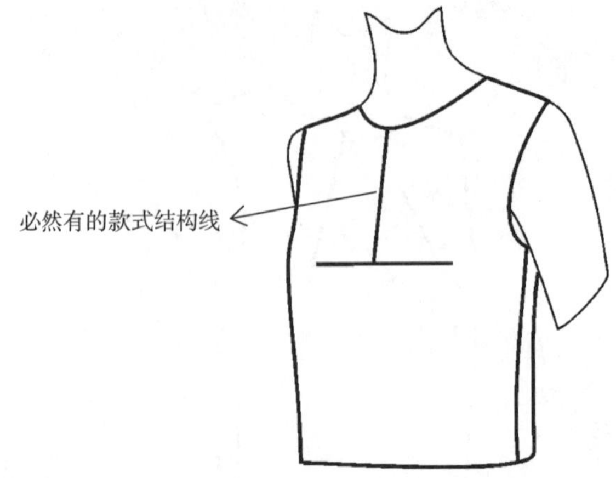

图 4－21　前中省款式图

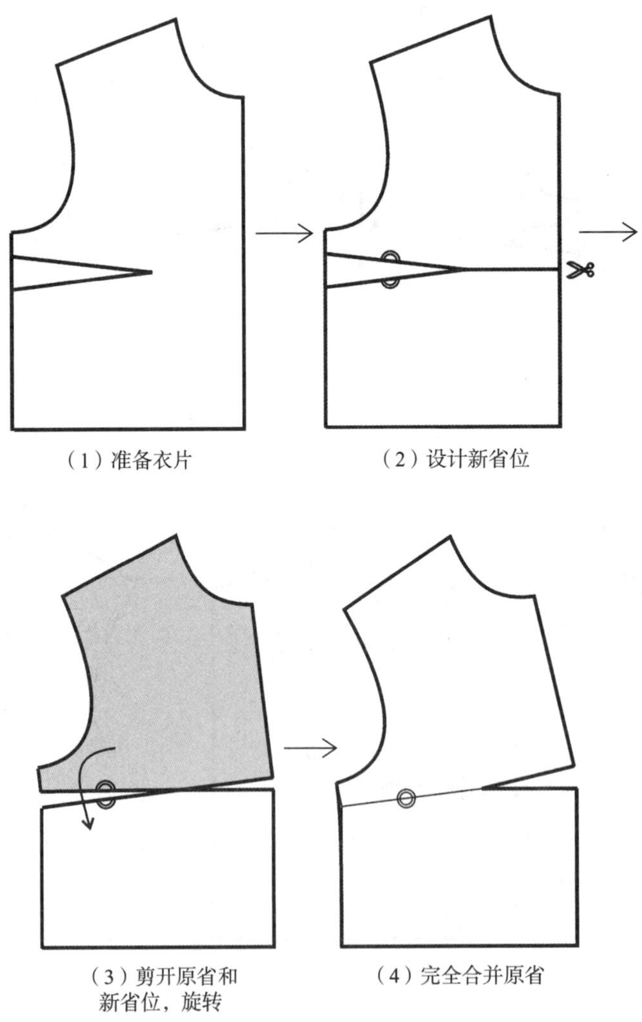

图 4－22　腋下省转至前中线的步骤

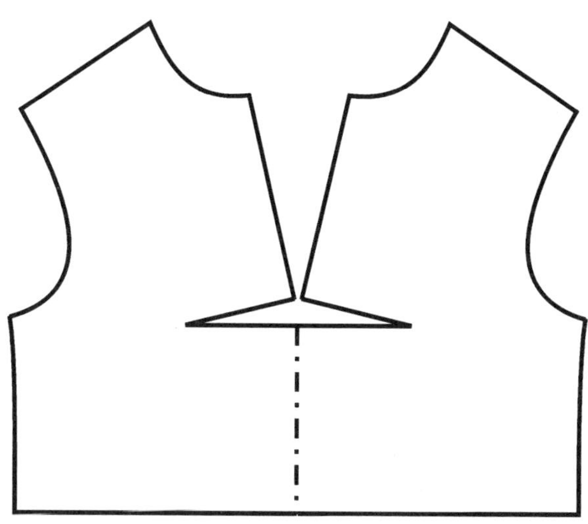

图 4－23　左右衣片合并后，前中线一部分断开

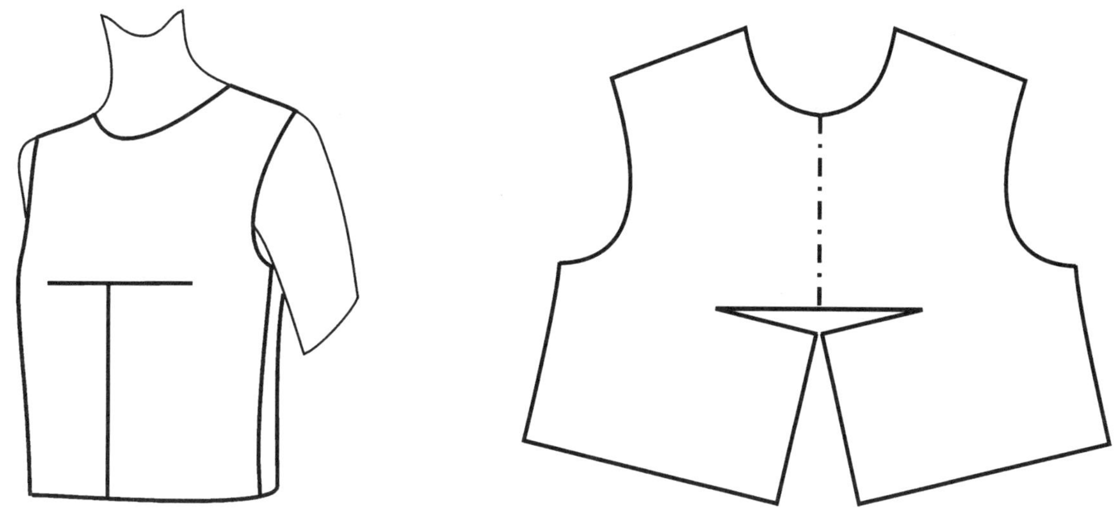

图 4－24　另一种合并裁剪方式及款式图

腋下省转移至前中线的情况略有特殊。转省使原本是一条直线的前中线变成了折线，无法作为对称轴，裁剪整片衣片。所以当省转移至前中线时，在前领口至省位处将出现缝合线。缝合线也可设置在前中线的下半段（省位至腰线）。

第四节　肩胛省的转移

肩胛省的转移特性不同于腋下省。由于肩胛是一个不规则凸起面，也是有运动方向的关键运动带，因此省的位置是有限制的，不能随意设计（图 4－25）。

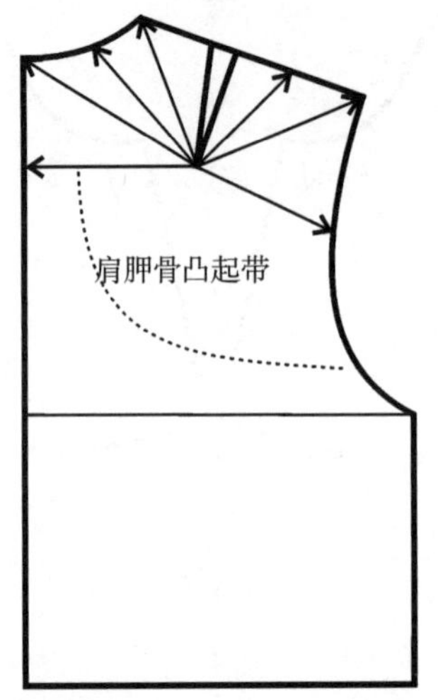

图 4-25　肩胛省可转移的位置

以省尖点为转动中心，将省转移至衣片边缘的方法，对于每一个部位的省都是通用的。

一、肩胛省转移至后领线（图 4-26、图 4-27）

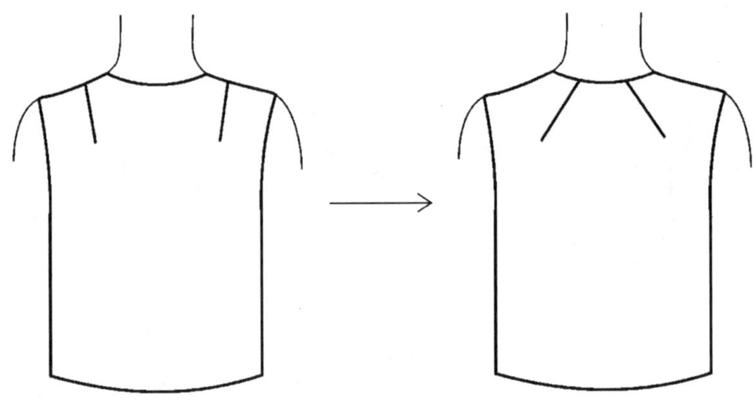

图 4-26　肩胛省转至后领口的款式变化

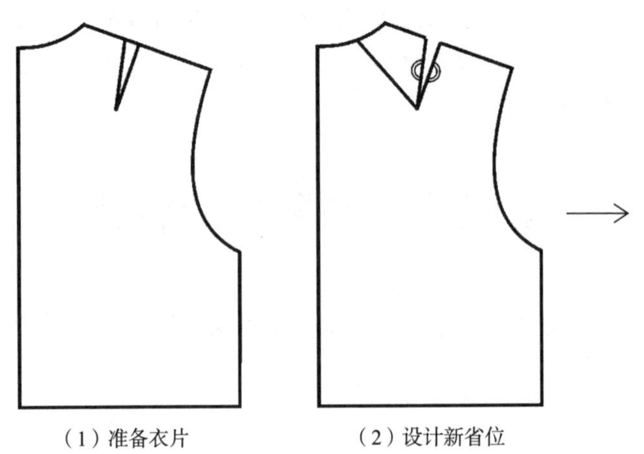

（1）准备衣片　（2）设计新省位

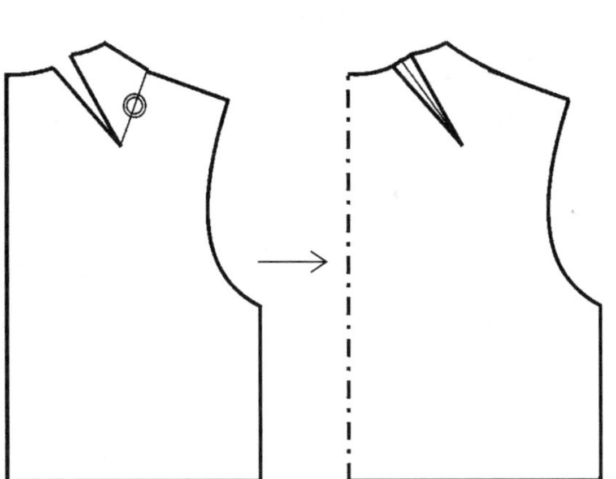

（3）剪开原省和新省位，旋转　　（4）完成转省，画好省开口折线

图 4－27　肩胛省转至后领口的步骤

1. 肩胛省转移至后肩点（图 4－28、图 4－29）

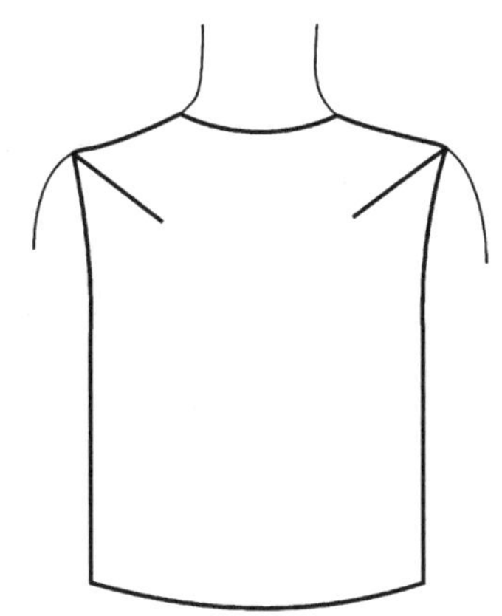

图 4－28　肩胛省转至后肩点的款式图

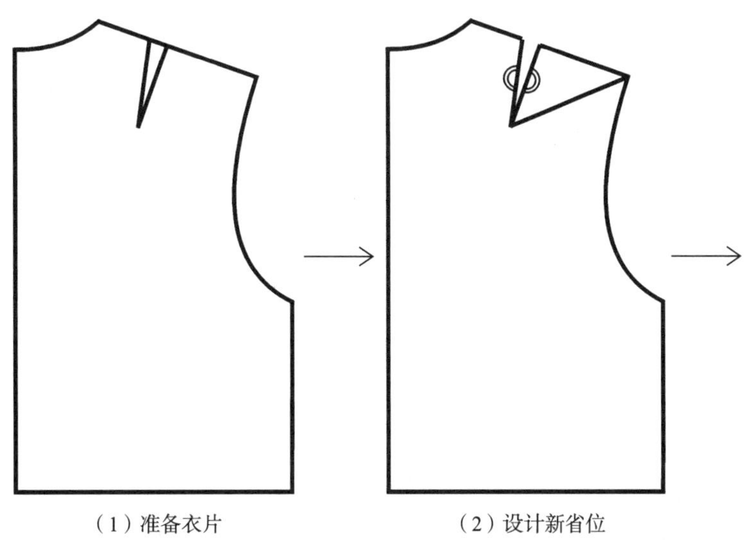

（1）准备衣片　　（2）设计新省位

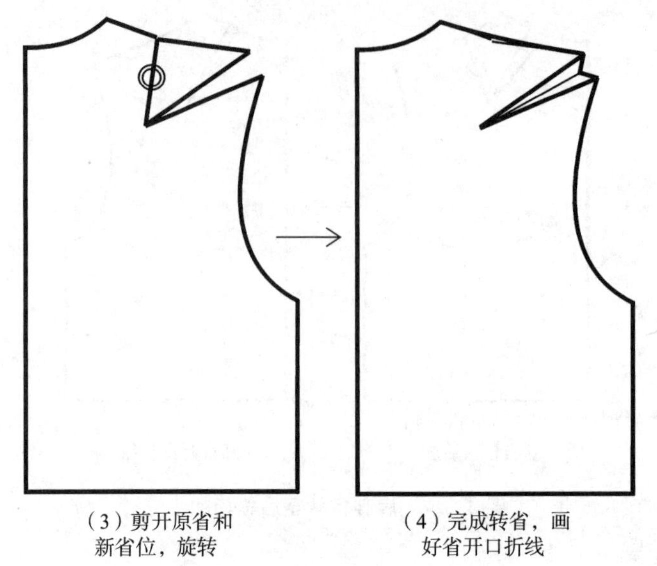

图 4-29 肩胛省转至后肩点的步骤

2. 肩胛省转移至后袖窿，省尖点的位置发生变化（图 4-30、图 4-31）

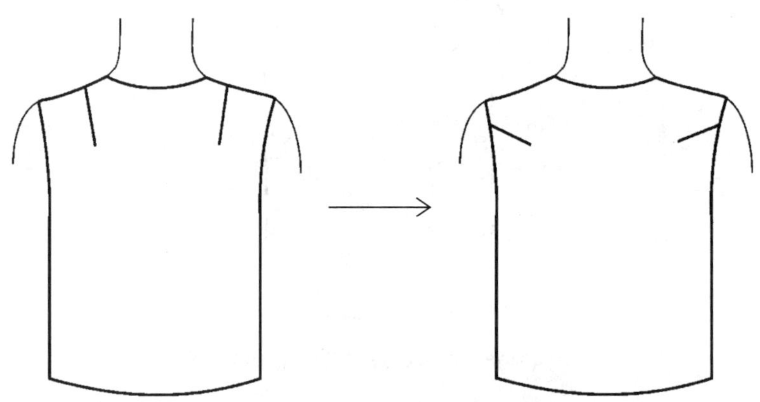

图 4-30 肩胛省转至后袖窿的款式图

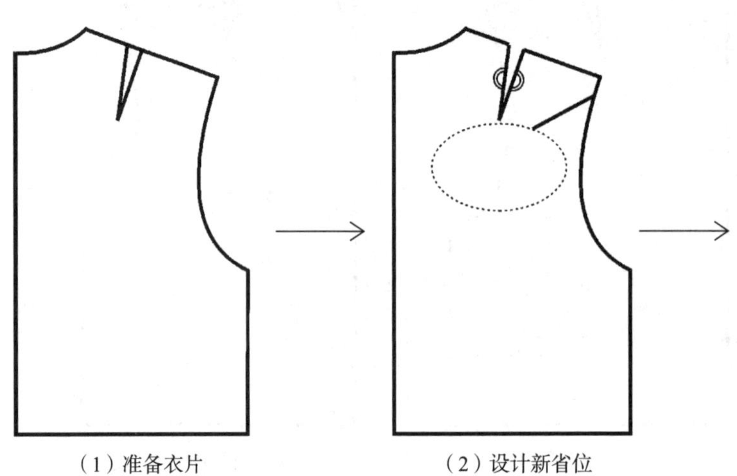

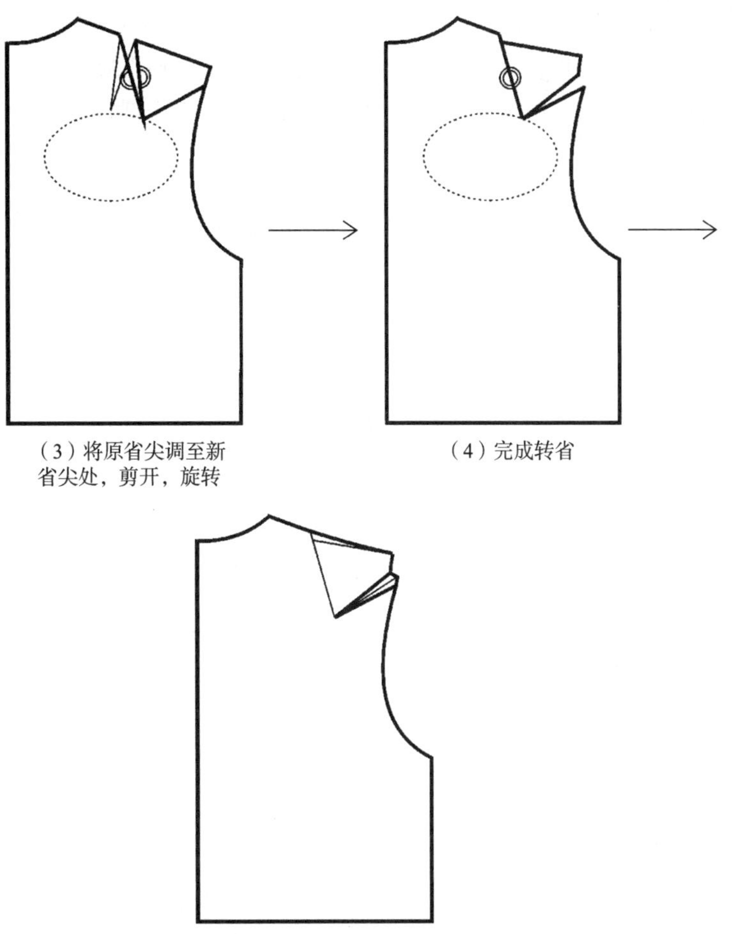

图 4－31　肩胛省转至后袖窿的步骤

第五节　腰省(胸腰省和背省)的转移

胸腰省与背省不是服装上必须出现或处理的省，只有在收腰型服装中，才需要考虑收这两个省(图 4－32)。

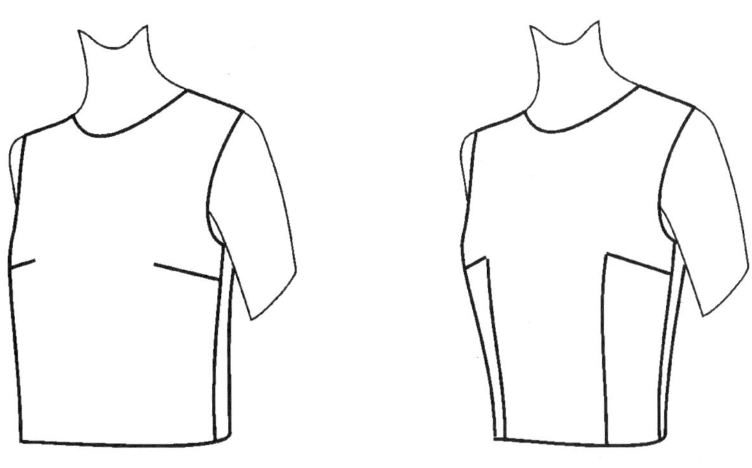

图 4－32　胸腰省的作用是收腰

胸腰省的旋转转移特性与腋下省相同，但是当胸腰省旋转至其他位置的时候，腰围线将变成一条折线，且衣片腰围尺寸收紧，不能直接在腰围线下加出服装长度。因此腰省旋转至其他位置的处理只适用于衣长在腰围线的短款上衣，或在腰围线上有分割线的上衣、连衣裙、礼服等(图 4－33)。

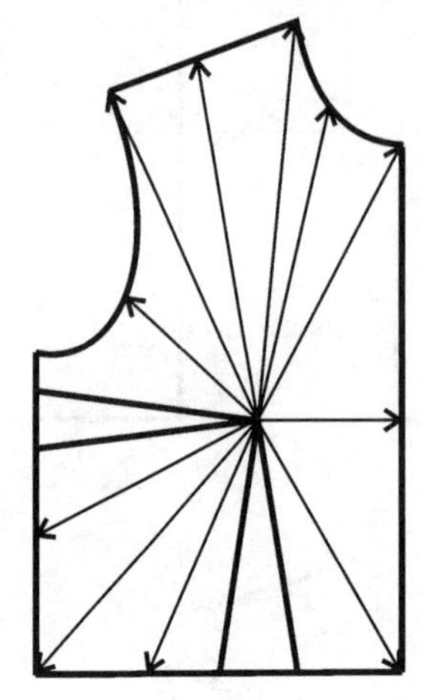

图 4－33　胸腰省的发射转移特性

一、胸腰省转移至肩省(图 4－34、图 4－35)

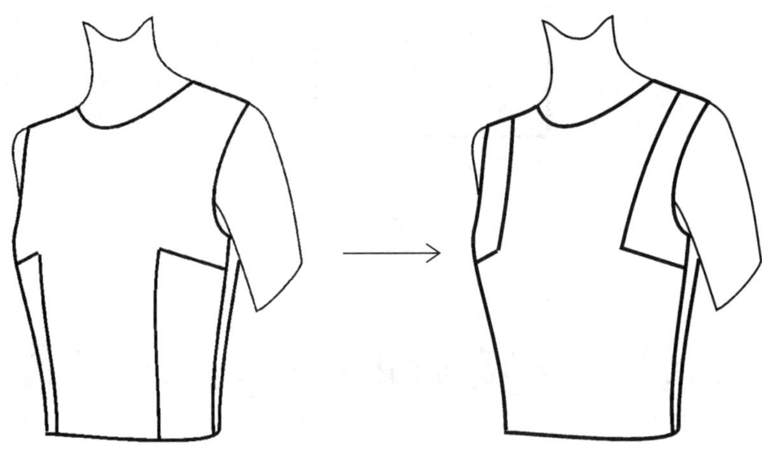

图 4－34　胸腰省转移至肩省

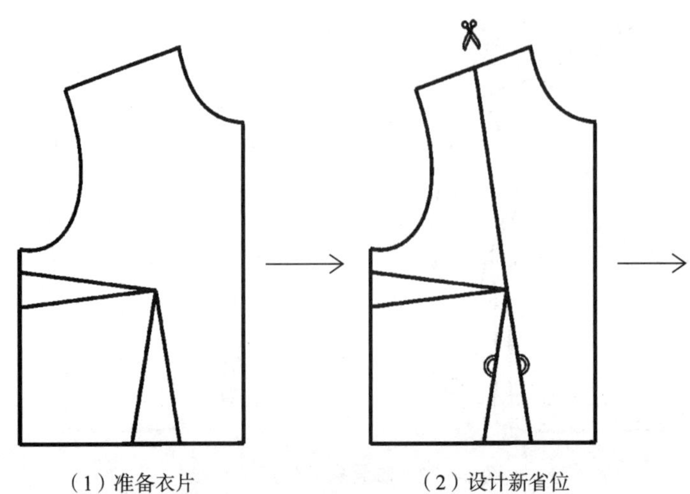

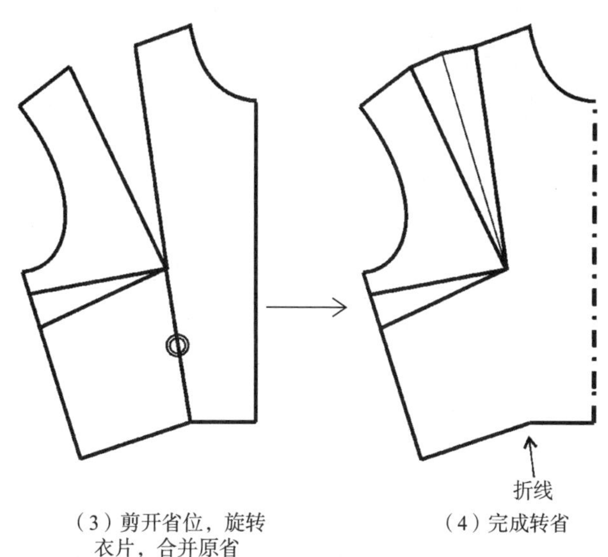

图 4-35　胸腰省转至肩线的步骤

二、胸腰省转移至腋下省

胸腰省可以转移至腋下省处，与腋下省一起变化（图 4-36、图 4-37）。

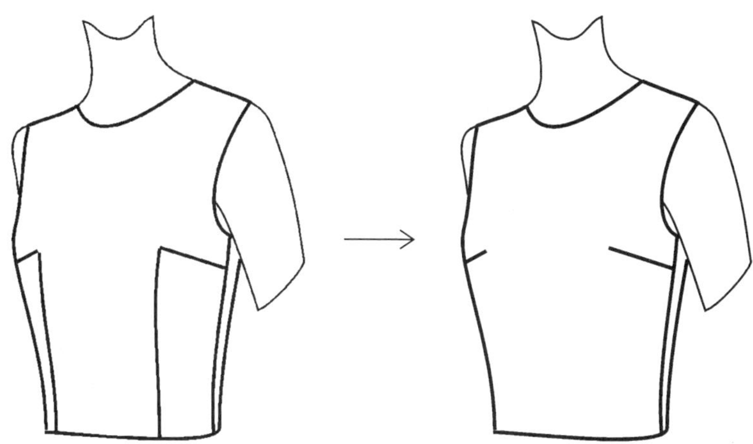

图 4-36　胸腰省转移至腋下

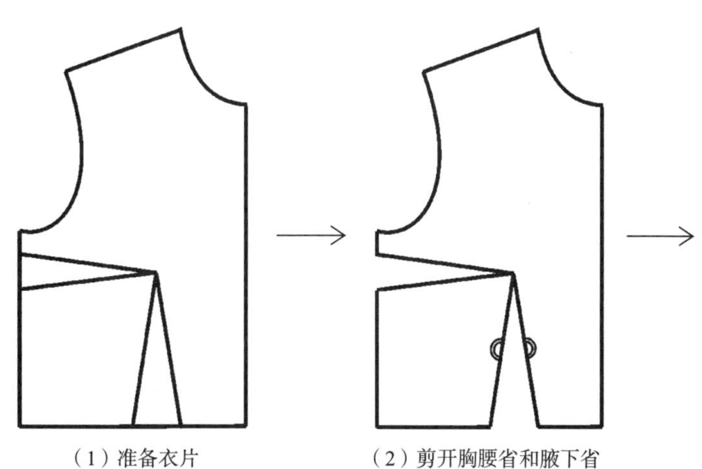

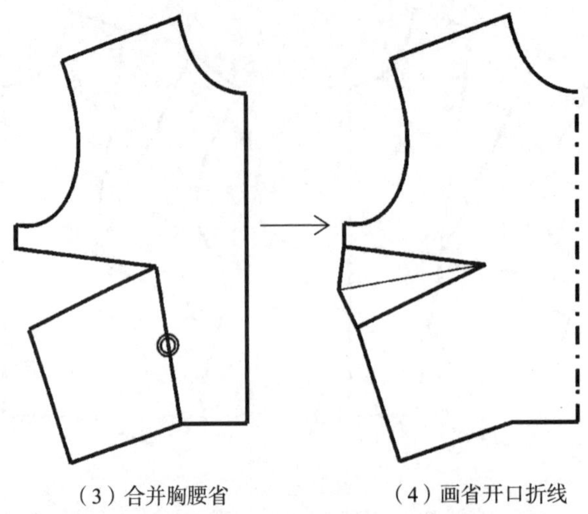

图 4－37　胸腰省与腋下省合并的步骤

三、腋下省转移至胸腰省

腋下省也可以转移至胸腰省，与胸腰省一起变化（图 4－38、图 4－39）。

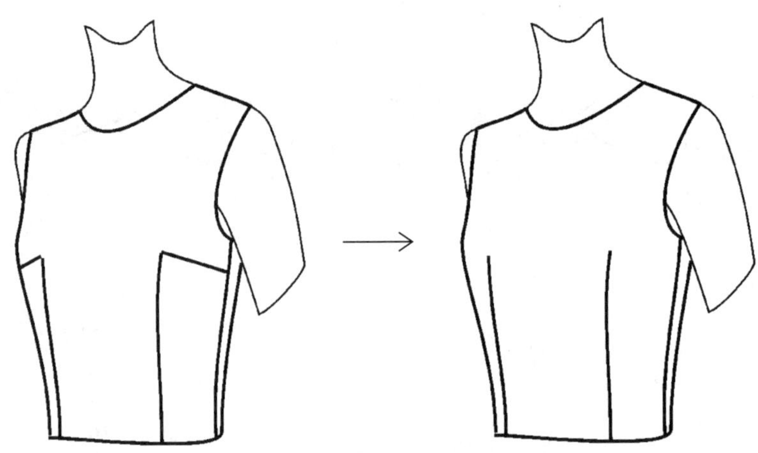

图 4－38　腋下省转移至腰线

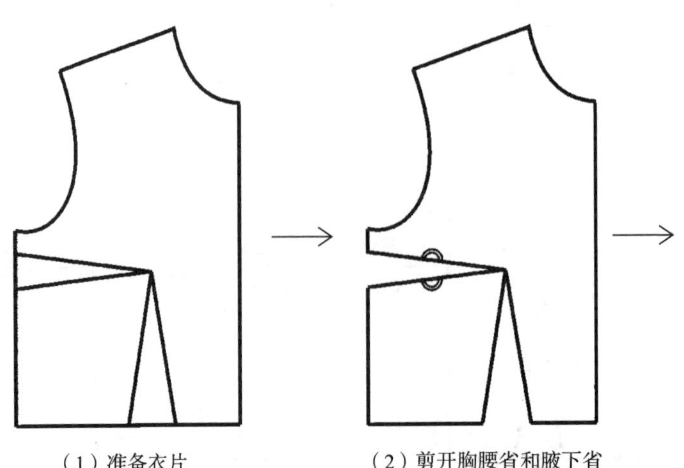

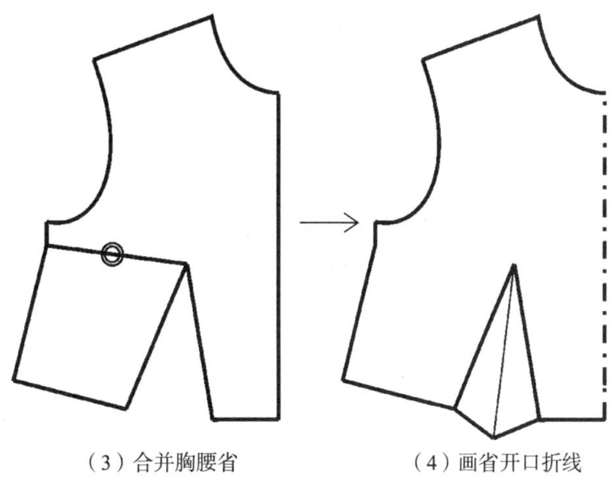

图 4-39　腋下省合并至胸腰省的步骤

四、胸腰省的平移特性

腋下省是由于女性乳房锥形凸起造成的，是女性基本纸样独有的。而胸腰省是由于胸廓的围度与腰围之间的差量造成的。胸廓与腰围之间的差量男性体型也有，因此男装纸样上也会收胸腰省。从胸廓至腰围之间的人体可认为是一个倒圆台形，圆台形的省结构特点是可以沿着圆台形的上下平面平行移动(图 4-40、图 4-41)。

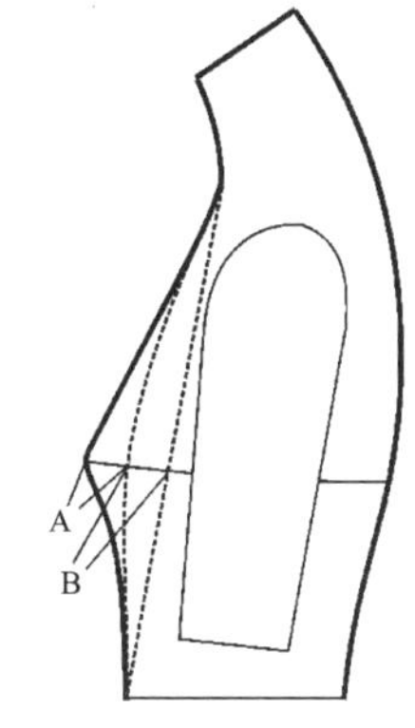

图 4-40　胸省的构成

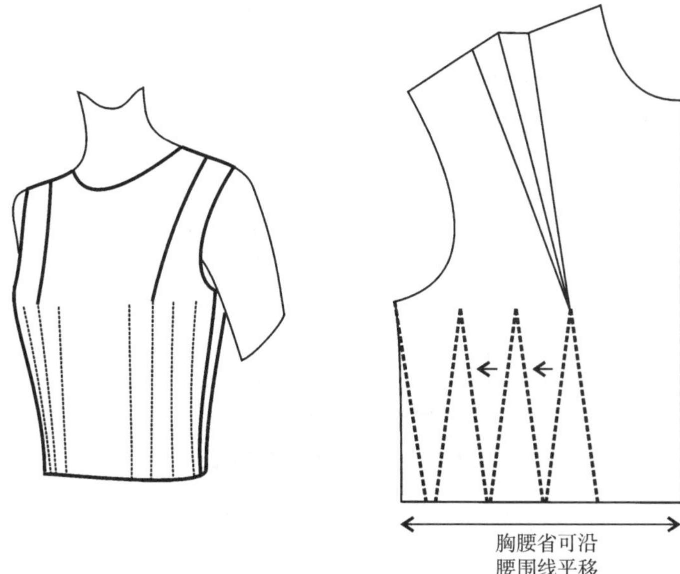

图 4-41　胸腰的平移特性

背省的形成原因和转移特性与胸腰省相同，唯一应该注意的是，因为背部肩胛骨是一个凸起面，因此背省极少旋转至肩胛骨以上的区域(图 4－42)。

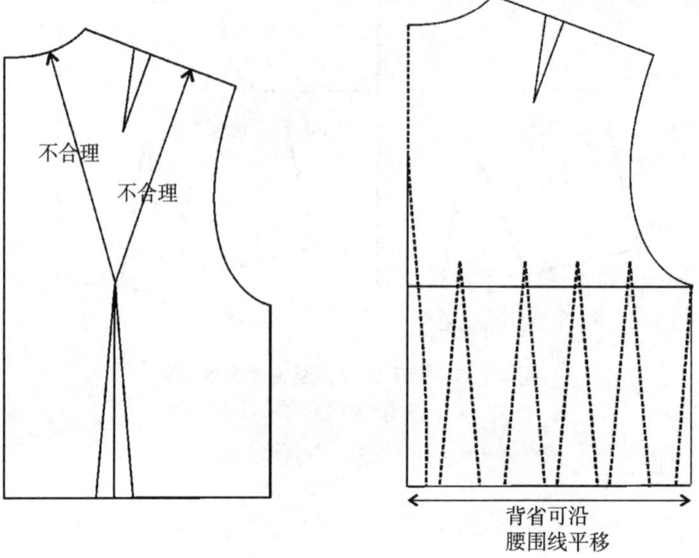

图 4－42　背省的平移特性

第六节　折线省与曲线省

省的形状变化多样，可以是直线、折线、曲线等各种形状。无论是什么形状，转省的原理是一样的，不影响转省的步骤。

一、折线省

以腋下省为例，将腋下省转移至领口，同时省形为折线形(图 4－43～图 4－46)。

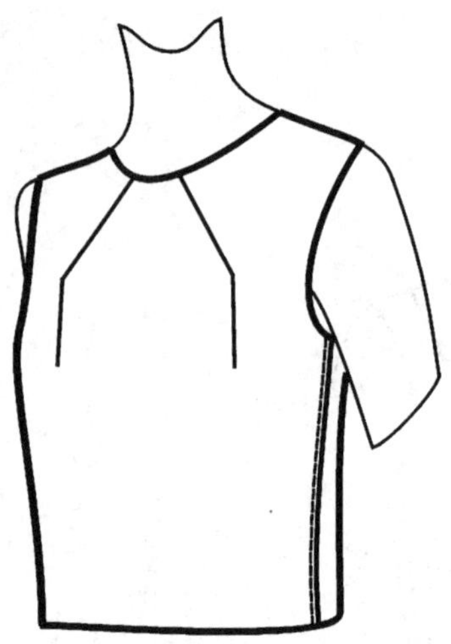

图 4－43　领口折线省款式图

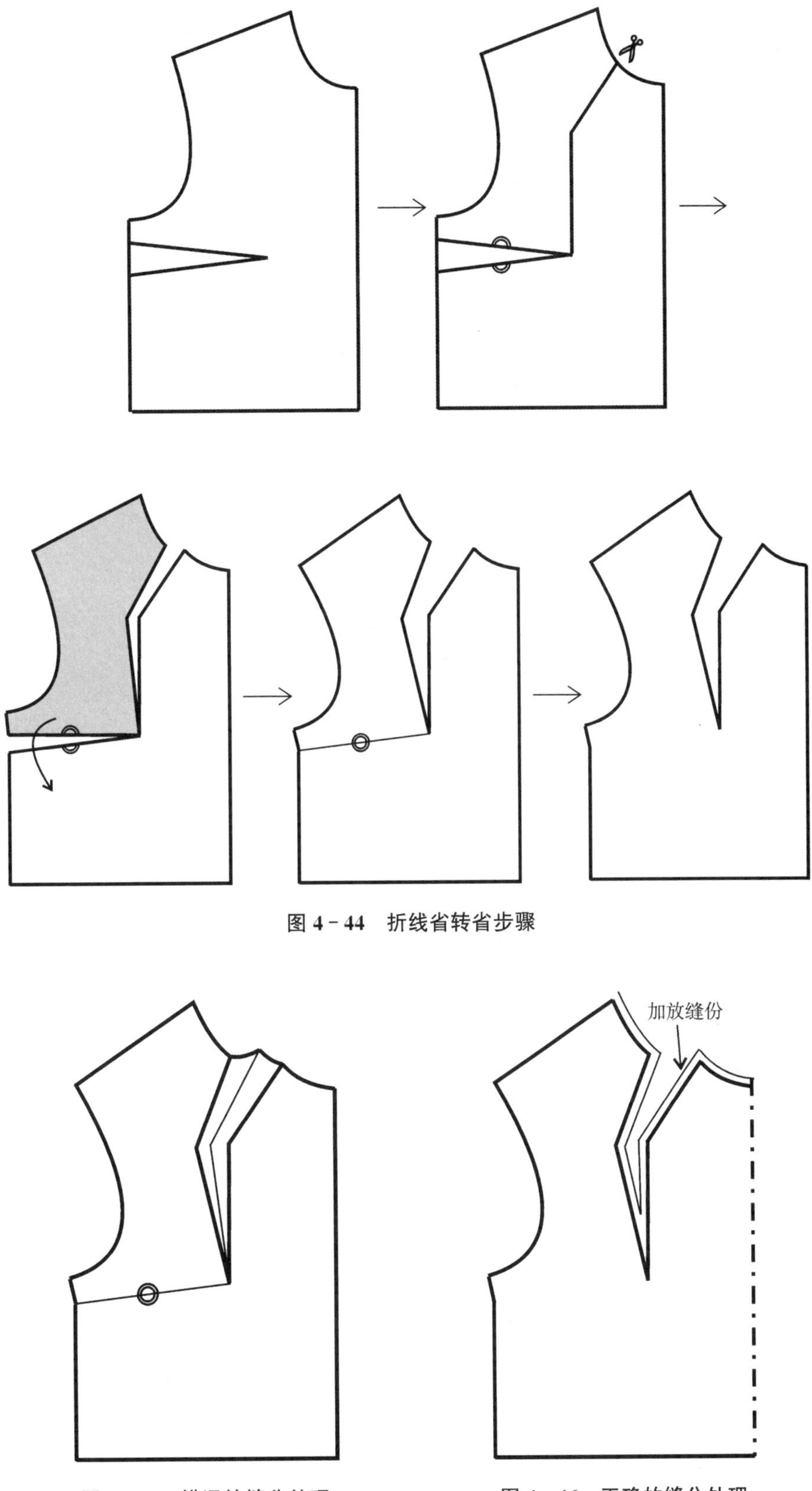

图 4－44　折线省转省步骤

图 4－45　错误的缝分处理

图 4－46　正确的缝分处理

值得注意的是，由于面料变形能力的限制，折线省的缝合不可像直线省一样不剪开直接缝合，而应该剪断，加放缝分。

二、曲线省

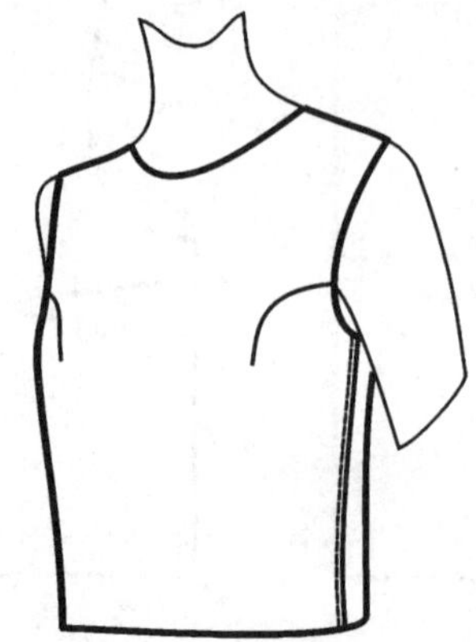

图 4 - 47　袖窿曲线省

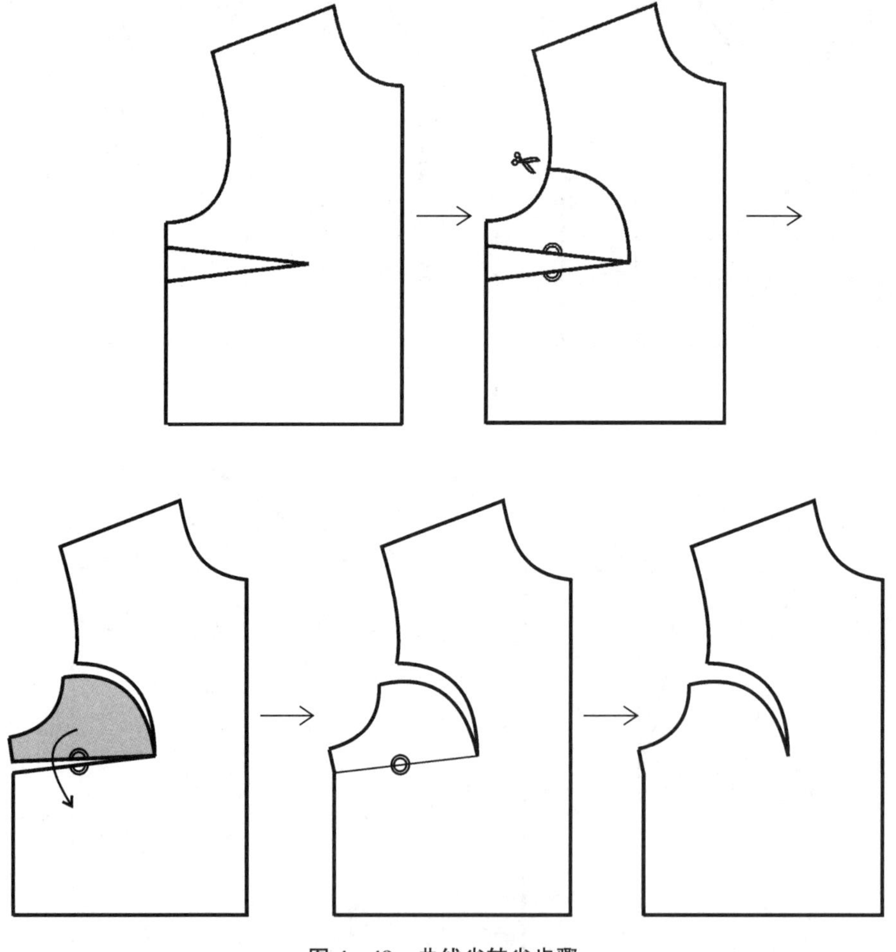

图 4 - 48　曲线省转省步骤

曲线省与折线省一样，必须将省剪开，放出缝分，再缝合（图 4 - 47、图 4 - 48）。

第七节　单个省转为多个省

一、部分腋下省转到袖窿(图 4－49、图 4－50)

图 4－49　多省范例 1

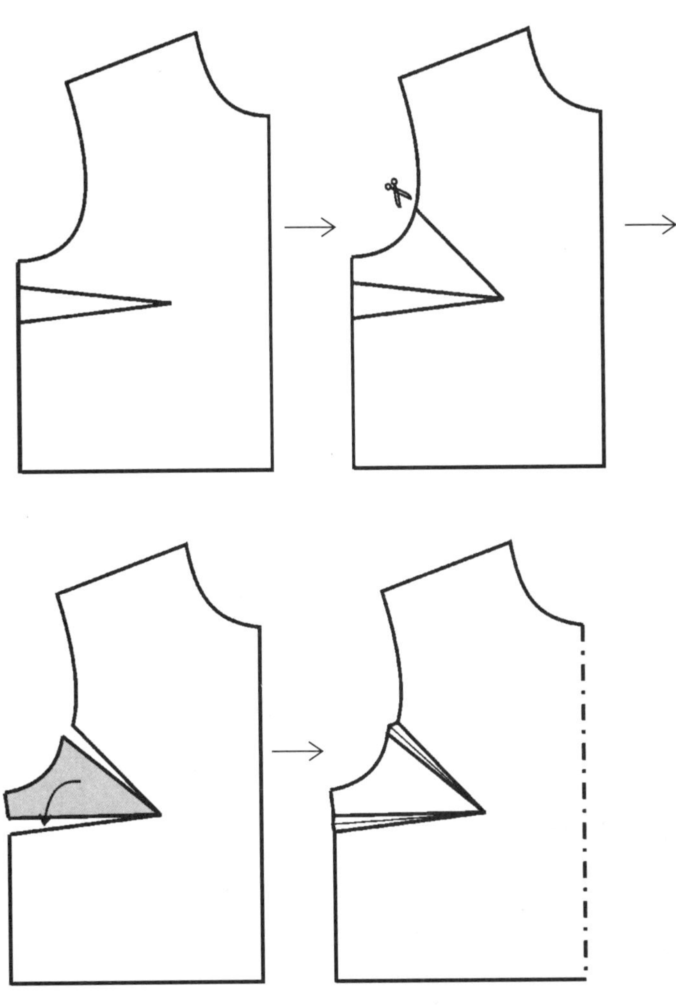

图 4－50　多省范例 1 的转省步骤

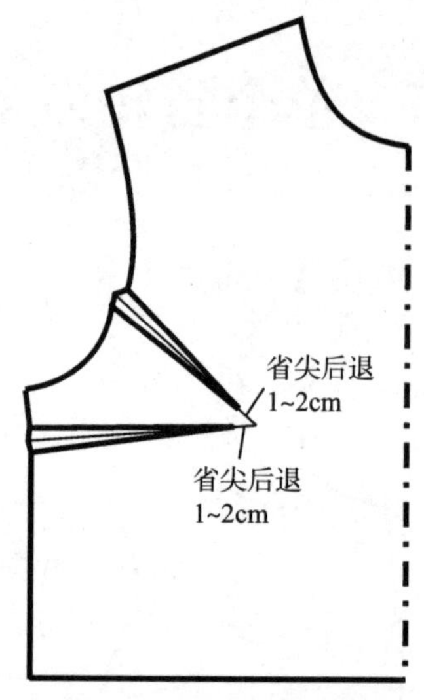

图 4 - 51　省尖点后退的处理

为使胸点位置附近缝合平伏，省尖点往往后退 1～2cm，如图 4 - 51。

二、单个省转移至领口和肩线（图 4 - 52、图 4 - 53）

图 4 - 52　多省范例 2

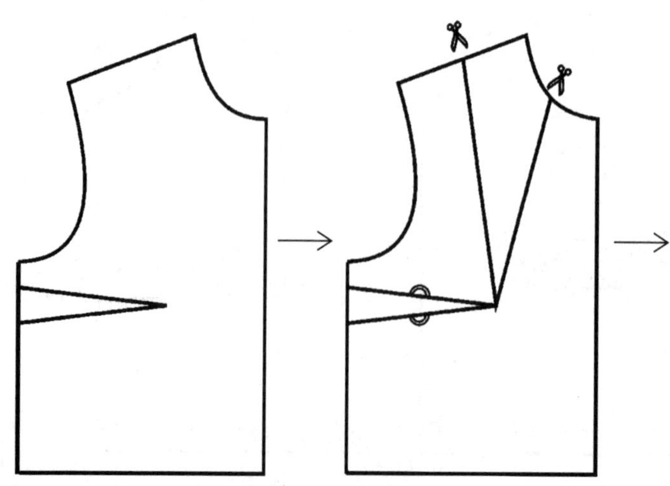

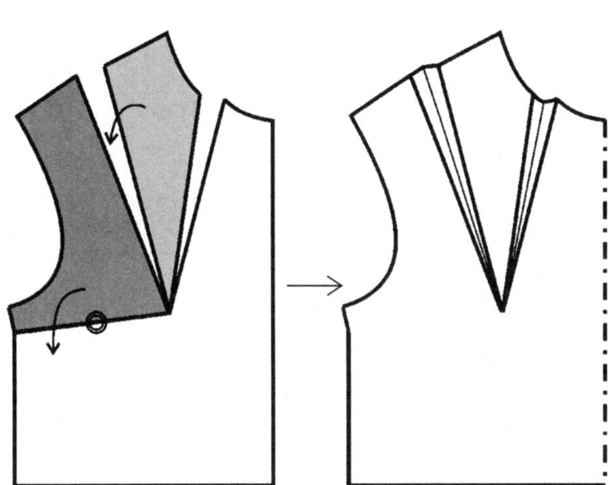

图 4－53　多省范例 2 的转省步骤

三、单个省转移至前腰节点和侧腰节点(图 4－54、图 4－55)

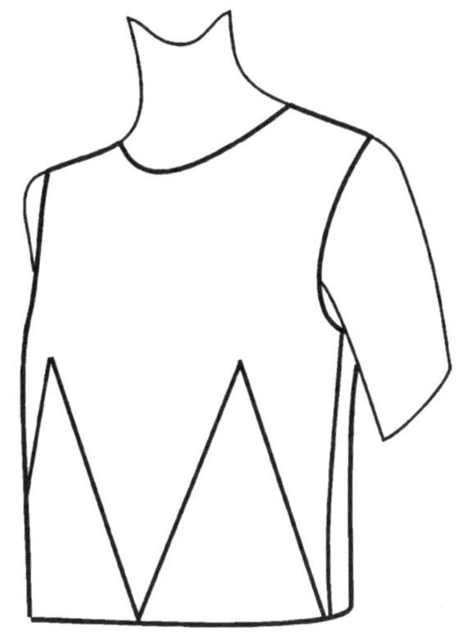

图 4－54　多省范例 3

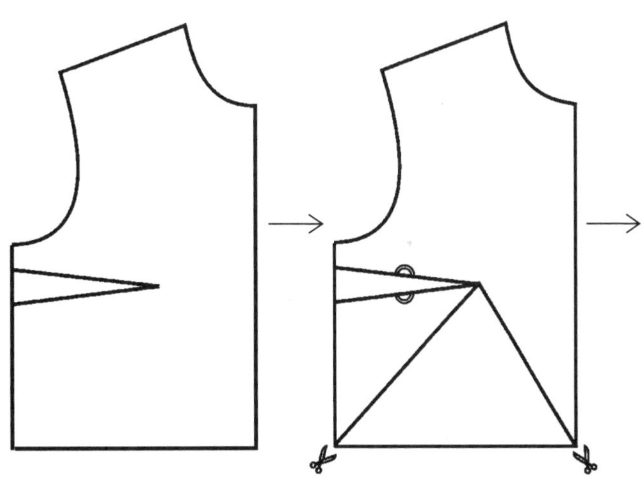

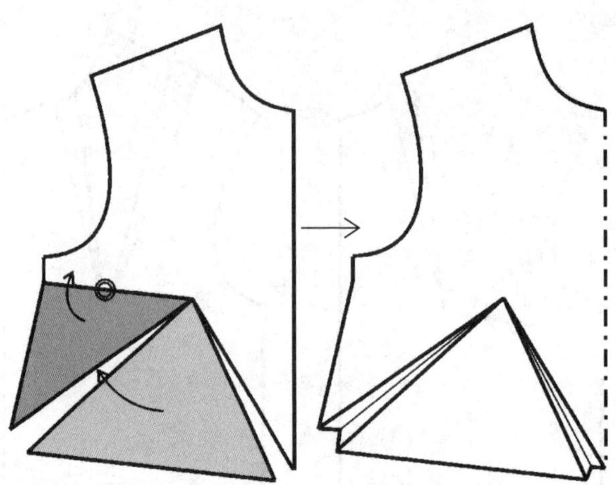

图 4-55　多省范例 3 的转省步骤

多省道转移后，既可以省尖后退，缝合成省的形式，也可以直接将省在胸点剪断，成为几个独立的衣片，这就是分割线形式(图 4-56)。

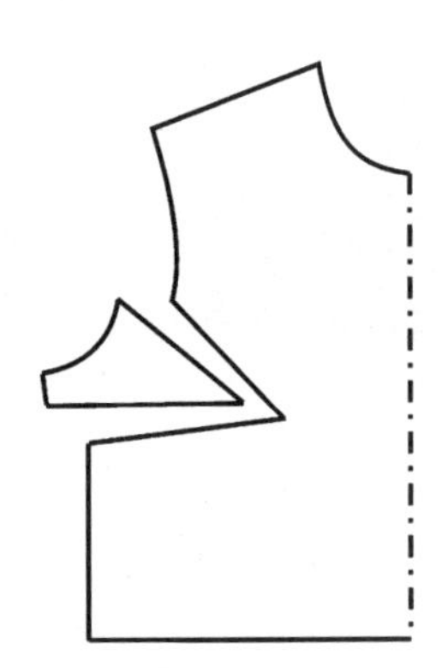

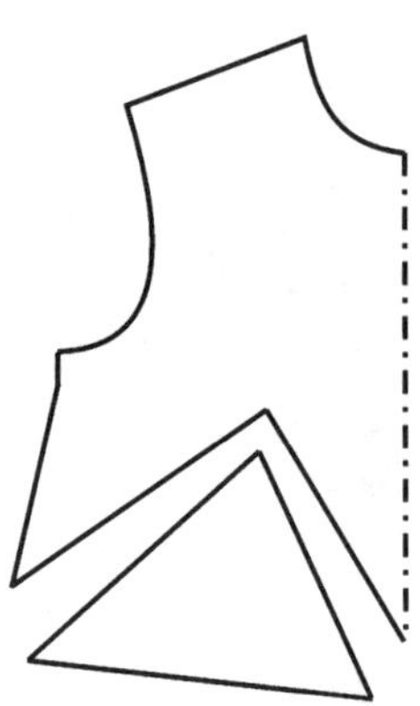

图 4-56　多省道的分割线形式

第五章　分割线结构设计与变化技巧

第一节　分割线结构分析

分割线是服装的另一种常见结构，其重要性与省结构并列。它是将面料完全剪开而获得的一种服装结构。分割线结构使服装的款式变化更加丰富、灵活。省与分割线的结合也十分常见(图 5－1)。

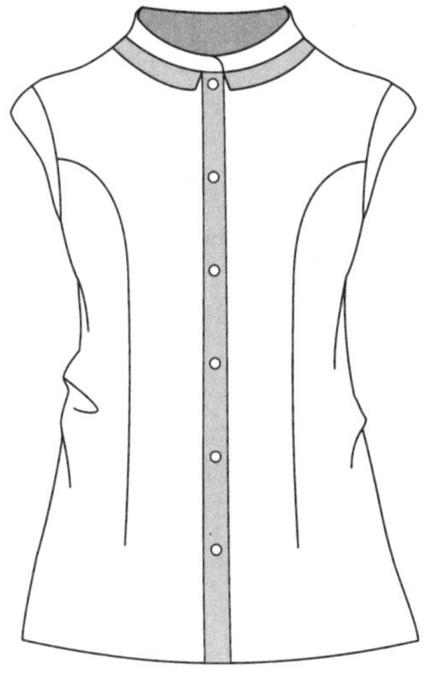

(1) 根据分割线的位置，可将其划分为边缘分割线和内部分割线。

边缘分割线是指基本衣片上必须缝合的轮廓线，比如衣片的前后侧缝、前后肩线。

内部分割线是指基本衣片轮廓内的分割线，一般是设计者设置的，或省结构转化而得到的。

(2) 根据分割线的功能，可将其划分为装饰分割线和结构分割线。

装饰分割线不考虑衣片结构的人体适应性，只将衣片分割成两块或两块以上，目的是为了装饰，或进行面料的拼接，或改变面料的布纹方向。最常见的装饰分割线如衬衫的肩育克和裙子、裤子的腰育克。

结构分割线则包含了塑造服装廓型的结构，使服装呈现立体的效果。有的分割线是为了符合人体的结构，另一些分割线是为了改变和塑造人体。

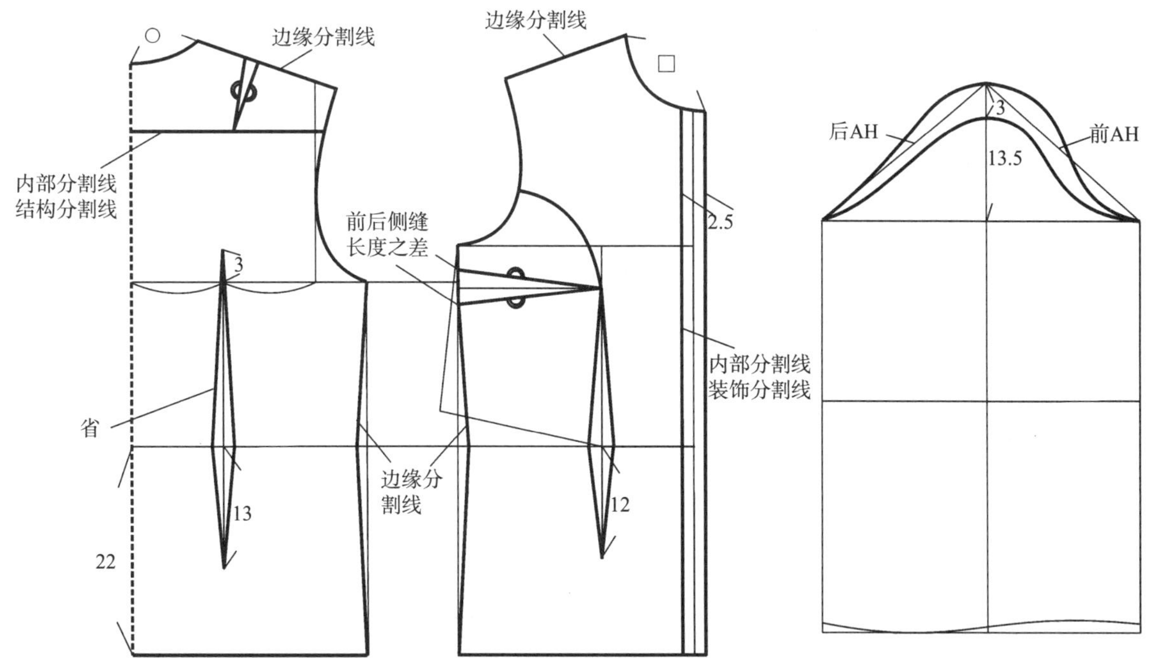

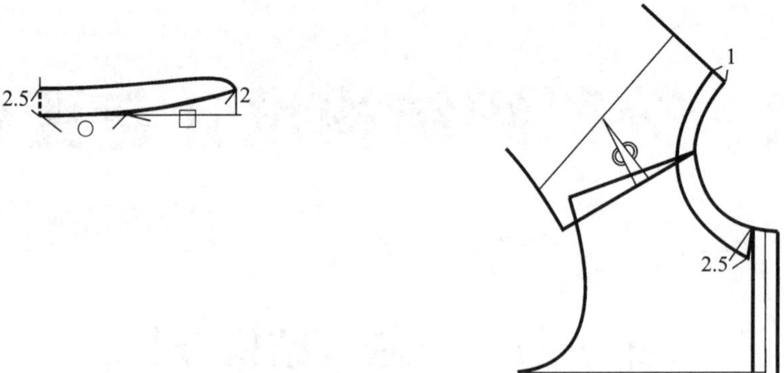

图 5-1　各类分割线

第二节　装饰分割线

装饰分割线的结构设计方向比较简单:在基本衣片上,根据设计意图,设计分割线的位置和形状,在裁剪时将分割线剪开,使衣片分成两部分(图 5-2)。

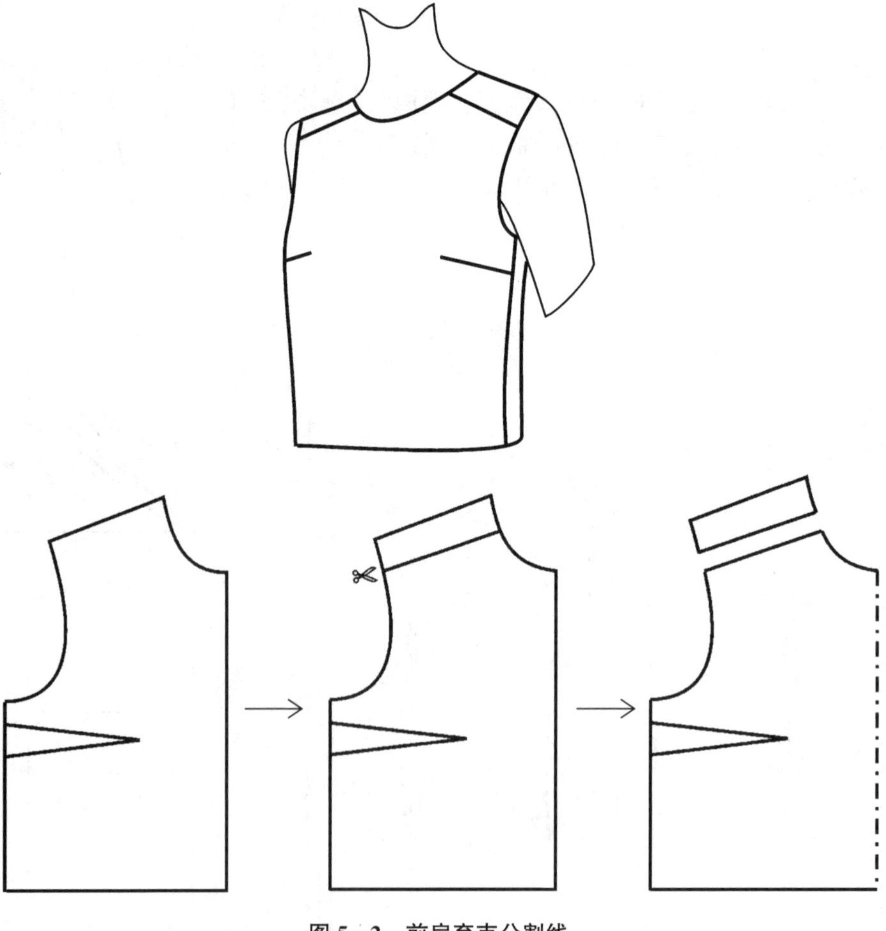

图 5-2　前肩育克分割线

育克是服装上的常见结构,常见于人体的横向运动带,如肩部、腰部、臀部,目的是将强度较大的面料经向用在施力方向上,提高服装的整体强度。

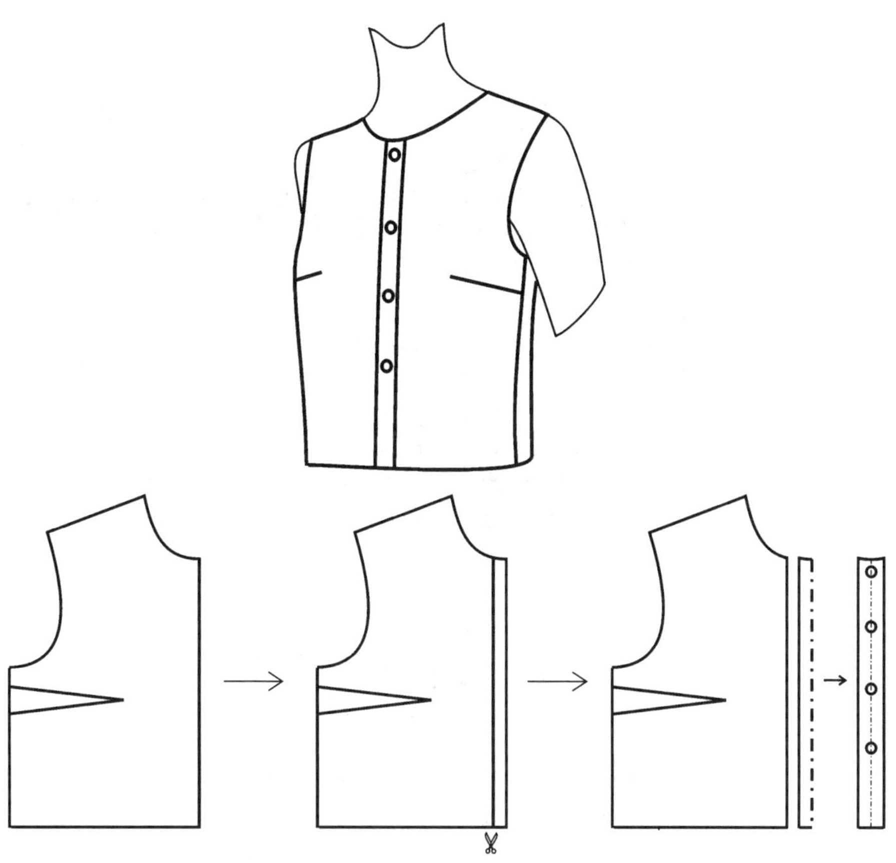

图 5－3 装饰性前门襟

服装的门襟有很多种设计与处理方法，图 5－3 的门襟属于装饰性的假门襟，使用分割线直接切割。

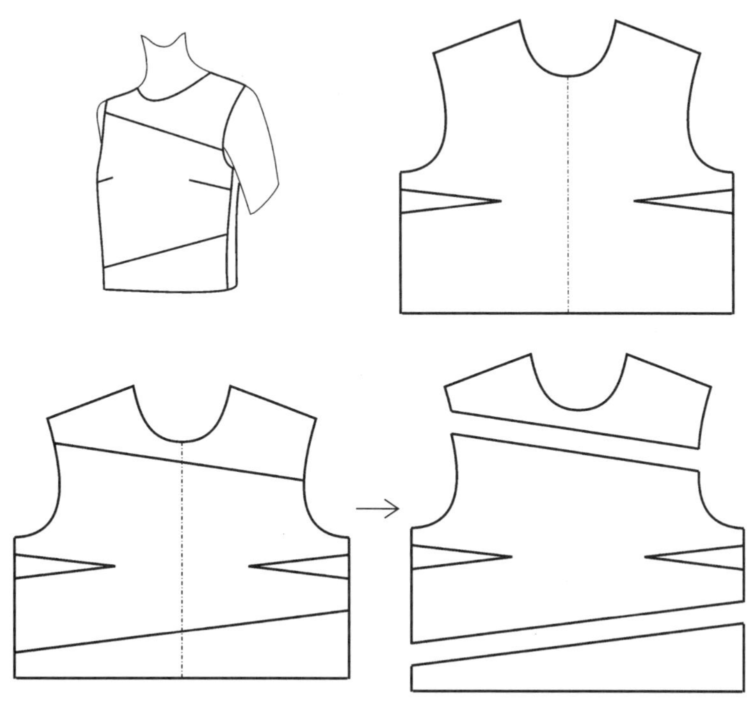

图 5－4 不对称分割线

不对称款式必须将左右衣片都画出来。在设计分割线的时候，应特别注意比例关系，分割得当（图

5－4、图5－5）。

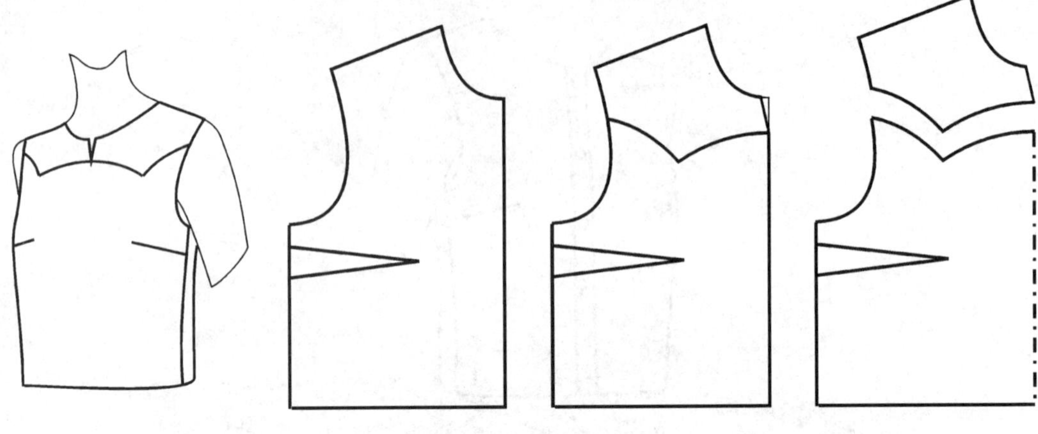

图5－5　曲线分割线

第三节　结构分割线

结构分割线是与人体体型结构和合体度相关的分割线，它的主要设计基础与依据就是省。也就是说，凡设计合体型服装，如果在人体的起伏位置有分割线结构，均可考虑将基本纸样上的省转化为分割线。

省的优点在于：由于省不用剪开布料，不需加放缝分，所以可以节省面料、时间，减少误差发生的机率，同时，产品外观整洁简单。

分割线的优点在于：

（1）易于设计，易于裁剪；

（2）可利用分割线进行不同材料的颜色、质地、光泽等对比；

（3）服装产品必须裁剪的部位，如三维表面的转折处或功能性断缝处要用分割线结构；

（4）分割线使产品看上去活泼，形态更精确。

一、经过胸点的横向分割线（图5－6、图5－7）

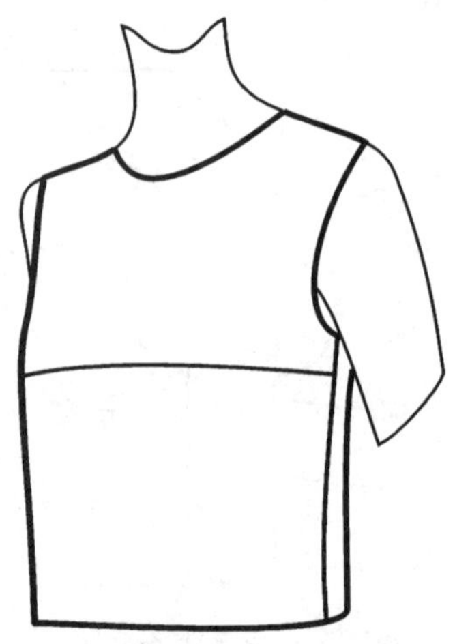

图5－6　经过胸点的横向分割线

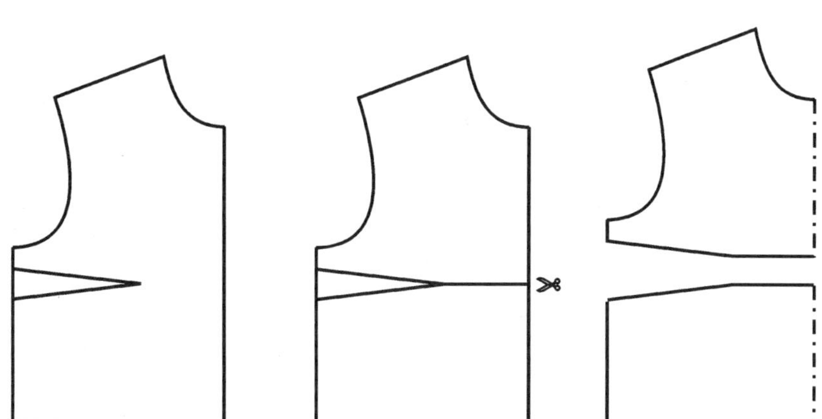

图 5－7　横向分割线的结构设计过程

这个例子具有一定代表性。在第四章讨论过的任何省，都可以向省尖指向的边缘线剪断，使省变成分割线。

二、从袖窿至腰线的分割线

凡是经过省尖点的分割线，都具有转省的功能，将腋下省转移至分割线中。注意在转省过程中，保持前中线垂直，尽量保持腰围线水平，这也是制图规范之一（图 5－8、图 5－9）。

图 5－8　分割线款式图 2

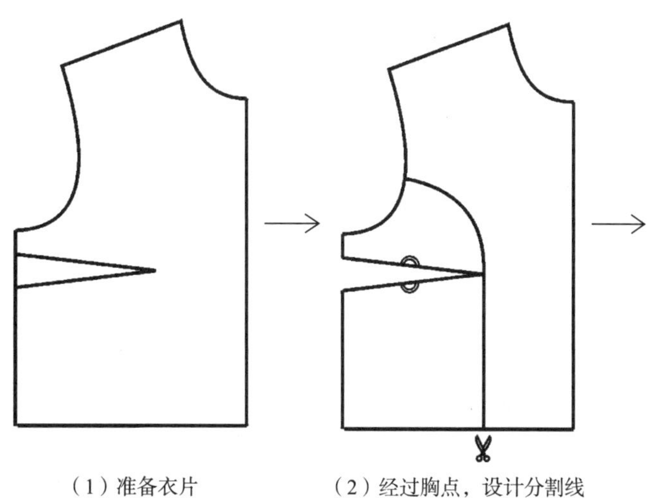

（1）准备衣片　　（2）经过胸点，设计分割线

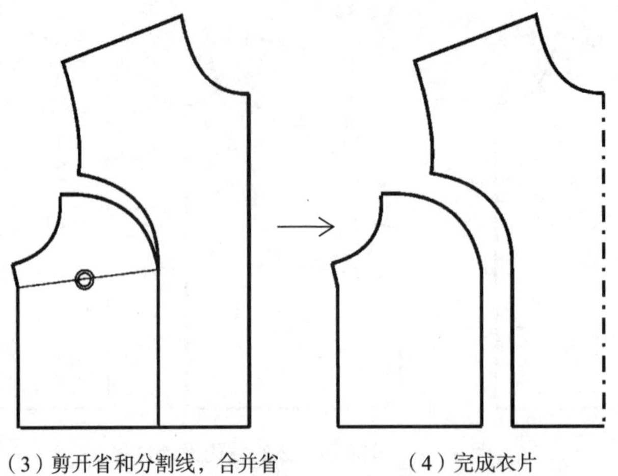
（3）剪开省和分割线，合并省　　（4）完成衣片

图 5 - 9　分割线款式 2 结构设计过程

三、从肩线至腰线的分割线（图 5 - 10、图 5 - 11）

图 5 - 10　分割线款式图 3

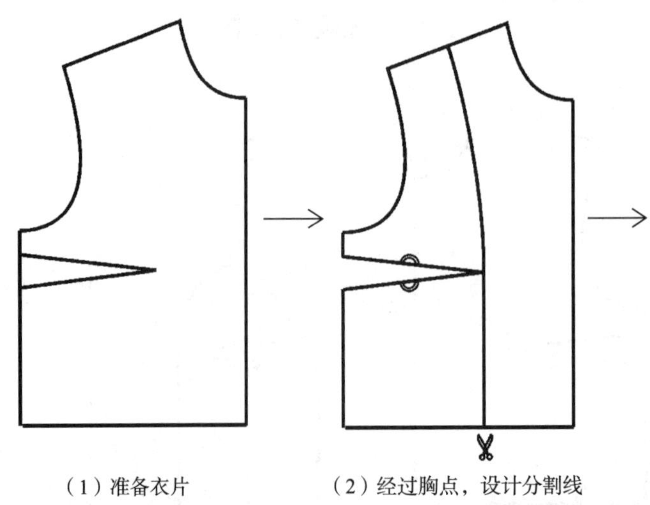
（1）准备衣片　　（2）经过胸点，设计分割线

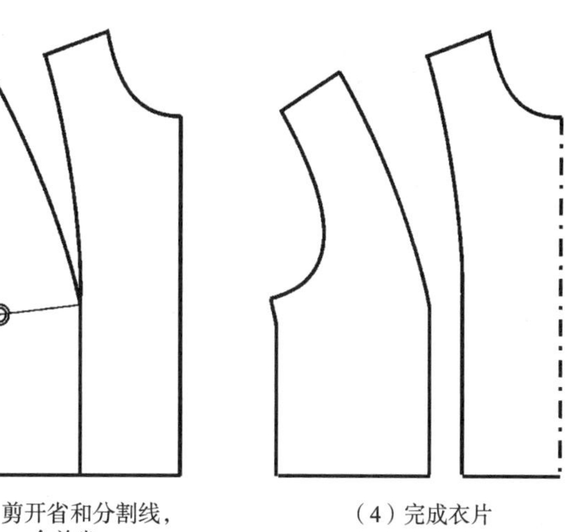

图 5－11　分割线款式 3 结构设计过程

四、从肩线到前中线的分割线

利用分割线，可以做出很多巧妙的设计，这个款式的领口如果使用不同颜色的面料，或加上领子，就有假两件的效果（图 5－12、图 5－13）。

图 5－12　分割线款式图 4

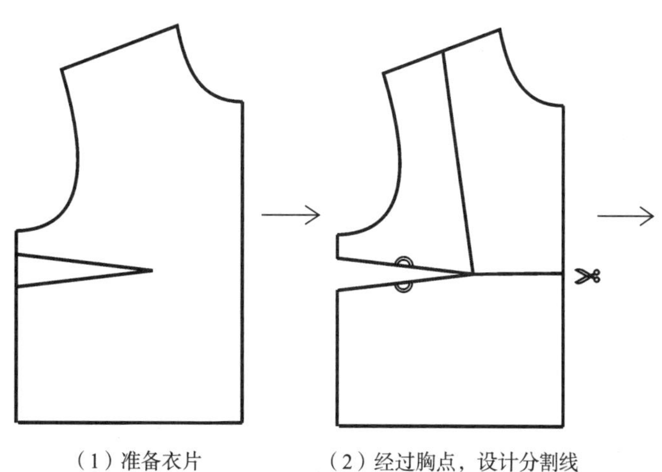

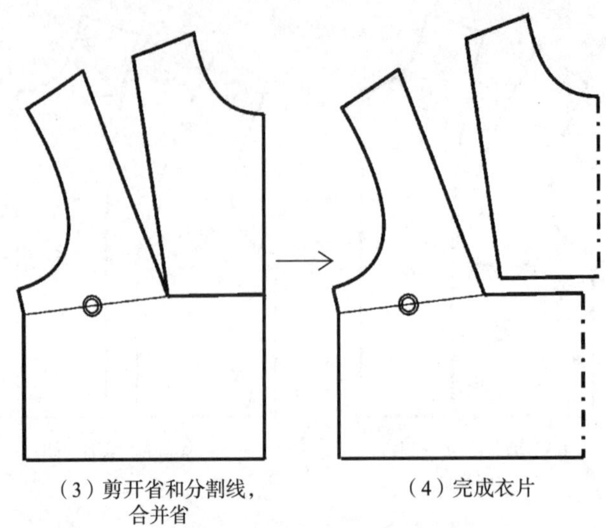

（3）剪开省和分割线，合并省　　（4）完成衣片

图 5－13　分割线款式 4 结构设计过程

五、公主线结构

公主线是女装的常见结构，是英文“princess-line”的意译。公主线结构常用于连衣裙、衬衫、套装、礼服等。与图 5－10 相比，公主线结构不仅包含了腋下省，还将胸腰省包含在内。从肩线经过胸点到腰线，完全贴合人体的起伏形态，是分割线的代表结构（图 5－14、图 5－15）。

图 5－14　公主线结构

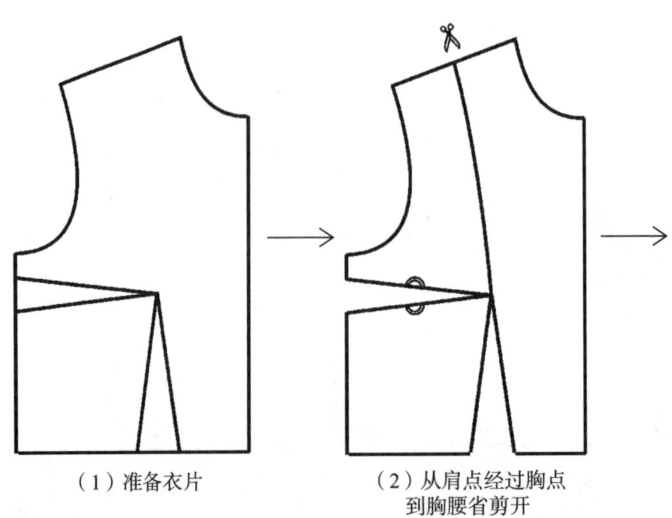

（1）准备衣片　　（2）从肩点经过胸点到胸腰省剪开

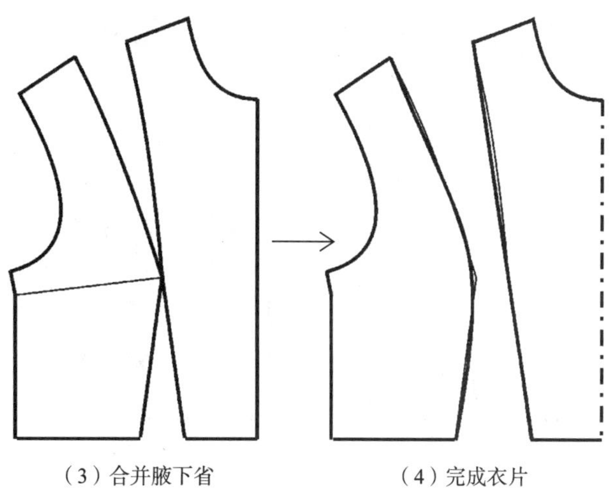

图 5－15　公主线结构设计过程

六、刀背缝结构

刀背缝因形状像刀背而得名，刀背缝结构也是女装的常见结构，常用于连衣裙、衬衫、套装、礼服等。与公主线结构一样，刀背缝结构将胸腰省包含在内，因此有收腰的效果(图 5－16、图 5－17)。

图 5－16　刀背缝结构

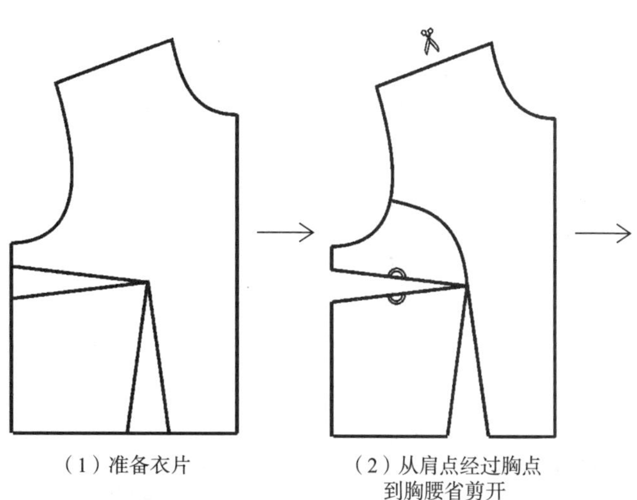

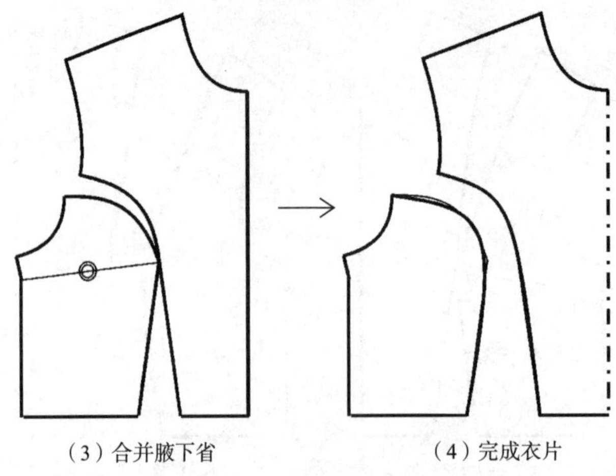

图 5-17　刀背缝结构设计过程

第四节　装饰分割线与省的综合设计

一、肩育克与肩省的结合

分割线与省综合运用，会使结构更加合理、变化更加丰富（图 5-18、图 5-19）。

图 5-18　分割线综合设计款式 1

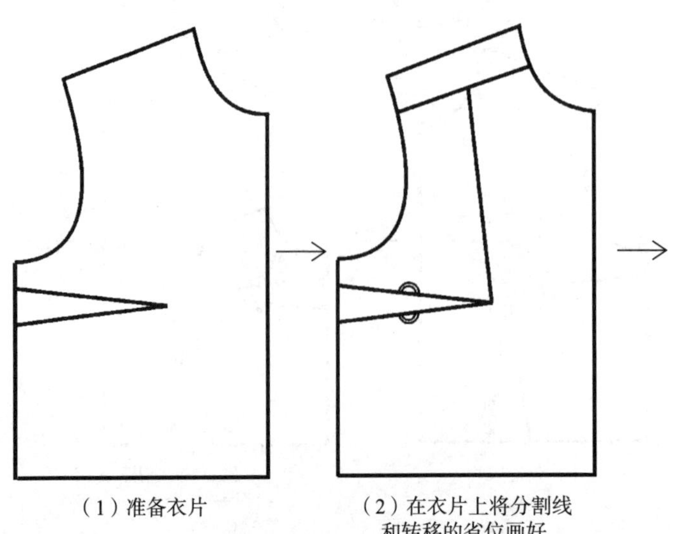

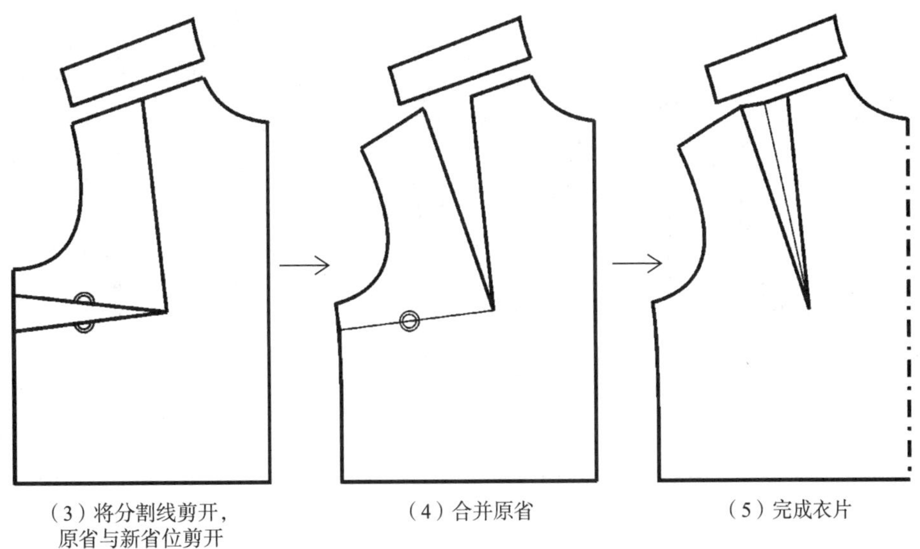

图 5-19　分割线款式 1 的综合设计过程

二、领口分割线与领省的结合（图 5-20、图 5-21）

图 5-20　分割线综合设计款式 2

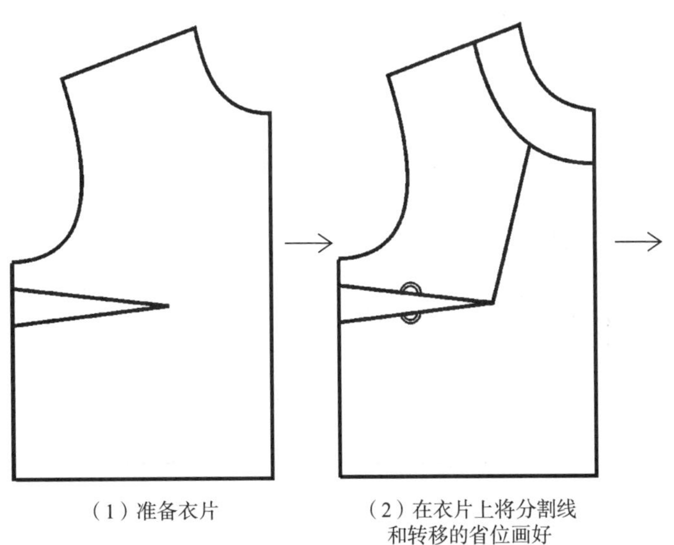

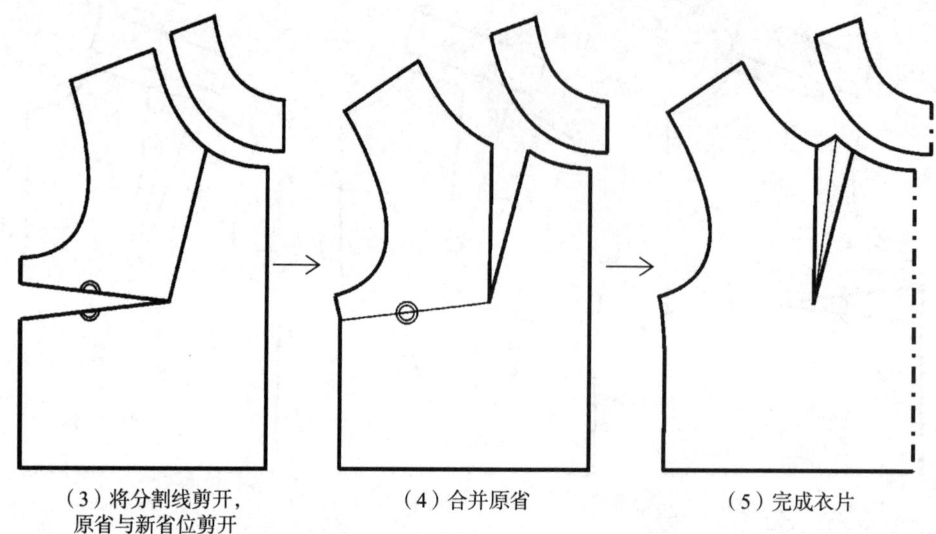

图 5－21　分割线款式 2 的综合设计过程

三、腰育克与腰身的结合(图 5－22、图 5－23)

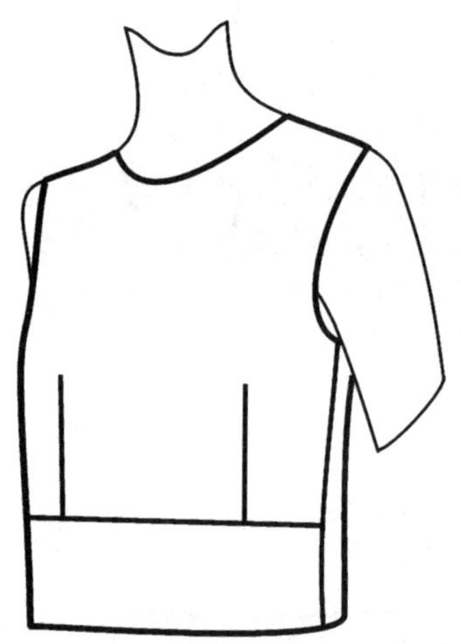

图 5－22　分割线综合设计款式 3

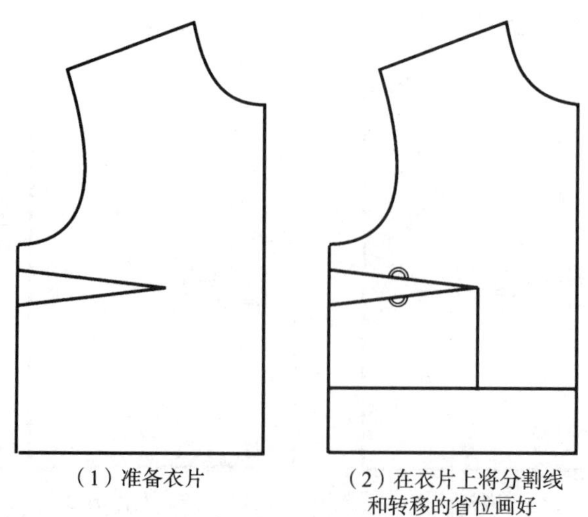

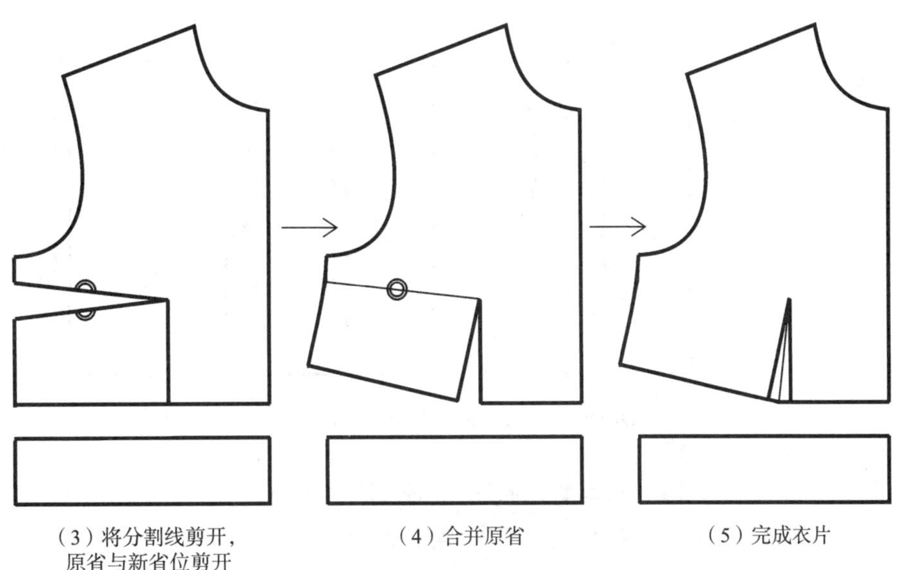

（3）将分割线剪开，原省与新省位剪开　（4）合并原省　（5）完成衣片

图 5－23　分割线款式 3 的综合设计过程

第五节　背部分割线结构

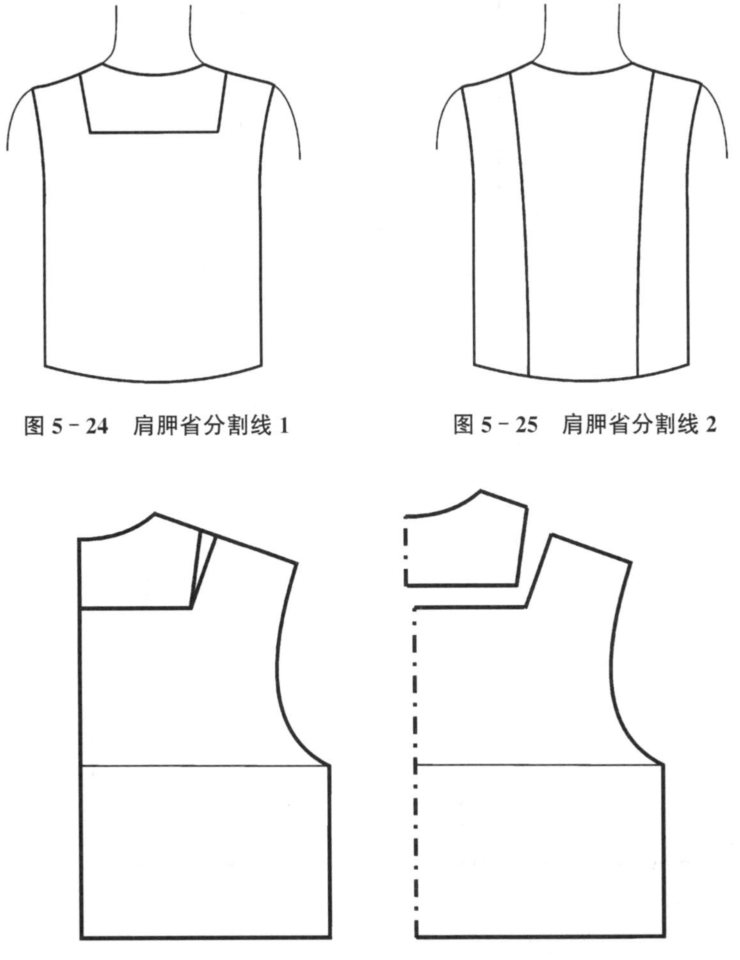

图 5－24　肩胛省分割线 1

图 5－25　肩胛省分割线 2

图 5－26　肩胛省分割线 1 结构处理

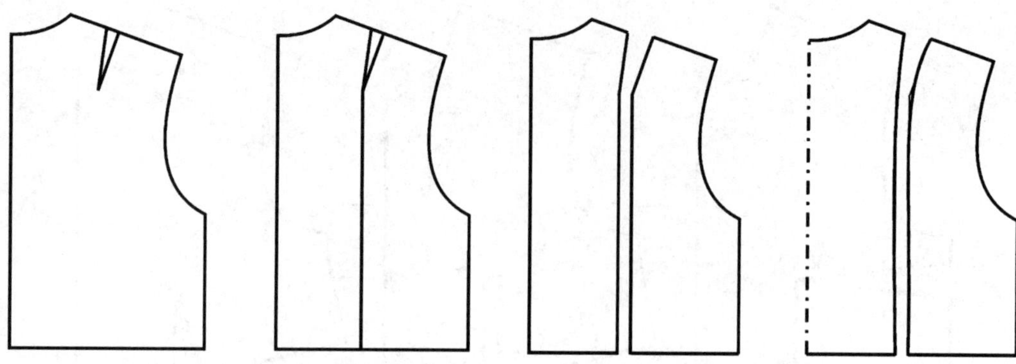

图 5－27　肩胛省分割线 2 结构处理

背部的肩胛省结构转变为分割线，其变化原理、处理步骤与腋下省变化一样：既可从省尖出发，向后衣片的任意轮廓线剪断，形成分割线，也可经过省尖点设置一条分割线，将肩胛省合并（图 5－24～图 5－29）。

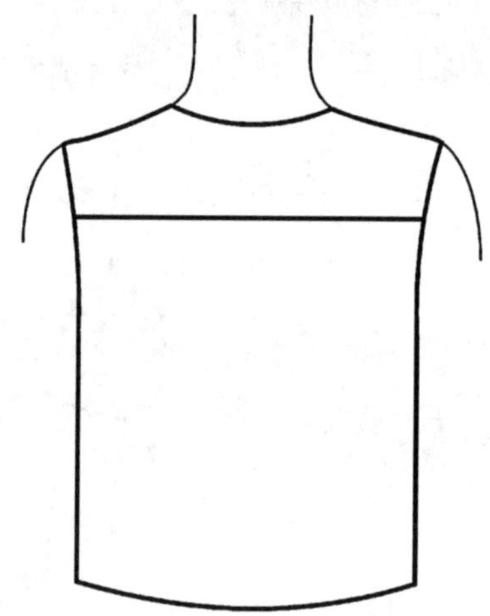

图 5－28　肩育克（背部）的结构处理

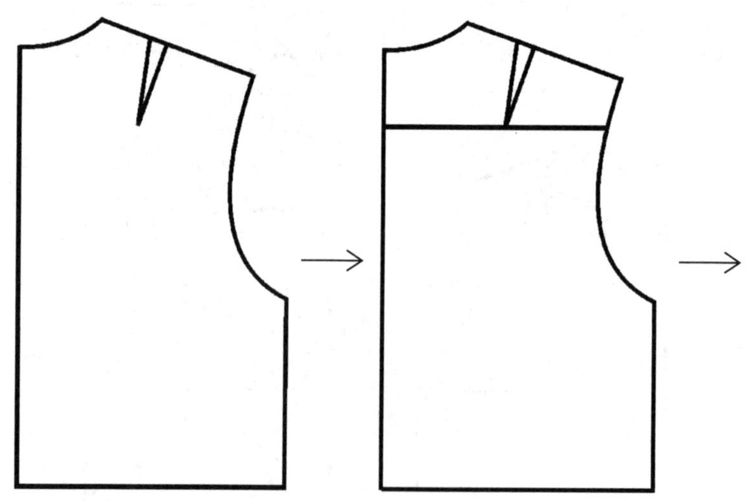

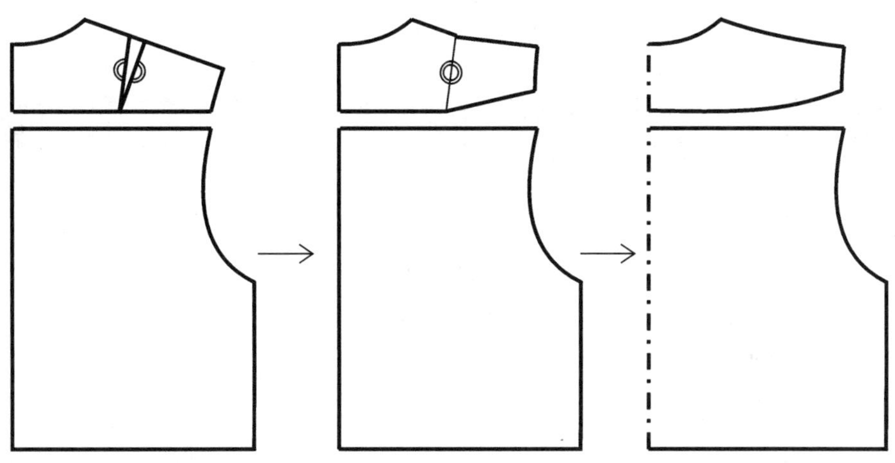

图 5-29　肩育克(背部)的结构处理

后衣片腰部的省结构主要起到收腰的作用,如果设置和缝合,背部腰围处会更加合体。这个省结构也可设置分割线(图 5-30、图 5-31)。

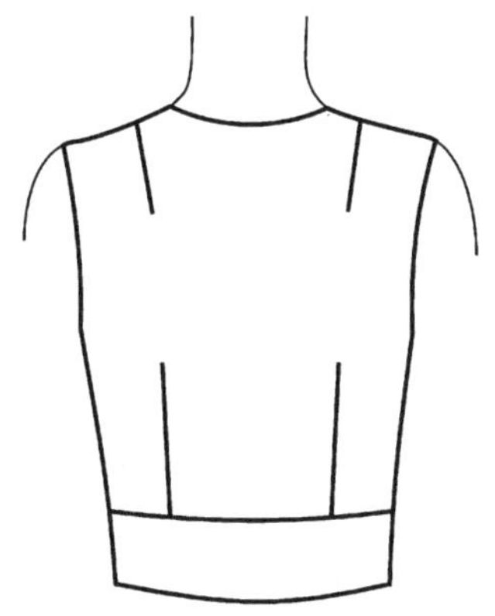

图 5-30　背省分割线款式

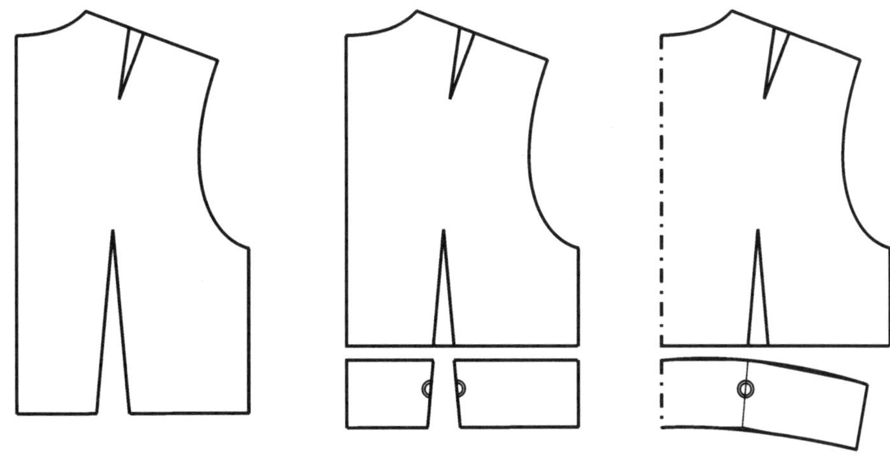

图 5-31　背省分割线的结构处理

第六章　褶裥结构设计与变化技巧

与省、分割线一样，褶裥也是服装上最常见的结构之一。与前两者相比，褶裥结构轻松、活泼、造型丰富、灵活多变。由于结构本身的特点，褶裥结构既可以勾勒出人体的曲线，又有一定的宽松量。与严谨的省结构相比，褶裥显得更俏丽和随意，因此应用的范围也更广。

从结构上看，褶裥结构与省结构是同根同源的，结构处理方法完全一样，区别只在于工艺处理方法不同。也就是说，省结构的三角形浮余量可以精确地缝合起来，完全贴合人体；也可以仅在省边线附近抽出褶皱，缩小该缝边的长度。

根据工艺处理方法和外观，褶裥结构基本可以分为如图 6 - 1 所示几种。

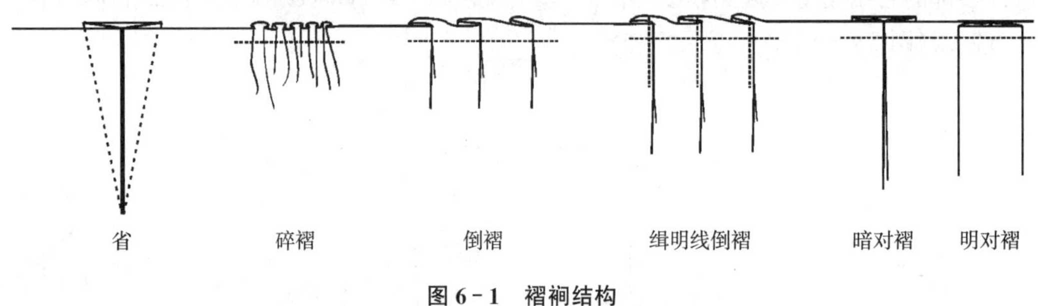

图 6 - 1　褶裥结构

第一节　合体结构的褶裥

基本纸样上的省结构可以缝合成褶裥，褶裥也具备一定的合体功能，但因为仍然保留富余量，所以合体程度小于省结构。

图 6 - 2 与图 5 - 18 的结构处理方法一样，只是最后的工艺处理手法不同，将转移至育克分割线的省做成碎褶。

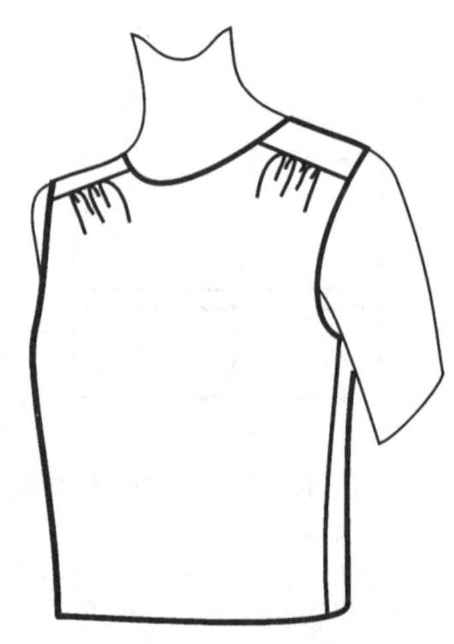

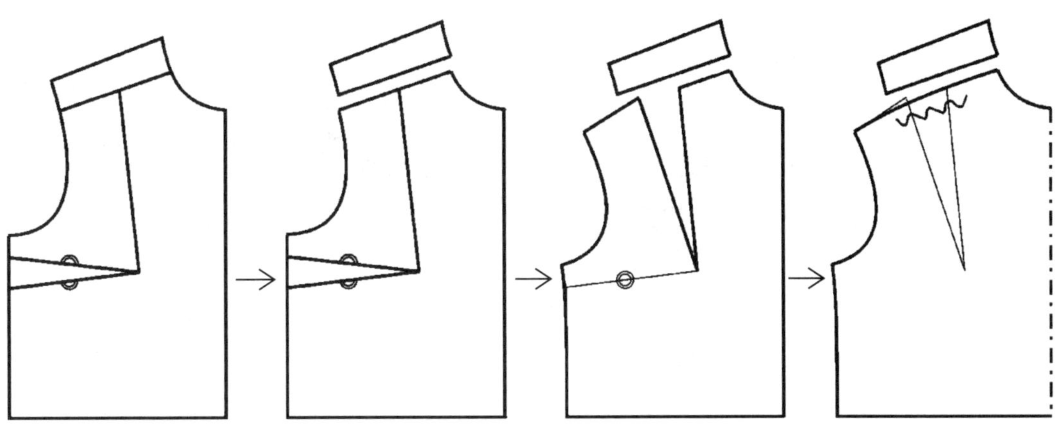

图 6-2　肩育克与碎褶结构

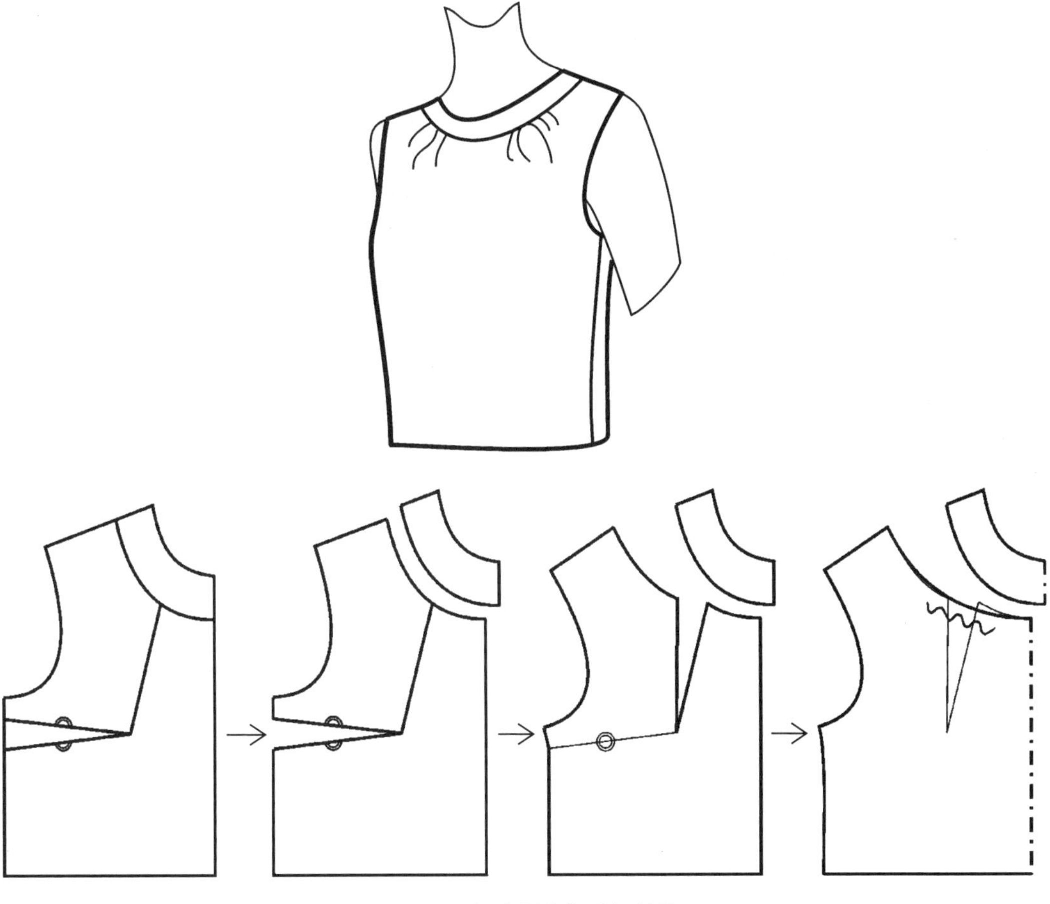

图 6-3　领分割线与碎褶结构

图 6-3 也是分割线加碎褶的结构。首先设计出领口分割线，然后将腋下省转移至领口分割线，并用碎褶工艺缝合处理。

碎褶还可以用倒褶和缉明线倒褶的工艺代替。如图 6-4、图 6-5 所示，衣片的结构处理方法与图 6-2 一样，只是最后的工艺处理手段不同。

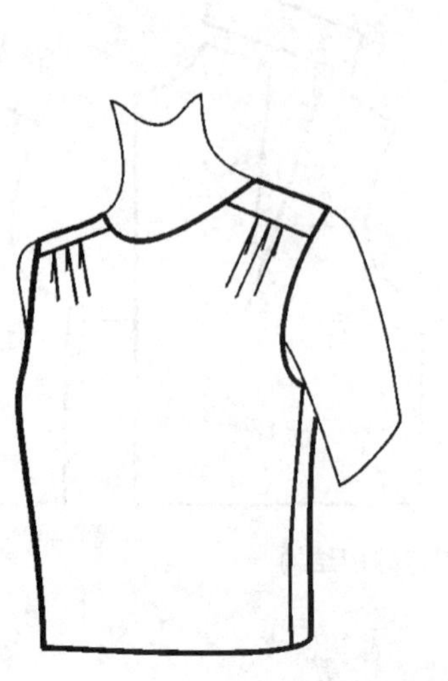

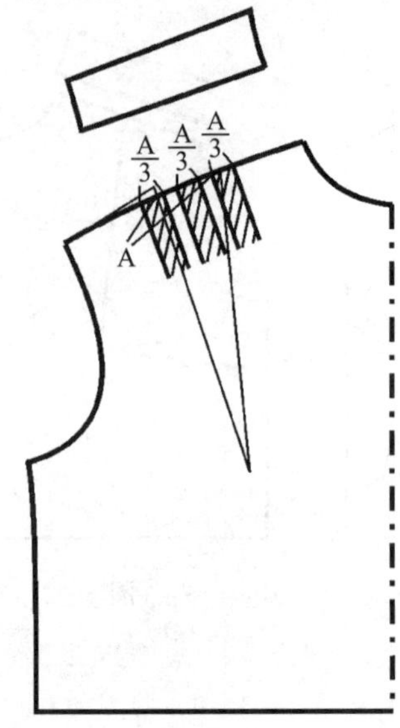

图 6－4　倒褶结构

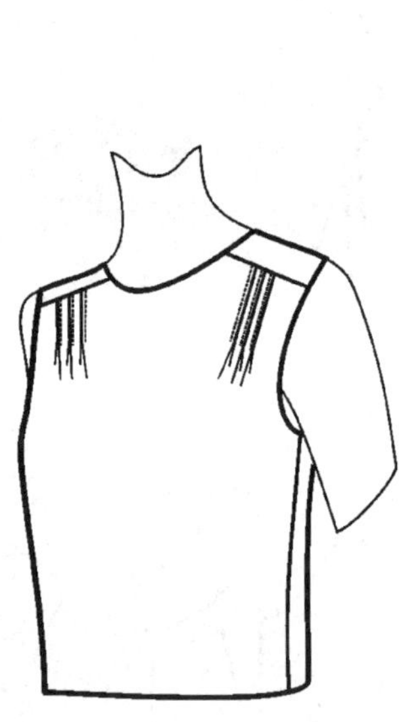

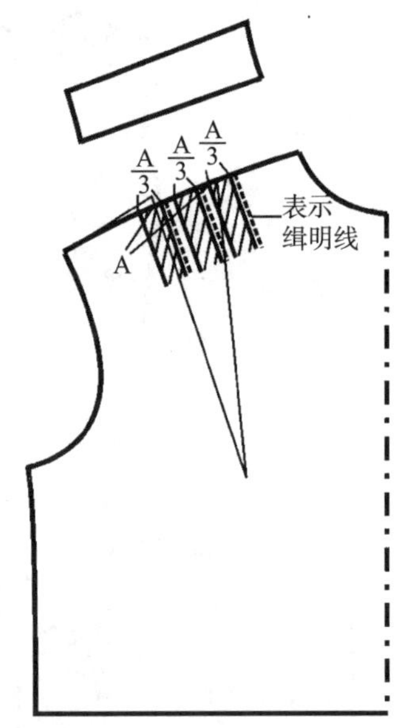

图 6－5　缉明线倒褶结构

第二节　加褶

合体结构的省量是不可设计的，必须符合人体体型。转移后的省量也不可控制，根据转移前后，省夹角相等的原理，省量是确定的。但很多款式设计了大量的褶，这些褶与合体度无关，只是款式的外观设计点，这时就必须在纸样上根据设计要求加入褶量，这种结构处理方法叫作“加褶”。

加褶是较为灵活的处理方法，设计师可以自己控制褶的位置、大小、形状。但是也要注意到，由于褶量是自己加进衣片的，所以势必影响衣片的合体性，大部分打褶服装显得较为蓬松。

加褶的原理见图 6－6，将任何衣片纸样剪开，彼此拉开，形成不同形状的距离，描拓外边缘，就会出现包含了不同形状褶量的扩大形衣片，缝合后呈现不同的褶饰外观(图 6－7)。

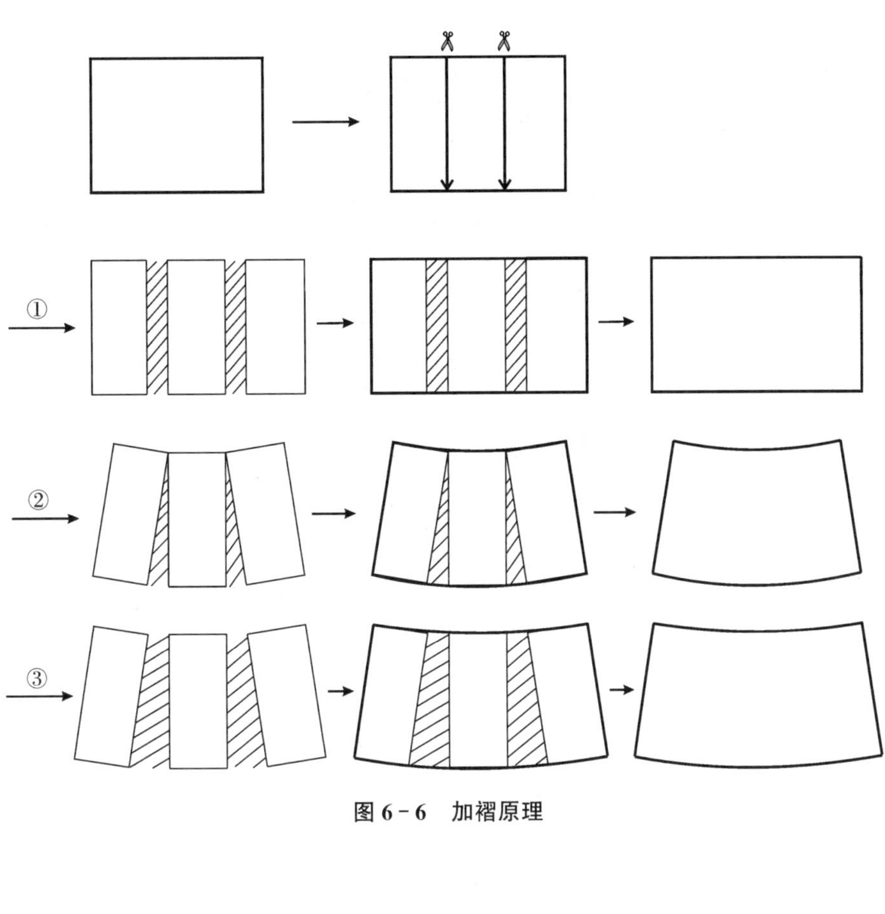

图 6－6　加褶原理

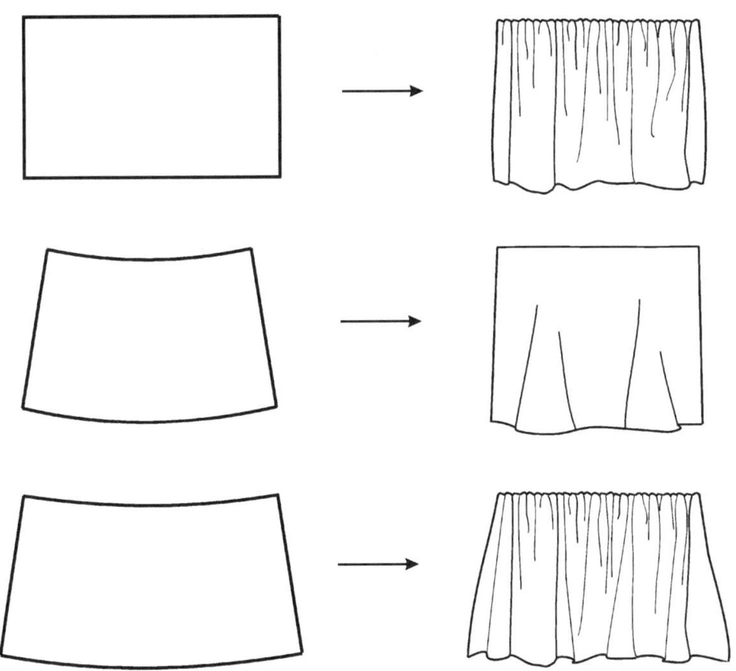

图 6－7　不同形状的衣片与褶的形态

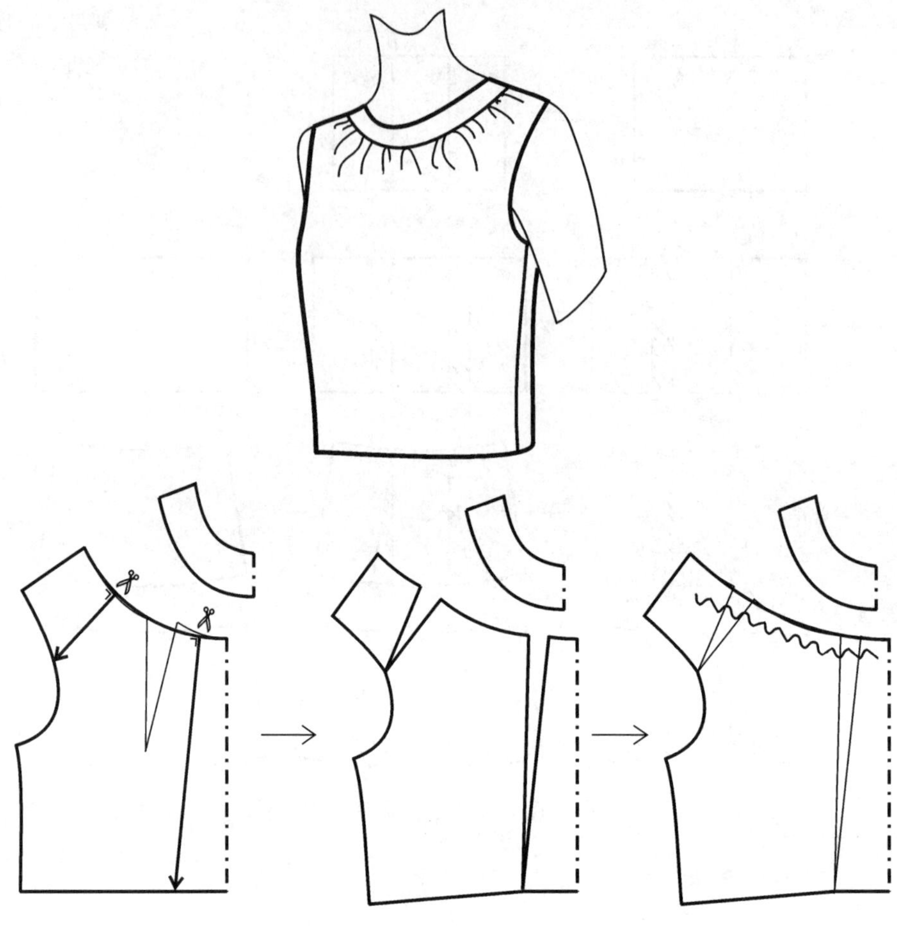

图 6-8 领口分割线打褶款式

图 6-8 与图 6-3 相比，褶量更加丰富，仅靠腋下省转移后的省量是不够的。因此在图 6-3 的基础上，在领口分割线的其他两处切展纸样，加入需要的打褶量。这时领口分割线的两条缝合线长度差变大，褶量更多。

注意在确定切展位置时，应注意设计意图，一般来说，切展位置是均匀分布，且垂直于打褶分割线的。

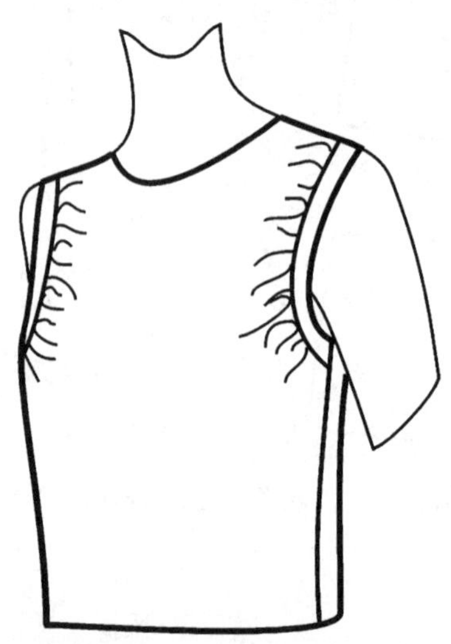

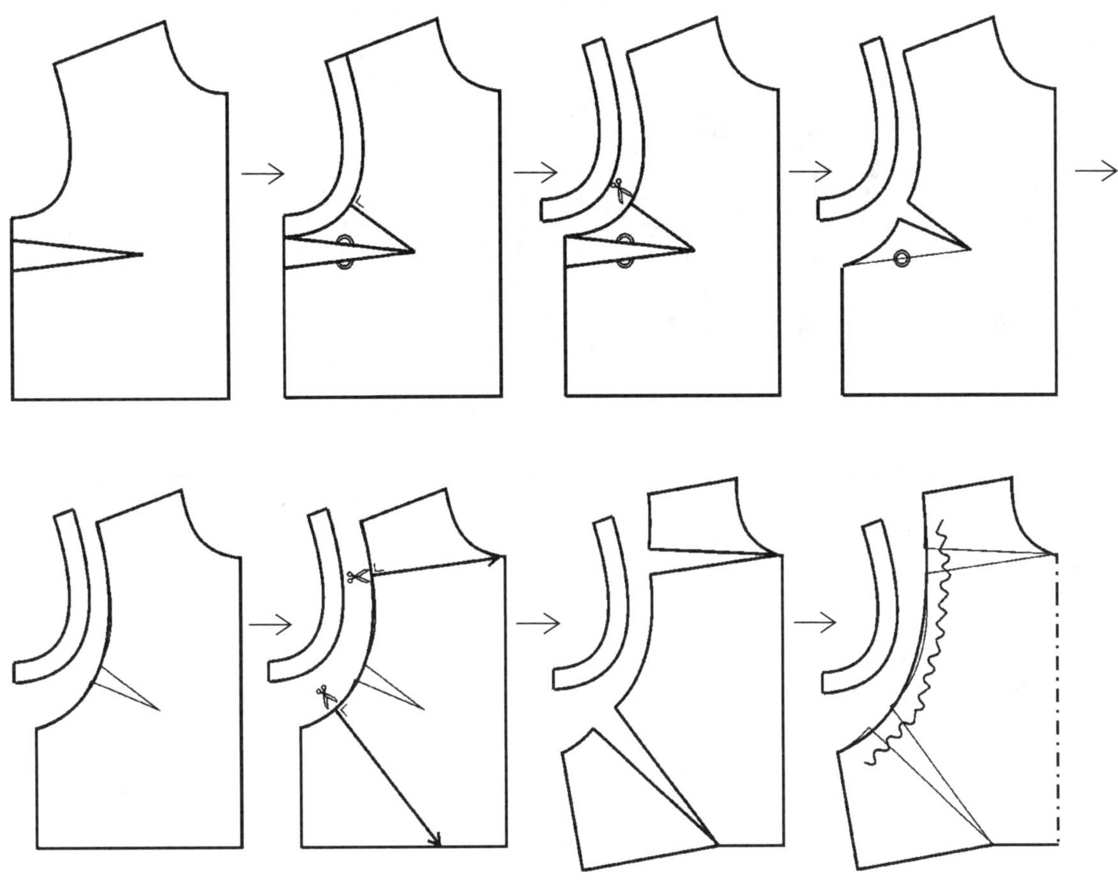

图 6－9　袖窿分割线打褶款式

图 6－9 是较完整的加褶过程：

(1) 准备好基本纸样；

(2) 设计袖窿分割线和腋下省转省位置；

(3) 将袖窿衣片分割出去，腋下省转省到袖窿分割线上，得到合体褶量；

(4) 均匀设置其他两处切展线，垂直于袖窿分割线，切展，加入褶量；

(5) 修正加褶后的袖窿分割线，使其平滑圆顺，用曲线碎褶符号标记碎褶处理工艺。

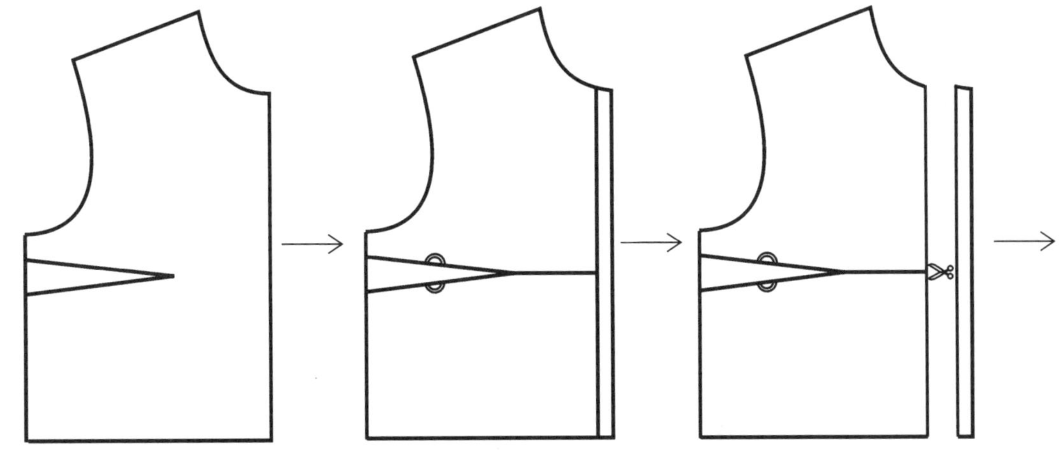

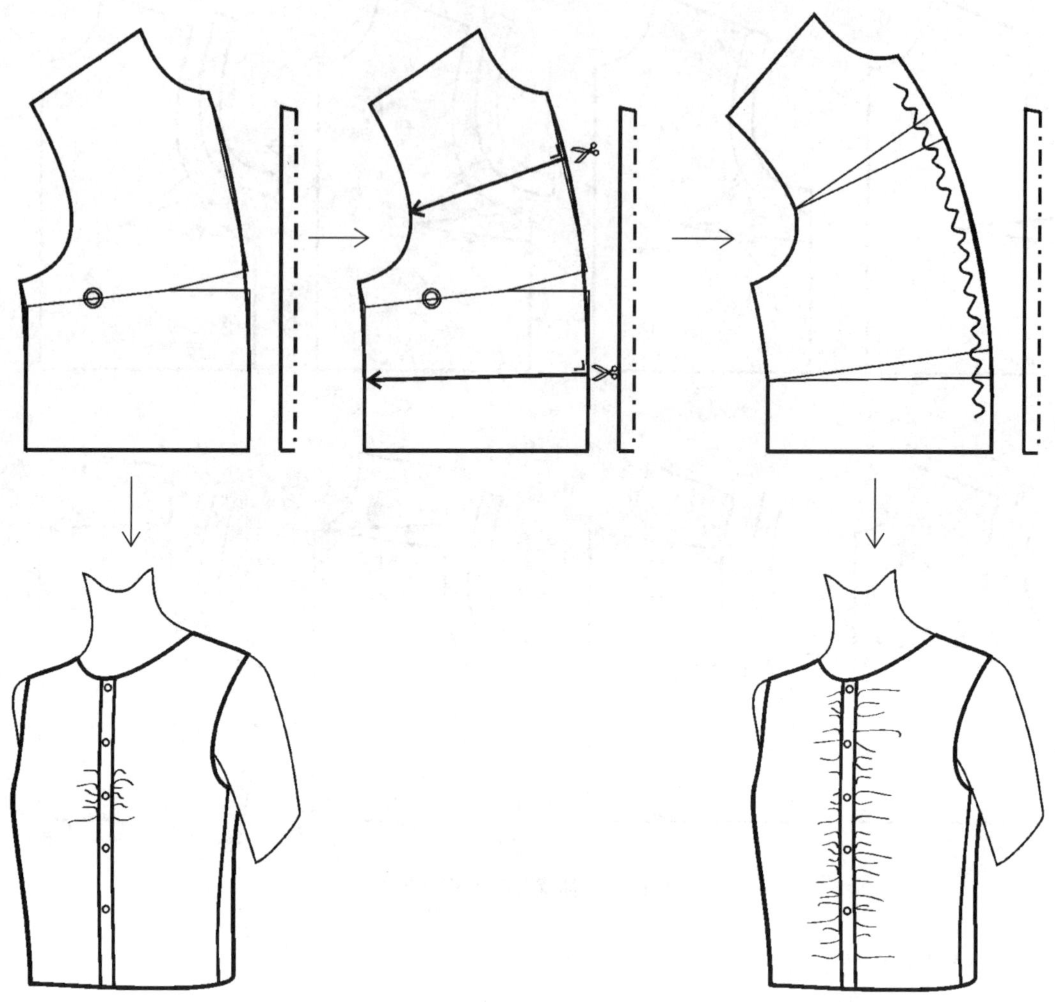

图 6－10　前中分割线打褶款式

一般来说，褶量丰富的碎褶常需要一个分割线与其配合。如果碎褶设置在服装轮廓分割线上，如肩线、侧缝等，容易破坏服装轮廓的清晰度，设置在领口和袖窿上，更容易给工艺处理造成麻烦(图6－10)。

不对称款式的转省和加褶步骤更加复杂。

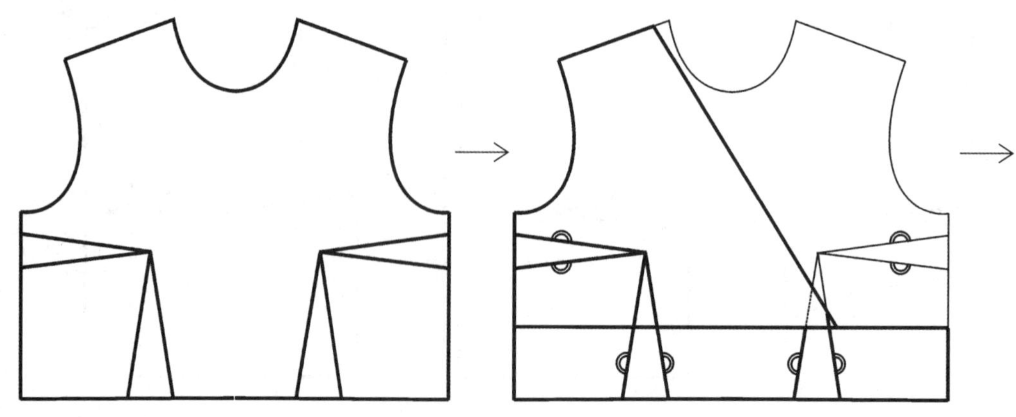

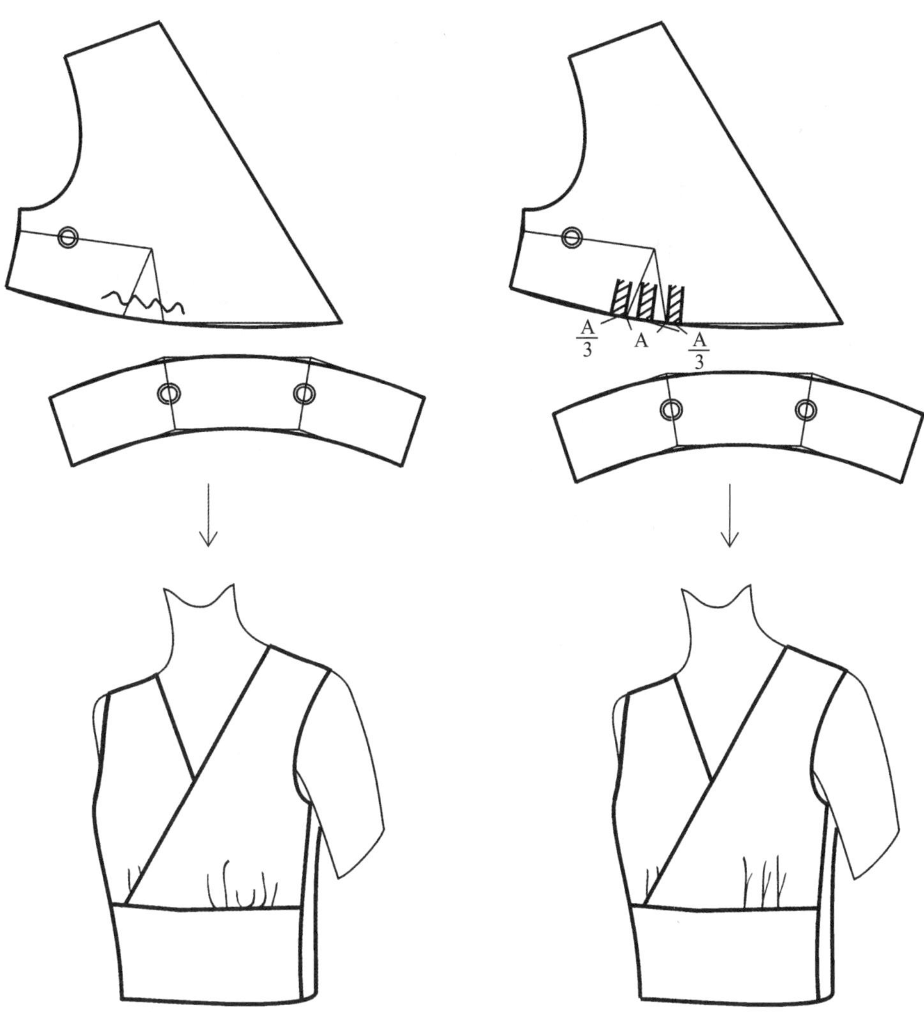

图 6－11　不对称打褶款式

图 6－11 是一个不对称款式。衣片在前胸处有重叠：

(1) 首先，设计领口形状线和腰部育克分割线；

(2) 腰育克去掉省量，合并成一片。腋下省转移合并到胸腰省里，作为腰部打褶量；

(3) 褶的处理形式多变，碎褶或倒褶，各有风格。

图 6－12 是继续加褶的处理。在图 6－11 的基础上，均匀切展衣片，加入褶量。

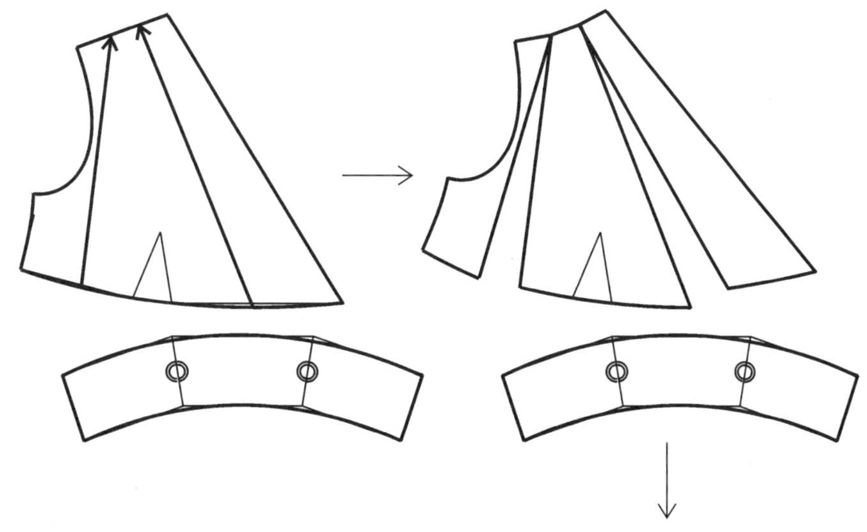

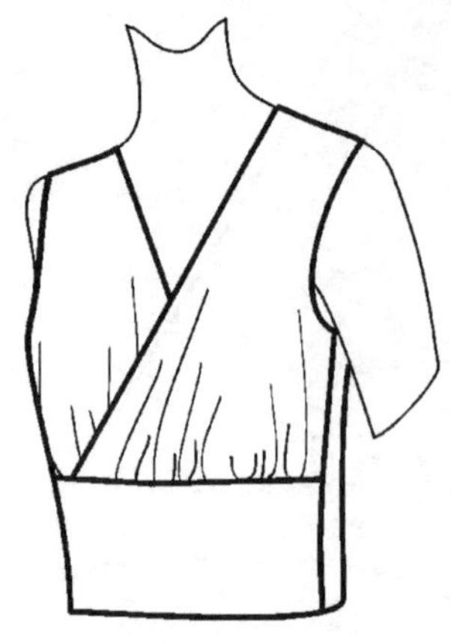

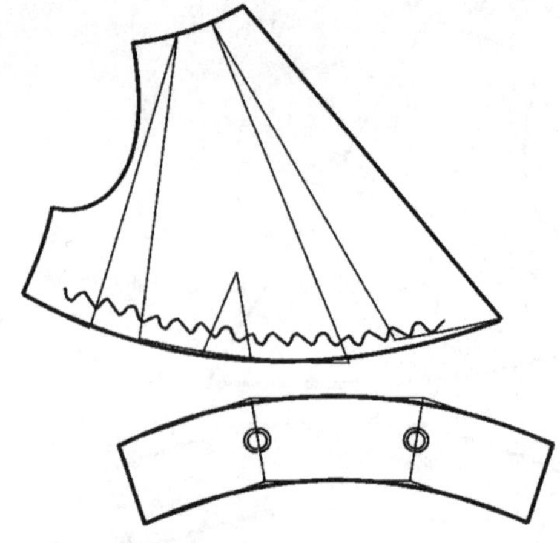

图 6－12　不对称打褶之加褶

图 6－13 的小背心款式需要将左右腋下省、胸腰省都转移到左腋下打褶：

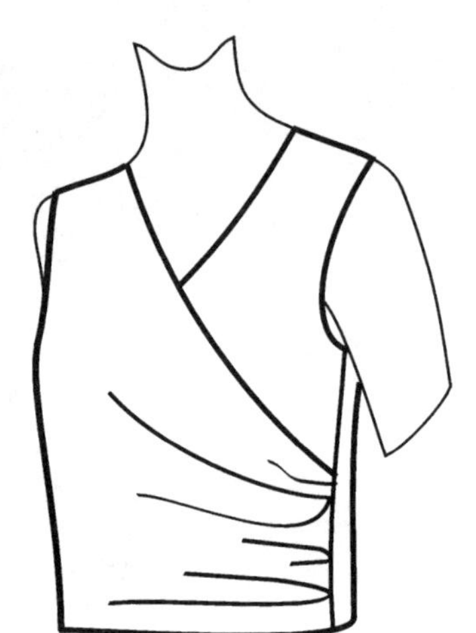

(1) 设计领口形状；

(2)先在左侧缝上设计一个新的省位，将左半身的腋下省与胸腰省转移到左腋下；

(3) 在左侧缝再设计一个新的转省位，将右半身的腋下省与胸省转移过去；

(4) 形成的两个省量大小不一，不影响打褶。将所有的省量平均分为 4 份或更多份，缝合成褶向朝上的倒褶。

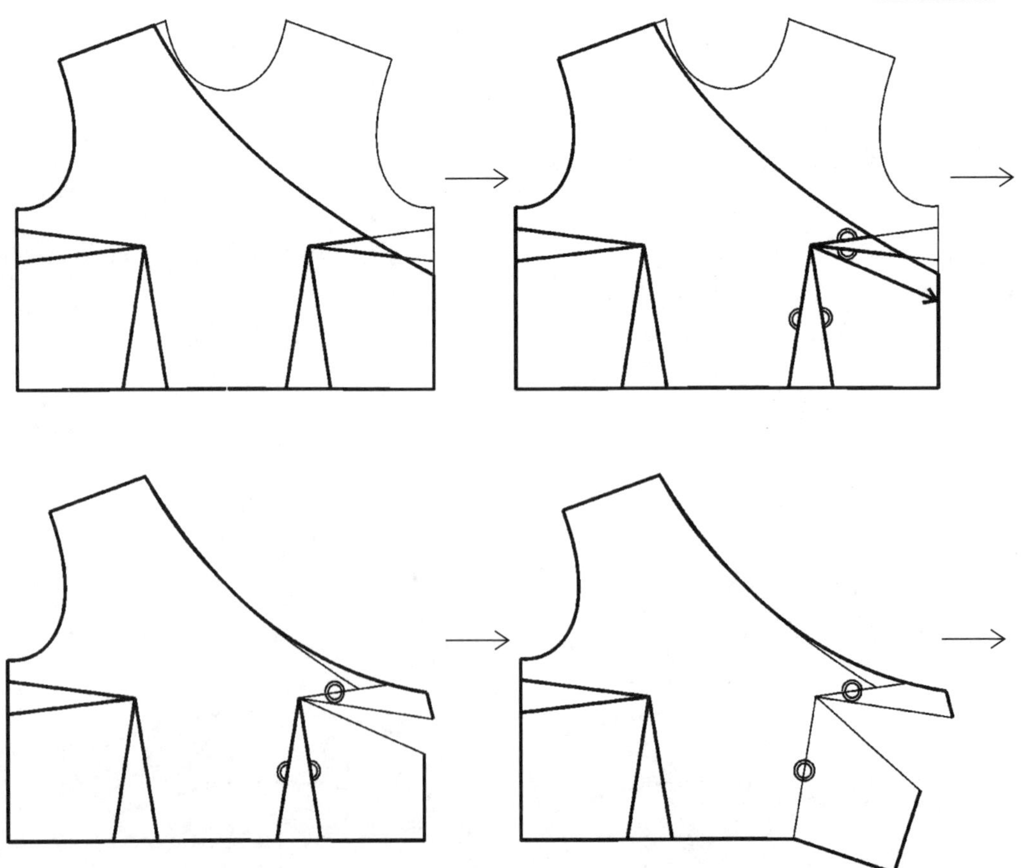

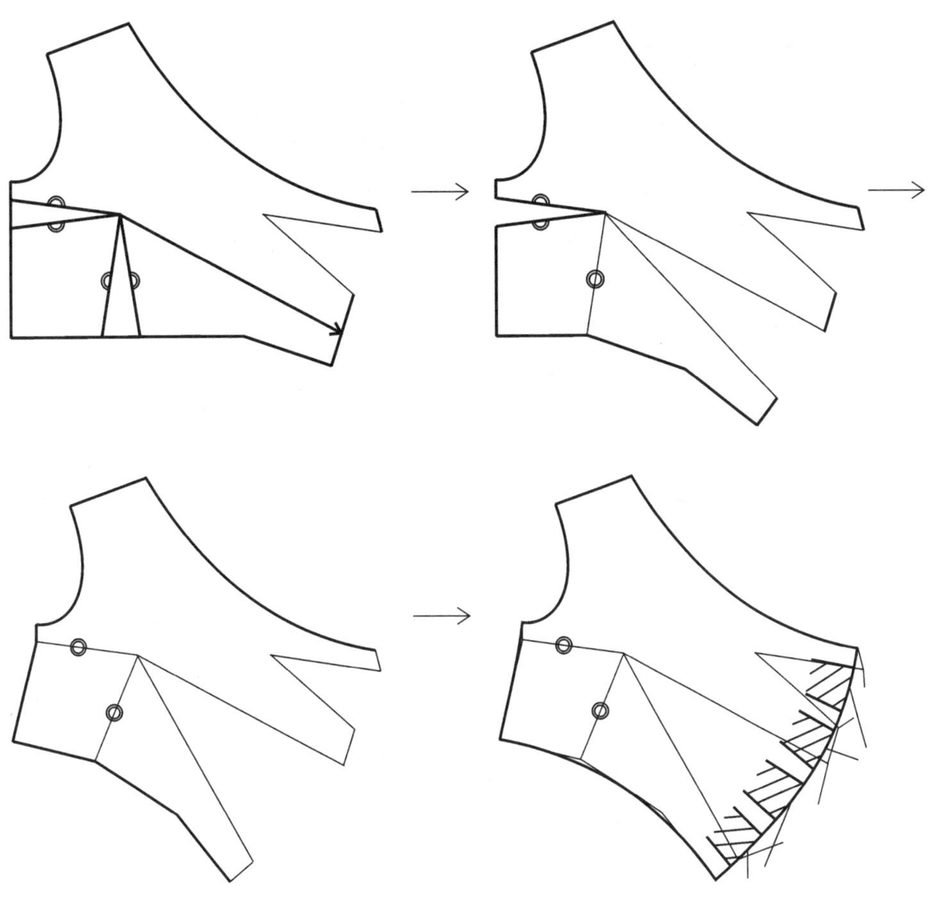

图 6－13　左腋下打褶的小背心款式

背部的加褶处理方法是一样的。因为没有像前片腋下省那样必须要处理的省，背部加褶往往更加自由。

肩育克是背部常见分割线，图 6－14 是在肩育克分割线上打褶的款式。首先完成肩育克结构，合并肩胛省，将育克衣片分割出去。然后均匀剪切大身后身部分，加入褶量。褶的形状不同，呈现的成衣效果也不同。

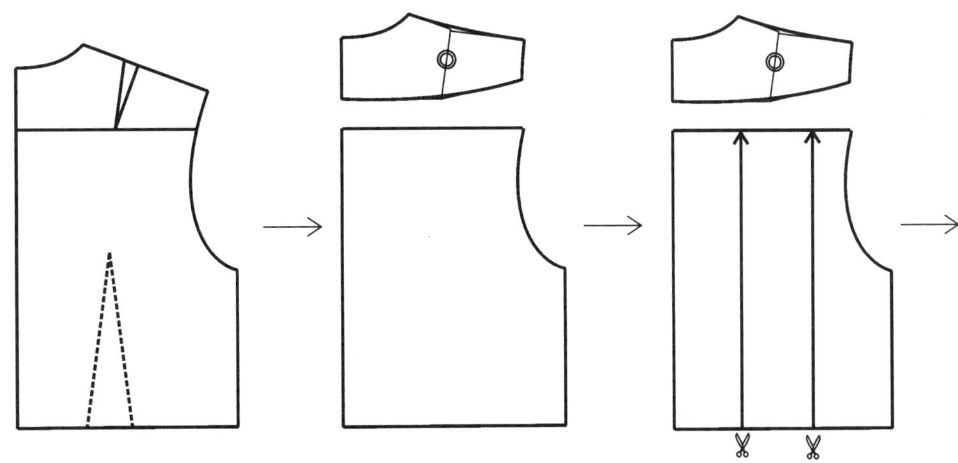

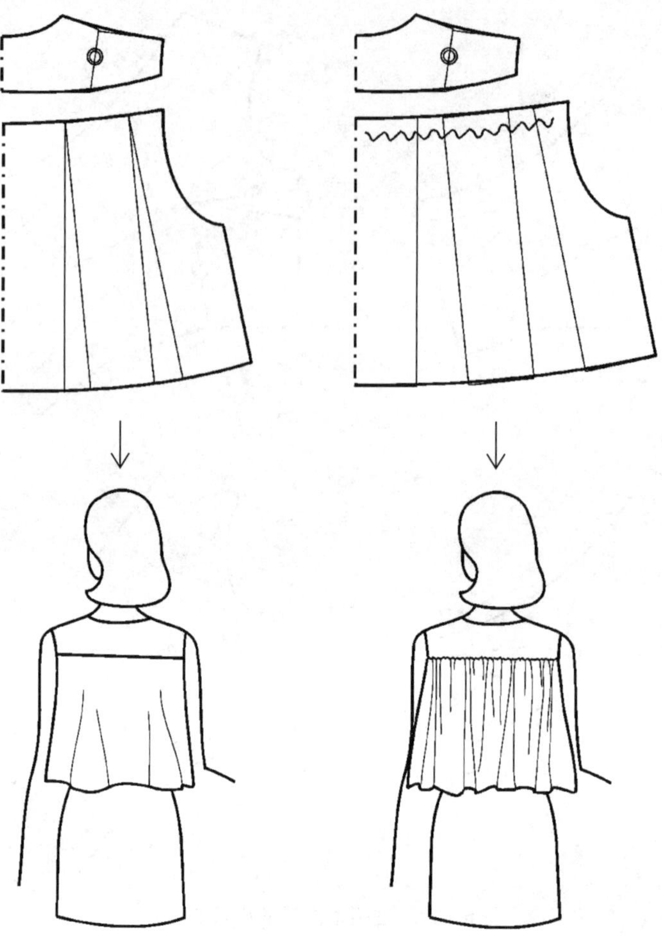

图 6-14　领口分割线打褶款式

图 6-15 是常见的后背结构组合,肩育克与后中心线打褶。这个结构完全符合人体的形体特征与运动需要,一方面通过肩育克分割线使肩部横向活动带与背部纵向活动带分开,另一方面通过背部褶量,增加活动量,改善服装的活动性能。

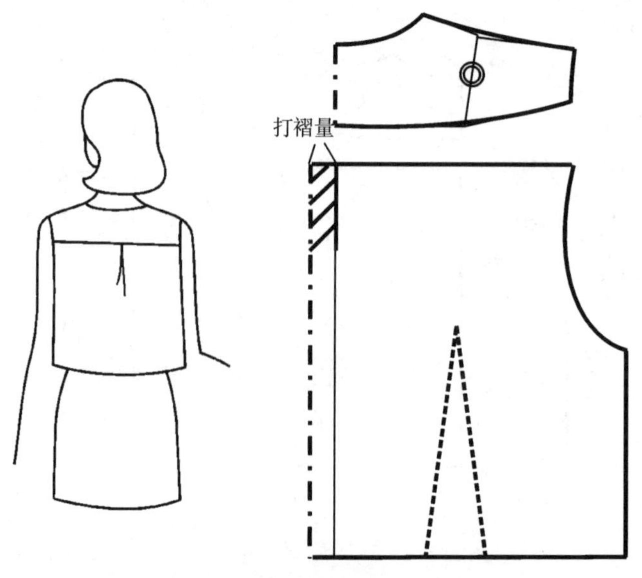

图 6-15　后中心线打褶款式

第七章　领子结构设计与变化技巧

领子最靠近脸部，对脸部有重要的衬托作用，是服装重要的组成部分之一，被称为服装的“窗口”，有很强的视觉冲击力。衣领是最富于变化的一个部件，领线的深浅、宽窄变化及领子形状、大小、高低等变化形成了各种各样的服装款式，有时甚至引导流行时尚。

颈部是人体活动的重要部位，颈部可以内外旋转，多角度、多方向运动，常见的运动有颈部前屈、颈部后仰、颈部侧弯、颈部外旋等动作，其中颈部前屈的运动频率最高，幅度最大，这直接影响了衣领的造型及其运动功能性（图 7－1）。

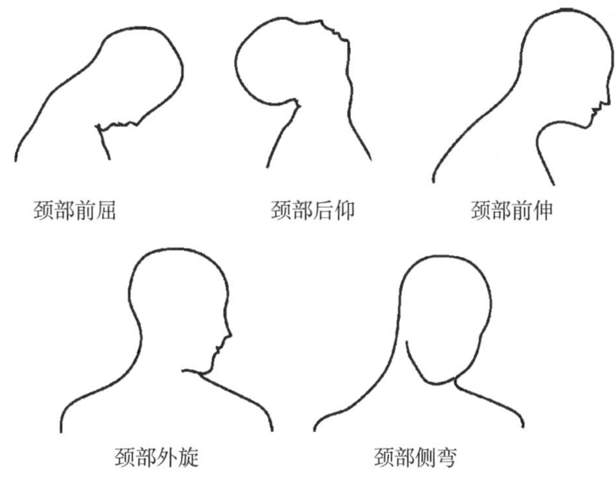

图 7－1　颈部常见运动

根据领子的结构，可将领子分为无领和有领两大类，有领又可以分为立领、翻领、扁领、翻驳领等（图 7－2）。

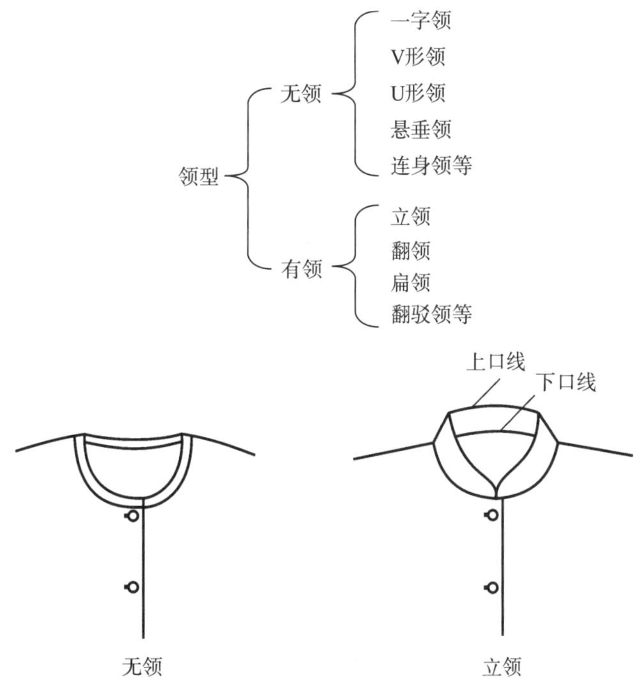

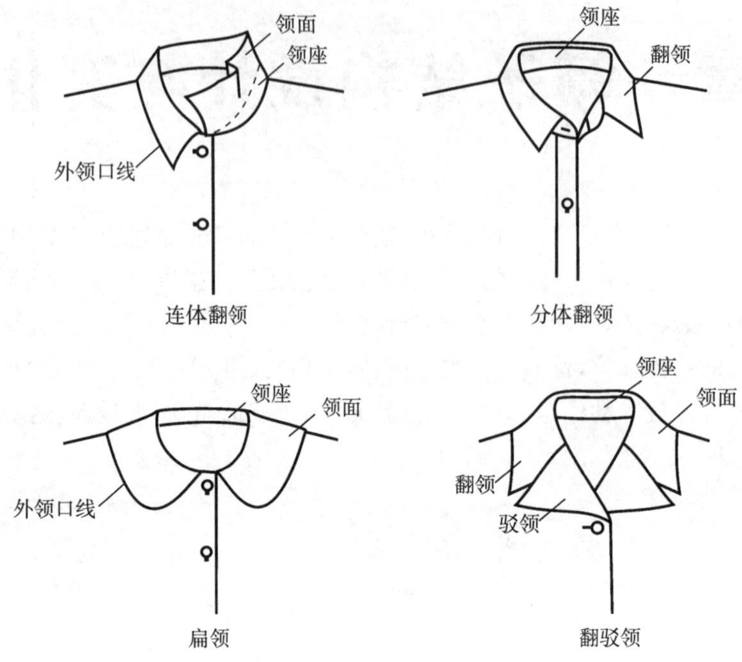

图 7-2　常见领型与结构

第一节　无　领

无领是指没有单独领结构的领型，其领口形状丰富多变，既有一字领、U 形领、V 形领、鸡心领、不对称领型等，又有原身领、挂颈领、悬垂领等。图 7-3、图 7-4 为方领和鸡心领的结构设计。

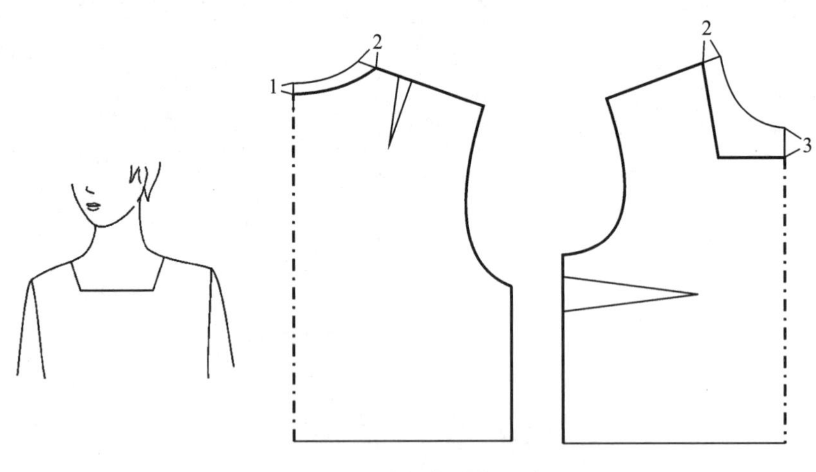

图 7-3　方领的结构设计

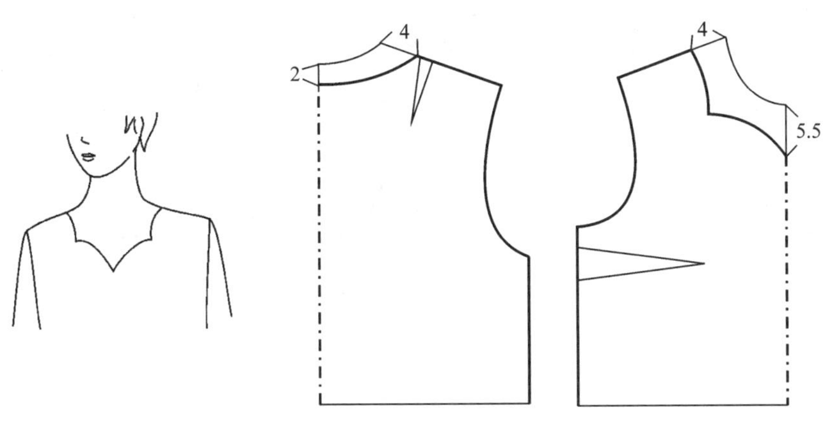

图 7－4　鸡心领的结构设计

一般的无领只要在基本纸样的领口设计出新的领型即可，但值得注意的是，领口的前颈点、侧颈点、后颈点是服装在人体上垂挂的着力部分，如果领口处裸露过多，上述三个点都远离人体相应位置，会出现衣服容易从肩部滑落的弊病。因此，前颈点、后颈点和侧颈点的位移应保持一定的连接关系，达到平衡(图 7－5)。

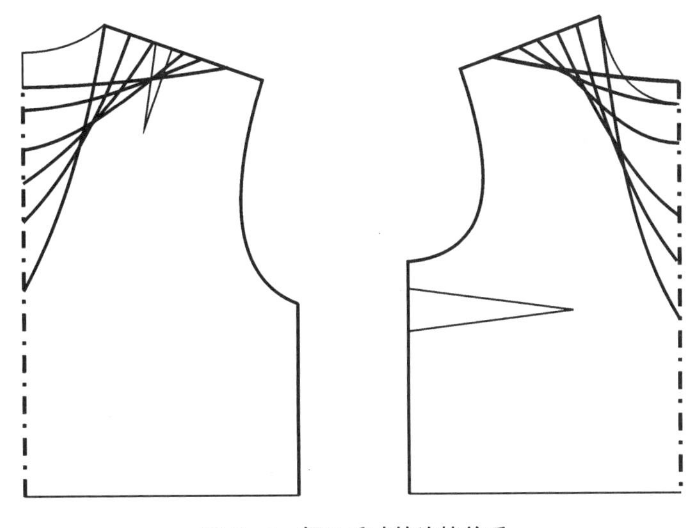

图 7－5　领口采寸的连接关系

还需注意的是，当领口开得较大的时候，往往出现前领口不伏贴的敞开状态，需要提前在纸样上将不伏贴的浮余量作为省量处理掉。

比较特殊的无领领型及纸样如下。

一、一字领(图 7－6)

由于一字领的设计要求，衣片前颈点会出现溢出基本纸样净领口的情况。由于基本纸样净领口基本与人体吻合，加上颈部向前活动量较大，因此前颈点向上抬高的尺寸不宜太大，以免影响穿着活动性能。

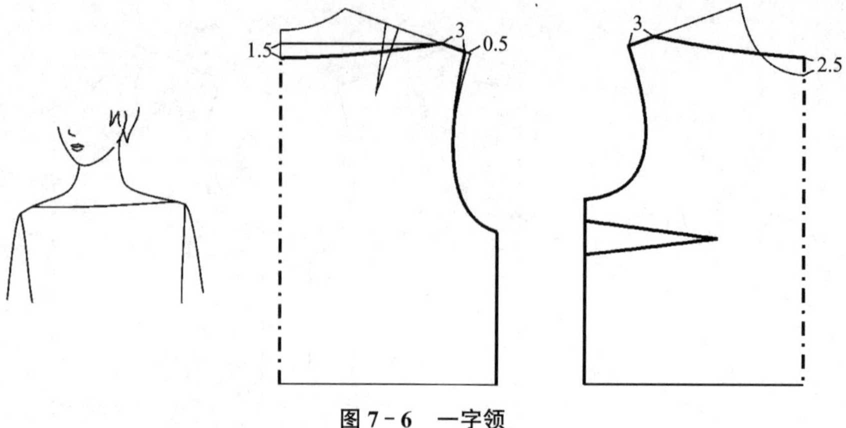

图 7-6　一字领

二、开口较大的圆领(图 7-7)

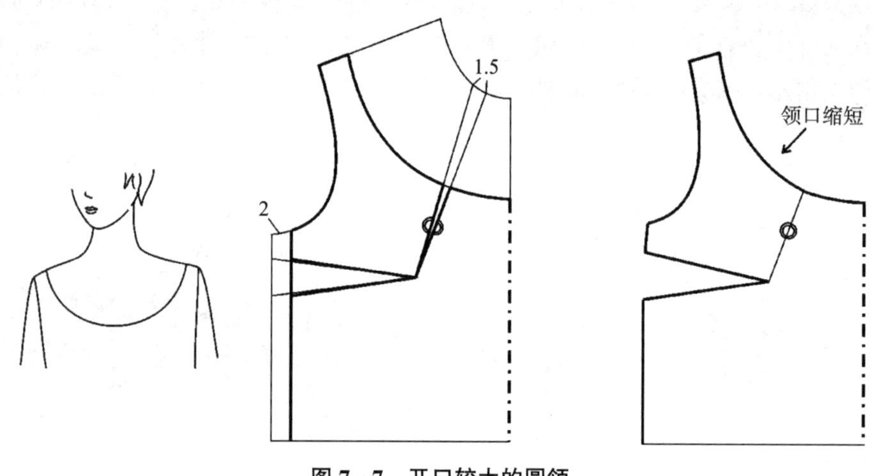

图 7-7　开口较大的圆领

基本纸样是具有一定放松量的成衣纸样，在前胸位置上也有一定松量。当领口较大的时候，会出现领子不紧贴身体的问题，出现不必要的裸露。应当在画纸样的时候，提前处理。方法是在领口增设一个大小为 1.5cm 的省，用转省的方法将这个省转移至腋下省内，与腋下省一起处理。这时领口尺寸减小，能够更好地贴合人体。

三、深 V 字领(图 7-8)

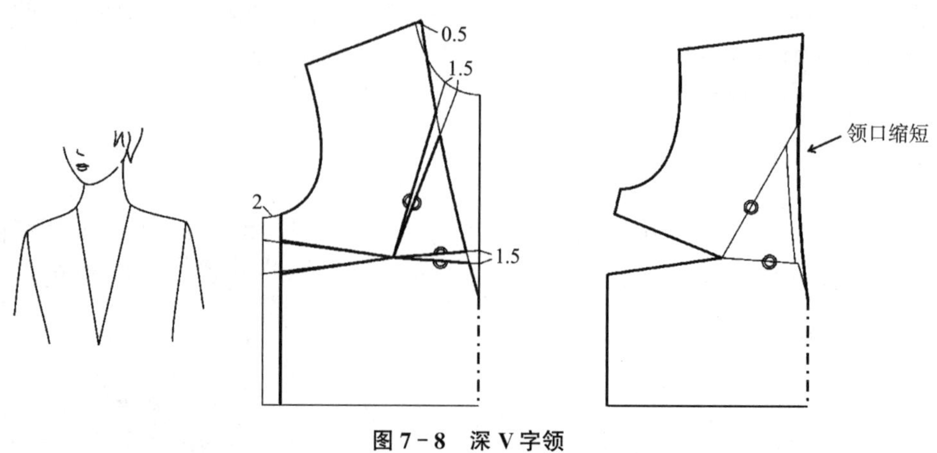

图 7-8　深 V 字领

深 V 字领距离胸点更近，领口合体程度要求更高，前中心线位置上凹进的幅度更大，因此除了领口省外，在前中心线上再增设一个大小为 1.5cm 的省，同样与领口省一起转移至腋下省内，随着腋下省一起转移处理。

四、原身领(图 7－9)

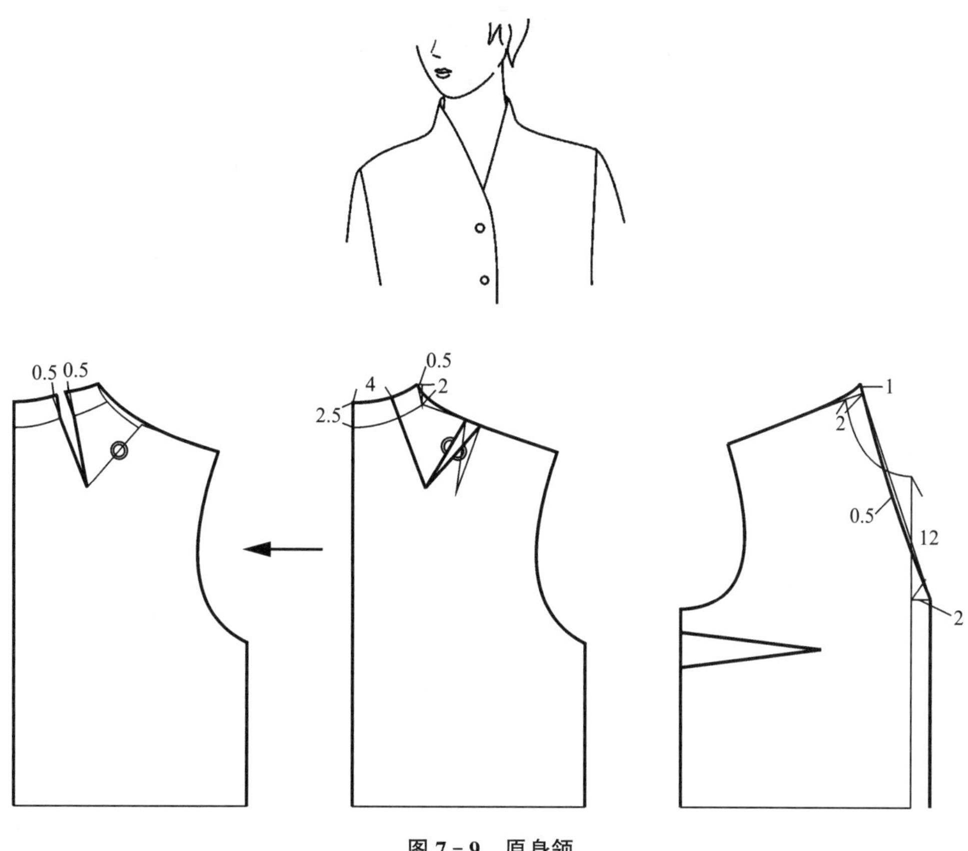

图 7－9　原身领

原身领外形像立领，却没有单独的领结构，可认为是一种无领。原身领由领至衣身的衔接过渡没有分割，十分完整，显得优雅端庄，适合作为女套装领型。在进行结构设计的时候，需要直接在衣身颈围线上画出领子，应特别注意尺寸，尽量保守，以免采寸过大，影响颈部活动。常见后领宽不超过 2.5cm，前领口加大，弥补活动量。

五、悬垂领

悬垂领是多余的面料在领口堆积出垂坠褶的领型，在前胸处形成一定肌理，涟漪一样的自由线条衬托脸部，显得飘逸典雅。

凡是在人体的平坦部位出现的褶皱，都是在基本纸样的基础上剪开相应部位，加入设计的褶量而形成的。悬垂领的原理也是如此，在前片领口设计出褶位与褶形，剪开，打开一定的褶量，最后近似画出裁剪轮廓线。这是一种需要一定设计经验的近似制图法，在净纸样之外的多余面料都将成为悬垂领的垂褶。

悬垂领的细节款式不同，结构设计的方法也略有不同。有的悬垂领与衣身之间有分割线，有的悬垂领与衣身连为一体；有的悬垂领肩部合体，有的悬垂领肩部也堆积褶皱。具体处理方法见图 7－10～图 7－13。

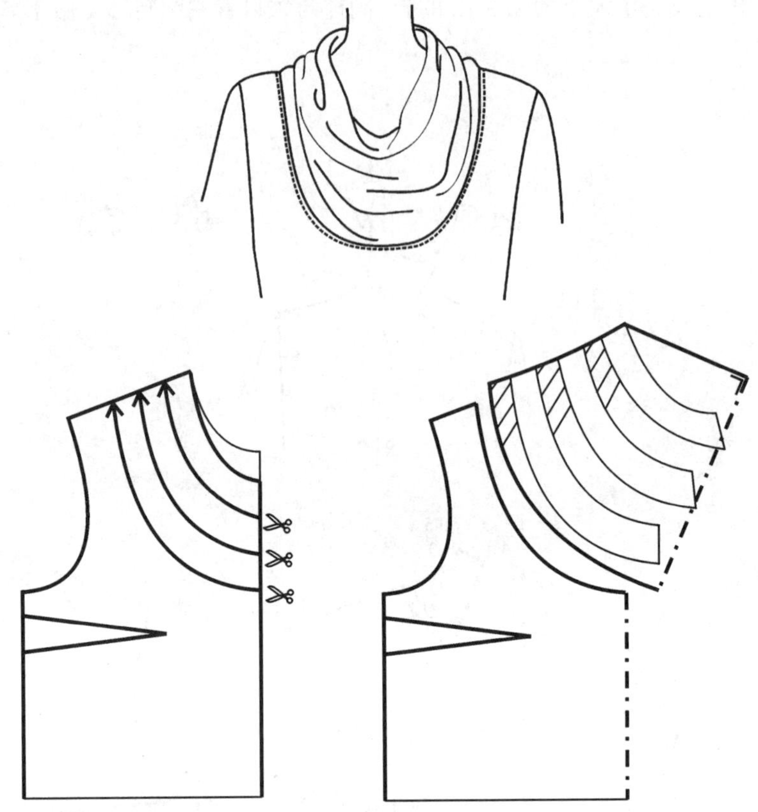

图 7－10　有分割线的悬垂领款式 1

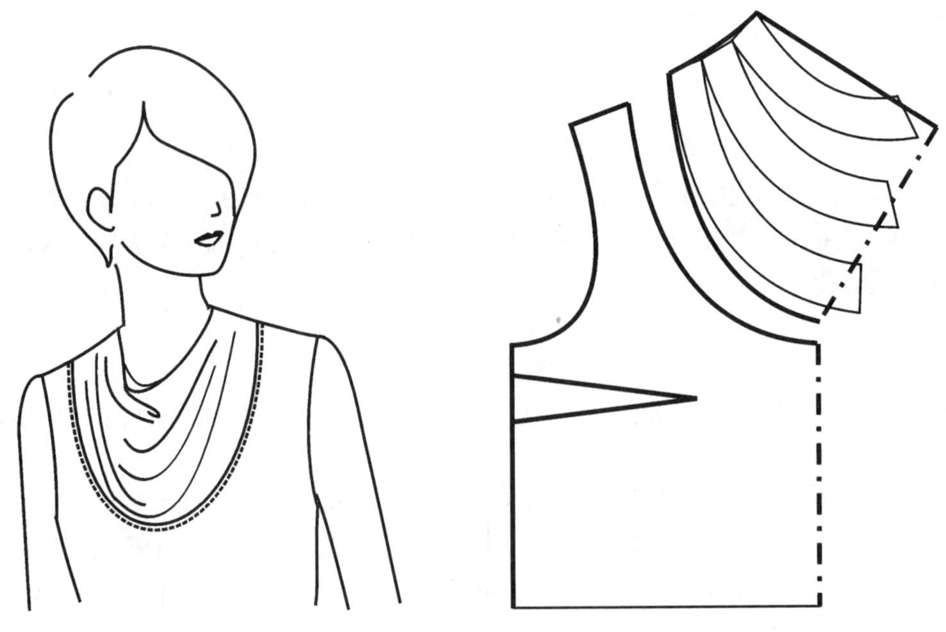

图 7－11　有分割线的悬垂领款式 2

图 7－12　无分割线的悬垂领款式 1

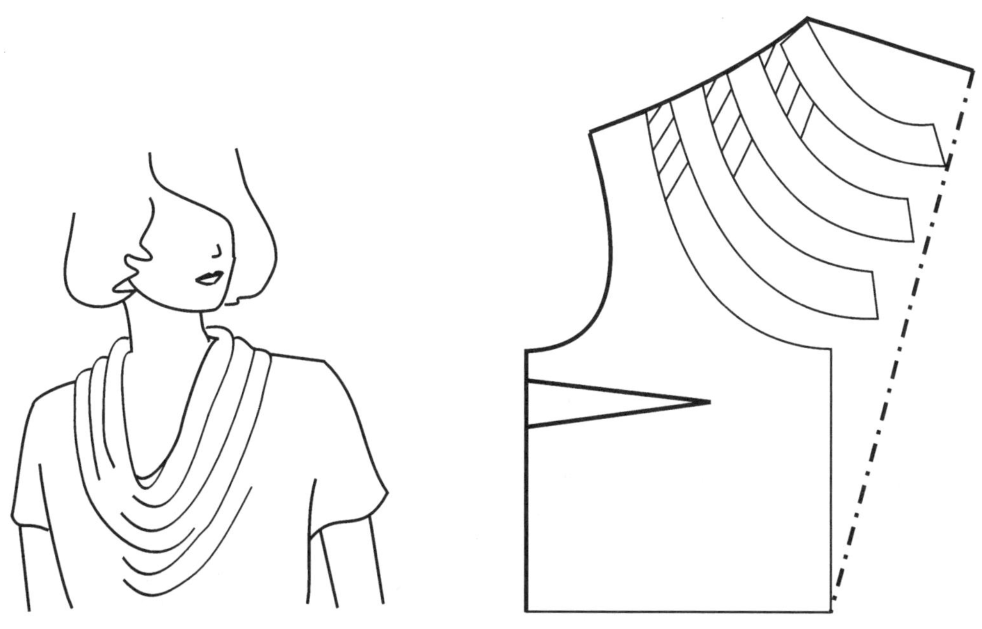

图 7－13　无分割线的悬垂领款式 2

第二节 立 领

立领是与颈部贴合程度较高的领型，在衣身上端直立，不翻折。立领常被认为是东方式的，造型简洁，严谨保守，适合在职业装、礼仪服装等正式服装上使用。

按照外观形态，立领可分为直角式、锐角式、钝角式(图 7 - 14)。

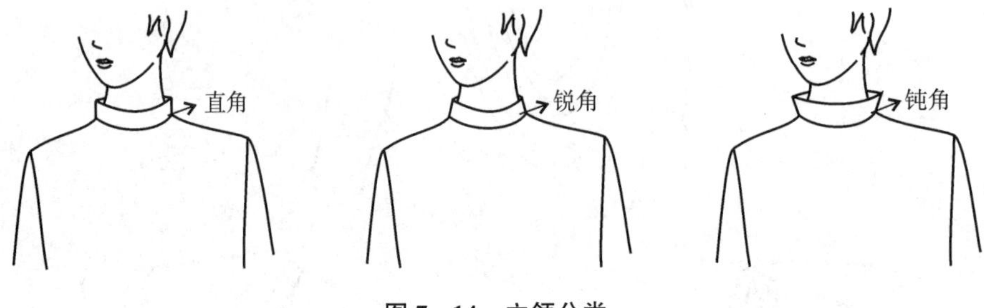

图 7 - 14 立领分类

一、直角式立领(图 7 - 15)

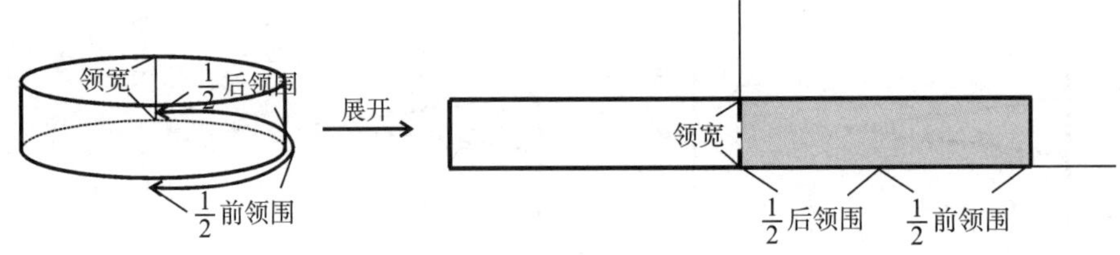

图 7 - 15 直角式立领结构原理

直角式立领可近似看成一个圆柱形，其展开的平面是一个长方形，长方形的长为衣身的领围，宽为后领领宽。按照制图惯例，对称款式制图只画右边的一半，因此直角式立领的制图如图 7 - 16。

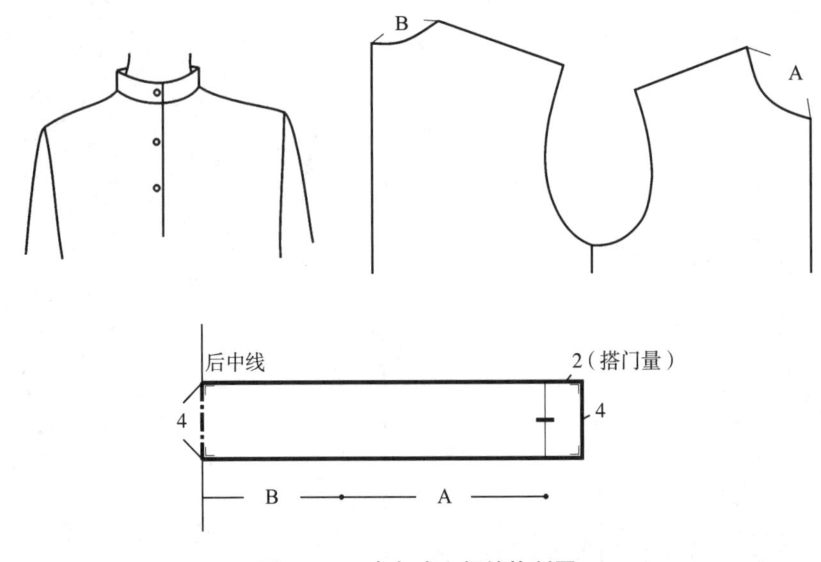

图 7 - 16 直角式立领结构制图

二、锐角式立领

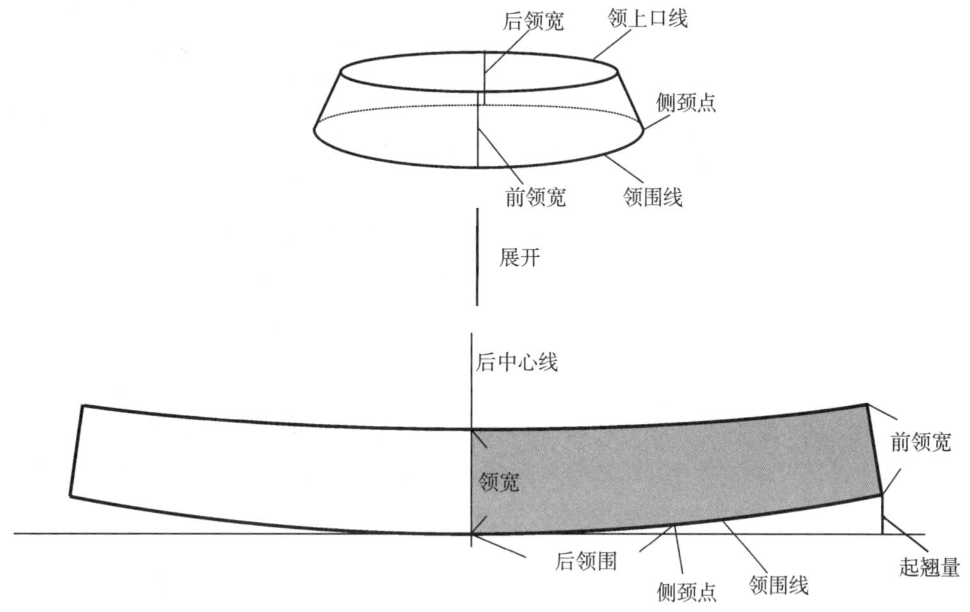

图 7－17　锐角式立领结构原理

锐角式立领可近似看作圆台形，其展开的平面为环形。以前中心线为断开线，则后中心线位于环形的中间。以后中心线为纵轴，环形切线为横轴，环形与锐角式立领的对应部位见图 7－17。

锐角式立领的结构制图仍然取右半部分，可发现锐角式立领的结构仿佛长方形两端向上翘起。向上翘起的程度可用图中的起翘量界定。起翘量越大，翘起程度越明显，领上口线越短，领子收得越紧，越紧贴颈部。相反，起翘量越小，越接近长方形，领上口线越长，领子越松，越远离颈部(图 7－18)。

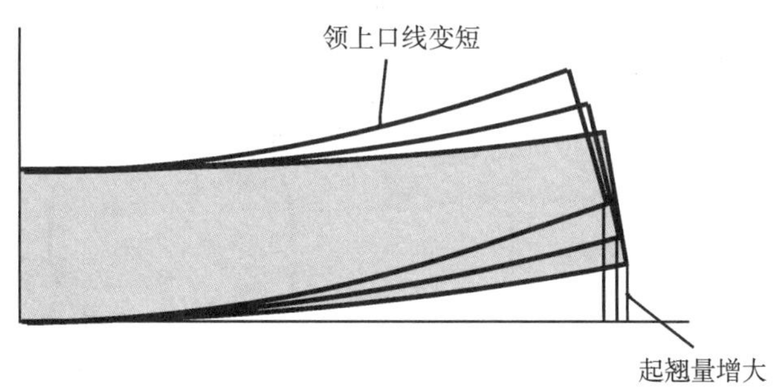

图 7－18　起翘量对锐角式立领结构的影响

锐角式立领的制图步骤如下(图 7－19)：

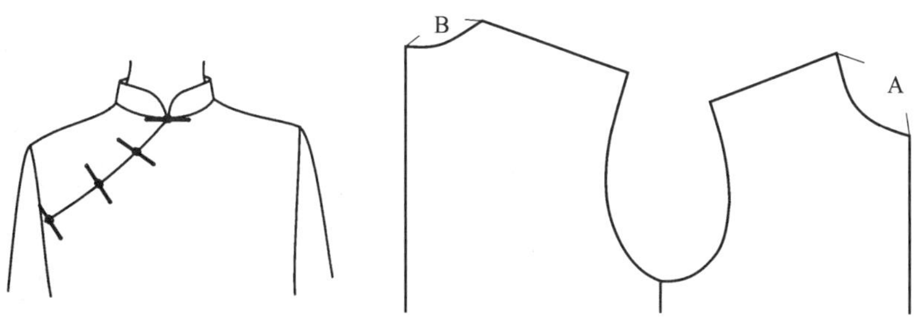

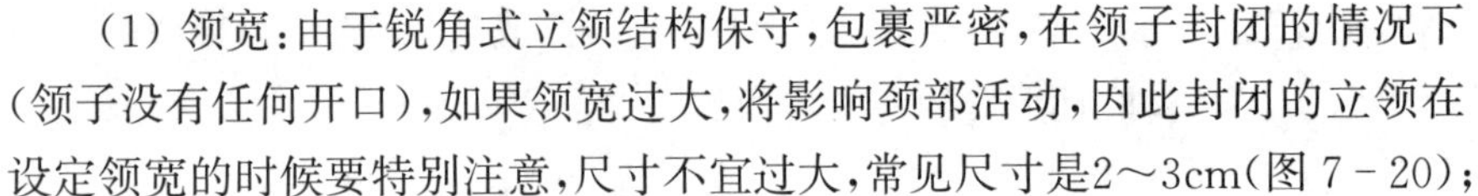

图 7－19　锐角式立领制图

(1) 画一个坐标轴，在纵轴上量取领宽 3.5cm，在横轴上依次量取一半后领围和一半前领围；

(2) 将横轴的领围三等分，第三个等分向上起翘 1cm，注意起翘前后的长度应保持不变；

(3) 将领围线画成一条圆顺的曲线，在曲线右端点垂直向上画出前领宽 2.5cm；

(4) 从后领宽顶点出发，画一条圆顺的曲线至前领宽处，根据款式设计出领角，完成领上口曲线，注意领上口曲线与纵轴垂直。

锐角式立领可以在以下要素做结构变化：

(1) 领宽：由于锐角式立领结构保守，包裹严密，在领子封闭的情况下（领子没有任何开口），如果领宽过大，将影响颈部活动，因此封闭的立领在设定领宽的时候要特别注意，尺寸不宜过大，常见尺寸是2～3cm（图 7－20）；

图 7－20　封闭的立领

(2) 领围：衣身的领口可以开大，使领围线变低，这时领围尺寸变大，所以画领子的结构时要使用新的领围尺寸。由于领口变低，领宽可以相应增大，成为高高的立领；或起翘量增大，成为倾斜度大、贴合人体的立领（图 7－21）。对于一些设计得较高的立领，必须开大领口，才能保证立领适合穿着；

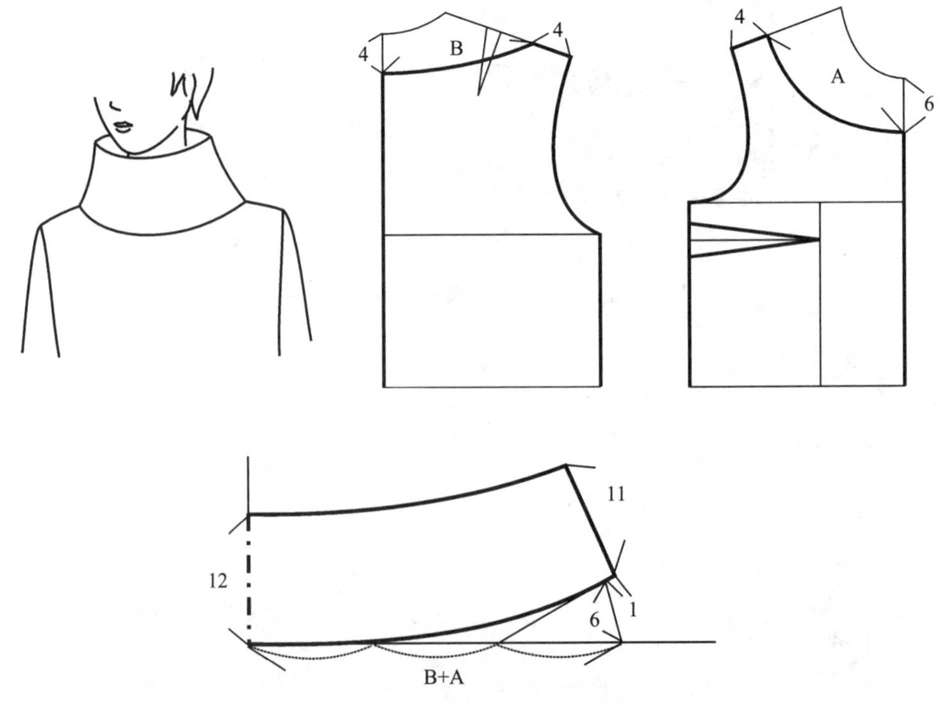

图 7－21　领围较大的高立领结构

当起翘量增大，超过 2cm 的时候，领围曲线应向前颈点延长 0.5～1cm，以弥补曲线与折线之间的长度差，使领子与衣身的领围曲线长度相等。

(3) 领角：立领常在前颈处开口，当颈部前屈时，前开口可以张开，既可作为服装的开口部位，又能改善领子的活动量和透气性、舒适性。常见的领角有方形和圆形两种，其中方形领角造型硬朗，有助于绷直颈项，常在军服和其他制服上使用；圆形领口柔和舒适，是旗袍与中式便服常选用的领型(图 7-22)。

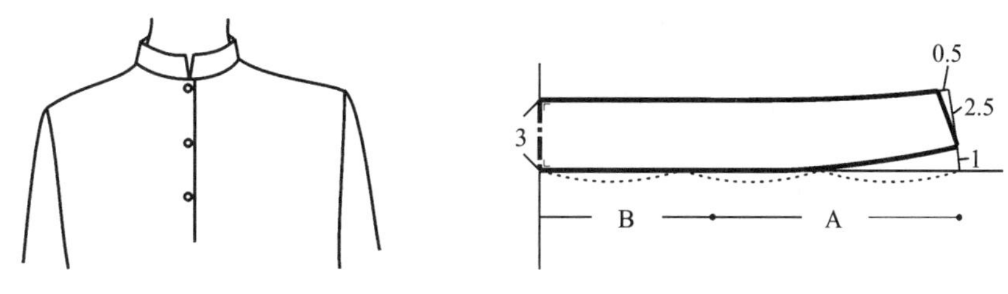

图 7-22　方形领角结构

三、钝角式立领

当起翘量落在纵轴下方的时候，立领呈现上大下小的倒梯形(图 7-23)。

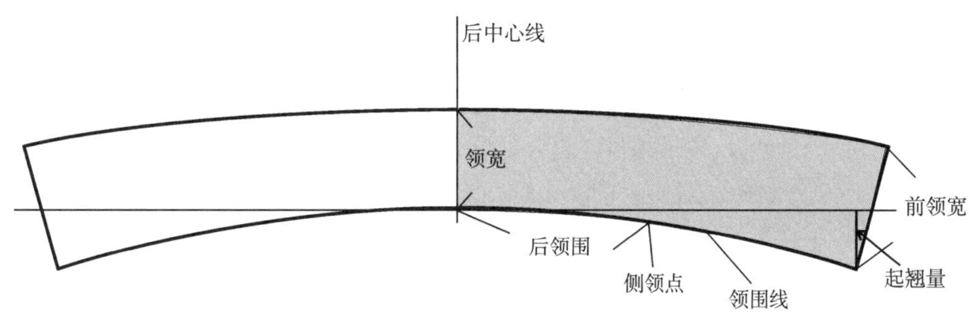

图 7-23　钝角式立领结构原理

由于面料重力的原因，除非使用硬衬等支撑材料，否则钝角式立领很难保持形态，因此这种领型在日常生活中比较少见。但钝角式立领可变成连体翻领，与连体翻领在结构上是一样的，可以认为是一种领型的两种穿着状态(图 7-24)。

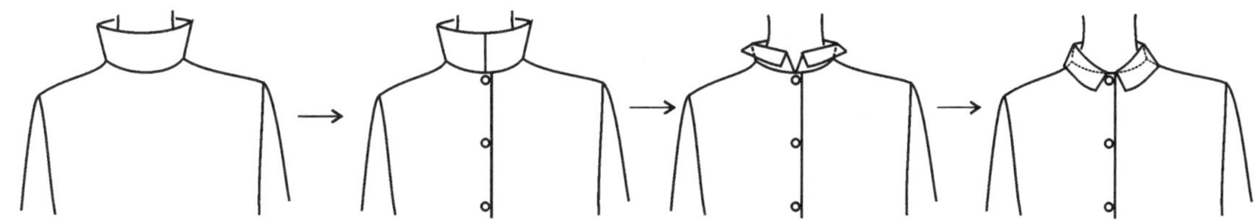

图 7-24　钝角式立领变为连体翻领

第三节　连体翻领

连体翻领多用于男女休闲衬衫、T 恤等服装上，它既有衬衫领型的端庄，又比正式的衬衫领型——分体翻领放松、舒适，显得清爽大方，是一种常见领型(图 7-25)。

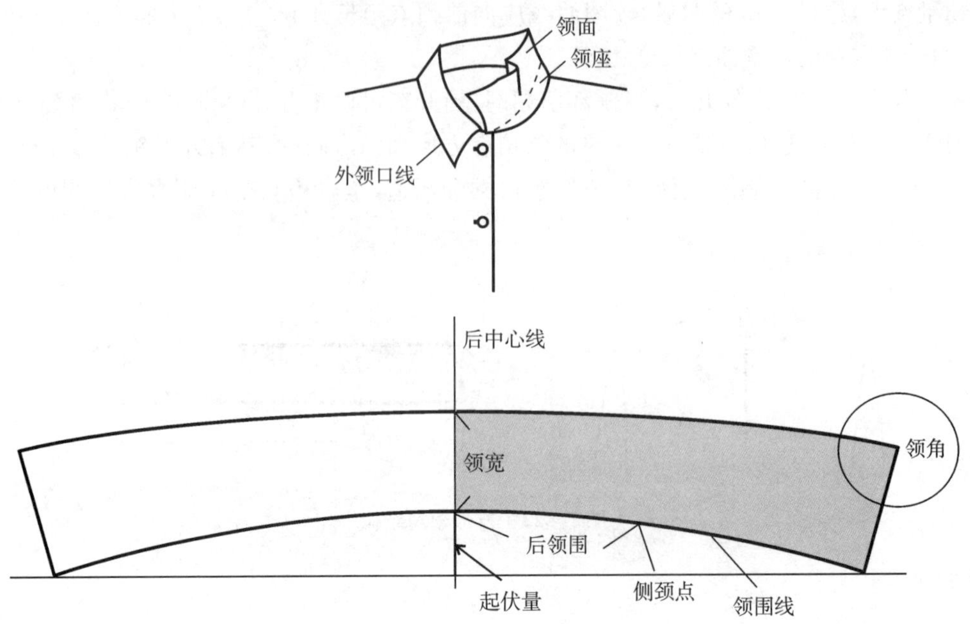

图 7－25　连体翻领结构原理

如上文所述，连体翻领的结构与钝角式立领是相同的，因此其制图原理可以参照钝角式立领。为方便制图，同时与立领有所区别，将坐标轴的横轴落至领围的前颈点处，领子的弧度由纵轴上的起伏量界定与描述。可看到，起伏量越大，领子的弧度越大，翻折后的领子越不贴合人体，领座越小，领面越大；相反，起伏量越小，领子的弧度越小，翻折后的领子越贴近人体，造型越直立。当起伏量是 0 的时候，领面是一个长方形，翻折后像直角式立领一样完全直立在颈部（图 7－26）。

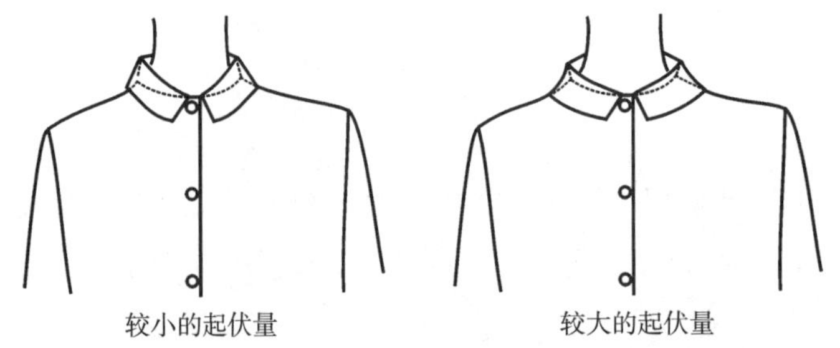

图 7－26　起伏量是控制连体翻领形态的结构因素

连体翻领的结构制图步骤如下（图 7－27）：

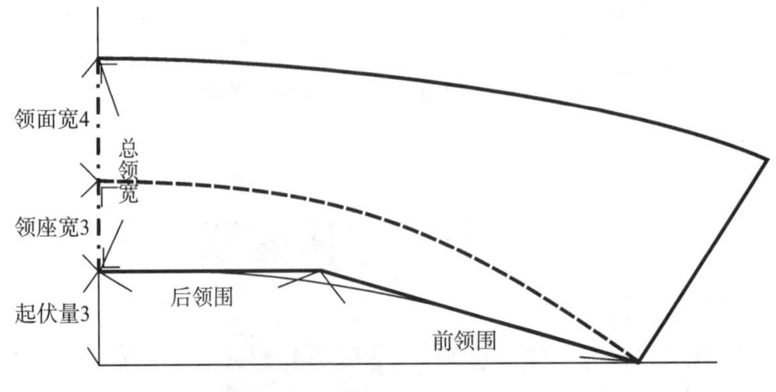

图 7－27　连体翻领结构制图

制图步骤：

（1）画一个坐标轴，在纵轴上依次量取起伏量（3cm）、领座宽（3cm）、领面宽（4cm）；

（2）自起伏量上端点处水平向右画出后领围尺寸，再向横轴上画出前领围尺寸；

（3）从纵轴领面宽的上端点向右，画出领子的外领口线，领角的形状和宽度可自己设计；注意领子外口线与纵轴垂直；

（4）自纵轴领座宽的上端点向右，画出领子的熨烫翻折线，直至横轴与前领围端点相交；注意领子外口线与纵轴垂直。

连体翻领的结构比较放松，穿着舒适，结构设计尺寸基本没有限制。常见的领座宽为2～3cm，领面宽为3～6cm，总领宽为5～9cm。如前文所述，连体翻领的起伏量越大，领子越向后倾斜，如图7-28所示。

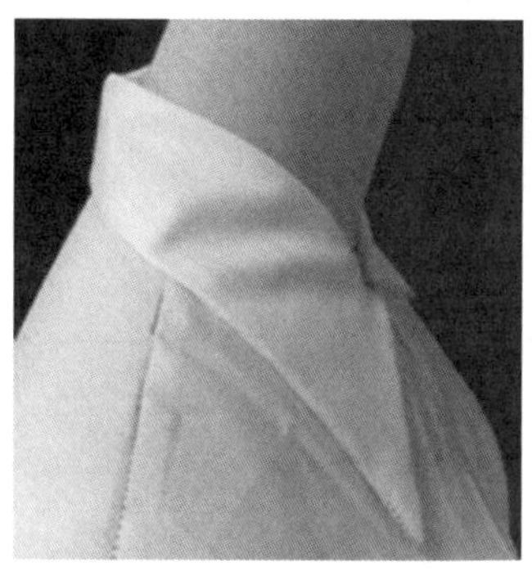

（1）总领宽7cm，起伏量为2cm

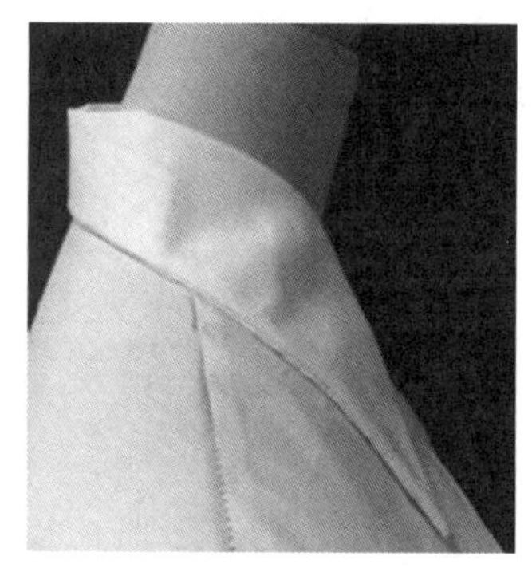

（2）总领宽7cm，起伏量为4cm

图7-28　不同起伏量对翻领合体程度的影响

虽然在图7-27中，人为地指定了一条翻折线（熨烫线），但实际上当总领宽和起伏量确定的时候，领座和领面是自然翻折得到的。起伏量越大，领座越小，领面越大。以常用总领宽7cm为例，不同的翻折量，得到的领座宽与领面宽如表格7-1所列。

表7-1　起伏量对领座与领面宽度的影响(总领宽7cm)

起伏量(cm)	领座宽(cm)	领面宽(cm)
1.5	3.2	3.8
3	2.9(≈3)	4.1
4.5	2.8	4.2
6	2.6	4.4
7.5	2.4	4.6

*起伏量3cm是较常用的尺寸

连体翻领的领角形状在美观的前提下是可以任意设计的，领口也可适当加大（图7-29、图7-30）。图7-31的连体翻领比较特殊，它的结构取自锐角式立领，领子的上口小，翻折后领座与领面紧贴颈部，领子造型小而紧。这种领型的起翘量不可过大，否则无法保证领面的平整，穿着舒适性也较差。

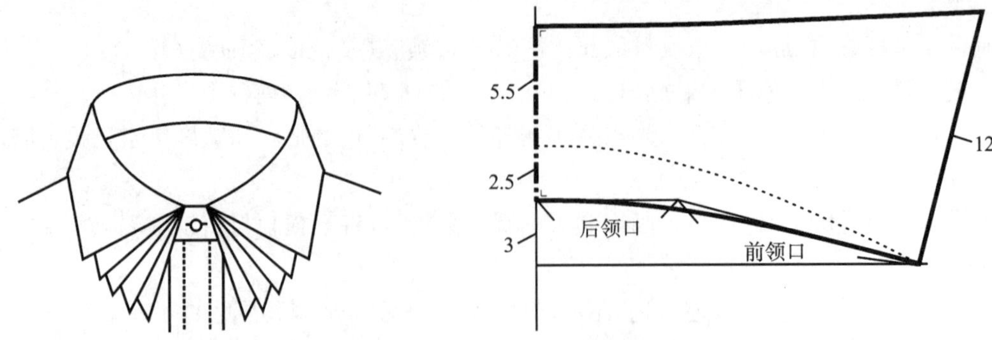

图 7-29　连体翻领制图实例 1

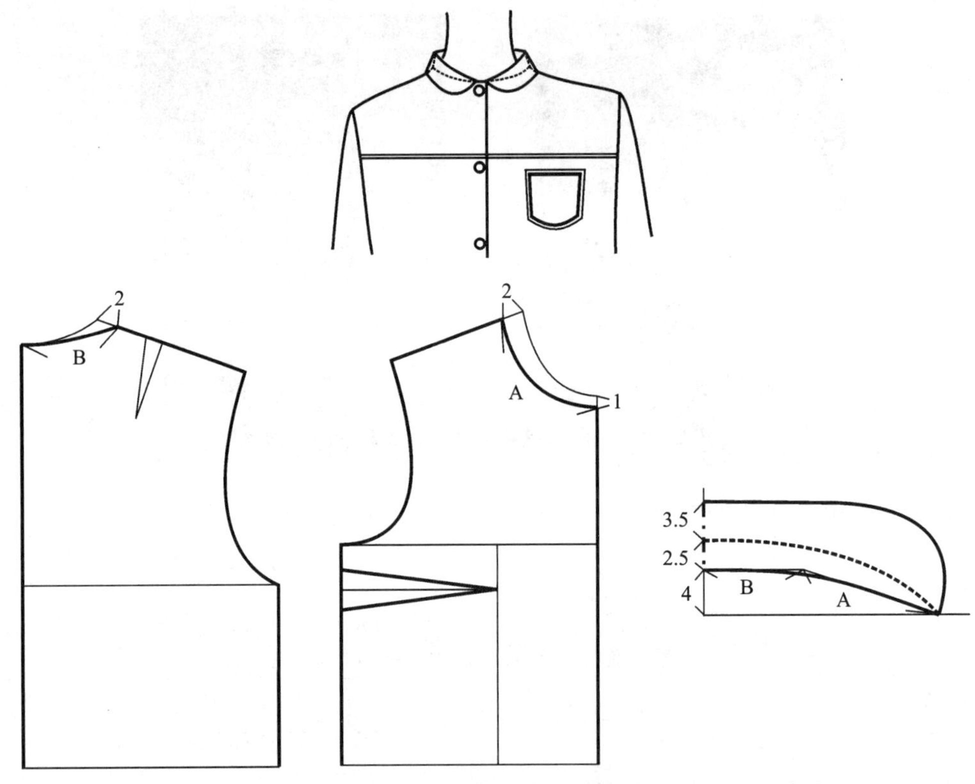

图 7-30　连体翻领制图实例 2

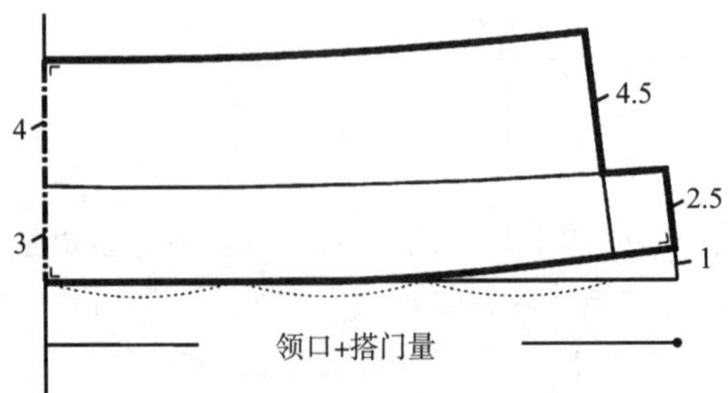

图 7-31　连体翻领制图实例 3

第四节　分体翻领

分体翻领的外形与连体翻领大致相似，而结构不同。分体翻领的领座与领面是分开裁剪的两部分，在领子的翻折线上有一条缝合线。这种断开式结构有利于领座与领面有各自独立的结构，贴紧颈部。因此分体翻领的造型更加贴体、严谨。分体翻领常用于打领带的正式衬衫和制服上(图 7－32)。

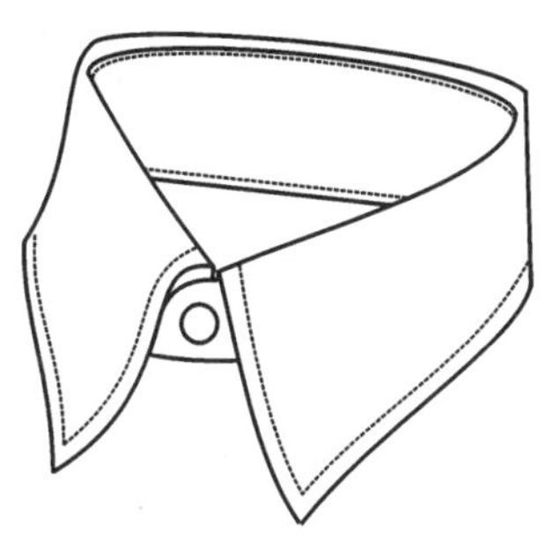

图 7－32　分体翻领结构图

正式服装的零部件常体现出规范化的特点，即变化范围是有限的，有经典的款式造型，不易个性化设计变化。分体翻领也有这样的特点，如图 7－33 所示，随着地理、历史、文化及时尚演变，不同形式的领角款式有不同的名称。

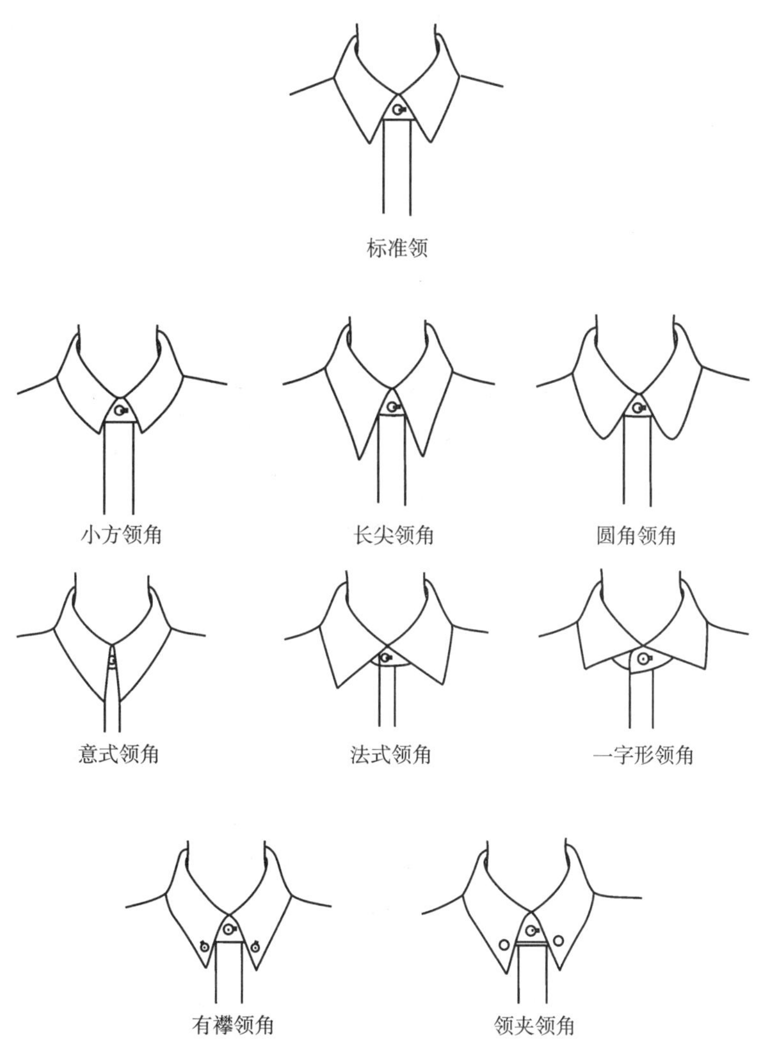

图 7－33　分体翻领常见领角形式

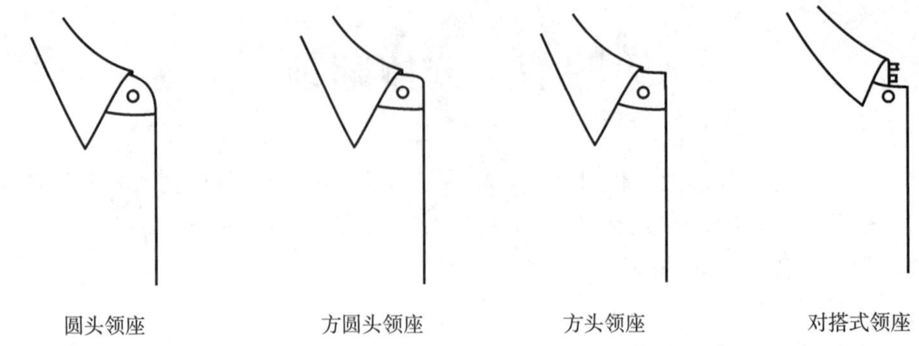

图 7-34　分体翻领常见领座形式

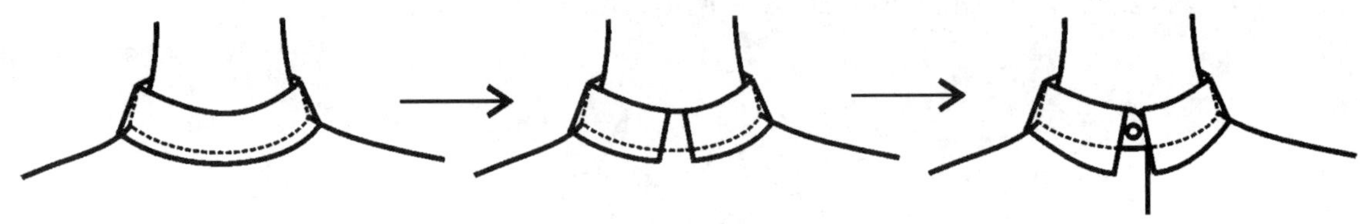

图 7-35　分体翻领可认为是两个立领的组合

从结构和形态上看,分体翻领可认为是两个锐角式立领组合在一起(图 7-35)。领面的立领面积和倾斜程度都大于领座。结构制图也可以按照这样的思路完成。

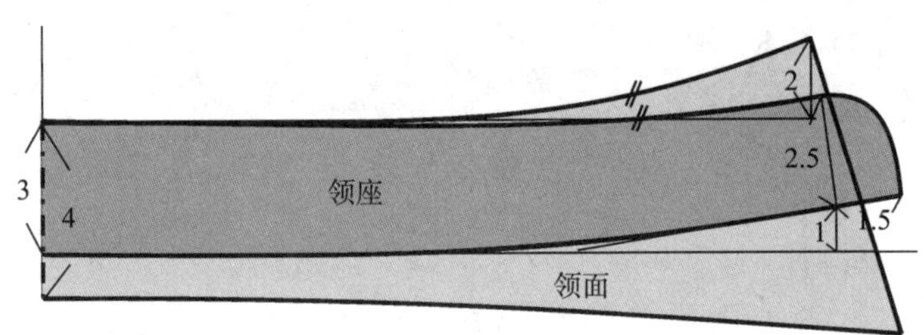

图 7-36　分体翻领合画结构制图

图 7-36 中,领座宽 3cm,起翘量 1cm,搭门量 1.5cm。领面也是一个锐角式立领的结构,起翘量 2cm,领面宽 4cm。领面与领座的缝合线长度必须相等。

这样制图的缺点在于领座与领面重叠,无论是制图还是剪纸样都不便。因此,常见的制图方式是将领面对称翻到领座上方画图(图 7-37)。

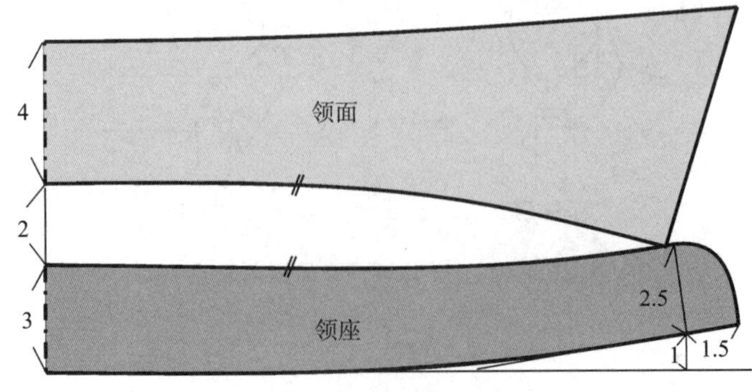

图 7-37　分体翻领分画结构制图

用锐角式立领的结构进行分析，可看到分体翻领有两个控制其合体程度的因素，即领座的起翘量（可称为“底翘”）和领面的起翘量（可称为“面翘”）。底翘和面翘越大，领座越贴近颈部。由于分体翻领结构严谨，更注重外观的端庄正式，舒适性不佳，因此要特别注意底翘和面翘的采寸不能太大。一般来说，分体翻领的常见制图尺寸为：

（1）底翘的常见尺寸为1～2cm，面翘的参考尺寸为“底翘×2－0.5cm”。

（2）领座宽2～3cm，领面宽比领座宽大1cm左右。

（3）搭门量按照扣子的直径大小，常用尺寸为1.5～2cm。

（4）领座在前中心线上的宽度为领座宽－0.5cm。

（5）领角形态可自行设计。

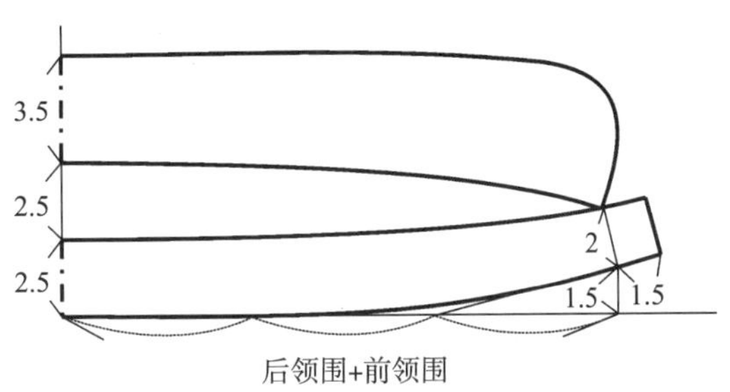

图7－38　圆领角结构制图

第五节　扁　领

扁领是领座较小，领面平伏于肩部的一种领型。由于领子较低而领面大，显得颈项长，对脸部有很好的衬托作用，显得文静雅致，非常适合女童装和少女装（图7－39）。

将前后片的肩线对齐，组成领围线，在衣片上设计出领子外口曲线就可以得到扁领的纸样。但是这样的扁领与衣片形状完全相同，过于平坦，且缝合的线迹易在颈部裸露出来，影响美观（图7－40）。因此需要进行结构的改进。

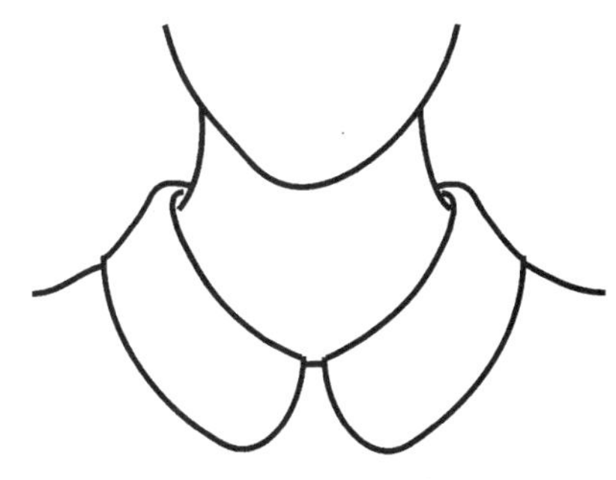

图7－39　扁领款式

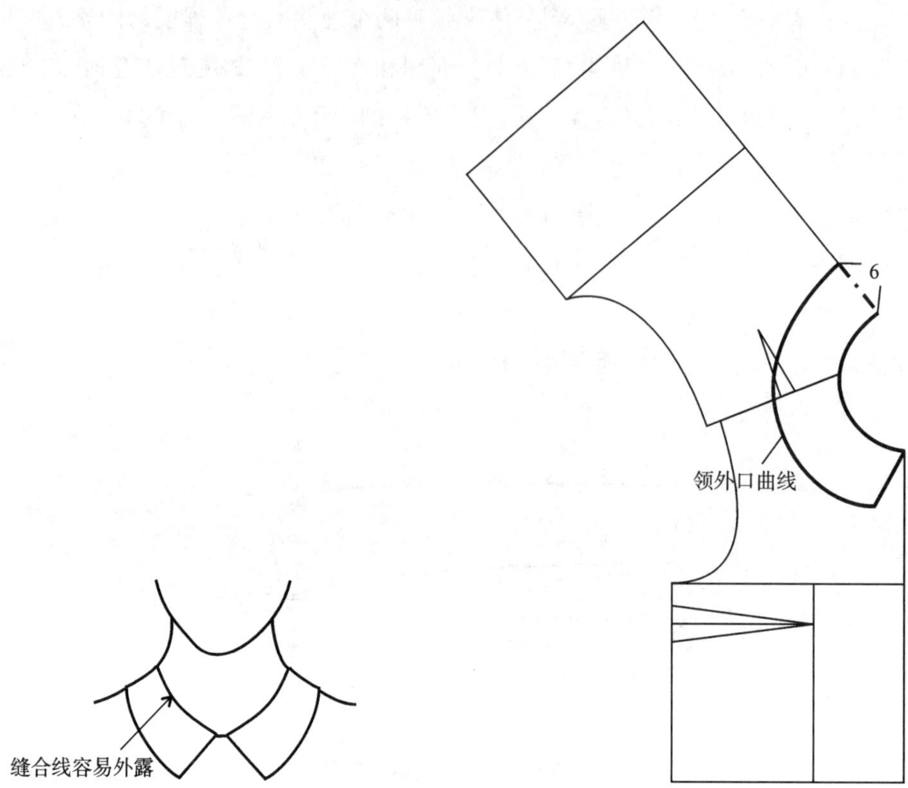

图 7-40　完全平坦的扁领

理想的扁领需要一个领座使其造型丰满、立体，使领围缝合线暗藏起来。因此在图 7-40 的结构基础上，加入一个变量，即前后肩线的重叠量。重叠量使领外口曲线短于该位置的实际长度（如图 7-41 所示，◎<◎′），在穿着时必然向领口处缩拢，从而形成一个领座。

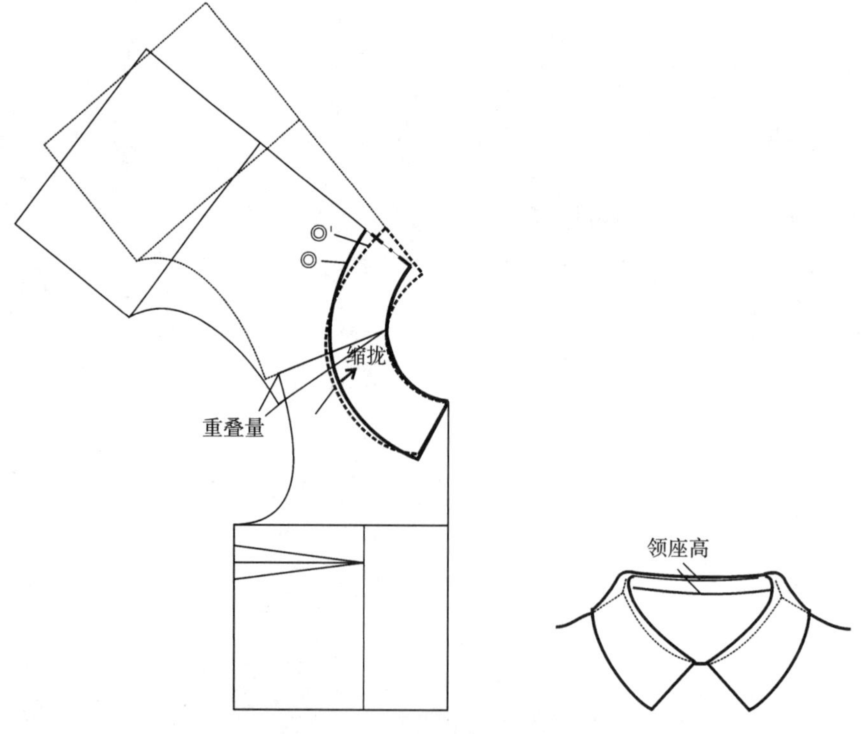

图 7-41　扁领重叠量的原理

加入前后肩线重叠量后，扁领的常见制图方法如图 7－42。

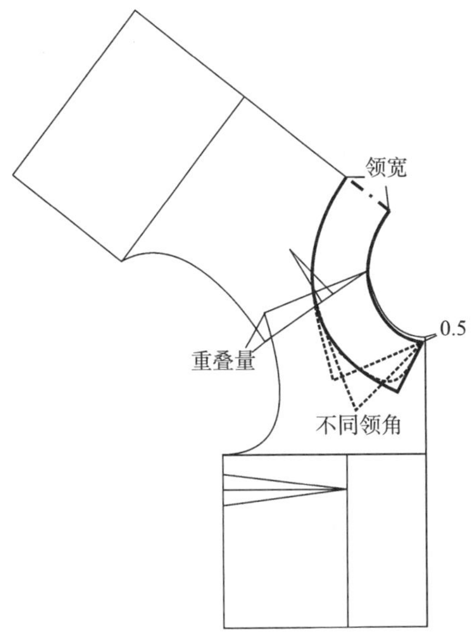

图 7－42　扁领结构制图

领宽、领角、领外口曲线形状等都是扁领的款式变化因素，可自由设计。领子前颈点下落 0.5cm，避免该部位过于平坦，增加立体感。

重叠量控制扁领的领座大小。如图 7－43 所示，扁领领座大小随重叠量不同而变化。重叠量越小，领子越小，当重叠量为 0 时，扁领完全平伏在肩部，没有领座。重叠量越大，领座越明显，当重叠量大于 6cm 的时候，造型接近翻领，但领圈很不平伏，应该用翻领的方法制图。

估算领座大小可参考实验公式：

扁领领座宽＝0.13×重叠量＋(0.4～0.6)cm

（领宽 4～6cm，采用 0.4cm；领宽 6～8cm，采用 0.5cm；领宽大于 8cm，采用 0.6cm，只可近似估算）

常见扁领重叠量为“前肩线长/4”，约为 3cm。

领座大小同时也受到领宽、面料厚度和重量等的影响，使用相同的重叠量，领子越宽，面料越厚重，越容易将领座拉低。

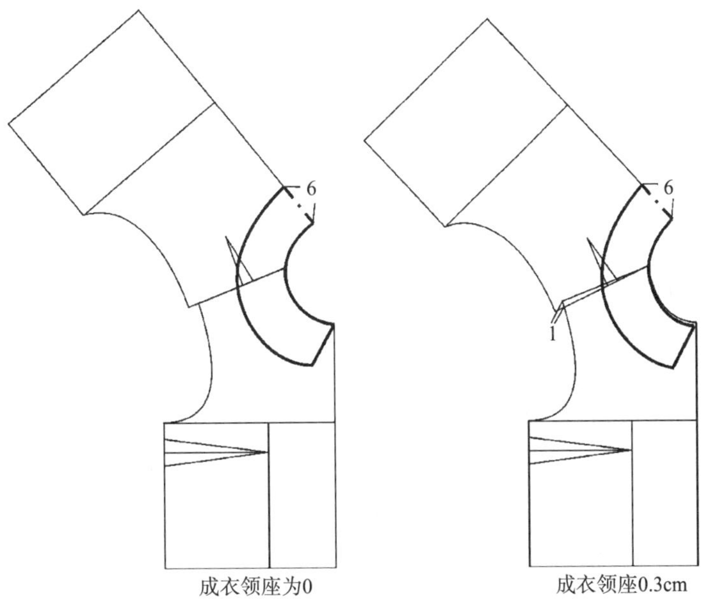

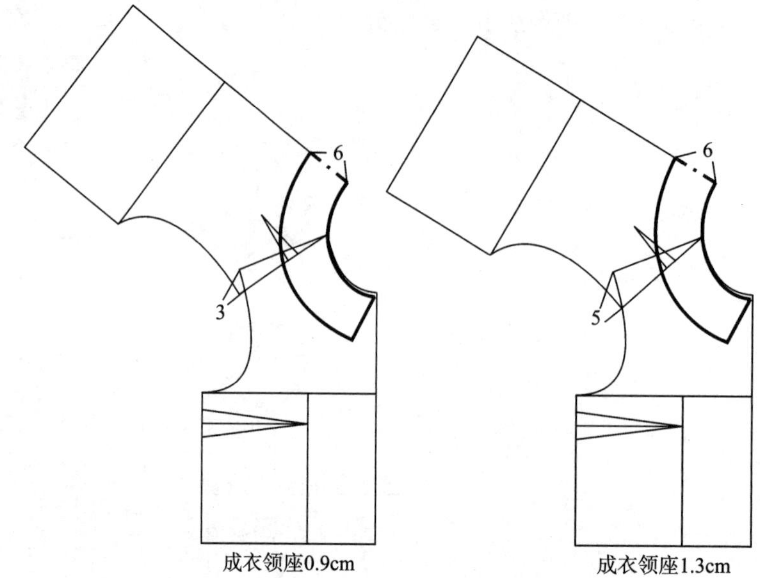

图 7-43 重叠量对扁领造型的影响

常见的扁领款式有海军领、波浪领等(图 7-44、图 7-45)。

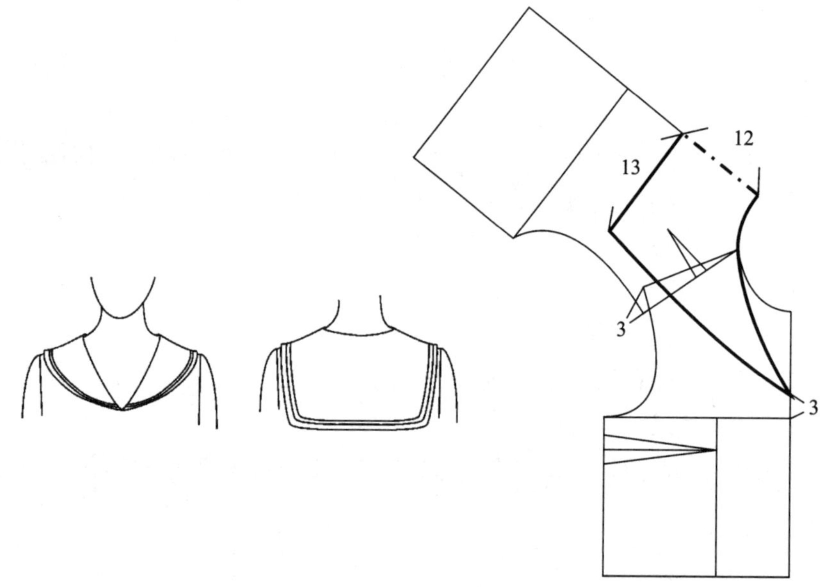

图 7-44 海军领结构制图

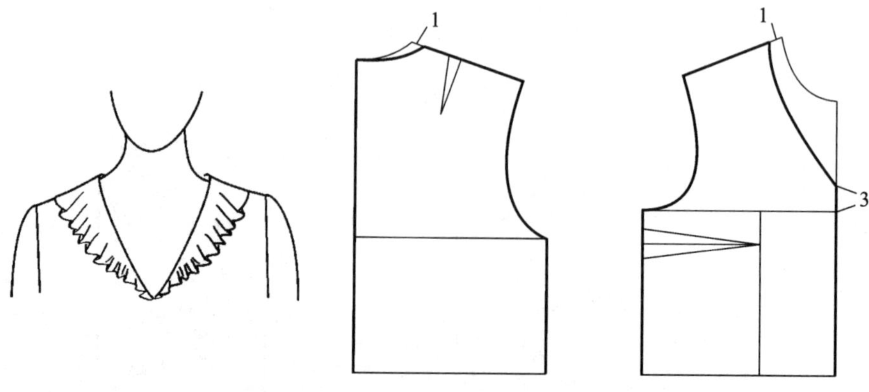

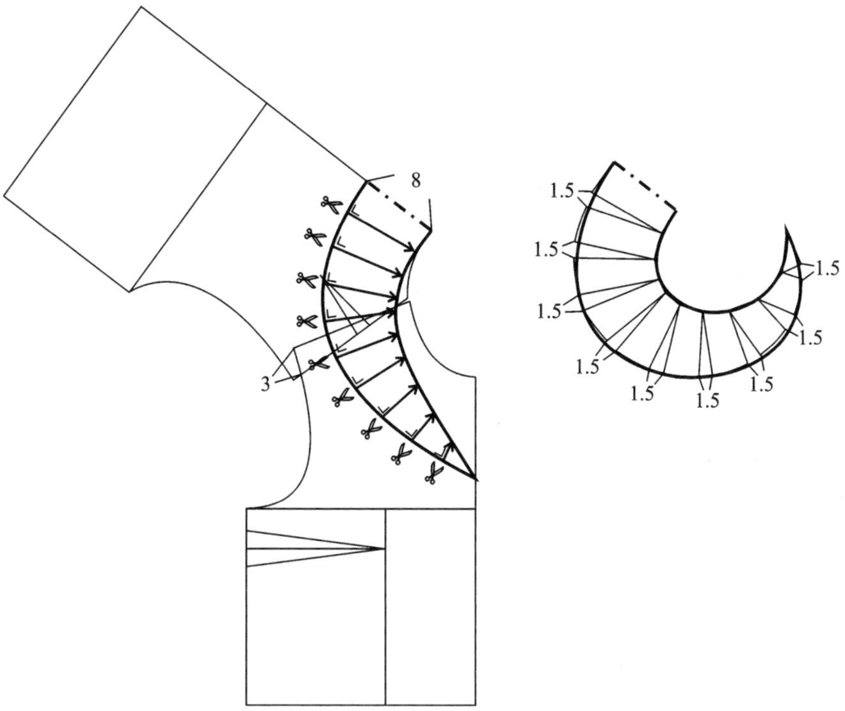

图 7－45　波浪领结构制图

波浪领结构使用了加褶的原理，在领边缘线上切展，加入褶量。加褶改变领子领口曲线的形状，在缝合时随着领口曲线的归位，领边缘将出现波浪形褶边。

一些大领口的款式，应该先在衣片上设计好新的领口线，再做重叠处理，如图 7－46 所示。

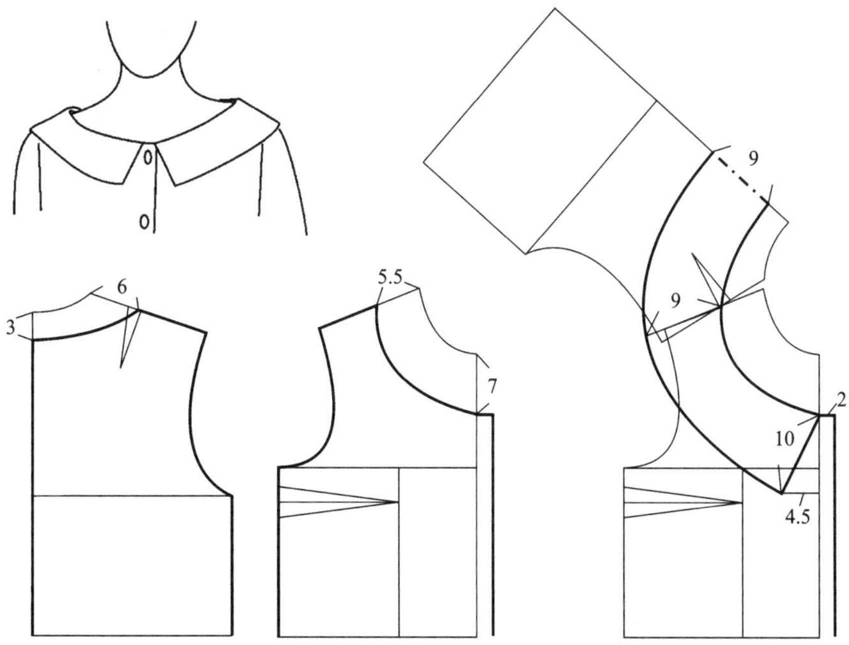

图 7－46　领口变大的扁领款式结构制图

第六节　翻驳领

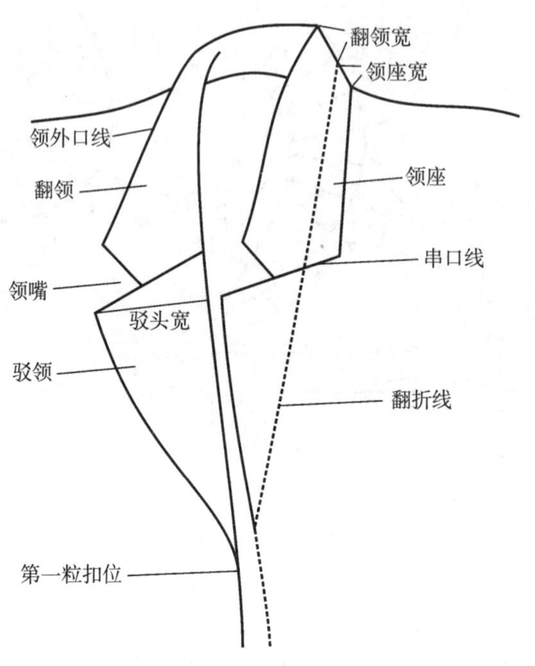

图 7 - 47　翻驳领领子结构

翻驳领是一种正式程度较高的领型,外观稳重大方,常用在西服套装、大衣上。它由两部分组成,一部分是由衣身直接延伸的、覆盖在左右胸部的部分,称为“驳领”;另一部分是串接在驳领上的翻领部分(图 7 - 47)。

女装的翻驳领自男装借鉴而来,虽然变化比男装丰富,但结构、形制相对比较固定。常见的款式变化因素有串口线(位置高低、倾斜程度、形状)、驳头的宽度、领嘴(领嘴形状、形式、上下边长短、夹角)、第一粒扣所在位置等(图 7 - 48)。

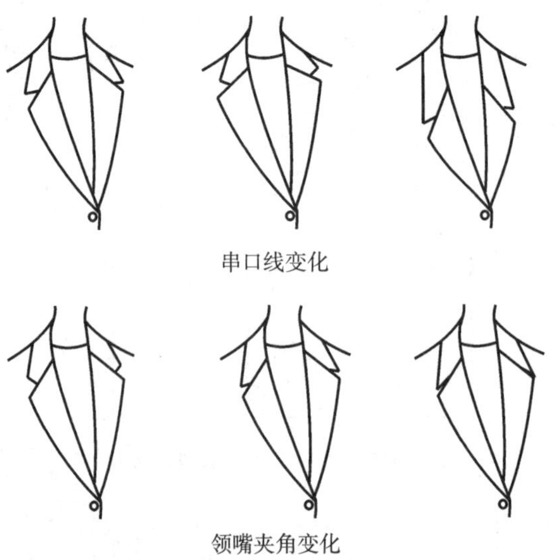

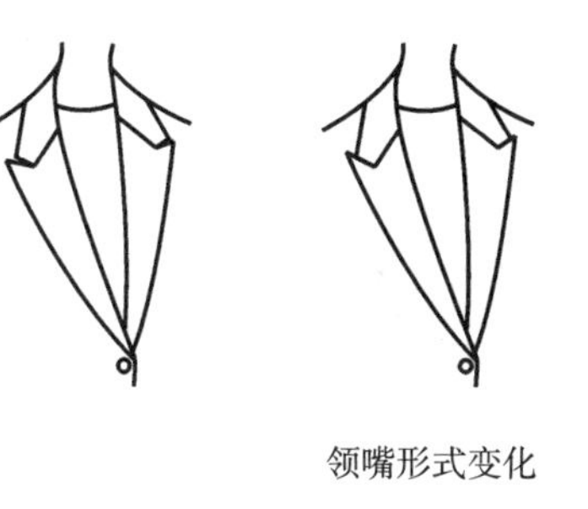

领嘴形式变化

第一粒扣的变化

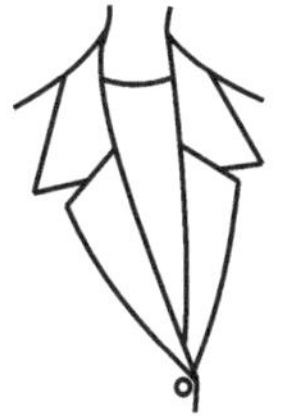

翻领宽于驳领的款式　　圆领角，领面较宽的款式　　双排扣的款式

图 7－48　翻驳领款式的变化

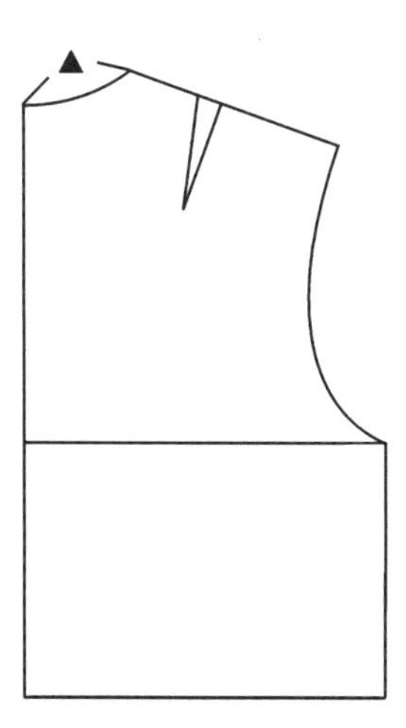

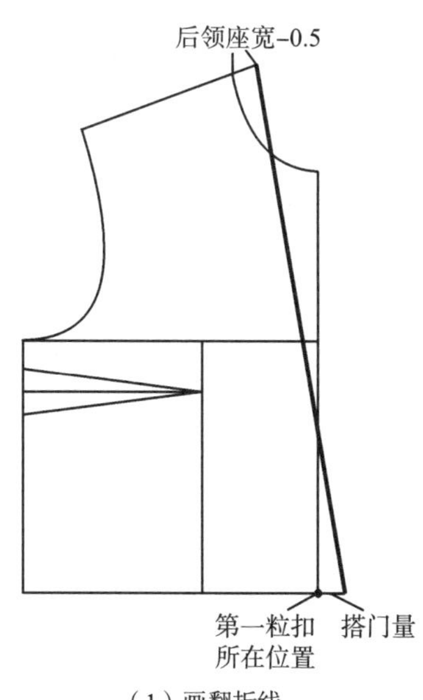

（1）画翻折线

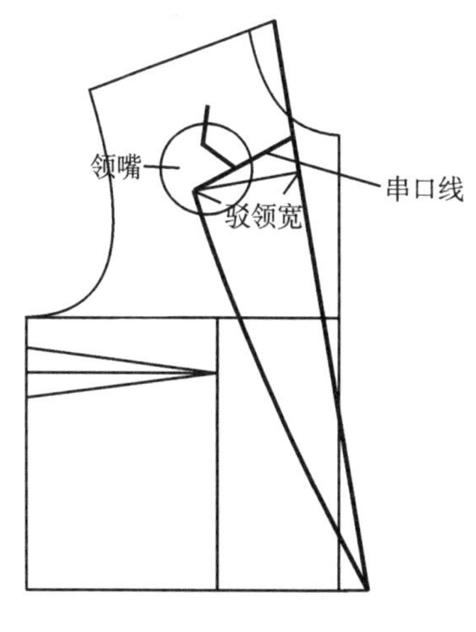

（2）设计驳领与领嘴

倒伏量

A′ A

（3）以翻折线为对称轴将设计好的领子对称到另一边

（4）反向延长串口线，过侧颈点平行于翻折线，向上画出二分之一后领围

（5）线段OA向左侧转动，转动的长度称为倒伏量

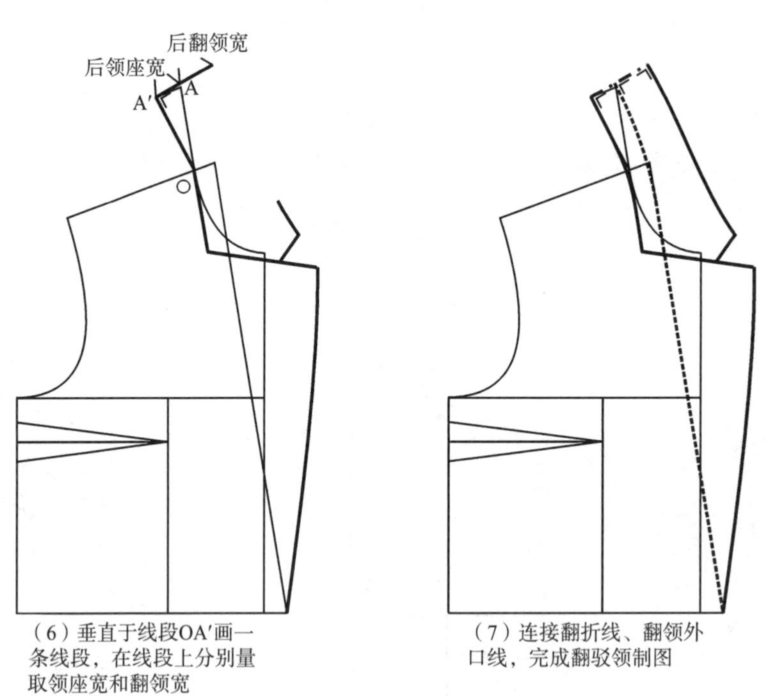

（6）垂直于线段OA′画一条线段，在线段上分别量取领座宽和翻领宽

（7）连接翻折线、翻领外口线，完成翻驳领制图

图 7-49　翻驳领制图步骤

翻驳领可在衣片的领口上直接制图，过程比较直观(图 7-49)。

(1) 画翻折线：翻折线经过两个点，一个点是侧颈点向上“后领座宽－0.5cm”(也可以不减 0.5cm，直接使用后领座宽尺寸)，另一个点是第一粒扣位所在点，通常需加搭门量；

(2) 设计驳领和领嘴：此时沿翻折线设计领型十分直观，设计的线条、位置、比例就是缝制后成衣的领子效果。串口线、驳领宽等设计自由度很大，参见图 7-48、图 7-50；

(3) 以翻折线为对称轴，将设计好的领子对称到另一边：设计好的领子与衣身是重叠的，模拟将领子翻平的过程，对称作图，得到衣片的裁剪状态；

(4) 反向延长串口线;过侧颈点,平行于翻折线画一条直线,侧颈点以上的长度是 1/2 后领围:到这一步,完成驳领制图,获得衣身与驳领裁剪轮廓线(图 7-51);

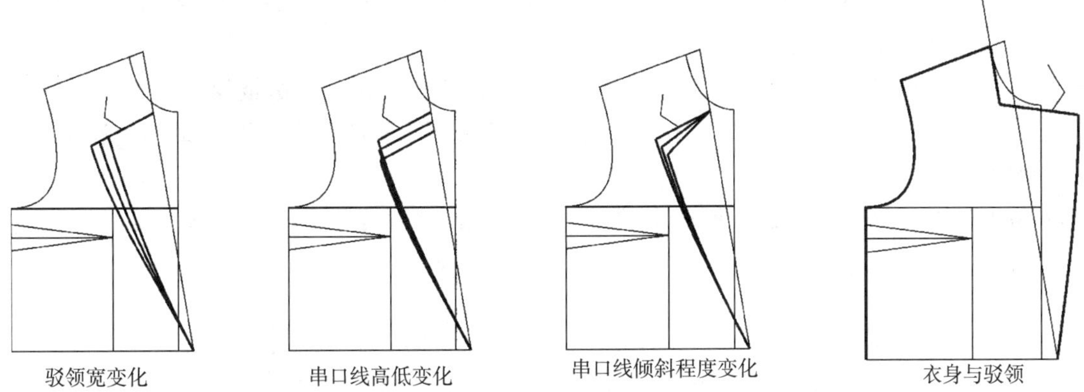

图 7-50 翻驳领驳领部分的设计　　**图 7-51 衣身与驳领的裁剪轮廓线**

(5) 线段 OA 以侧颈点 O 为圆心,向左侧转动,转动的长度称为倒伏量。

倒伏量的作用在于使翻领平伏,容易翻折。原理如图 7-52。

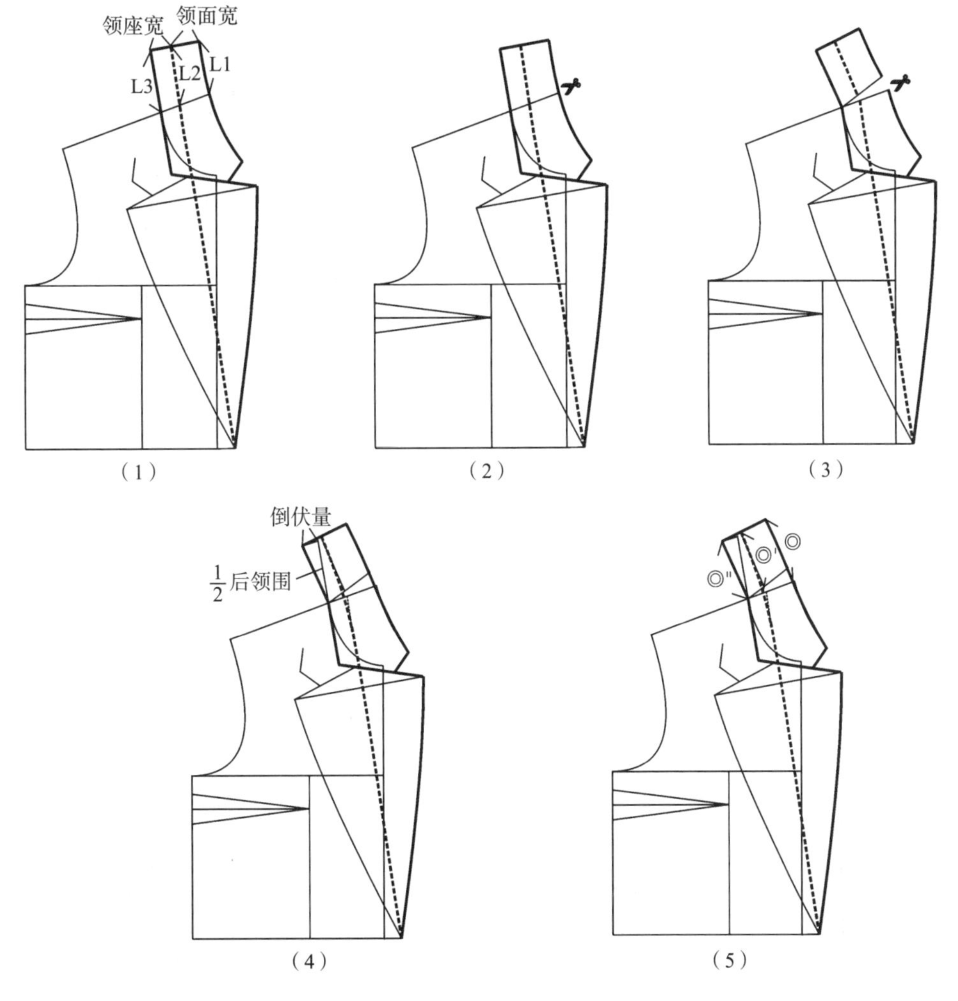

图 7-52 倒伏量原理

如图 7-52(1)所示,如果不加入倒伏量,直接画出翻领后中心线,会造成翻领外口线 L1<翻领翻折

线 L2＜后领口缝合线 L3，这种长度关系不合理，造成领面紧而领座相对松弛的现象，翻领不伏贴。因此，需要加长翻领外口线和翻折线的长度，方法是在翻领的肩线位置加入一定长度，或加入倒伏量（两种方法的结构、效果是相同的）。如图 7－52(5)所示，经过处理后，翻领外口线◎＞翻领翻折线◎′＞后领口缝合线◎″，这种长度比例关系才是正确的。

从图 7－52 可以看到，倒伏量是控制翻驳领合体程度的结构因素。倒伏量越大，领外口线越长，翻领越远离颈部，领面与领座空隙越大；倒伏量越小，领外口线越短，翻领越直立，领面与领座空隙越小。倒伏量的常用尺寸是 2.5～3cm。

翻驳领的结构相对稳定，主要变化体现在翻折线、驳领宽、领嘴等部位，结构制图时应根据款式的要求具体分析和采寸（图 7－53～图 7－55）。

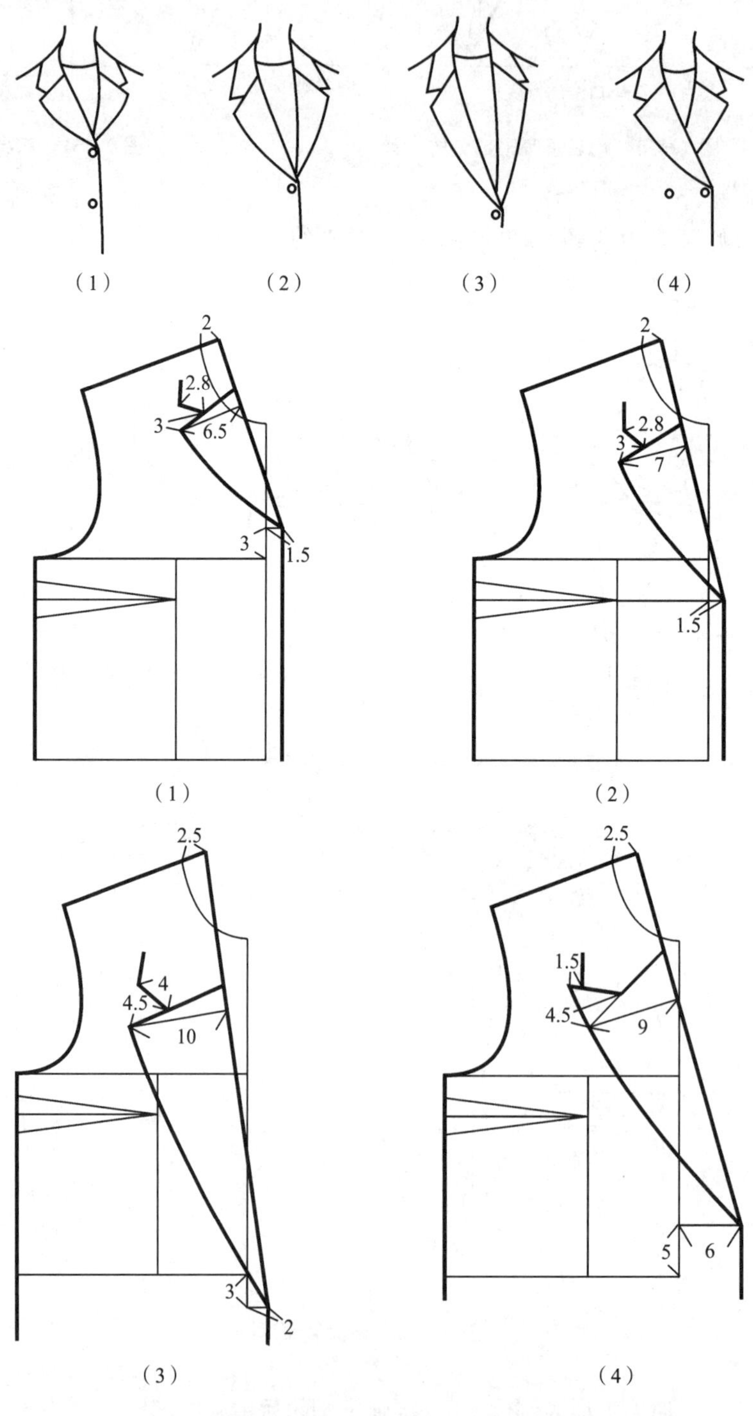

图 7－53　翻驳领的款式变化与采寸

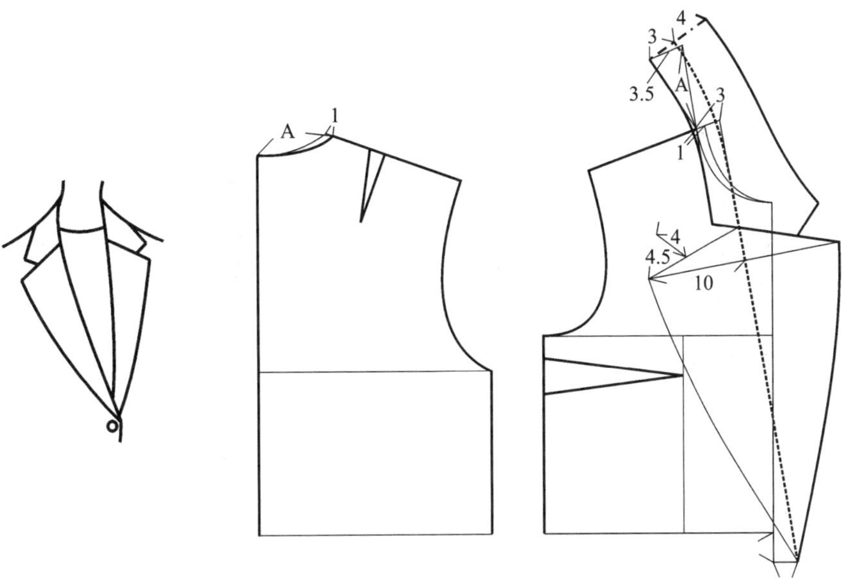

图 7-54　翻驳领结构制图例

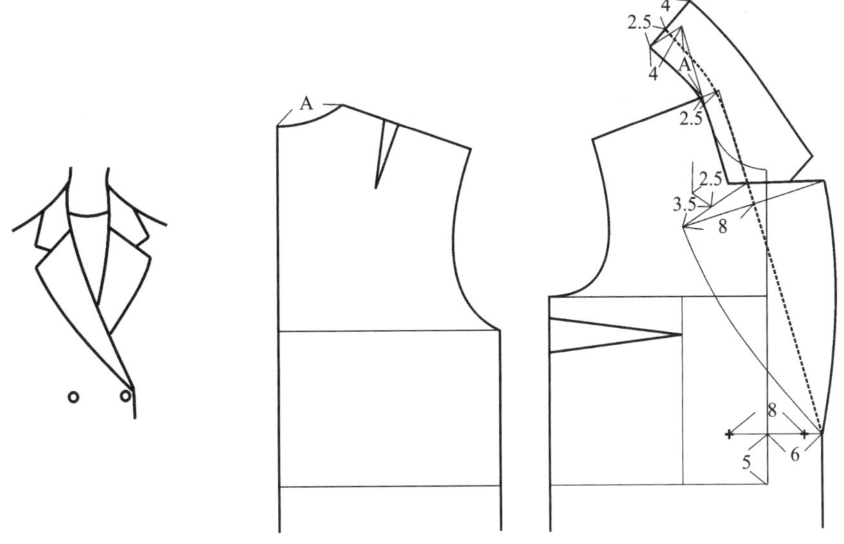

图 7-55　双排扣翻驳领结构制图

戗驳领与青果领是两种经典领型，起源于男装的礼服，在女装的套装、大衣、连衣裙上也有应用(图 7-56、图 7-57)。

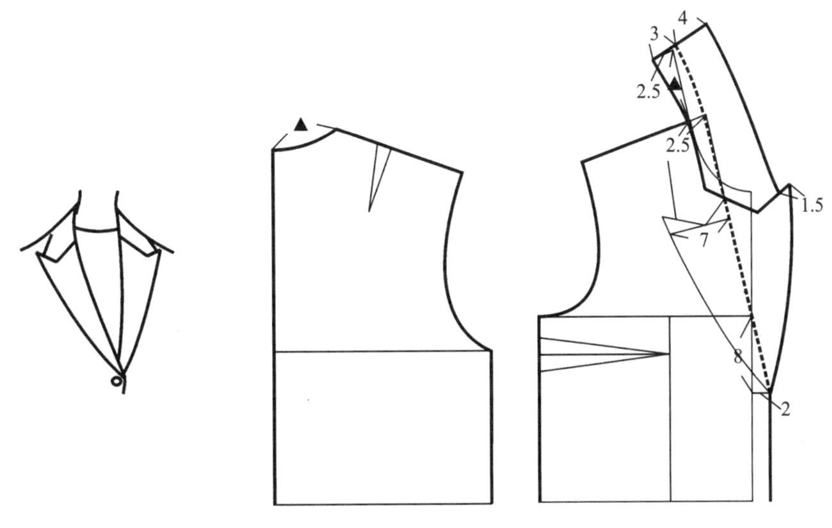

图 7-56　戗驳领的结构制图

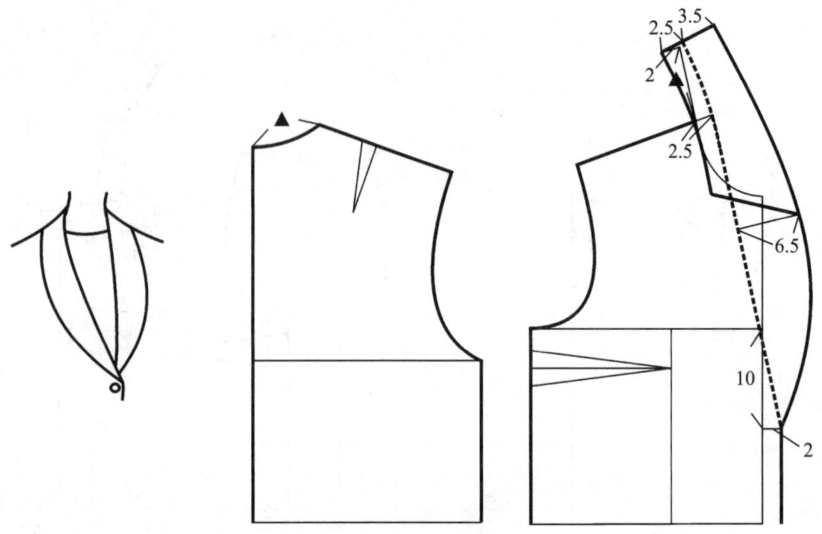

图 7－57　青果领的结构制图

翻驳领的工艺在各类领型中相对复杂，需在衣身上裁出“挂面”，才能使整个领型组装合理，里外无缝分（图 7－58）。

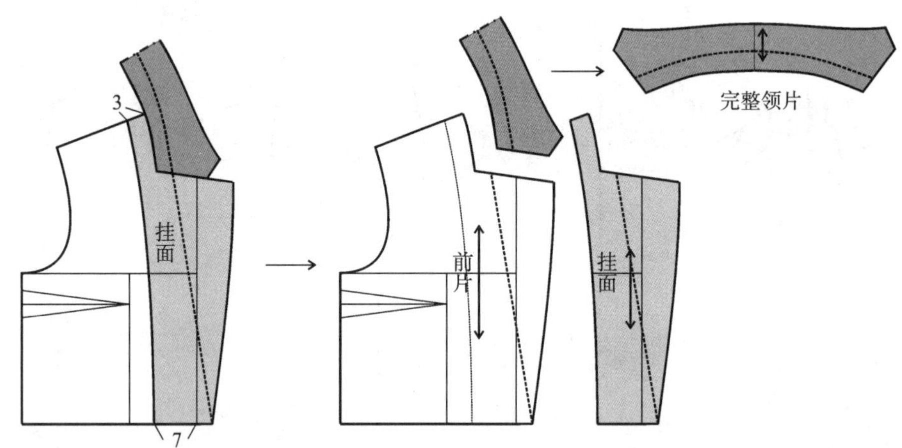

图 7－58　翻驳领的衣片结构

青果领的外观表面虽然没有串口线，但从内部结构上看，必须设置串口线，才能保证青果领结构的合理性。青果领结构如图 7－59 所示。

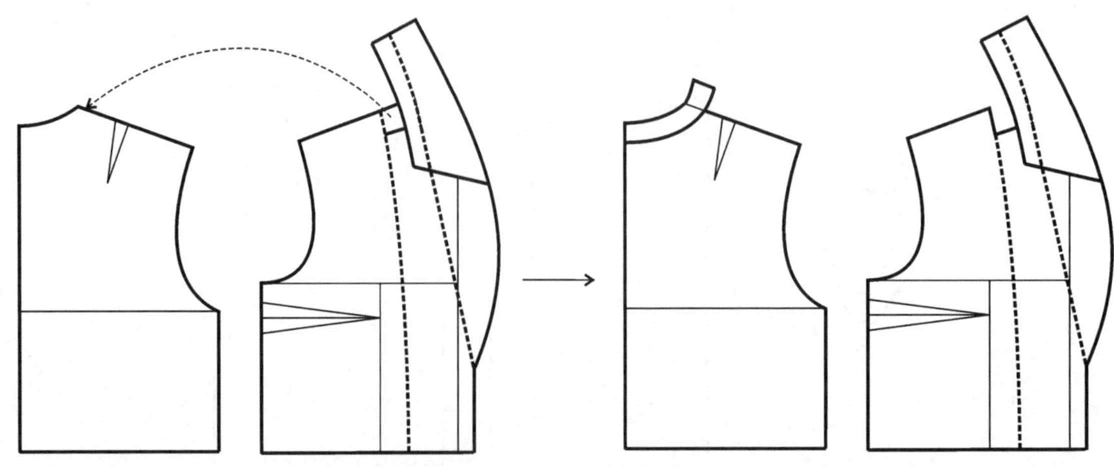

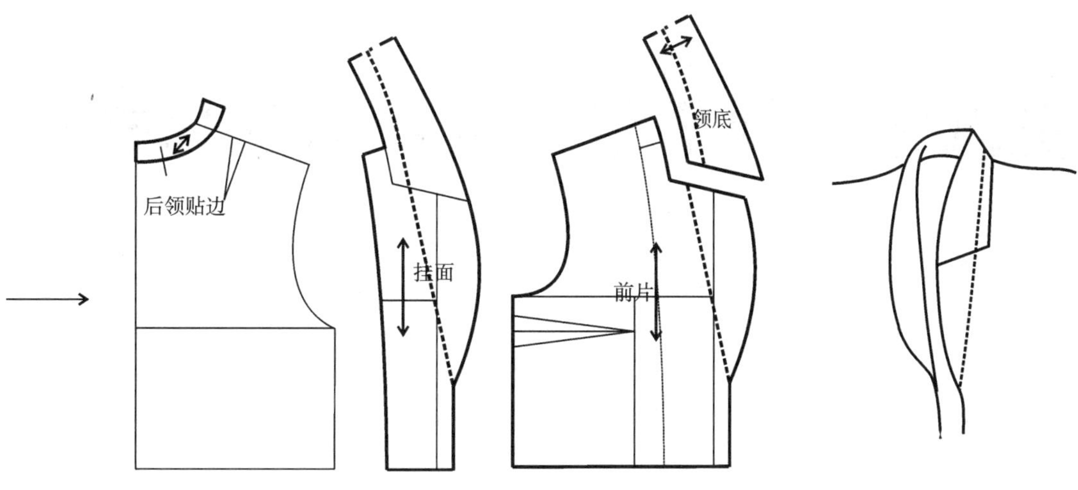

图 7-59　青果领的衣片结构

第八章　袖子结构设计与变化技巧

袖结构是服装结构设计的重点，也是难点。原因在于：

(1) 袖子是服装的重要组成部件之一；

(2) 肩袖造型是决定服装风格与合体程度的重要部位之一；

(3) 手臂是人体运动最多的部位，袖子的结构是否合理、是否舒适，是服装结构设计是否成功的重要指标；

(4) 手臂与躯干接合的部位形态不规则(图 8-1)，肩袖部位造型多变，袖窿与袖山的长度不相等，如何理解袖山的结构变化，如何控制袖山高和袖山曲线，需要一定的实践经验才能较好地掌握。

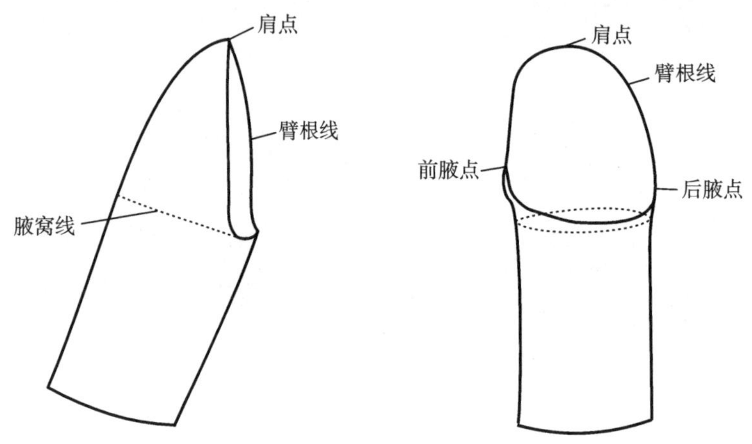

图 8-1　手臂形态

根据袖子的结构，可将领子分为无袖和有袖两大类，有袖款式的常见结构又有装袖(或称圆袖)和插肩袖。按照袖子的合体程度，可分为合体袖和宽松袖等(图 8-2)。

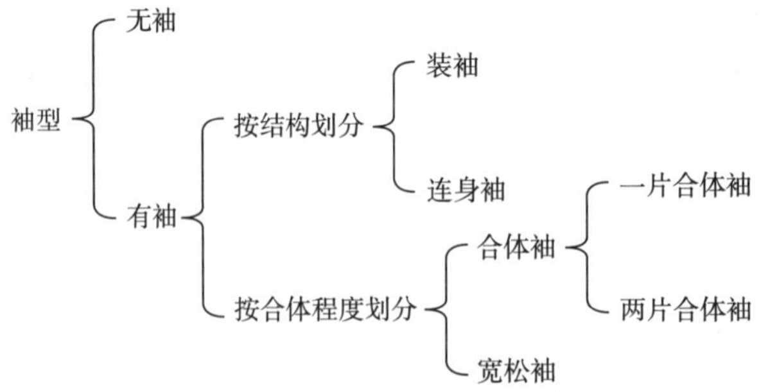

图 8-2　袖子的分类

第一节　袖子结构分析

一、袖子基本纸样的结构分析

1. 袖子与人体部位的对应关系(图 8-3)

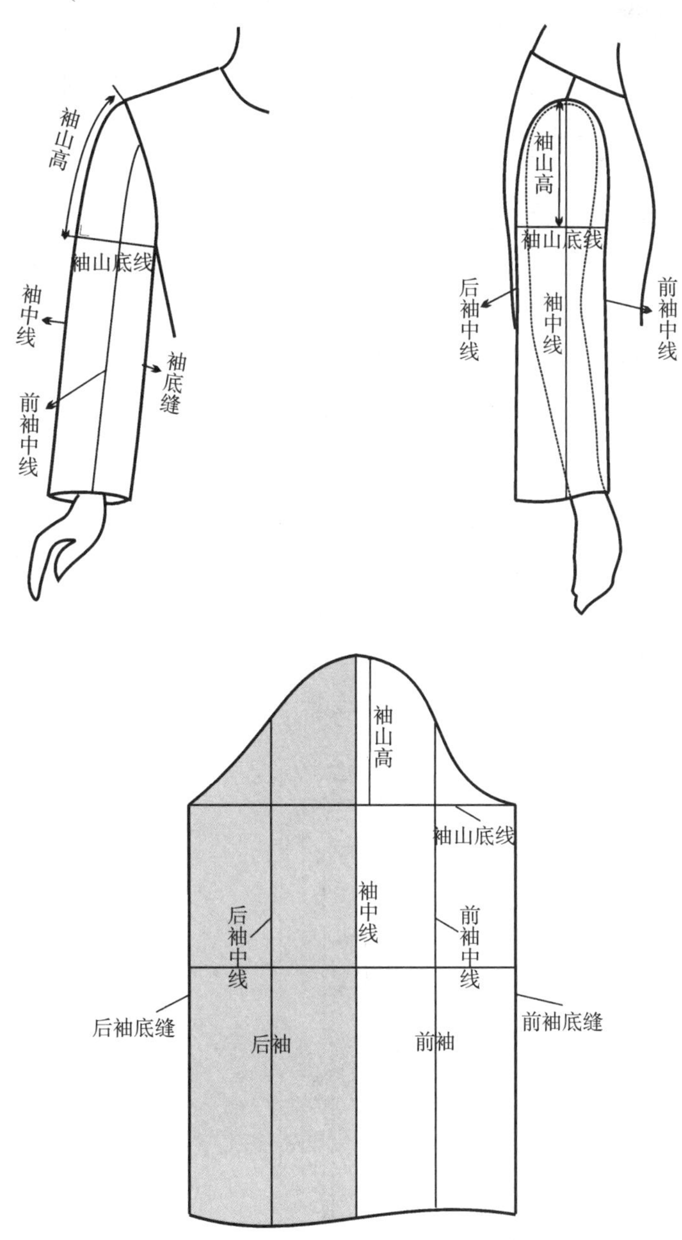

图 8-3　袖子各部位与人体的对应关系

2. 袖子基本纸样的状态分析

袖子基本纸样是综合考虑静态外观和活动量后得到的中庸纸样,对应人体手臂抬高 20°的状态。

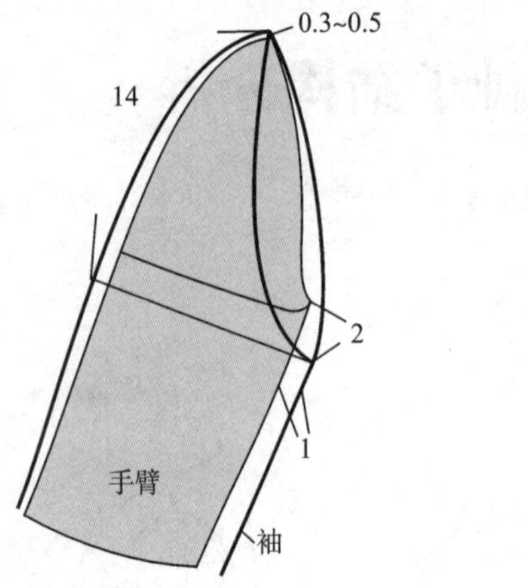

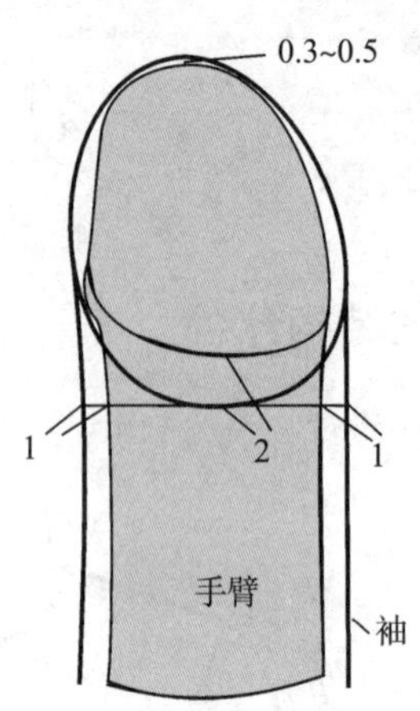

图 8－4　袖山部分的松量

（1）袖山部分：袖山高约为 14cm，肩点有 0.3～0.5cm 的松量，袖子和衣身的腋下点在人体腋窝向下 2cm 处（图 8－4）。袖子上臂处有 4～5cm 的松量，即袖子与人体上臂围处之间有 1cm 左右的空隙。袖山曲线与袖窿曲线之间有约 1.5cm 的差量，在缝合时使用"吃"的方法处理，使肩袖部位出现略微拱起的状态（图 8－5）；

（2）袖身部分：袖子基本纸样的袖身近似长方形，缝合后呈筒状，如遇合体款式，必须修改袖身。袖长可按照袖山底线、肘线、袖口线等界限进行不同设计。

图 8－5　袖子基本纸样形态

二、袖山高的变化规律

1. 衣身结构不变，袖山高越高，袖子越紧，袖山高越低，袖子越宽松（图 8－6、表 8－1）

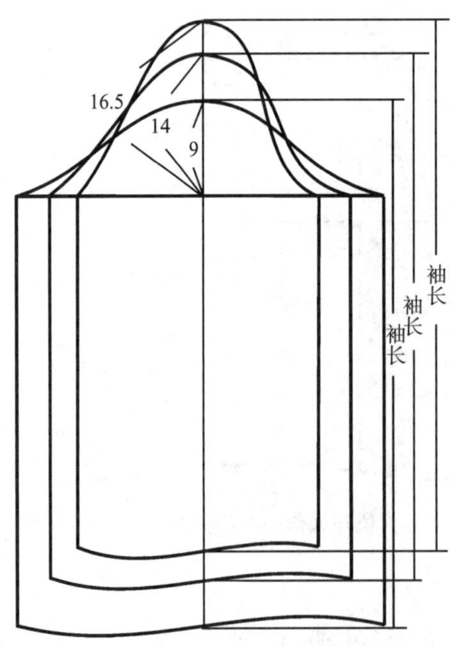

图 8－6　袖山高对袖子合体程度的影响

表 8-1 不同袖山高对袖子合体程度的影响

单位:cm

袖山高	袖子上臂围	人体上臂围	上臂处放松量
9	24.6	26	−1.4
14	30.2		4.2
16.5	37.4		11.4

由图表可见,袖山高对袖子的合体程度影响很大。

2. 袖山高决定袖子的运动性能

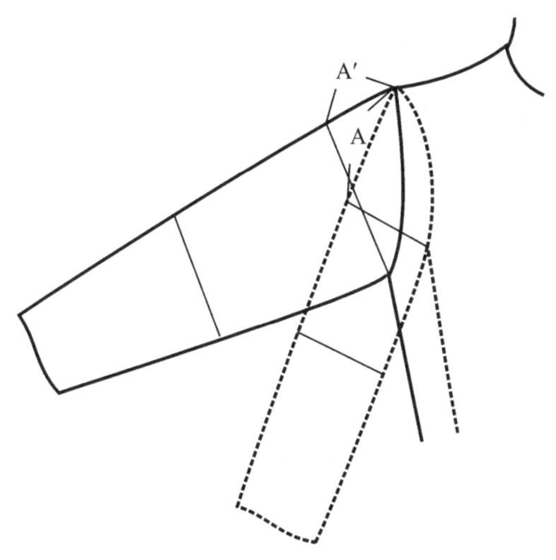

图 8-7 袖山高对上袖角度的影响

袖山高与装袖的夹角有直接关系,从而决定了袖子的运动性能。如图 8-7 所示,装袖角度越小,衣身越合体,袖山高越高,反之,袖山高越高,装袖角度越小。装袖角度越大,衣身越宽松,随着衣身腋下点的下落、胸围放松量的增大,袖山高会越低。

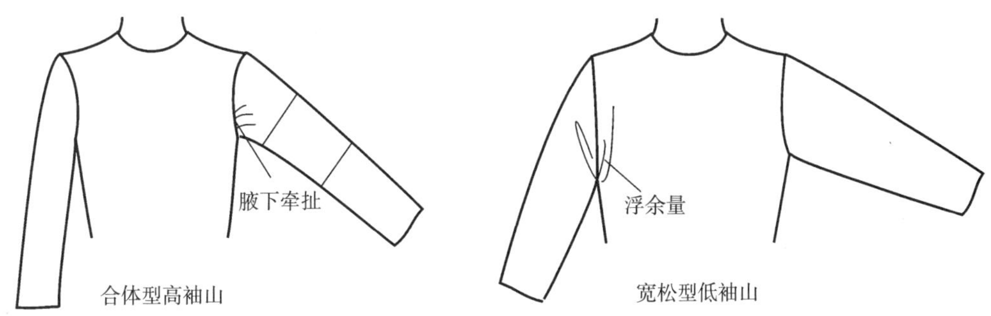

图 8-8 袖山高与袖子活动量的关系

装袖角度越小,袖山高越高,这种袖子在静态情况下外观平整,腋下浮余量少,手臂上举时感觉吃力;相反,装袖角度越大,袖山高越低,这种袖子运动宽松舒适,但手臂下垂时腋下浮余量较多(图8-8)。

3. 袖山高影响肩袖造型

由于合体型服装的袖山比较高,装袖角度小,肩袖缝合的位置夹角非常明显。宽松型的服装从肩线到袖子的轮廓线则非常平顺,没有明显的缝合夹角(图 8-9)。

夹角的出现与袖山—袖窿的长度差量也有很大关系。合体型服装的袖山较高,为使其造型平顺,曲线的弧度也必须变大,因此袖山比袖窿长,在缝合时使用“吃”的方法处理,会出现袖山包住袖窿的外观,形成肩袖夹角。

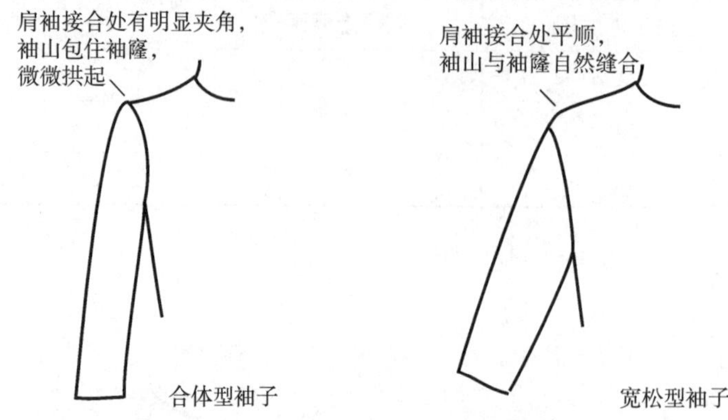

图 8-9　袖山高与肩袖造型的关系

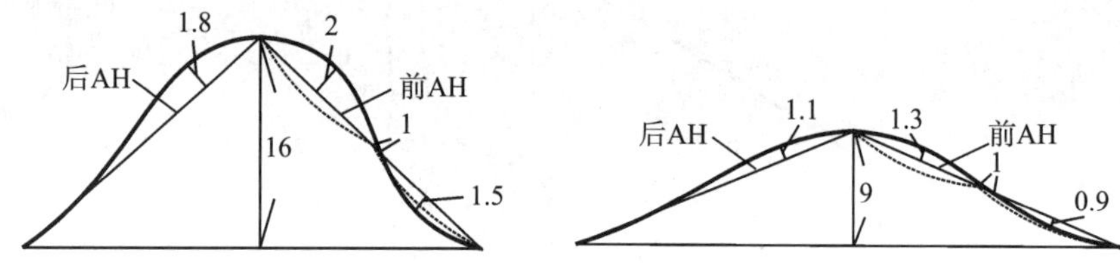

图 8-10　袖山高不同，曲线的弧度也不同

如图 8-10 所示，不同的袖山高，袖山曲线的辅助点取值也不相同，无论如何，袖山曲线应当与袖窿曲线尺寸对应，线条平顺。

第二节　无　袖

无袖常见于夏季服装、秋冬季背心裙等。由于没有袖子，应注意臂根处裸露的问题。由于衣身基本纸样的腋下点距离人体腋窝 2cm，胸围有较多放松量，所以夏季无袖款式需抬高衣身腋下点 1～1.5cm；另外，应注意避开人体的肩点，以免影响手臂活动，肩线应改窄或适当加宽（图 8-11、图 8-12）。

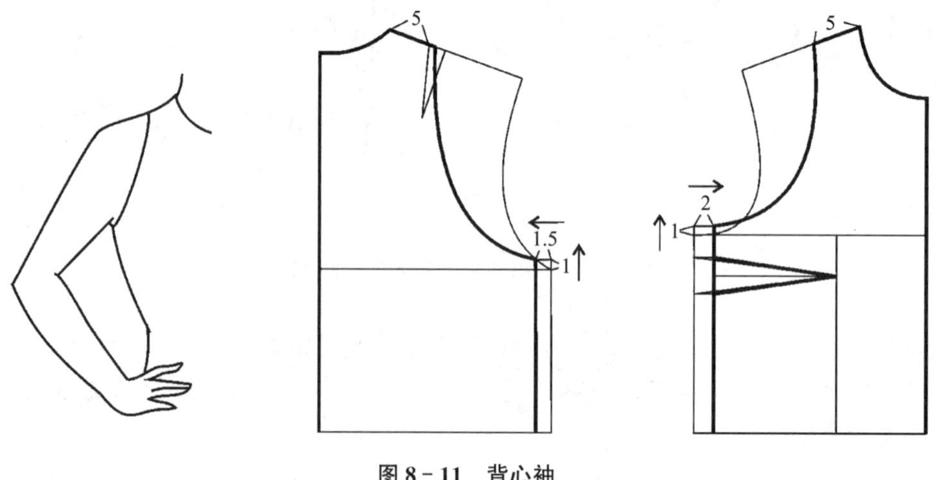

图 8-11　背心袖

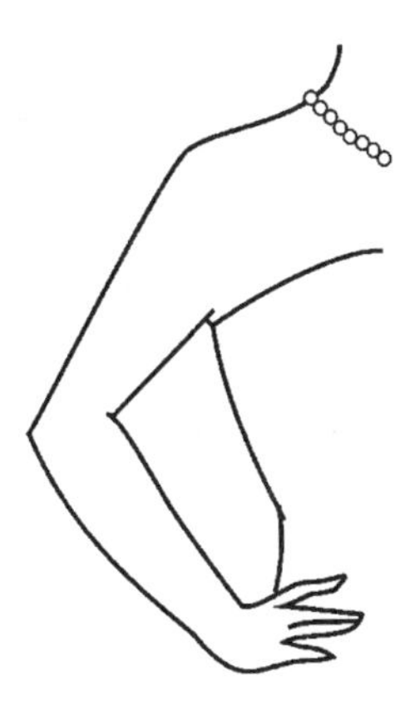

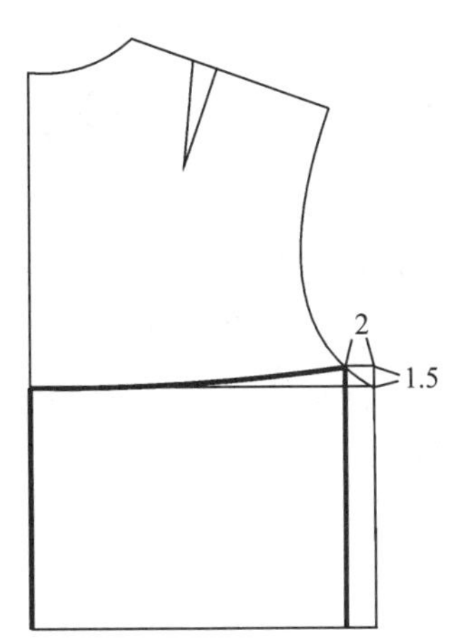

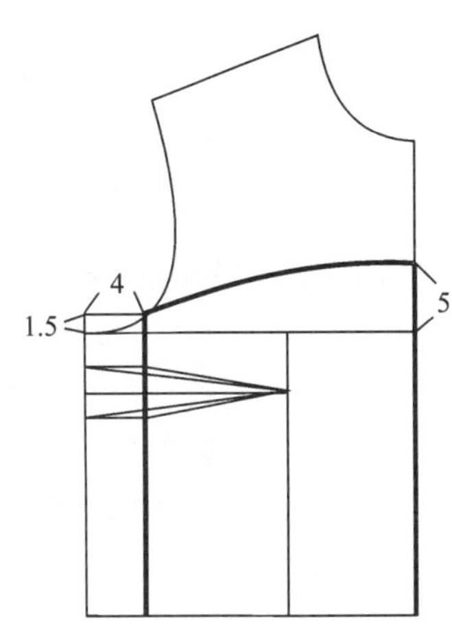

图 8-12　抹胸袖

还有一类袖子是在衣身的基础上延长得到的。因为没有独立的袖子结构，要特别注意袖子的松量，无论是肩线，还是腋下点，都要充分考虑放松度问题（图 8-13、图 8-14）。

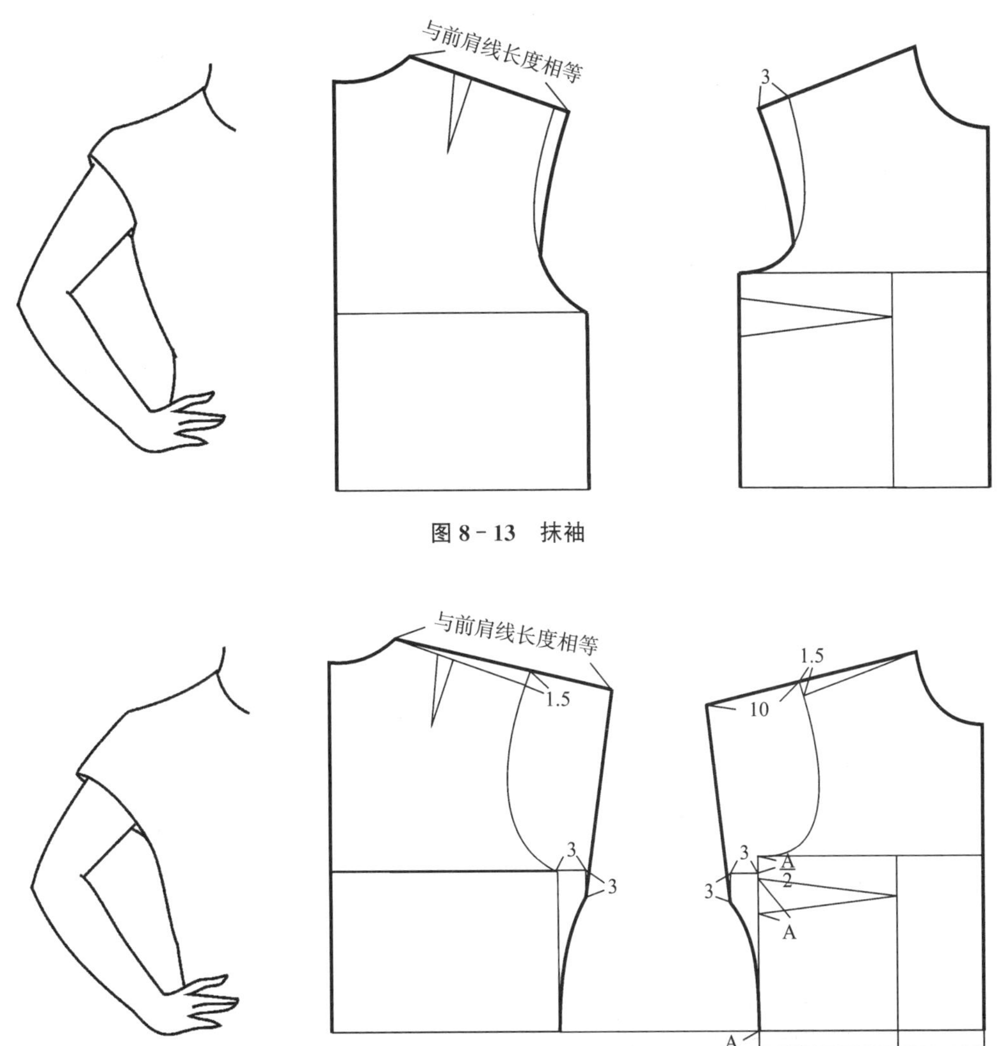

图 8-13　抹袖

图 8-14　连身短袖

第三节　合体袖

基本袖子纸样自袖山底线向下呈直筒状，不符合手臂的自然形态，当设计合体廓型的服装袖子时，必须进行修改。如图 8－15，合体的袖型应该具备的特征有：

(1) 手臂前倾：手臂在自然的状态下是向前倾斜的，在纸样上对应的是袖中线向前倾斜；

(2) 收紧袖口：手臂的形态是上臂粗，手腕细，因此纸样上的袖口应收紧；

(3) 肘部弯曲：人体肘部有弯曲，纸样上应修出肘部弯曲形态。

一片合体袖的制图步骤是(图 8－16)：

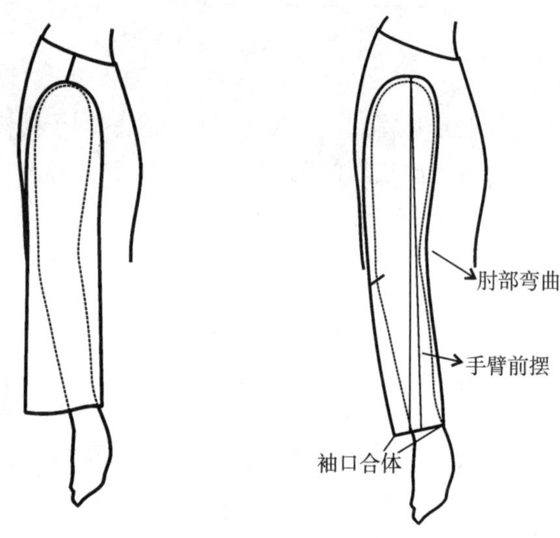

图 8－15　基本袖与一片合体袖的形态

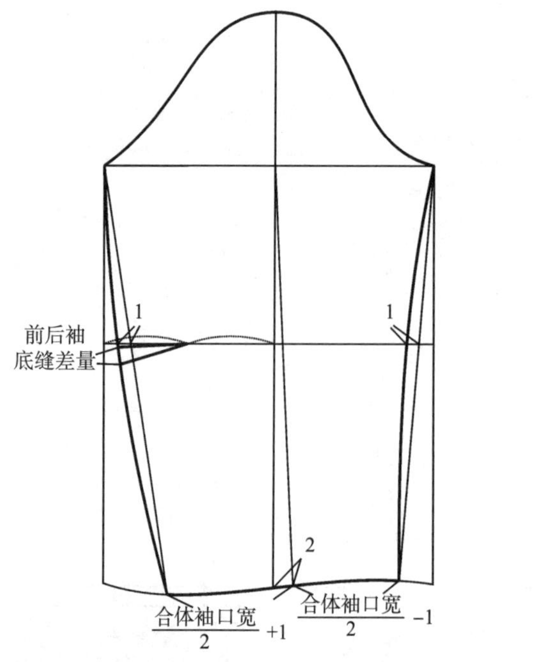

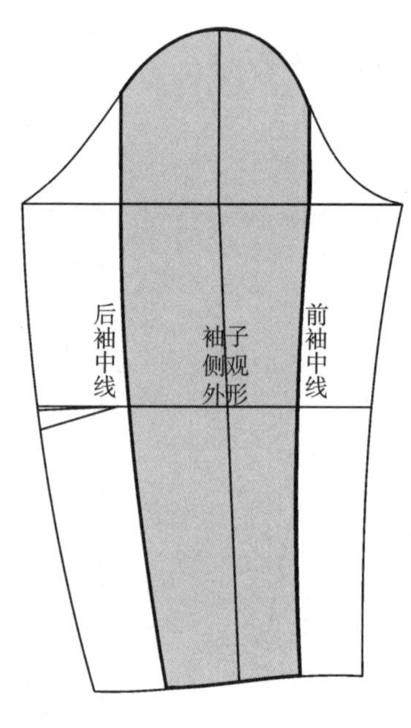

图 8－16　一片合体袖

(1) 袖中线向前袖摆 2cm，以这条线为新的袖中线；

(2) 以新袖中线为参照，量取前袖袖口"(合体袖口宽－1)/2"，后袖袖口"(合体袖口宽＋1)/2"。后袖口比前袖口大的原因是因为人体后部是活动区域，需更多松量，前部追求伏贴、美观，可以减少松量；

(3) 前肘、后肘全部向后袖弯曲 1cm；

(4) 此时测量两条袖底缝，将发现后袖底缝比前袖底缝长，无法缝合。之所以出现这种情况，是因为合体袖必然要考虑肘部的突起。后袖底缝多出的长度正是肘部突起形成的省量。因此，以肘点为中心，在后袖底缝上收出肘省。

连接一片合体袖的前袖中线和后袖中线，形成的区域就是袖子缝合后侧面的大致外观，可以看出一片合体袖与人体手臂比较吻合。

相比一片袖，两片合体袖将上臂到袖口之间的差量在两条袖底缝分割线上进行处理，造型更加圆顺。因此，在较高档、正式的套装、大衣上，多使用两片合体袖。

两片合体袖是由一个大袖和一个小袖组成的，小袖藏在手臂下方，面积较小，外观上看不见。作图过程如下：

(1) 以袖中线为界，袖子分为人体正面的前袖部分和人体背面的后袖部分。分别量取前袖和后袖的中线，将两侧的袖山曲线对称到中间，形成一个筒状结构，袖子现在成为重叠的两片，前袖中线和后袖中线是两片袖子的公共边；

(2) 修改两片袖的外形：①前袖中线肘部向后弯曲 1cm，②收紧袖口尺寸，合体袖口尺寸可以用比例确定，约为袖山底线的肥度减去 5cm，也可以使用经验数据，合体袖口宽为 11～12cm(袖口围度 22～24cm)，③后袖中线向后弯曲，弯曲点为垂直线与斜线在肘线上的中线；

(3) 经过图 8－17(2)的修改，两片袖已经变成合体的结构，缝合后的形态就是图中 8～17(2)粗线轮廓线围成的形态。但是此时的两片袖，缝合线外露，位置刚好在前后袖正中间。从审美的角度看，有改进的余地。改进的方法是缩小腋下的袖片，扩大外露的袖片，使缝合线尽量退到手臂下面看不见的地方。这个过程叫作"互借"，即腋下的袖片借出一部分面积，贴合到外露的袖片上，使其变大。互借量与方法如图 8－17(3)；

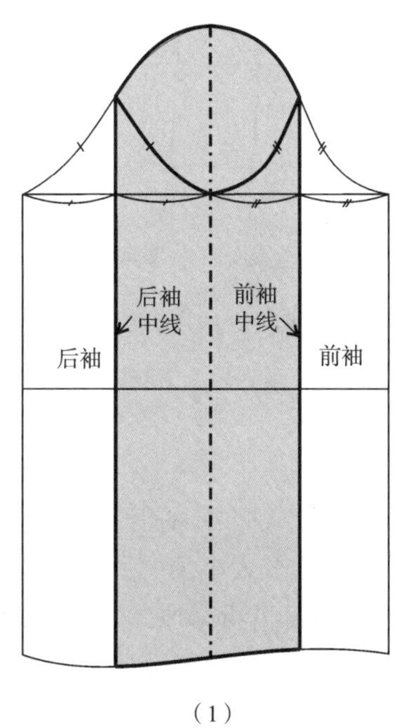

(1)

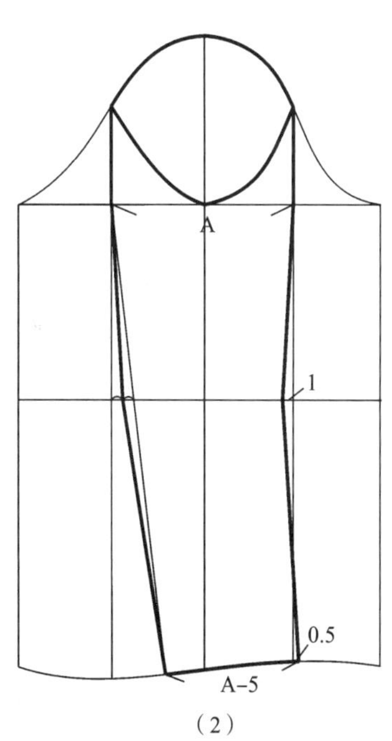

(2)

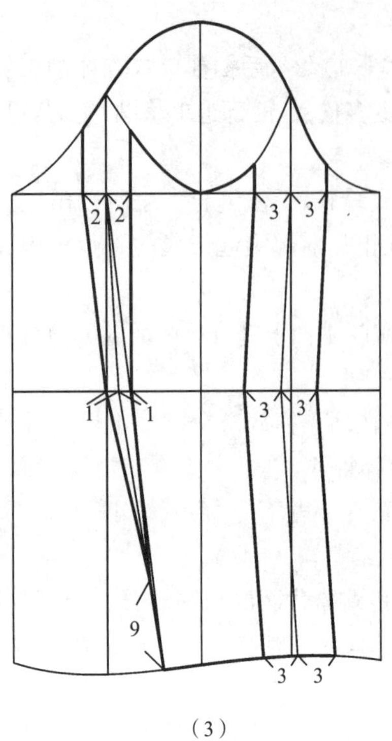

(3)

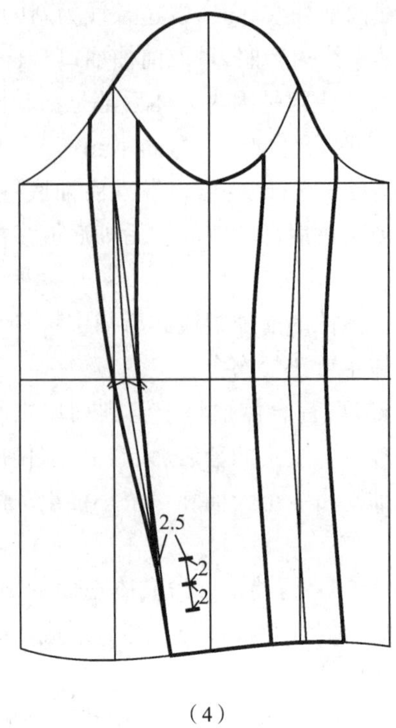

(4)

图 8－17　两片合体袖

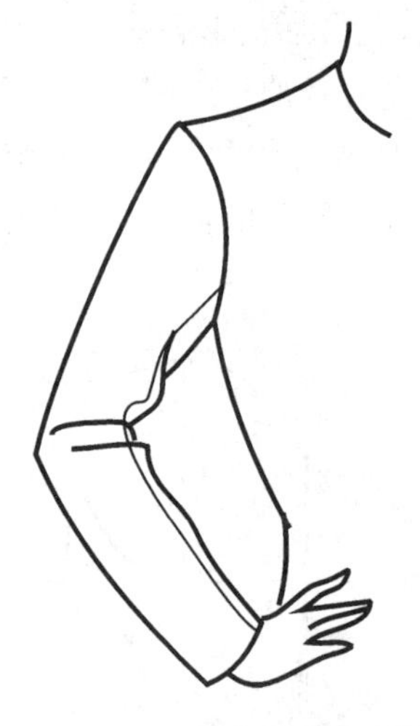

图 8－18　两片合体袖款式图

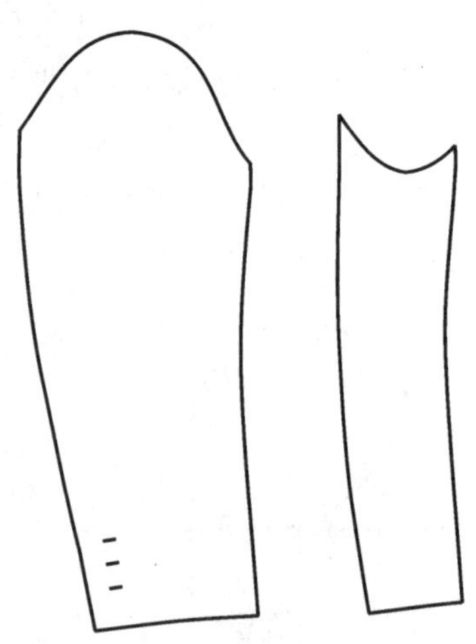

图 8－19　两片合体袖裁剪图

(4) 在后袖袖口上方定出扣位、扣距。

如图 8－19 所示，经过“互借”后，两片袖变成了大小袖结构。

“互借”的原理可以灵活运用，互借量可以改变。如图 8－20(1)所示，前后袖的互借量改为前袖 2.5cm，后袖 2.5cm，与图 8－17 相比，互借量的总和是一样的，因此，大小袖的面积基本相等，但缝合线的位置向前面移动了 0.5cm。当然，也可以通过改变大小袖的互借量来改变它们的面积，如图 8－20(2)。

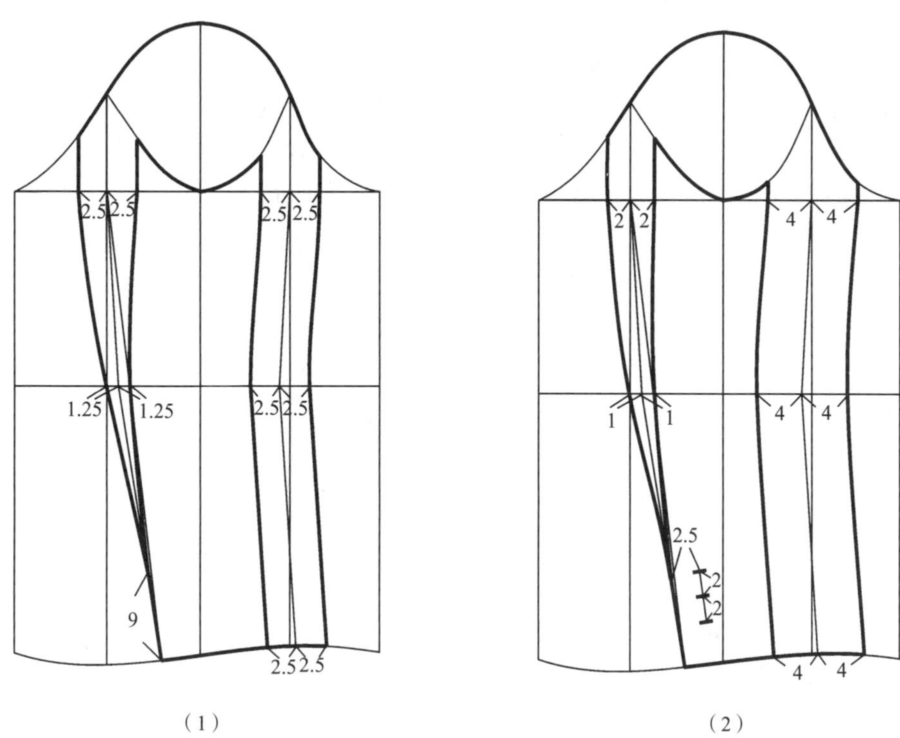

图 8－20 改变两片合体袖的互借量

第四节 袖子的款式与结构变化

袖子的款式设计手法主要在于长度、廓形、分割线、褶皱等的运用。按照长度，袖子可分为无袖、短袖、中袖、中长袖（七分袖、九分袖）、长袖；按照廓型，可分为合体袖、宽松袖。袖子的常见款式还有泡泡袖、马蹄袖、郁金香袖等，灵活运用结构变化技巧，加上不同的工艺处理与装饰手法，可以使袖子款式千变万化，成为服装设计的亮点（图 8－21）。

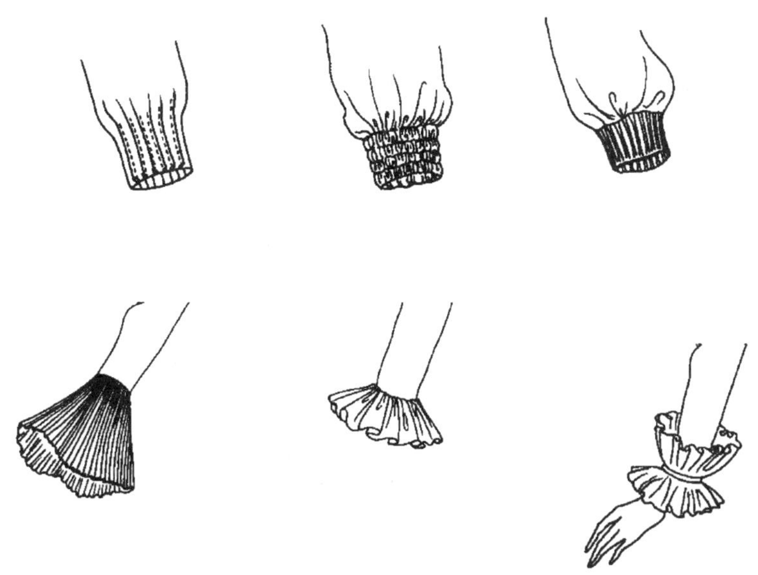

图 8－21 袖口的工艺处理与装饰

从肩点开始测量，袖长的变化依次是(图 8－22～图 8－26)：

(1) 盖袖：又称鸡翼袖，盖袖是没有袖底缝的袖型，长度不超过袖山底线；

(2) 短袖：短袖位置是从袖山底线到肘线上 2cm(大致范围，仅供参考)；

(3) 中袖：中袖位置是从肘线上 2cm 至肘线下 5cm(大致范围，仅供参考)，值得注意的是服装的开口应尽量避免人体运动的关节处，以免阻碍运动，所以中袖的袖口位置应谨慎，袖口尺寸应加放一些松量；

(4) 中长袖：中长袖位置是从肘线下 5cm 至腕围线上 5cm，有七分袖、九分袖等；

(5) 长袖：基本纸样的袖长为 52cm，在腕围线位置上，如果是秋冬季服装，袖长应适当加长 4～8cm。

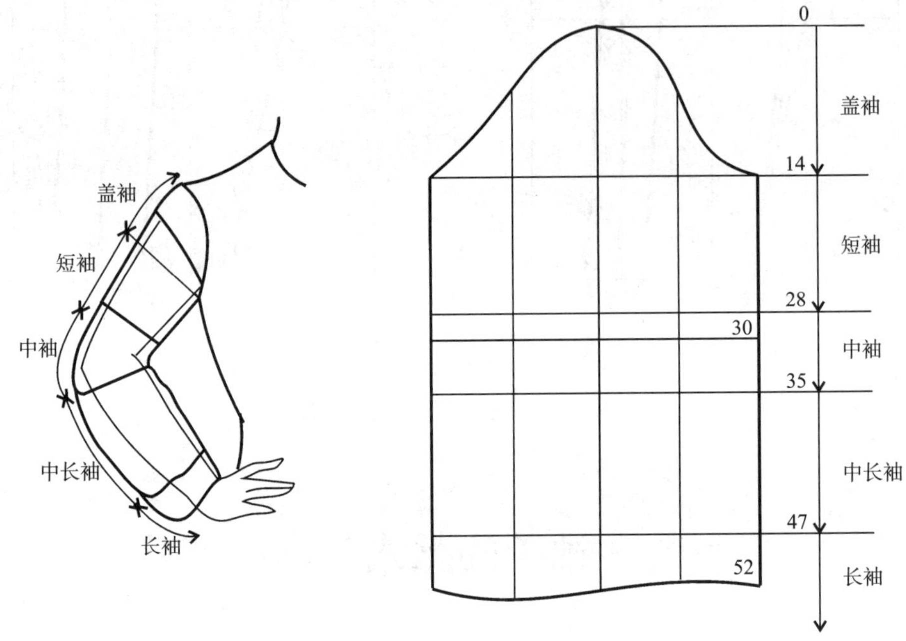

图 8－22　袖长变化与对应尺寸的参考数据

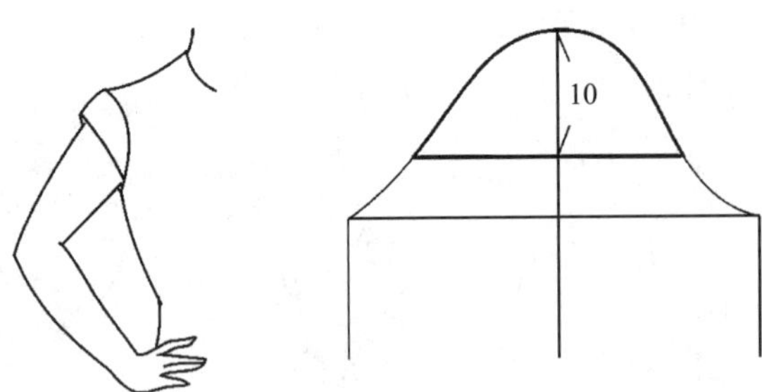

图 8－23　垂直于袖中线的盖袖

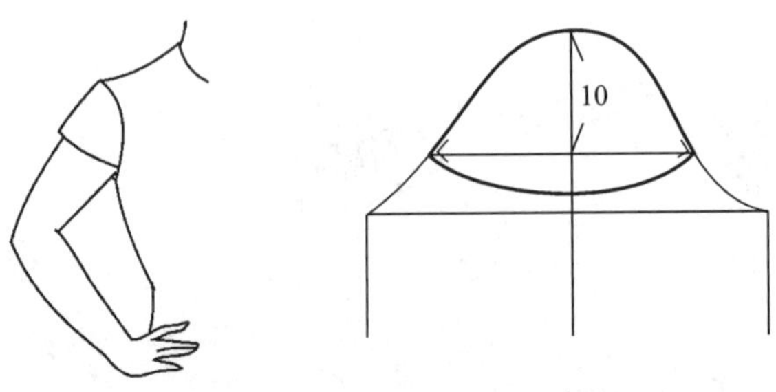

图 8－24　垂直于袖山曲线的盖袖

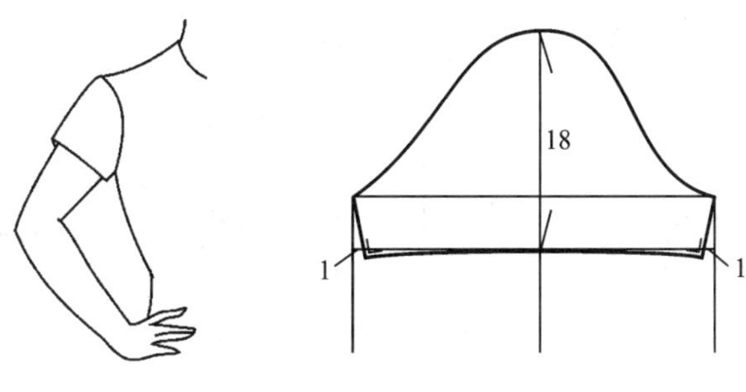

图 8-25 短袖

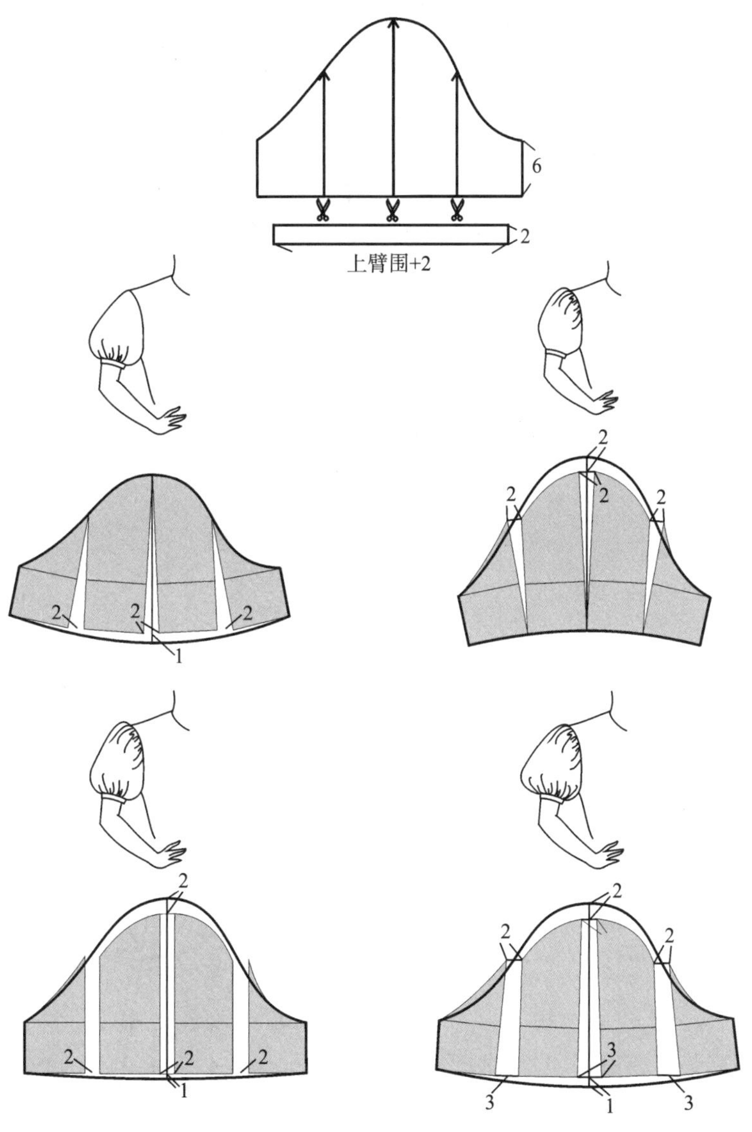

图 8-26 泡泡袖与灯笼袖

泡泡袖和灯笼袖是常见的袖型，使用加褶的方法，剪开基本纸样，将不同的松量加进去，可以得到不同的款式(图 8-27～图 8-33)。

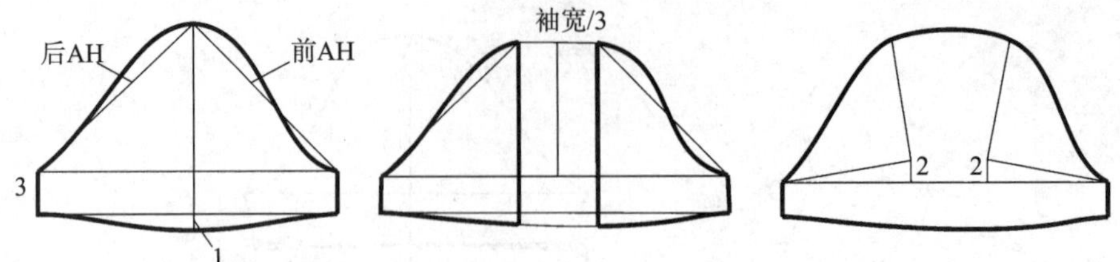

图 8-27　泡泡袖的另一种结构处理方法

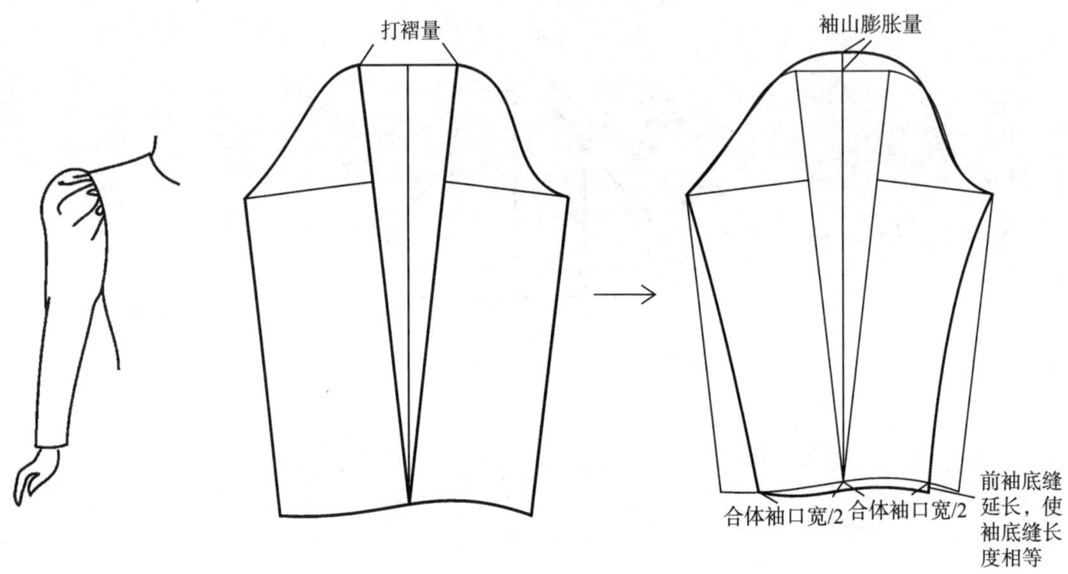

图 8-28　羊腿袖的结构处理方法

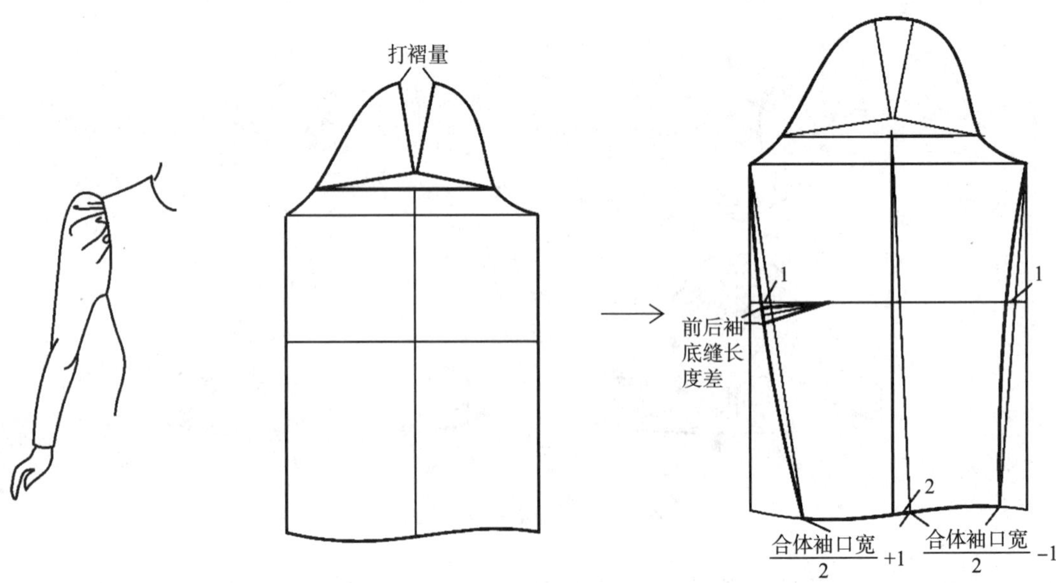

图 8-29　合体羊腿袖的结构处理方法

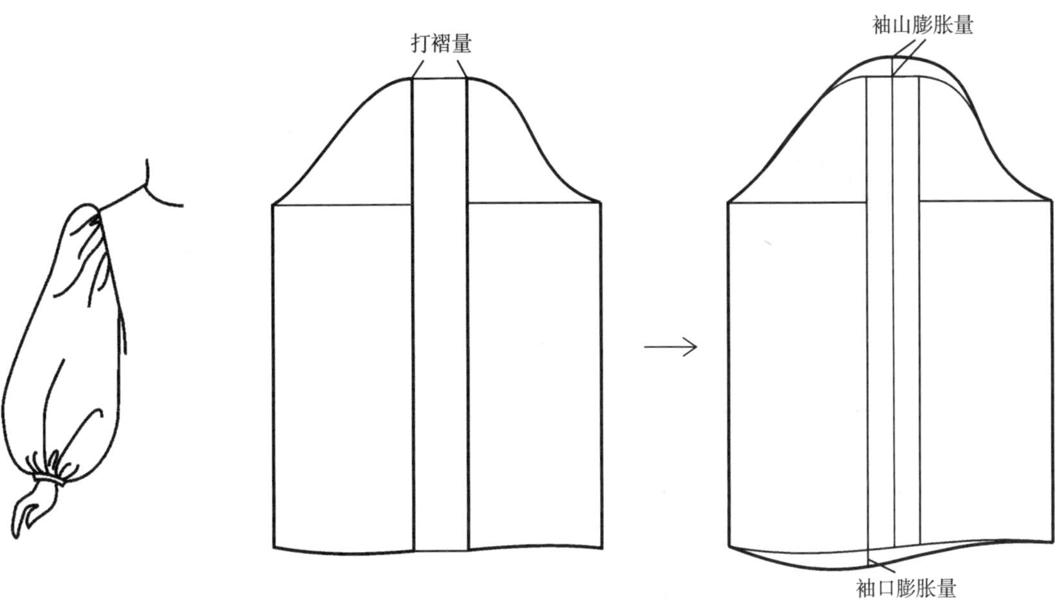

图 8-30　长灯笼袖的结构处理方法

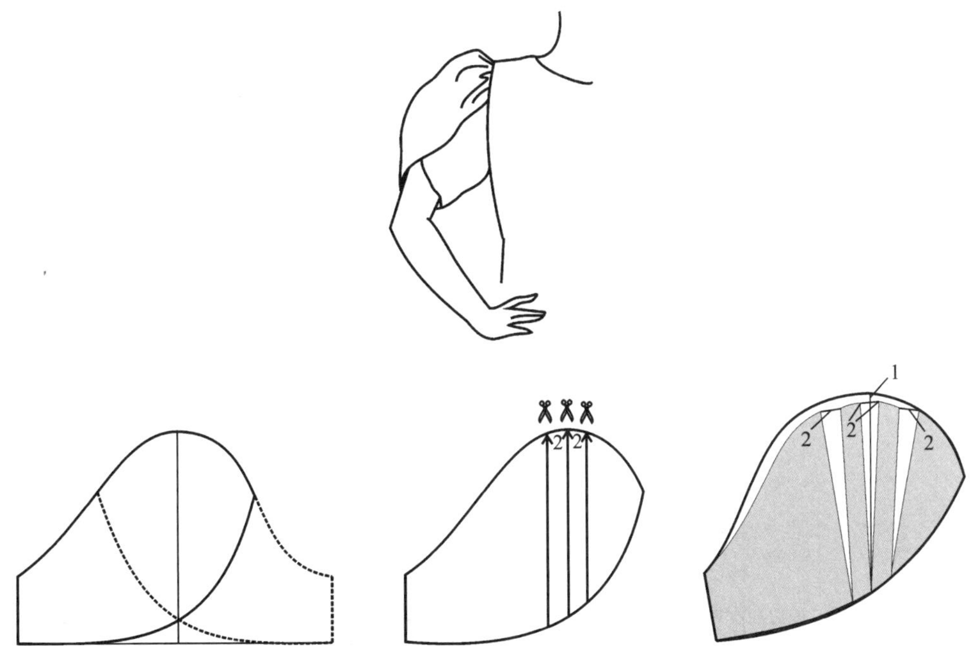

图 8-31　郁金香袖的结构处理方法

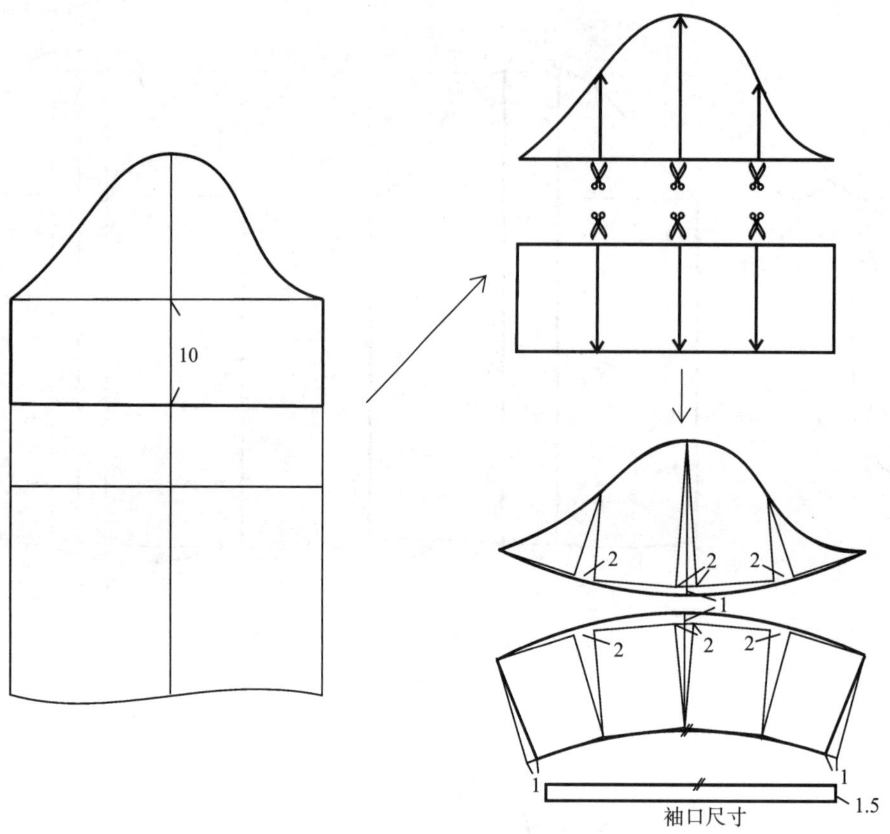

图 8－32　膨胀袖的结构处理方法

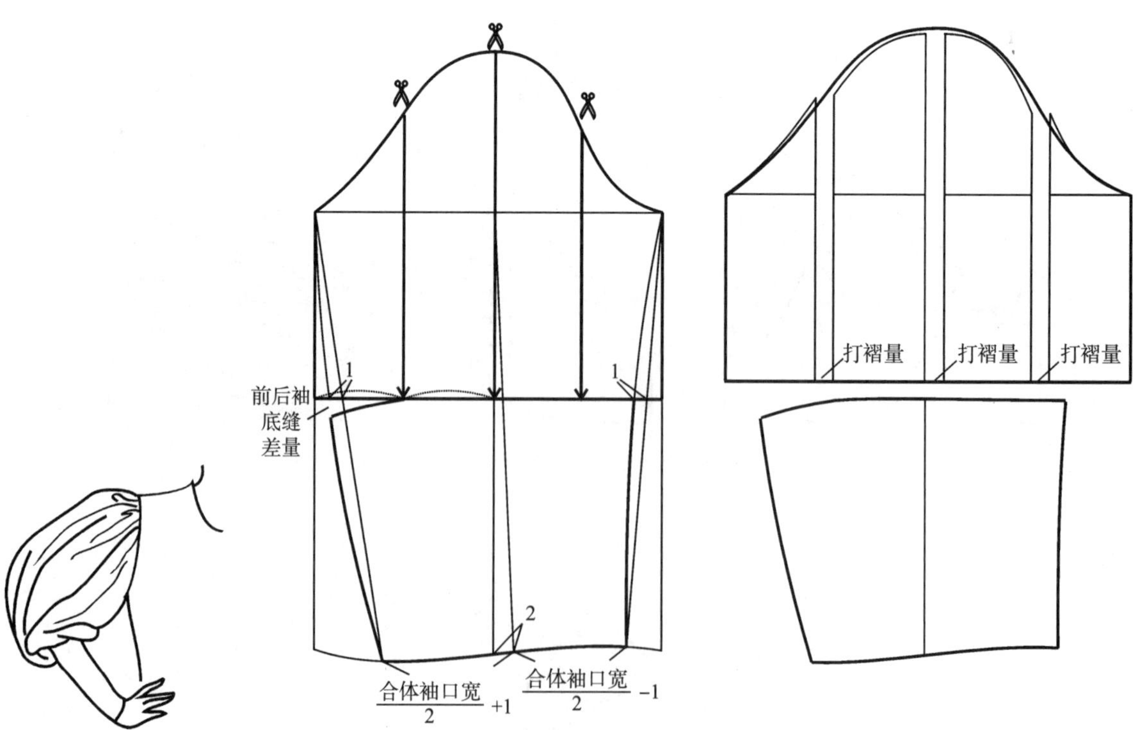

图 8－33　组合袖的结构处理方法

第五节 插肩袖与连身袖

插肩袖是衣身的一部分与袖子连为一体的款式统称。从图 8－34 能看出，将袖子拼接到衣身袖窿上，有一部分袖窿与袖山曲线是重合的，重合的部分可以不必断开，在衣身上剪下一部分衣片，贴在袖子上，就形成了插肩袖。

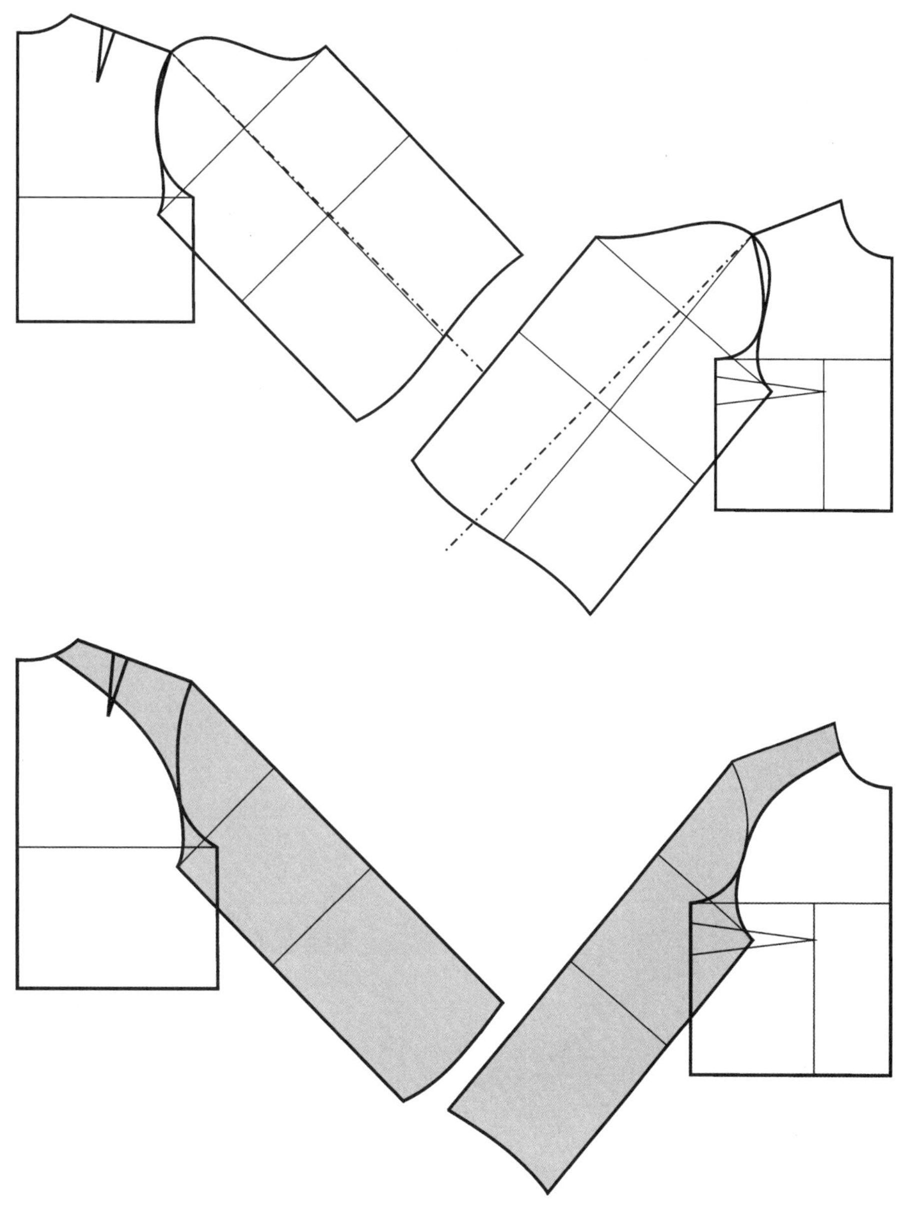

图 8－34 插肩袖的结构原理

拼接到袖子上的衣片形状不固定，分割线可以到领口、前中线，甚至到底摆；同时，也可以将袖子的一部分剪下来拼接到衣身上(图 8－35、图 8－36)。

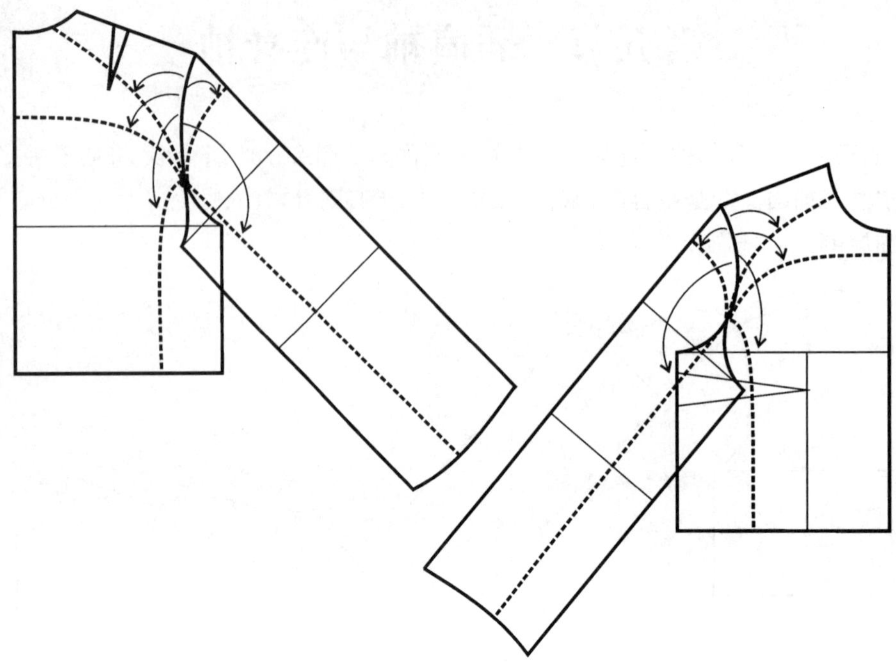

图 8－35　插肩袖的结构原理

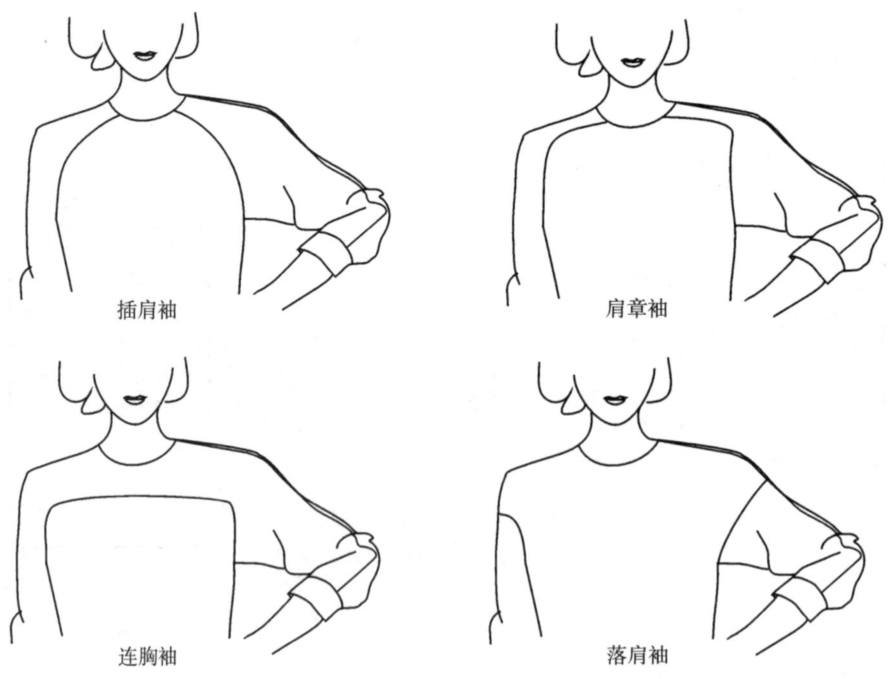

图 8－36　插肩袖款式

以分割线设置在肩部的合体插肩袖为例，结构制图如下（图 8－37、图 8－38）：

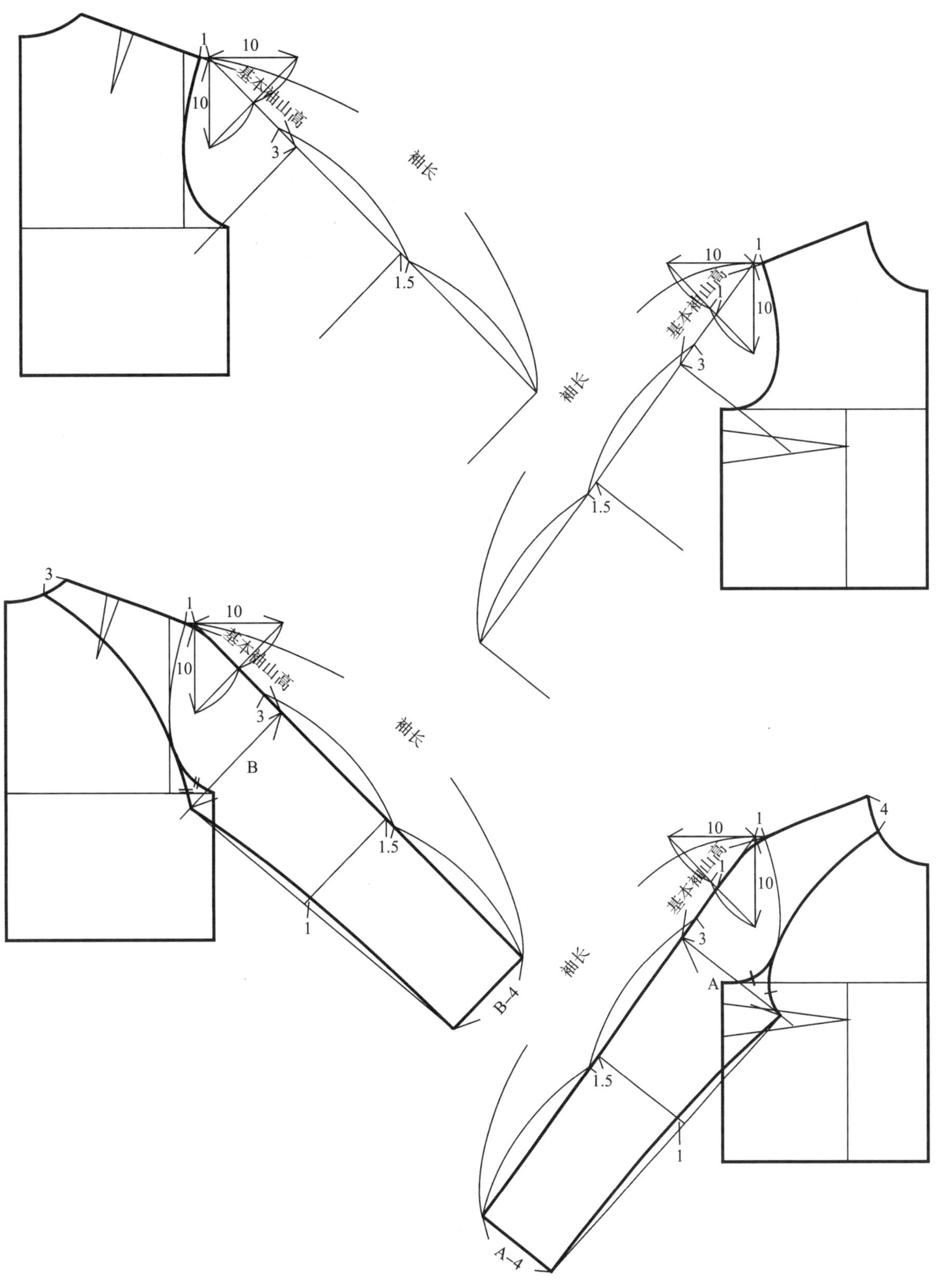

图 8-37　合体插肩袖的结构制图

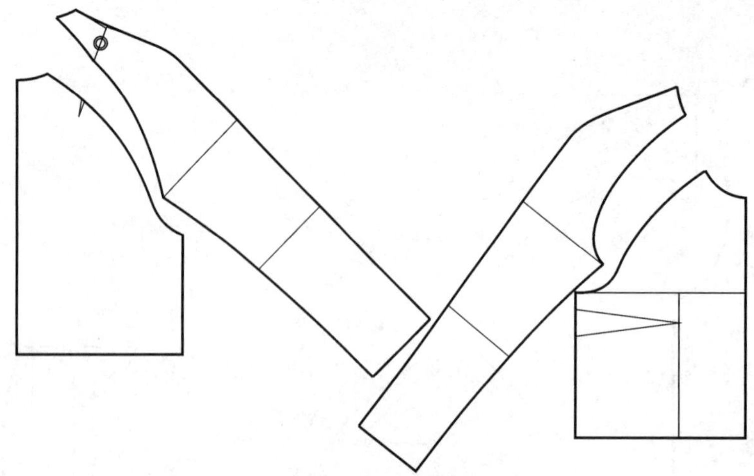

图 8-38　合体插肩袖裁剪图

以前片为例，制图步骤如下：

（1）前肩点水平向左 1cm，画一个等腰直角三角形，直角边长 10cm。画这个三角形的目的在于找出角平分线的 45°角，画出袖中线。如果使用量角器制图，则可以省去这个步骤；

（2）延长袖中线，量取袖长，垂直于袖中线画出袖口直线；

（3）从肩点向袖中线量取袖山高，垂直于袖中线画出袖山底线，合体袖的袖山高可取基本纸样的袖山高；

（4）找到袖山底线向上 3cm 至袖口线的中点，再向上 1.5cm，定为袖子的肘线，同样画出一条垂直于袖中线的直线；

（5）在前片领口处，设计两条肩部分割线，一条分割线与袖窿相切，另一条与袖山底线相交。两条分割线长度必须相等；

（6）袖山底线上的宽度用 A 表示，袖口尺寸一般为 A－4cm；

（7）连接袖底缝。

后片的制图步骤类似，不再赘述。

插肩袖的衣袖分割线可设计在肩部、胸背部、腋下等处，不影响插肩袖的结构（图 8-39～图 8-42）。

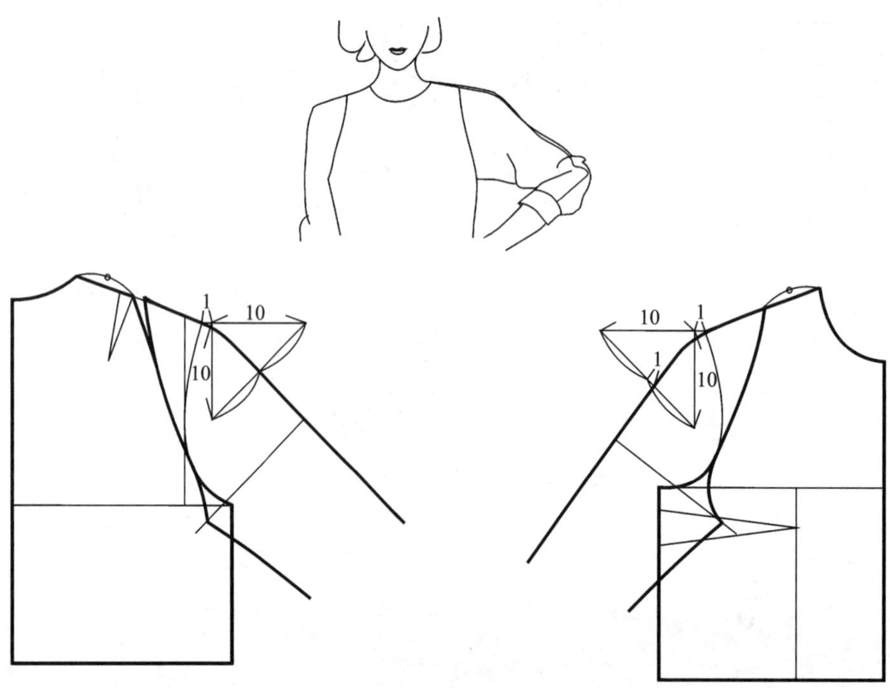

图 8-39　分割线在肩部的合体插肩袖结构

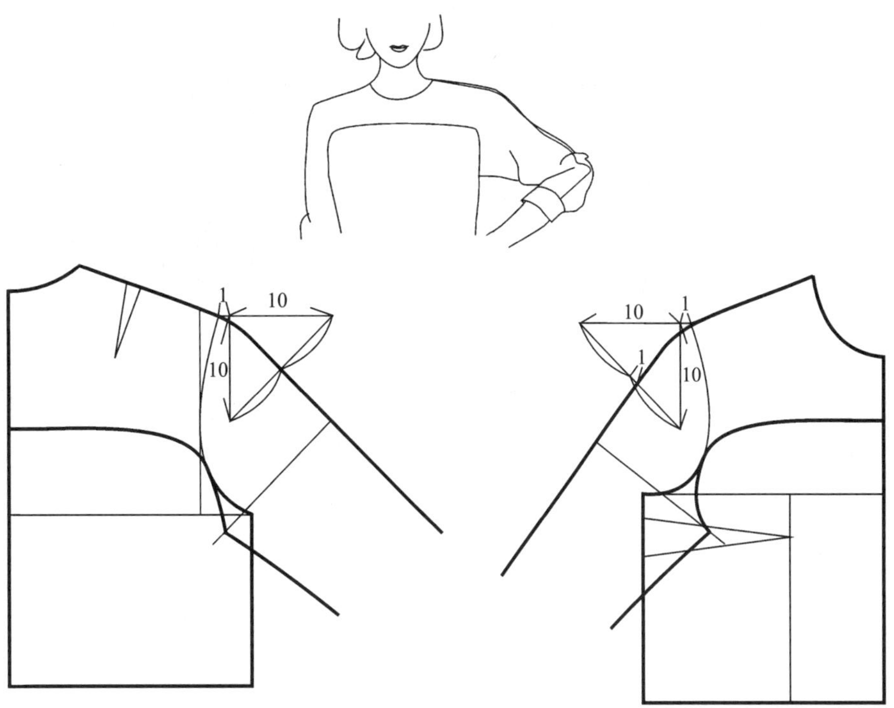

图 8-40　分割线在胸背处的合体插肩袖结构

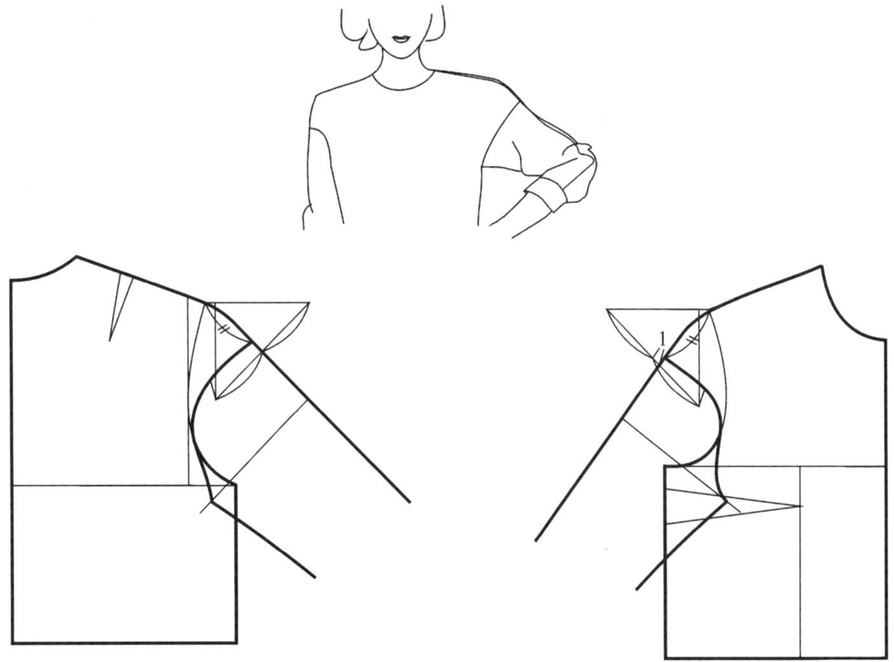

图 8-41　分割线在袖子上的合体插肩袖结构

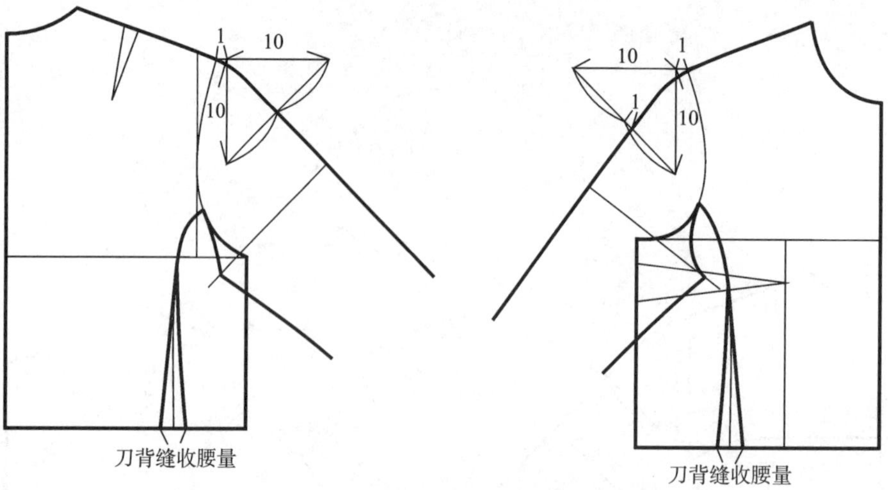

刀背缝收腰量

刀背缝收腰量

图 8-42　分割线在腋下的合体插肩袖结构

如图 8-43 所示，由于结构的原因，插肩袖的袖中线在成衣上会呈现出一条缝合线，从衣片一直到袖口。然而在裁剪时，也可以将前后片在袖中线上合并，只缝合肩线，这种袖子是一片式插肩袖。

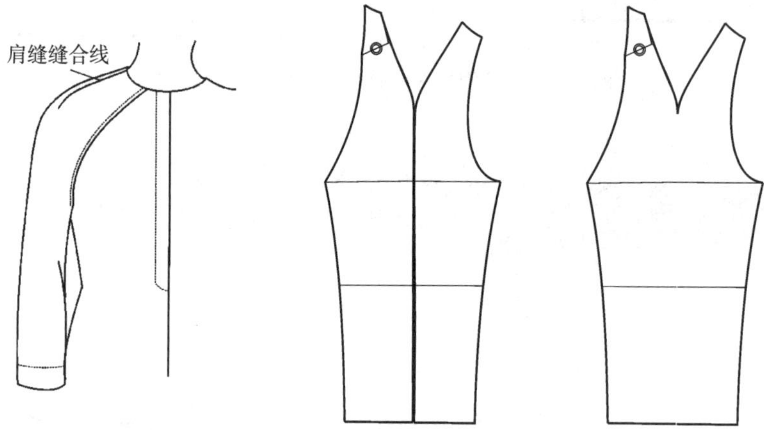

图 8-43　一片式插肩袖裁剪图

宽松的插肩袖首先要调整基本纸样的松量，增加胸围放松量，抬高、延长肩线，腋下点下落，然后再画插肩袖(图 8-44～图 8-46)。

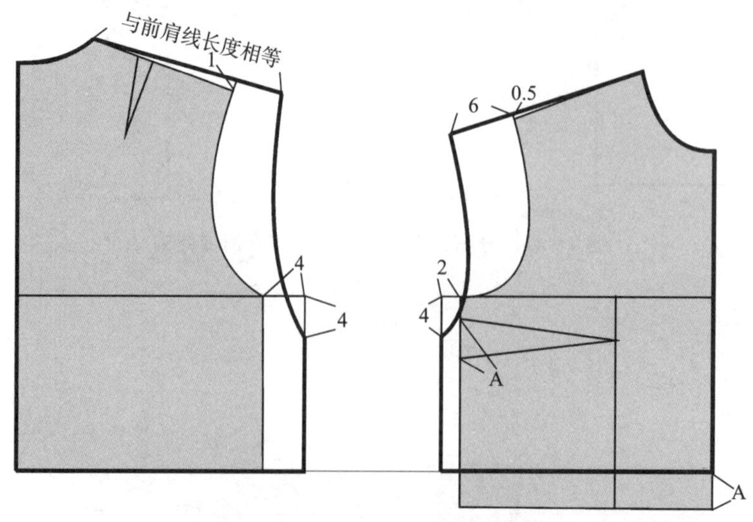

图 8-44　宽松廓型衣片

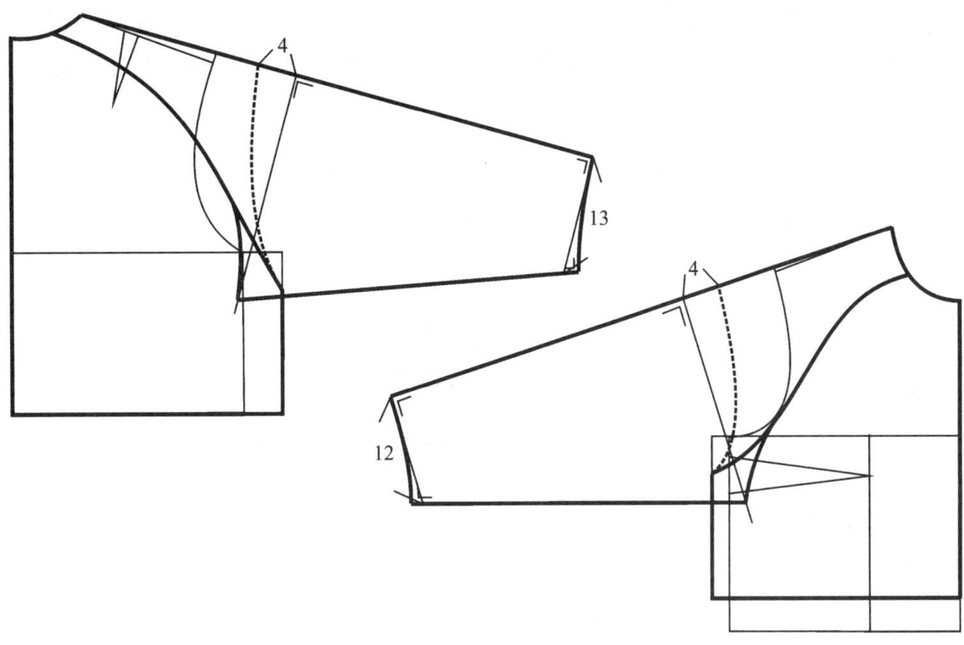

图 8－45 分割线在肩部的宽松插肩袖结构

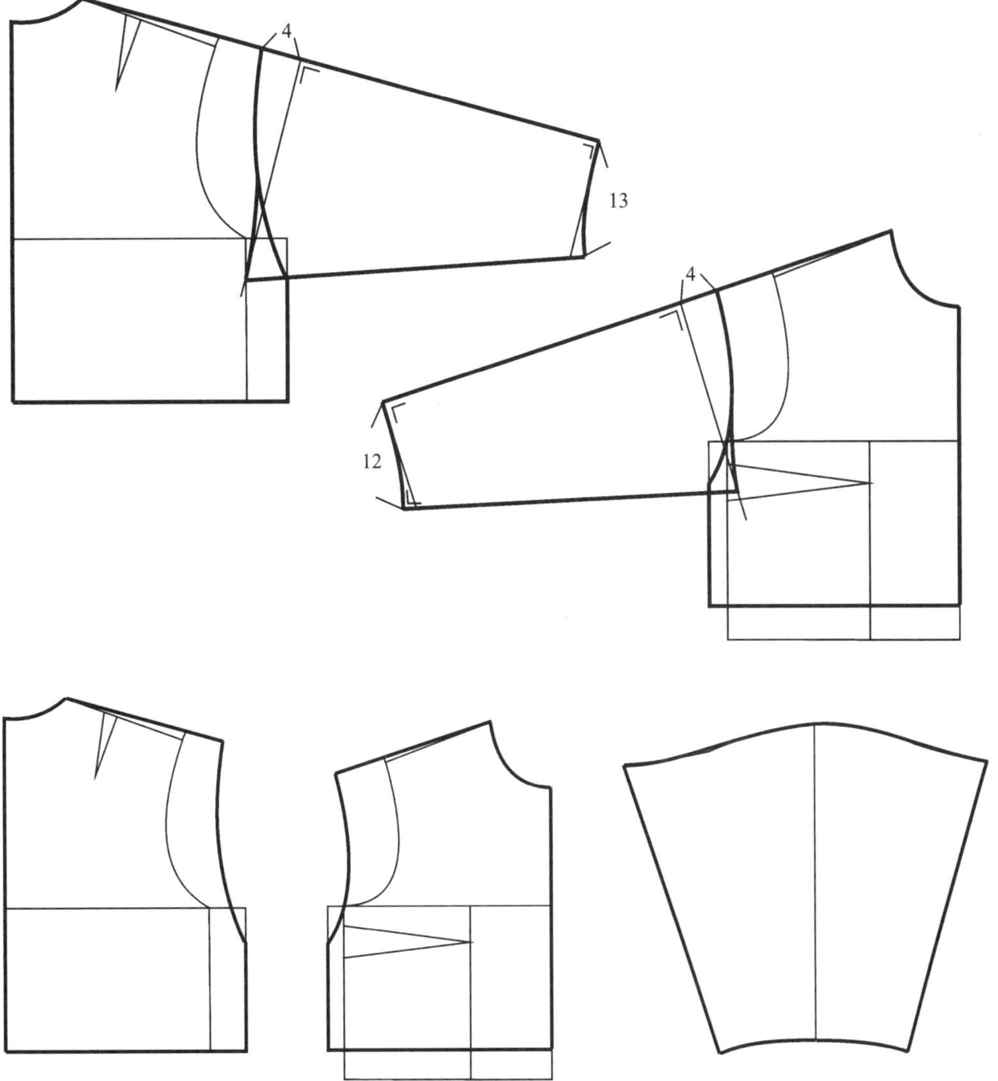

图 8－46 在原袖窿位置上的宽松插肩袖结构

连身袖是一种衣身和袖子连成一体的袖子。由于结构的原因，比较宽松，属于平面式裁剪，一些中式风格、宽松廓形的服装采用这种袖型。由于没有便于运动的袖窿结构，所以应特别考虑肩部与腋下放松量(图 8 - 47、图 8 - 48)。

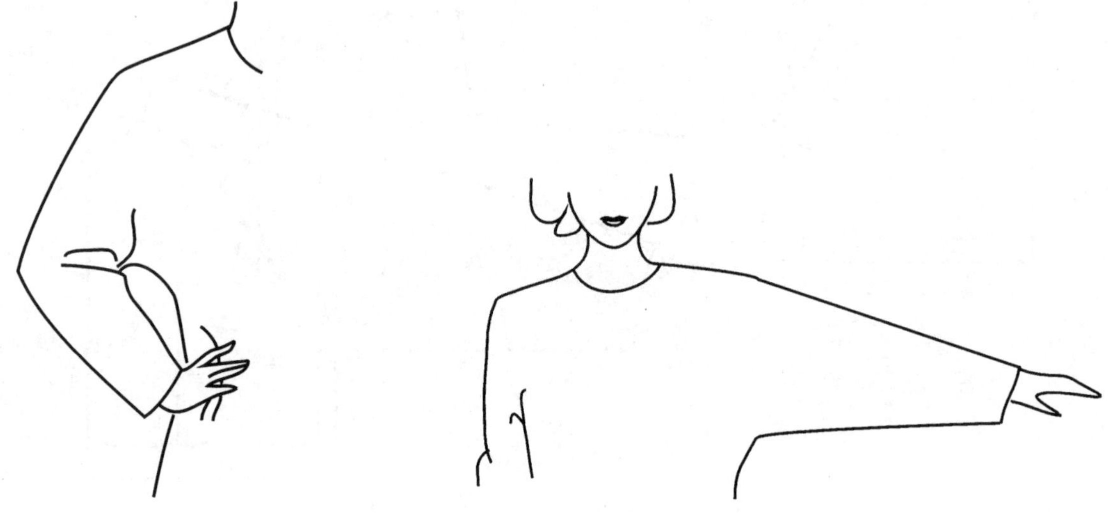

图 8 - 47　连身袖

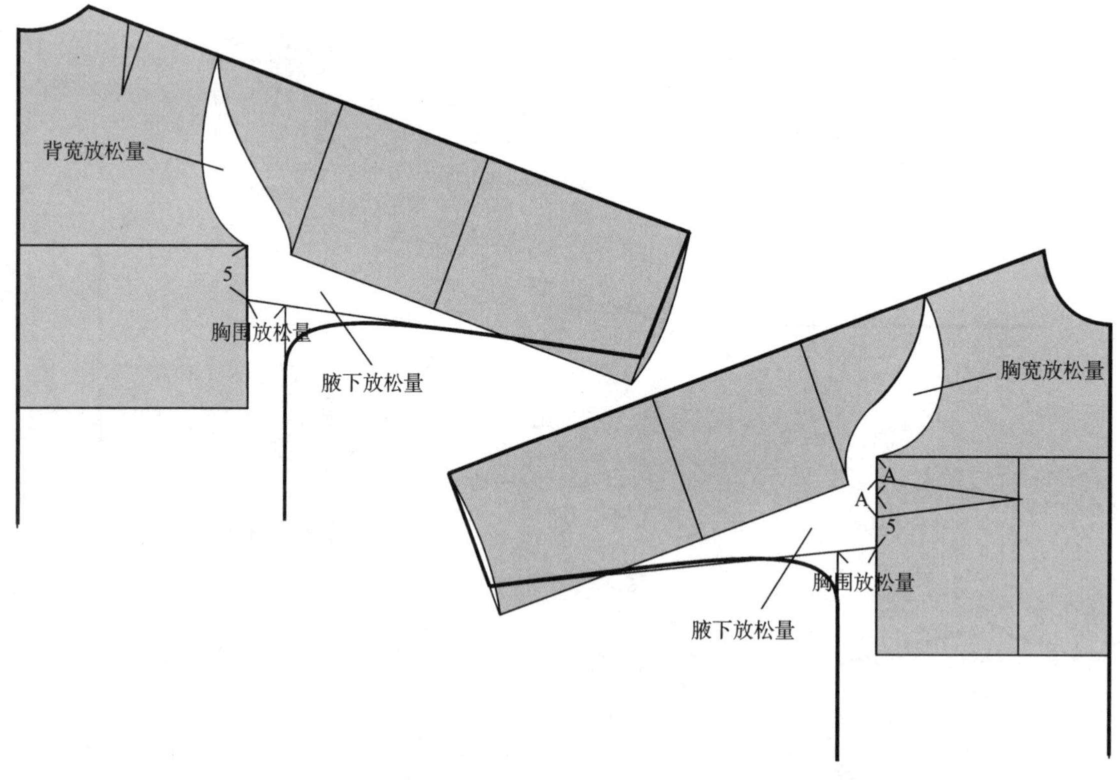

图 8 - 48　连衣袖结构

蝙蝠袖是连身袖的典型款式，袖底缝连接到衣身侧缝的腰线位置附近(图 8－49)。

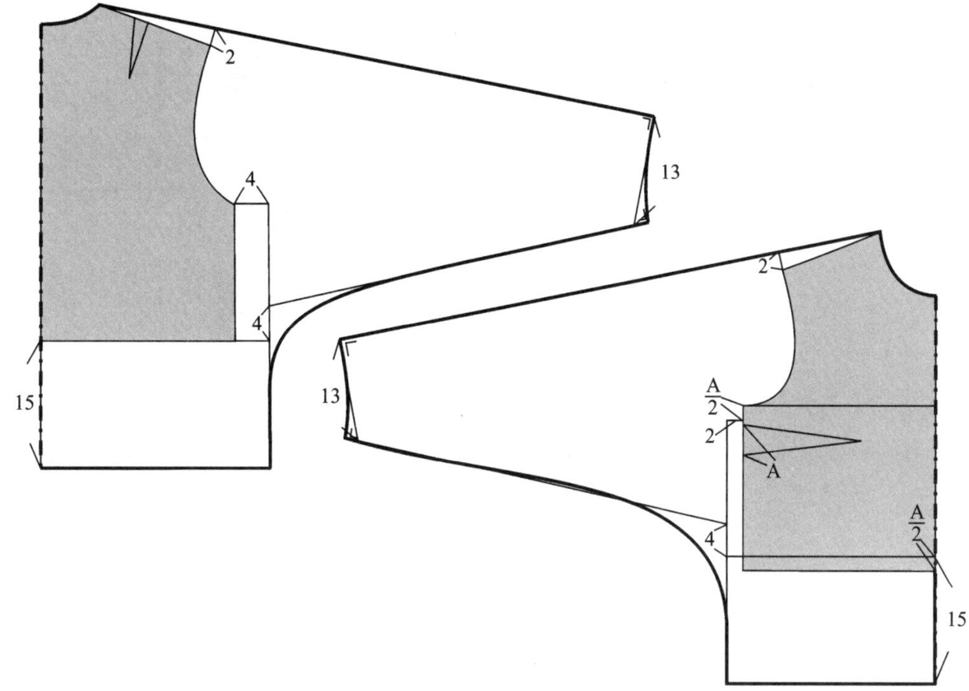

图 8－49　蝙蝠袖结构

第九章　裙子结构设计

第一节　裙子结构设计概述

裙子是服装品类中较特殊的一类，它忽略人体下肢复杂的形态细节，仅使用其外轮廓。裙子对应的人体形态可看作是一个近似圆台体与一个圆柱体的结合，圆台与圆柱都是规则形体，因此裙子的结构设计方法相对来说较为简单，自由发挥的余地也较大(图 9-1)。

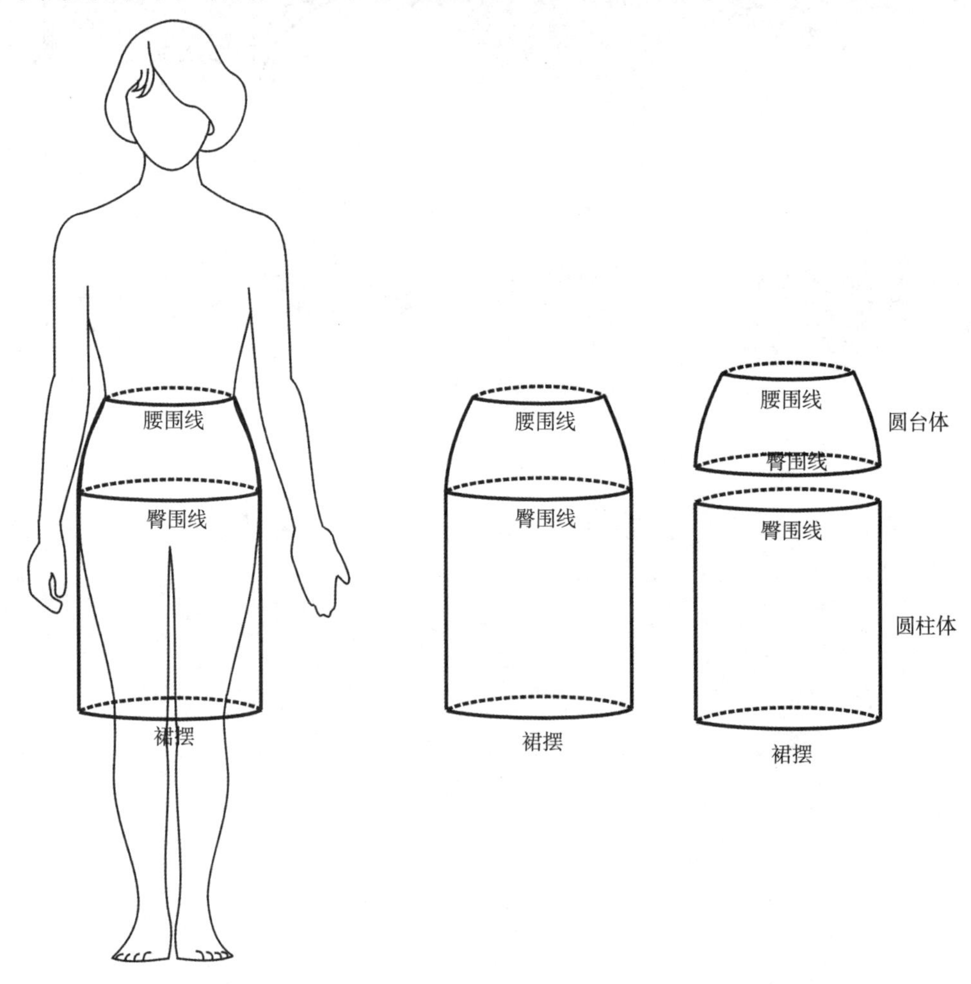

图 9-1　裙子对应的近似人体

一、裙子的结构要素分析(图 9-2)

1. *裙子的长度*

裙长是裙子结构设计的首要要素，也是裙子外观的重要决定因素。按照裙子的长度的不同，可以将裙子分为超短裙、短裙、中长裙、长裙、超长裙等。

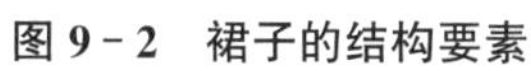

图 9-2　裙子的结构要素

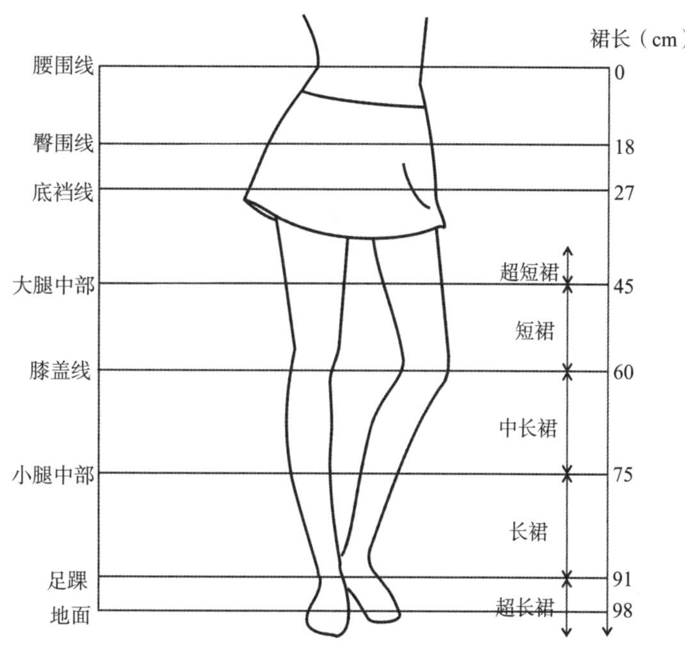

图 9-3　不同裙长的参考尺寸

按照服装结构设计的规律，撇去成本、实用等因素，服装的加长、加宽没有限制，而缩短、收紧则要受到人体的内控，定寸应十分谨慎。

① 超短裙：又叫迷你裙，是最短的裙子，一般认为是在膝盖线以上 15cm 左右。如果从腰围向下测量，迷你裙不仅仅要盖过臀部（按照裤子的打板尺寸，股上长，即裆长为 27cm），也必须考虑人坐下、蹲下、弯腰等动作造成的人体后中线拉长，以及一定的遮盖量，因此迷你裙裙长定在 45cm 较为合适，这时裙摆落在大腿的中部以上。

随着现代时尚的变化，归功于安全裤的出现和流行，近年来超短裙的裙长有的已缩短到仅盖过臀沟。

② 短裙：短裙是指露出膝盖的裙子，裙摆落在大腿中部至膝盖线。

③ 中长裙：中长裙是指盖过膝盖，但未及小腿中部的裙子。裙子基本纸样的裙长为 60cm，正好盖过膝盖，属于中长裙。

④ 长裙：长裙是指超过小腿中部，在足踝以上的裙子。

⑤ 超长裙（拖地裙）：当裙子盖过足踝，甚至触碰地面时，可认为属于超长裙。

不同裙子的长度界定尺寸参考如图 9-3。

2. 腰围线

(1)腰围尺寸

腰围尺寸对于裙子来说比其他任何种类的服装都重要，它不仅是裙子的起点、界限、重要的外观决定因素，更是裙子的固定点，决定了裙子的穿着舒适性和功能性。

虽然我国的国家标准要求裙子和裤子腰围留存 2cm 的放松量，人体的日常运动也会造成腰围尺寸的增加，甚至当人饥饿和吃饱时腰围都有 4cm 的长度差，但事实上当裙子包含 2cm 的腰围放松量时，由于没有支撑点，它并不会保持在原处，而会滑落到腰围下面，直到与裙腰尺寸相等的位置。因此裙子腰围尺寸可以取人体腰围净尺寸，人体运动的腰围变化会使裙子会人体产生压迫，但由于腰部多为脂肪、肌肉，所以裙子的压力是可以忍受的。同时，裙子与人体之间的穿着关系并不稳固，当人体运动时，会向上或向下滑动，以适应人体姿态变化(表 9－1)。

表 9－1　人体运动时腰围尺寸的变化

姿势	动作	平均增加量(cm)
直立正常姿势	45°前屈	1.1
	90°前屈	1.8
坐在椅子上	45°前屈	1.5
	90°前屈	1.7
席地而坐	45°前屈	1.6
	90°前屈	2.9

(2) 腰围线的位置

腰围线是裙子结构设计的主要部位之一。腰围线首先可以在位置的高低上进行变化，根据其位置，可分为中腰裙、高腰裙和低腰裙(图 9－4)。

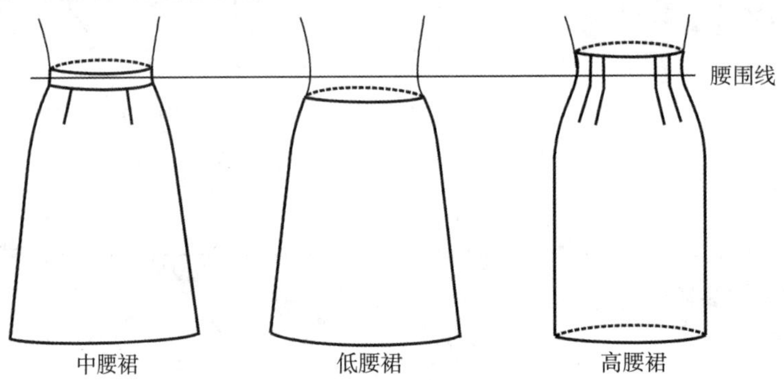

图 9－4　根据腰线位置分类

3. 裙摆

从外观上看，决定裙子放松程度和廓型效果的不是腰围、臀围，而是裙摆。按照裙摆的大小，可以将裙子分为贴近人体侧面轮廓的紧身裙、直身裙、A 型裙、斜裙、圆裙等基本裙型(图 9－5)。

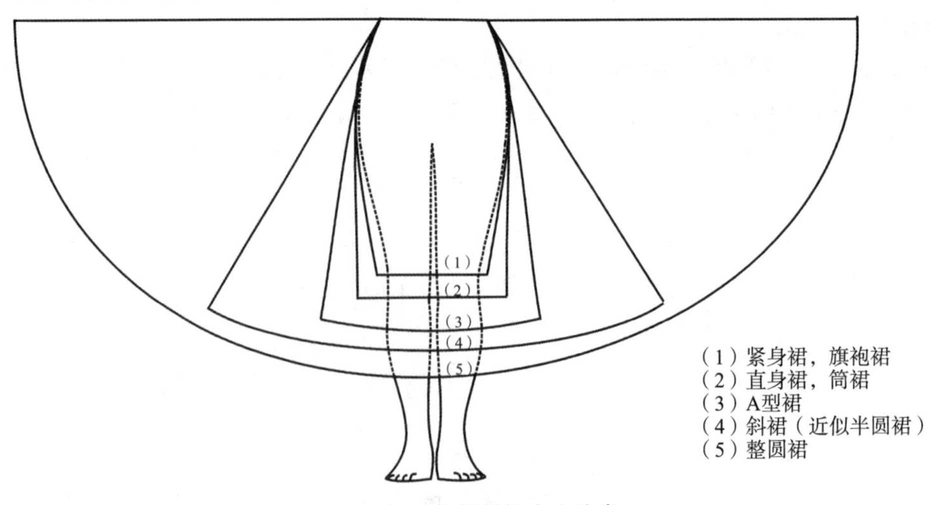

图 9－5　根据裙摆大小分类

当人行走时，大腿中部迈开的幅度约等于臀围尺寸，越向下幅度越大，正常行走时，两膝迈开的距离约为 50cm。裙子基本纸样为筒裙纸样，从臀围到裙摆的围度是臀围＋4cm，不能满足人正常行走的需要，必须设置开衩；紧身裙的裙摆小于筒裙，更加需要开衩增加裙摆运动量。开衩的合理高度在大腿中部，或腰围线向下 45cm 处。

有两种方法不需要设置开衩：一是缩短裙长，使裙长短于 45cm；另一种是增加摆量，使裙子侧缝的夹角大于两腿迈开的角度，A 型裙的裙摆幅度就足以不设开衩。

4. 省的处理

省的处理是裙子结构设计的核心。裙子的省是腰围与臀围之间的差量造成的，如前文所述，裙子从腰围到臀围之间可近似看成圆台体，外形比较规则。因此，裙子的腰省除了以省尖点为中心向四周转移的特性外，还有一个非常重要的特性，就是平移和合并。在下文的 A 型裙、四片裙、六片裙等结构设计实例中，都可以看出这种特性的运用（图 9－6）。

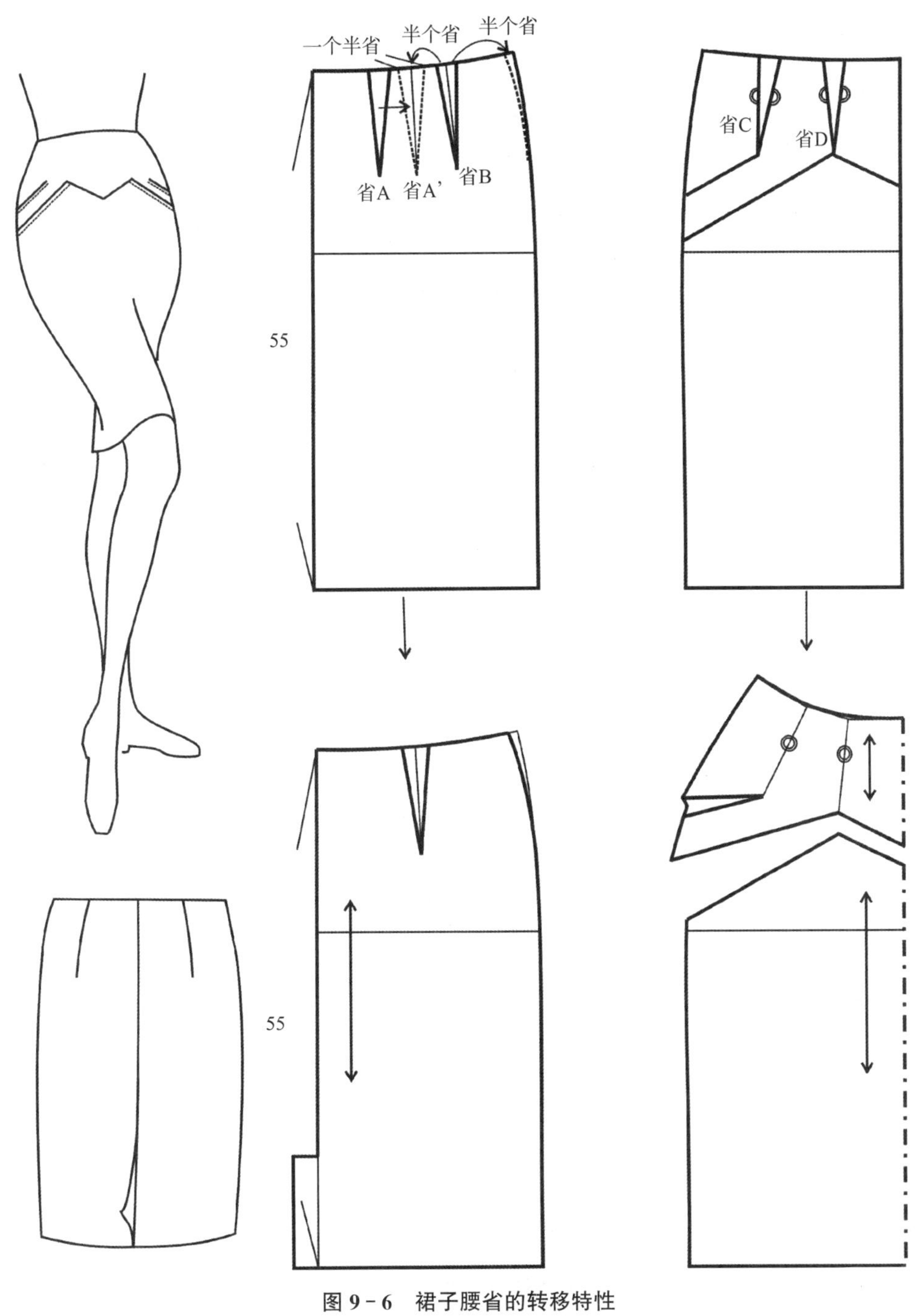

图 9－6　裙子腰省的转移特性

(1) 省的平移与合并

腰省既可以转移至裙片轮廓上的任意位置,也可以转移至分割线里。如图 9－6 所示,后裙片仅在后腰线中点留有一个省,那么基本纸样原有的两个省需要做如下处理:省 A 位于靠近后中心线的腰线 1/3 处,将其平移至后腰线中点;将省 B 的省量分成两半,一半平移至后侧缝上,另一半平移合并到省 A′里。

(2)省的转移

裙腰省也符合省的一般特性,以省尖点为中心,转移到其他轮廓线或分割线上。如图 9－6 所示,省 C 转移到前侧缝上,省 D 转移到从前侧缝到前中线的分割线上。

5. 裙子内部处理

除去腰省结构,裙子内部没有其他需要特殊考虑的人体起伏位置和服装结构,因此可以做丰富的设计,如分割线、褶皱、荷叶边、层叠式结构、加省、口袋等。常见的裙子有采用纵向分割线的多片裙、采用横向分割线的蛋糕裙、横向分割线与加省手法结合的育克裙等(图 9－7)。

图 9－7 裙子内部处理

第二节 裙摆结构处理

裙摆从小到大,可分为紧身裙、直身裙、A 型裙、斜裙、圆裙等。裙摆的处理加大或减小有三种方法:1)在侧缝加放摆量或减小摆量;2)将裙腰省转移至底摆,使省转移成为摆量;3)使用加褶的方法,剪开纸样,将设计的摆量加在底摆处。

一、紧身裙基本结构

紧身裙又叫旗袍裙,其裙摆与人体下肢侧面轮廓相仿,在裙摆处向人体方向收拢。从美观和穿着性能的角度考虑,收紧裙摆的幅度不可太大,不要小于人体静止两腿并拢站立时腿侧面的弧度。

图 9－8 的结构处理应该注意以下几点:

(1) 裙摆的收紧方法是在前后侧缝收紧,以基本纸样裙摆为准,各自向里收 1.5cm,这是常见尺寸。当裙长加长或缩短时,也采用此时侧缝的倾斜程度;

(2) 当裙长小于 45cm 时,为超短裙,不需设开衩;大于 45cm 时,需开衩改善裙子运动性能。开衩的起点为腰围线以下 45cm,长度根据裙长而变,是无法确定的,宽度为常见尺寸 3cm;

本款紧身裙为中腰有腰头的款式,为保证腰头正好在人体的腰围线上,将基本纸样的腰围线向下截去 1.5cm,腰头宽 3cm。腰头长取净腰围 W,根据具体款式,决定是否要加搭门量(图 9－9)。

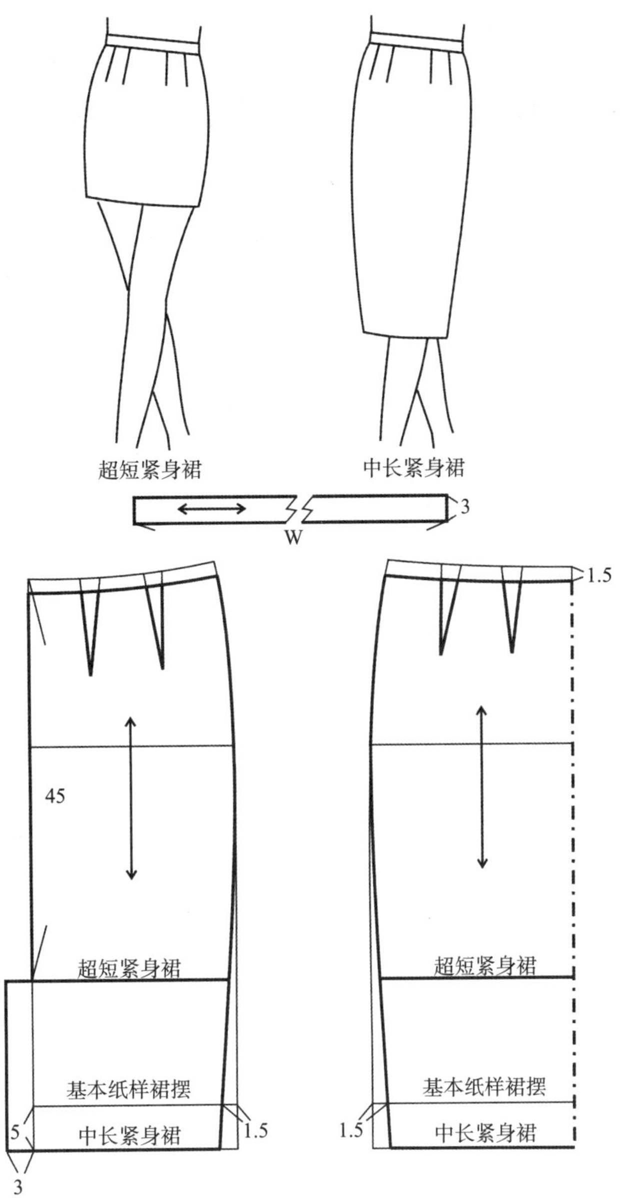

图 9-8　紧身裙结构设计

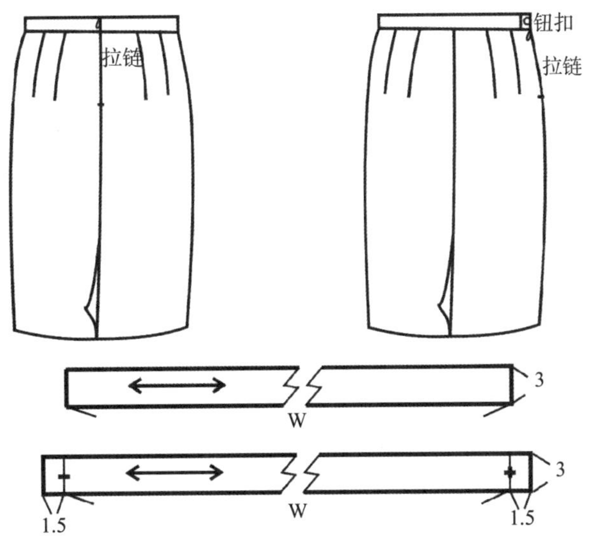

图 9-9　有无搭门量的不同腰头结构

二、直身裙基本结构

直身裙又叫筒裙，裙子的侧缝垂直于地面，裙摆虽大于紧身裙，但仍不够人体正常行走的需要，如裙子长于45cm，仍需要设开衩（图9－10）。

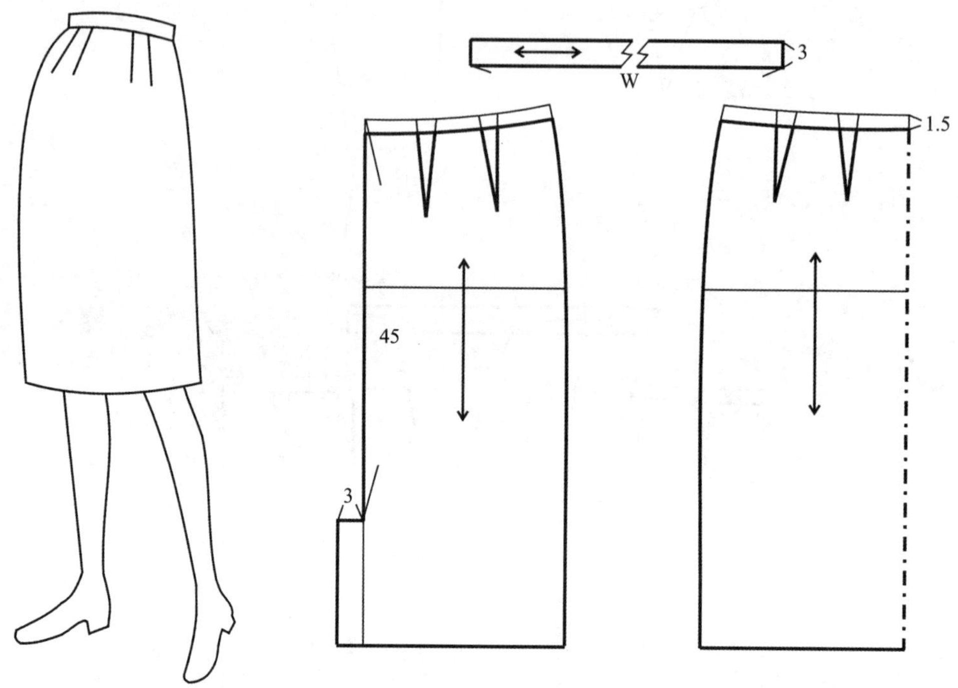

图9－10　直身裙结构设计

三、小摆裙和侧摆裙（图9－11、图9－12）

如果仅是改善裙摆运动性能，可以在侧缝加放裙摆，但是加放的量只在侧摆形成垂坠褶，不能形成喇叭裙那样均匀垂坠的效果。

利用这样的效果，也可以做出新颖的设计。

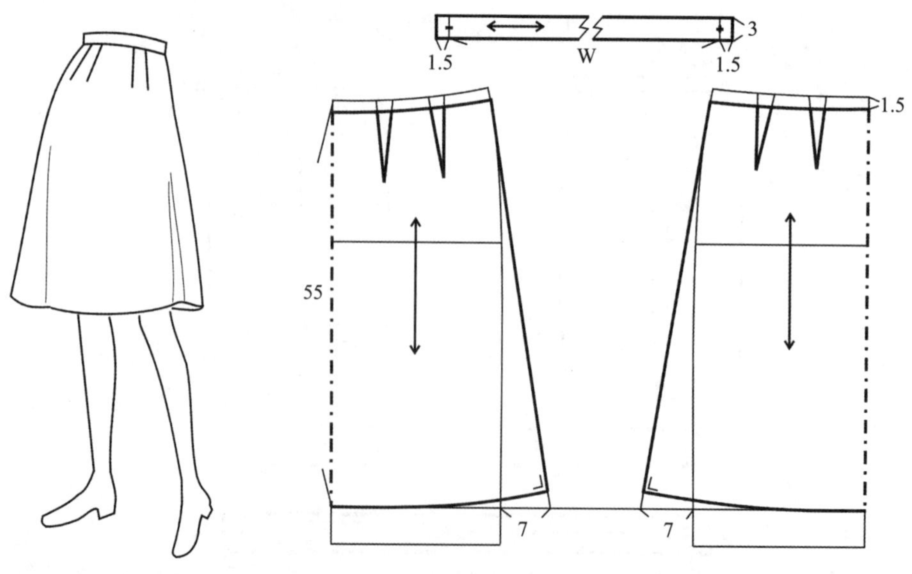

图9－11　小摆裙结构设计实例

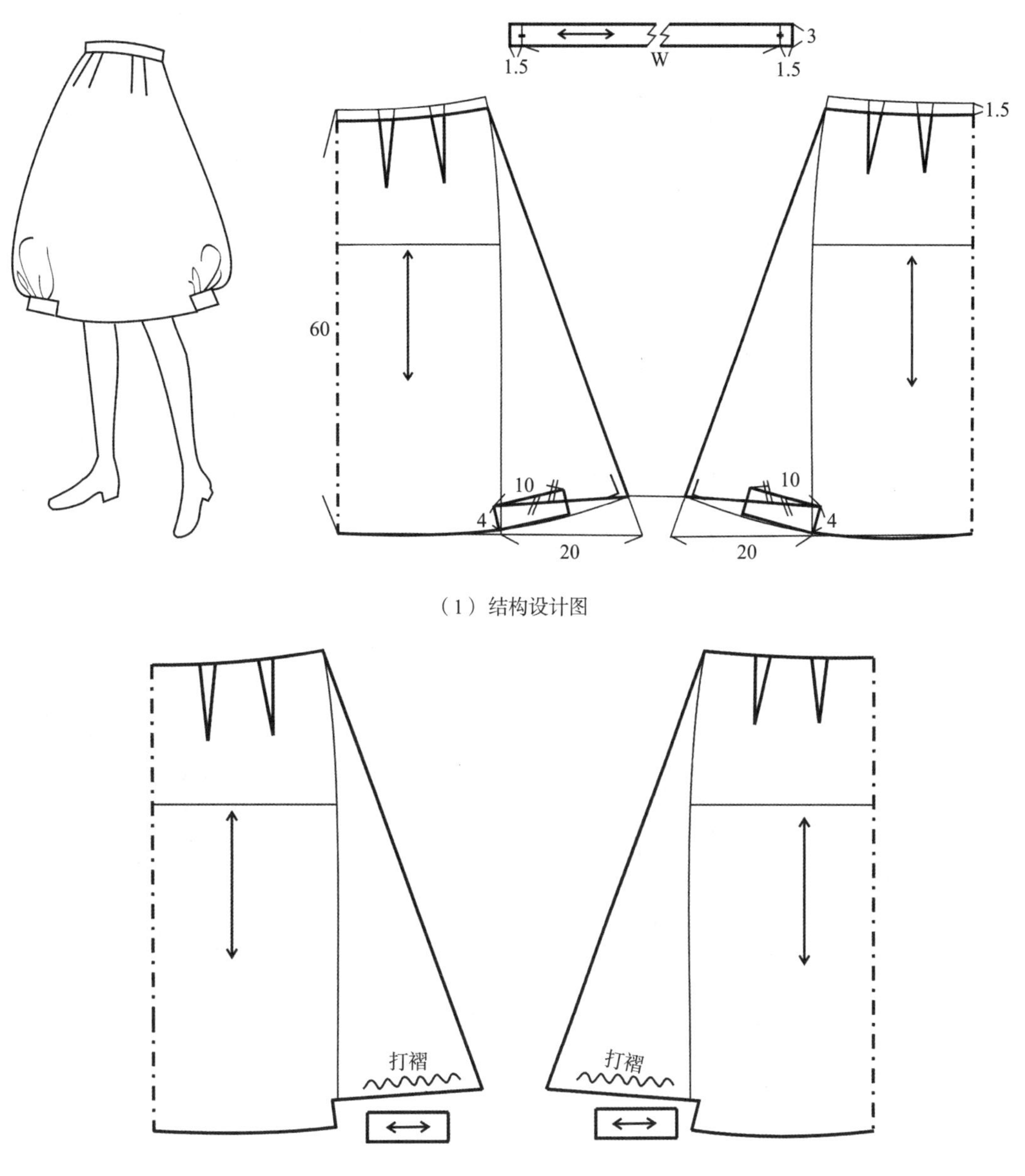

（1）结构设计图

（2）裁剪图

图 9－12 侧摆裙结构设计实例

四、A 型裙基本结构

如果面料悬垂性好，可看出 A 型裙整个裙摆有 6 个垂坠褶。A 形裙基本款式总共有 4 个省结构，裙摆足够行走，不需设置开衩。基本纸样上其余的 4 个省用转移的方法，转至裙摆，成为摆量，同时侧缝也相应向外打开。

A 型裙的结构设计应注意的是：

(1) 以前裙片为例，裙子前片基本纸样上有两个省，在处理的时候，需要将其中一个省转移至裙摆，保留另一个，并将其移至基本纸样腰线中点上。转移哪一个省较合理呢？从图 9－13 可以看出，靠近前中线的省位基本位于整个前裙片的两个三等分处，将这个省位转移至底摆，可以使裙摆更加均匀；

(2) 转移省后，为使裙摆呈现均匀垂坠的效果，侧缝也应打开一定摆量。省转移的摆量无法控制其大小，而侧缝的摆量可以控制，既可以与省转移的摆量相等，也可以根据设计要求确定，并没有特定的规定；

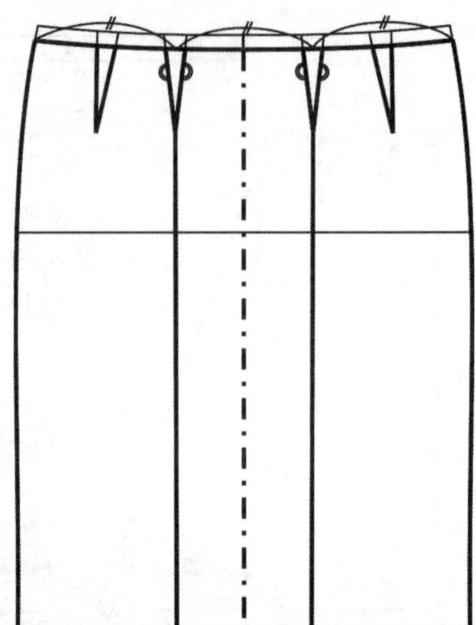

图 9－13　A 型裙如何选择转移的省

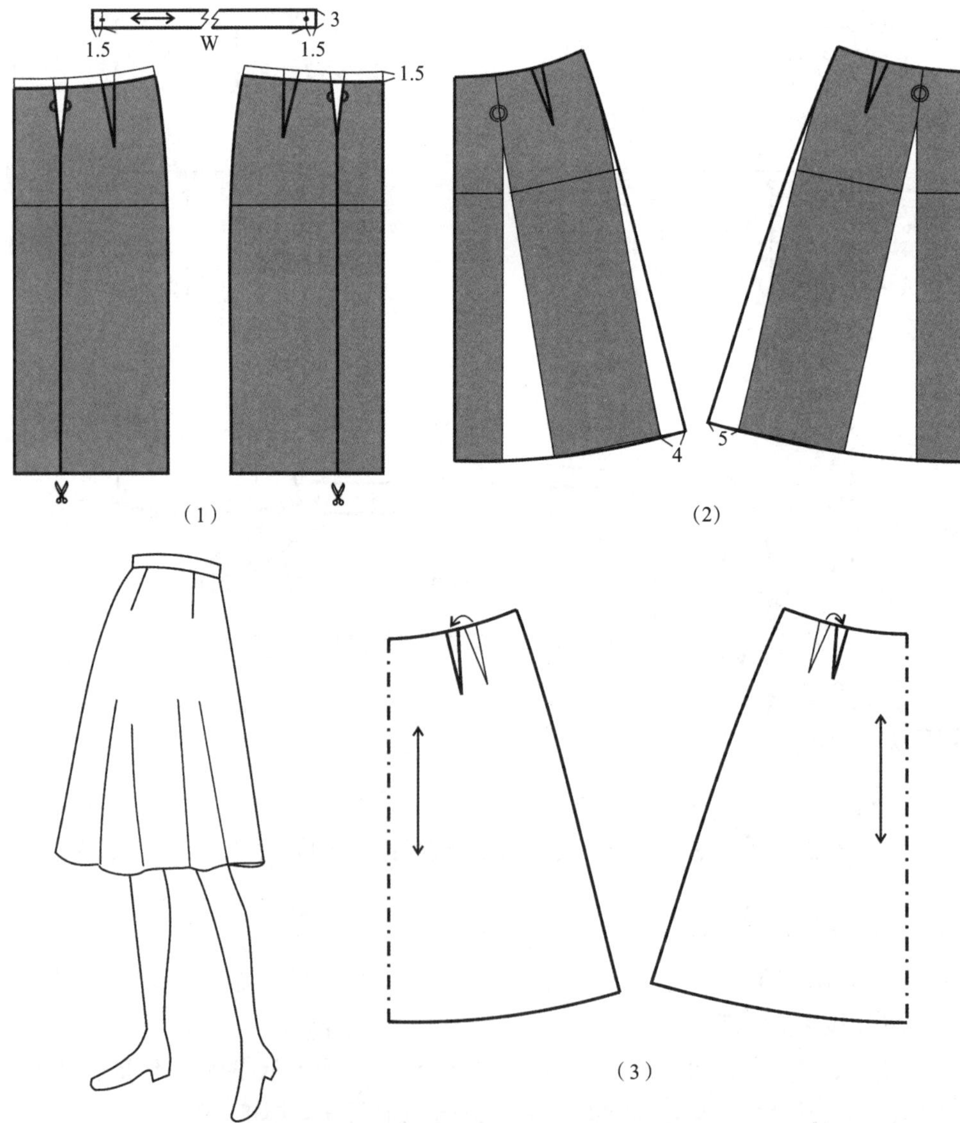

图 9－14　A 型裙结构设计方法一

(3)图 9－14 的 A 型裙结构设计方法将一个省量直接转移至裙摆，这样的处理方法使臀围增大；如果对臀围的合体度有要求，则可以使用图 9－15 的结构设计方法，先将省尖点延长至臀围线，然后转省，保持臀围尺寸不变。这两种方法由于转省中心位置不同，所以裙摆的幅度也不相同，然而 A 型裙对此并没有严格规定。通过这两种方法的学习，可以使学习者更加灵活地思考结构问题。

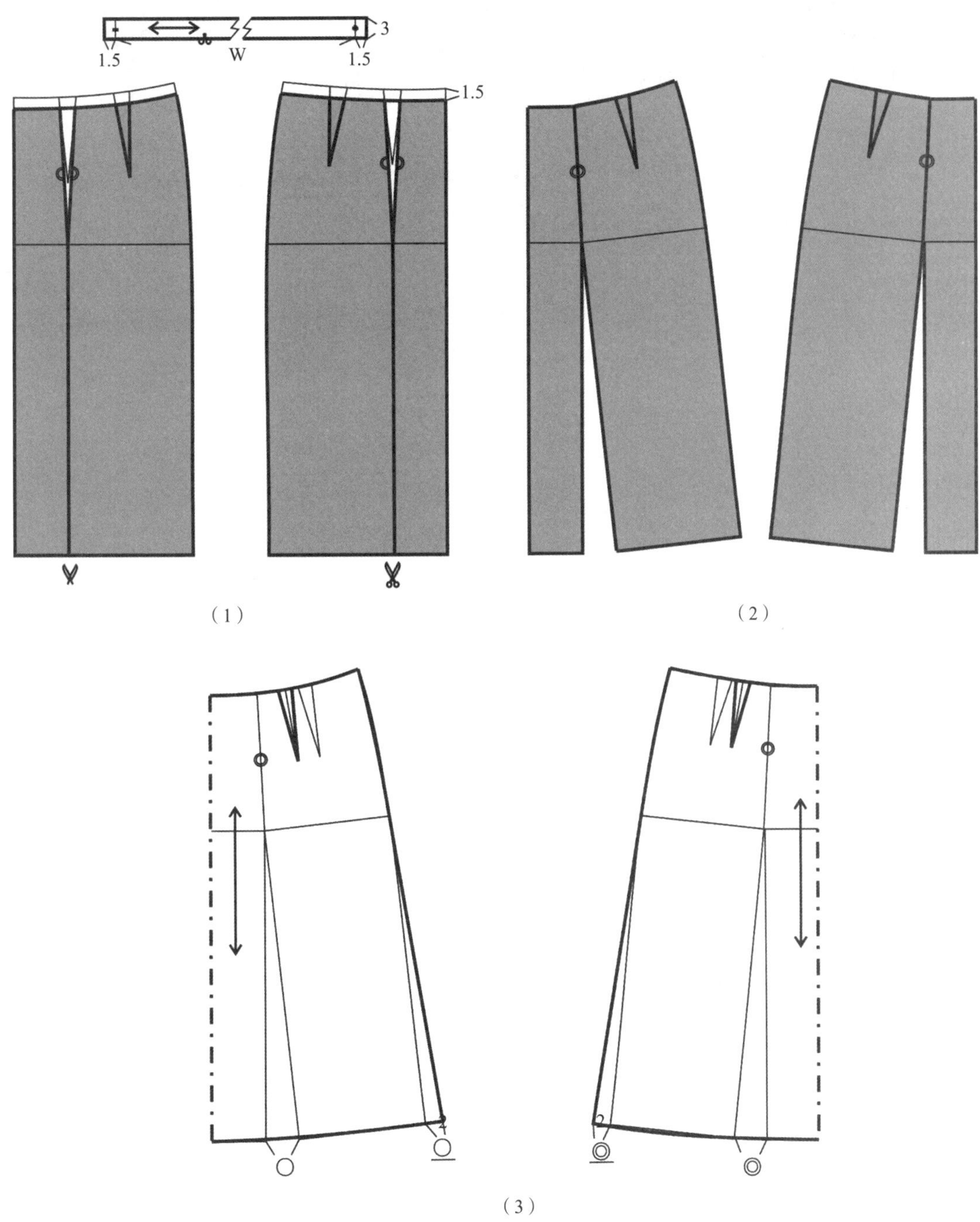

图 9－15 A 型裙结构设计方法二

五、斜裙基本结构

在 A 型裙结构的基础上进一步处理，将另一个省也转移至裙摆，就得到斜裙的纸样。同 A 型裙一样，斜裙也有两种处理方法(图 9－16、图 9－17)。斜裙没有省结构，裙摆较大，也叫作喇叭裙。

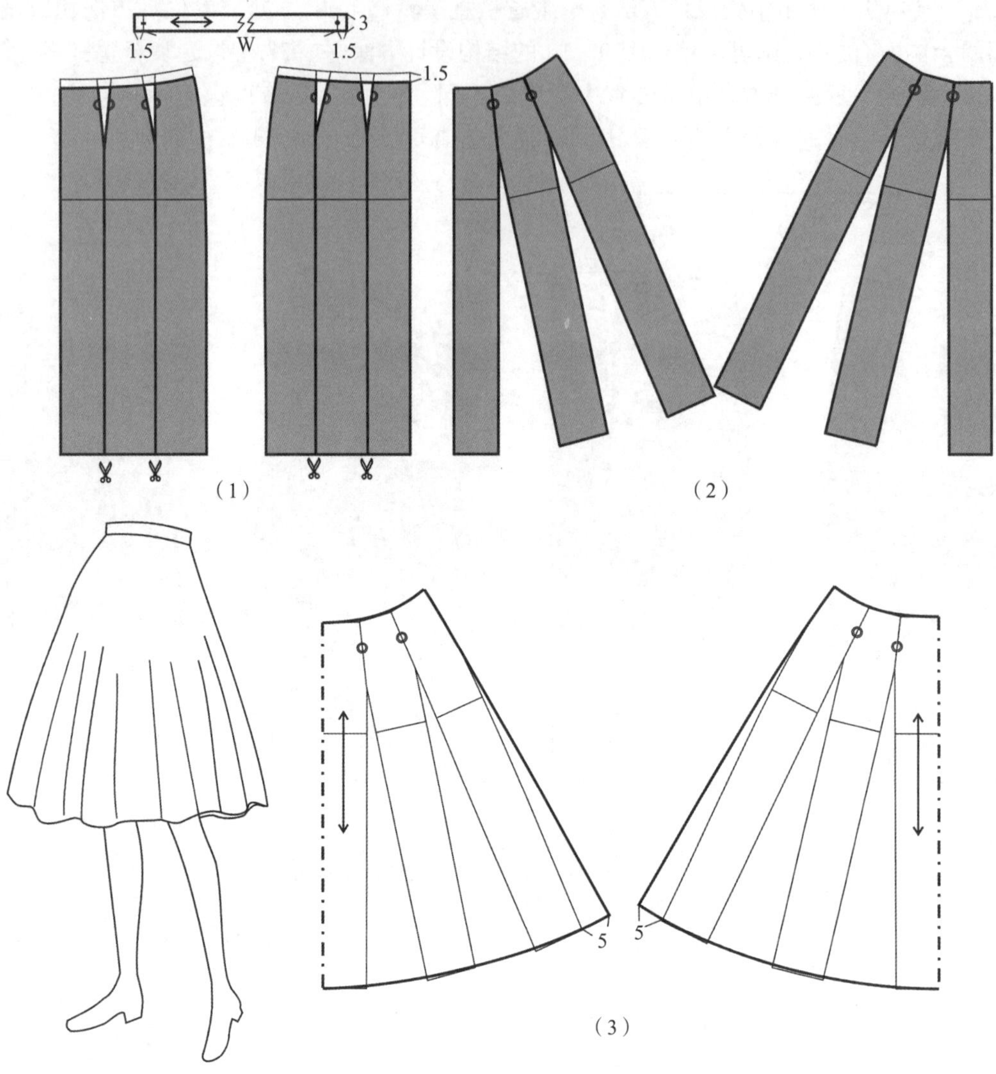

图 9-16　斜裙结构设计方法一

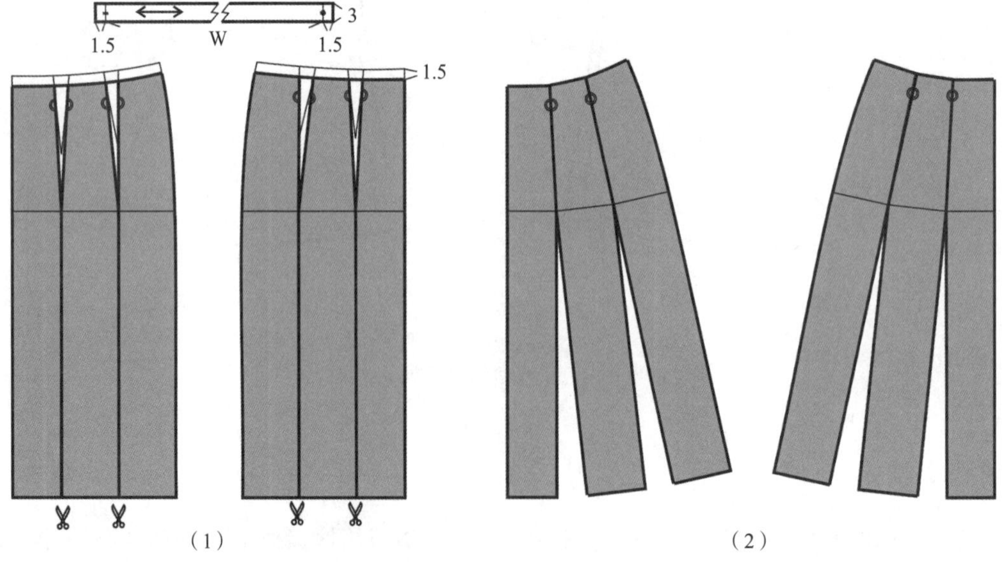

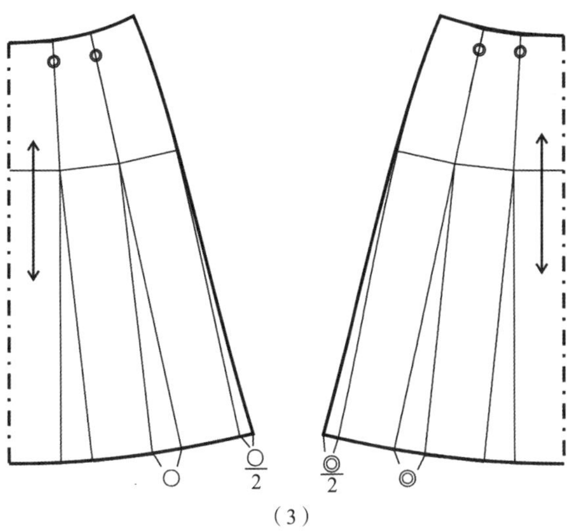

（3）

图 9－17　斜裙结构设计方法二

六、圆裙基本结构

按照裙摆幅度的大小，圆裙可分为半圆裙（裙片铺成平面是半个圆，图 9－18）、整圆裙（裙子铺成平面为一个完整的圆形，图 9－19），甚至可以嵌套成为双圆裙、三圆裙等。

圆裙的腰线形态也是圆形，周长为腰围尺寸，为了确定圆的大小和形态，就需要使用圆的周长公式"周长＝2πr"来确定作图半径。

除了裙长以外，圆裙还可以在裙摆上进行设计变化，手帕裙就是圆裙的变形（图 9－20）。

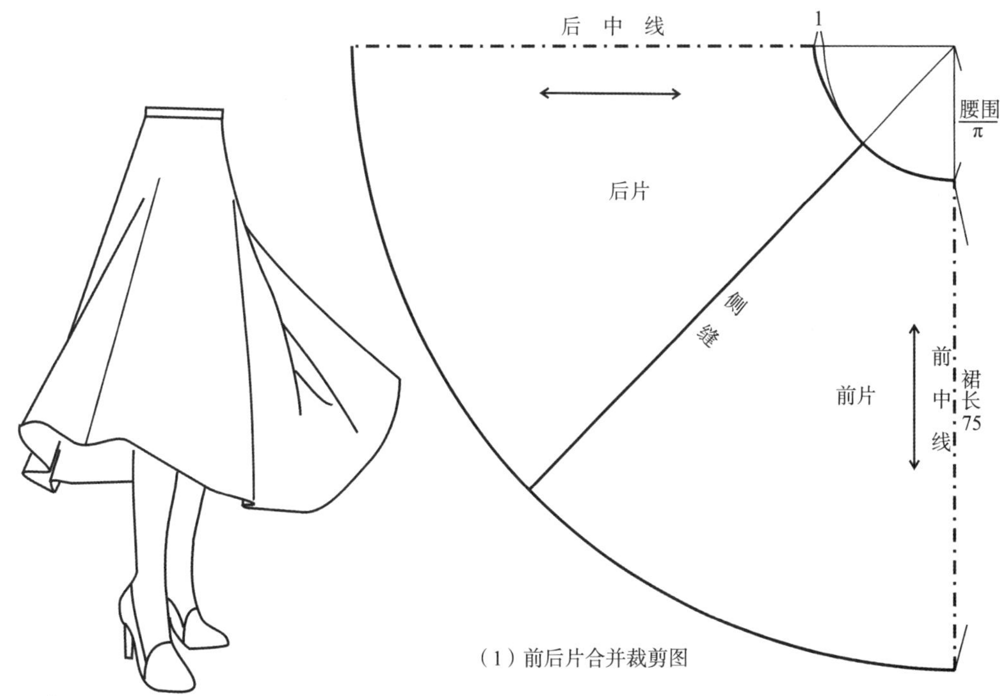

（1）前后片合并裁剪图

腰围
π
1
侧缝
后中线
后片
侧缝
腰围
π
前片
前中线
裙长
75

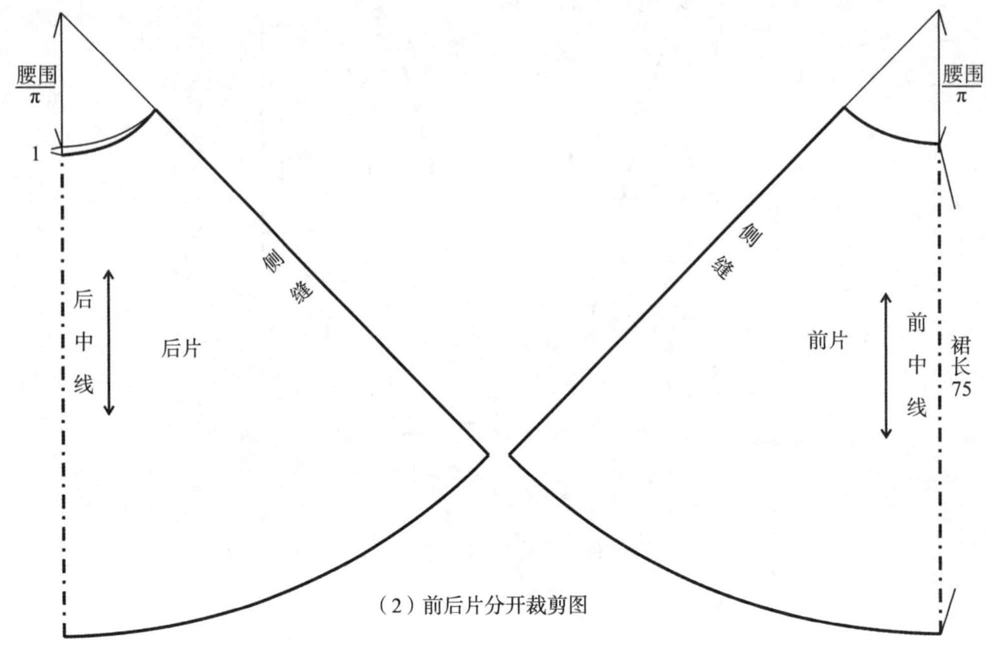

（2）前后片分开裁剪图

图 9－18　半圆裙结构设计

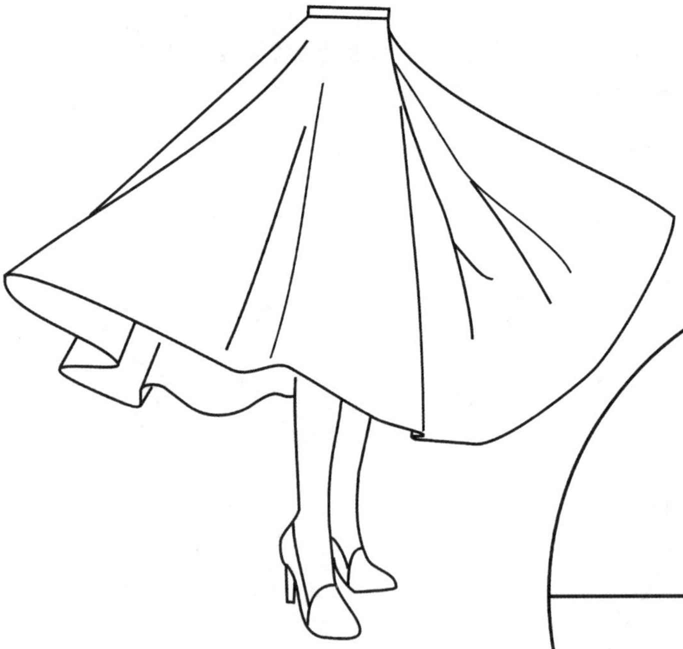

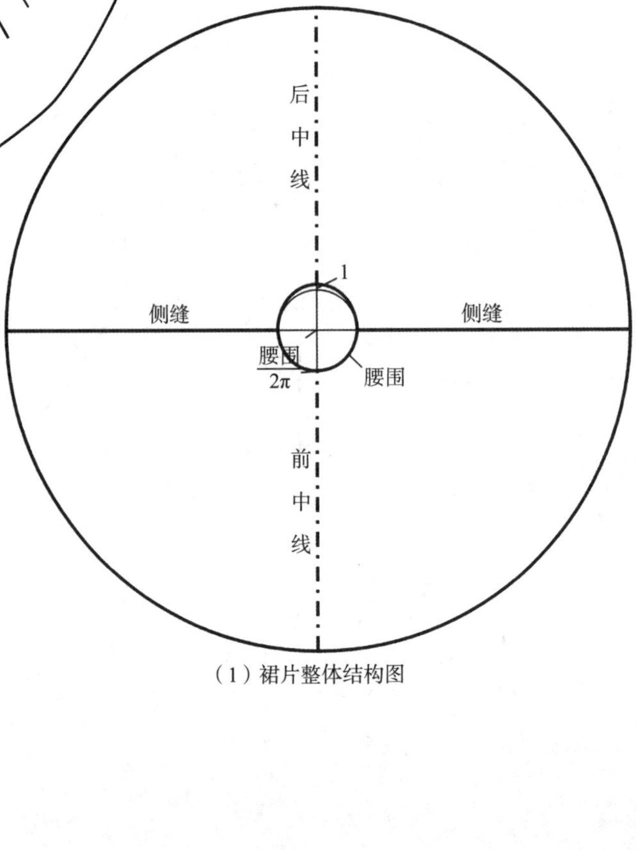

后中线
1
侧缝
侧缝
腰围
2π
腰围
前中线

（1）裙片整体结构图

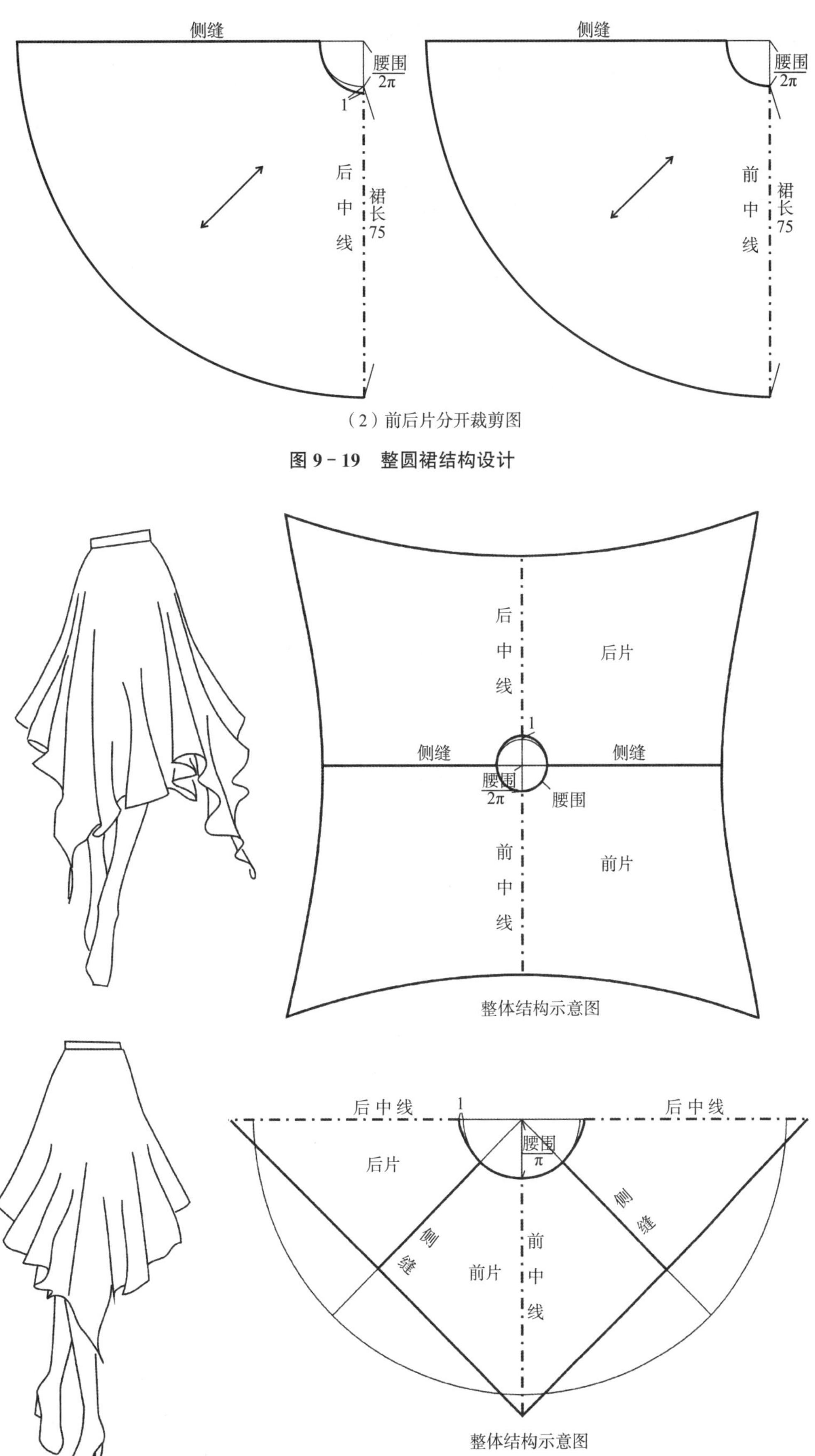

（2）前后片分开裁剪图

图 9－19　整圆裙结构设计

图 9－20　手帕裙结构设计

从以上的裙摆打开方法来看，裙子的垂坠褶效果其实不仅仅在于裙摆尺寸的大小，而更取决于裙片腰线的弯曲程度，或者说侧缝的起翘程度(图 9－21)。根据这个原理制图，可以使裙子的结构设计更加简化与随意。

经过测量，A 型裙的侧缝起翘量约为 2.2cm，半圆裙的起翘量约为 6.5cm，整圆裙的起翘量约为 11cm。

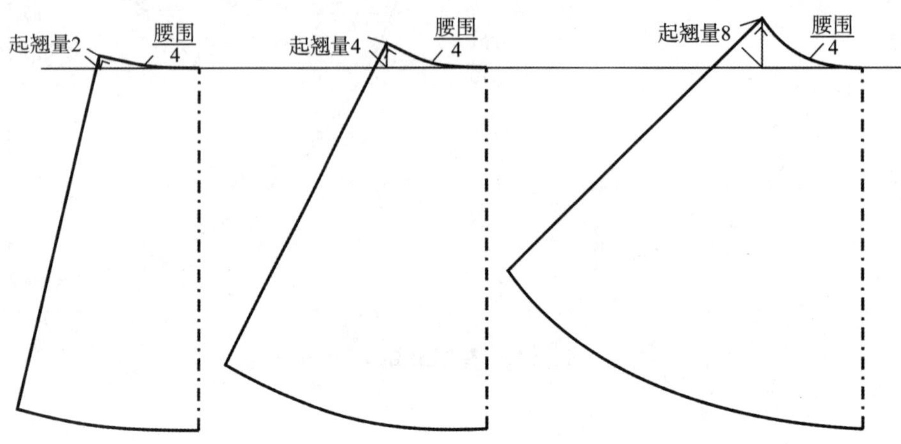

图 9－21　起翘量对裙摆的影响

第三节　裙腰结构处理

人体腰部最细的地方有 4cm 的长度围度相等，近似圆柱体，适合作为整个裙子的支撑点。中腰裙的腰围线就落在这个位置，取这个部位裁剪出腰头，因此腰头的宽度一般为 3～4cm(图 9－22)。也可以采用无腰头设计，腰围位置可取腰围线以下 1～2cm。

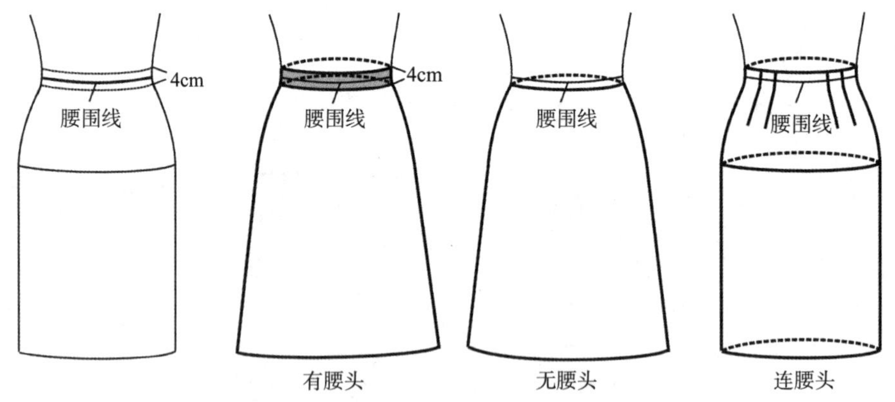

图 9－22　中腰裙的腰头处理方法

为了塑造不同的效果或调整人体视觉比例，有时会将裙子的腰围线(或称裙子的腰头)上调至上腹部、肋部，或下调至中腰围处，成为高腰裙或低腰裙。裙子腰线的形状也可设计成曲线、折线等。

一、高腰裙

高腰裙是腰头位置落在下胸围线至腰围线以上 2cm 的裙子。高腰裙结构设计的难点在于如何获得裙子的支撑点。中腰裙以最细的腰围处为支撑点，而高腰裙的腰头大于腰围，要保持高腰腰头不下滑，必须使裙子在腰围与臀围处非常贴体，以撑住裙子造型。这就限制了高腰裙的腰臀部造型，因此常见的高腰裙往往有合体的腰省结构(图 9－22)，而少见 A 型造型。

如果想设计喇叭裙型的高腰裙，一般来说都采用连衣裙的形式，或采用很宽的腰头来提高腰线位置，如图 9－23 所示。

高腰裙的合体腰省形状为楔形，这是人体的 S 形体态造成的。如何确定楔形省上口的省量，是高腰裙结构设计的难点之一。合理的方法是先确定胸点位置，以胸点为上方省尖点，画出完整的省形，再根据高腰位置进行截取。这样不涉及楔形省上口省量的具体尺寸，也更加科学有效(图 9－24)。

图 9－23　高腰裙合体腰省结构

图 9－24　喇叭形高腰裙的腰头处理

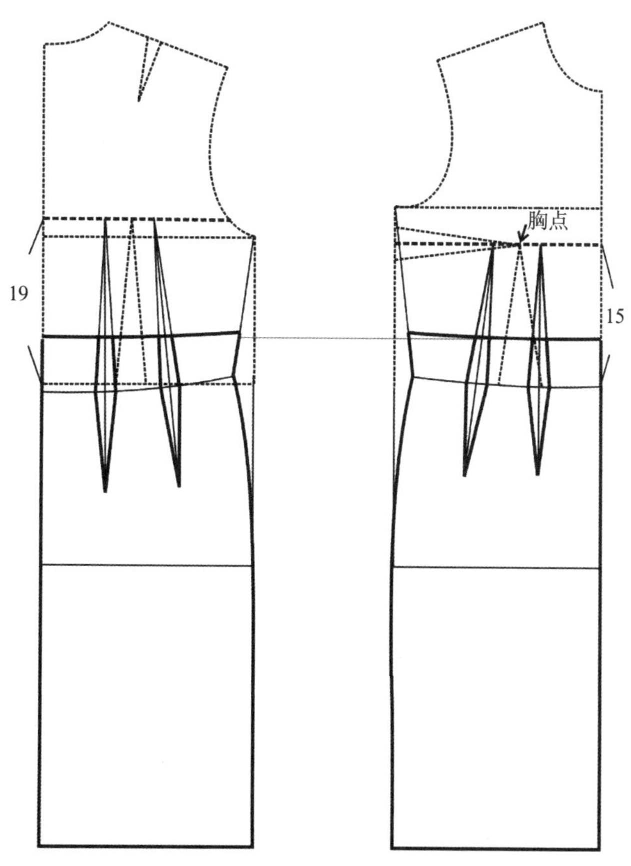

图 9－25　高腰裙楔形省的确定方法

经制图测量，胸点与腰线的间距为15cm，后背省尖点距腰线19cm。在实际制图时，可直接使用这一尺寸，确定楔形省的省尖点(图9-25、图9-26)。

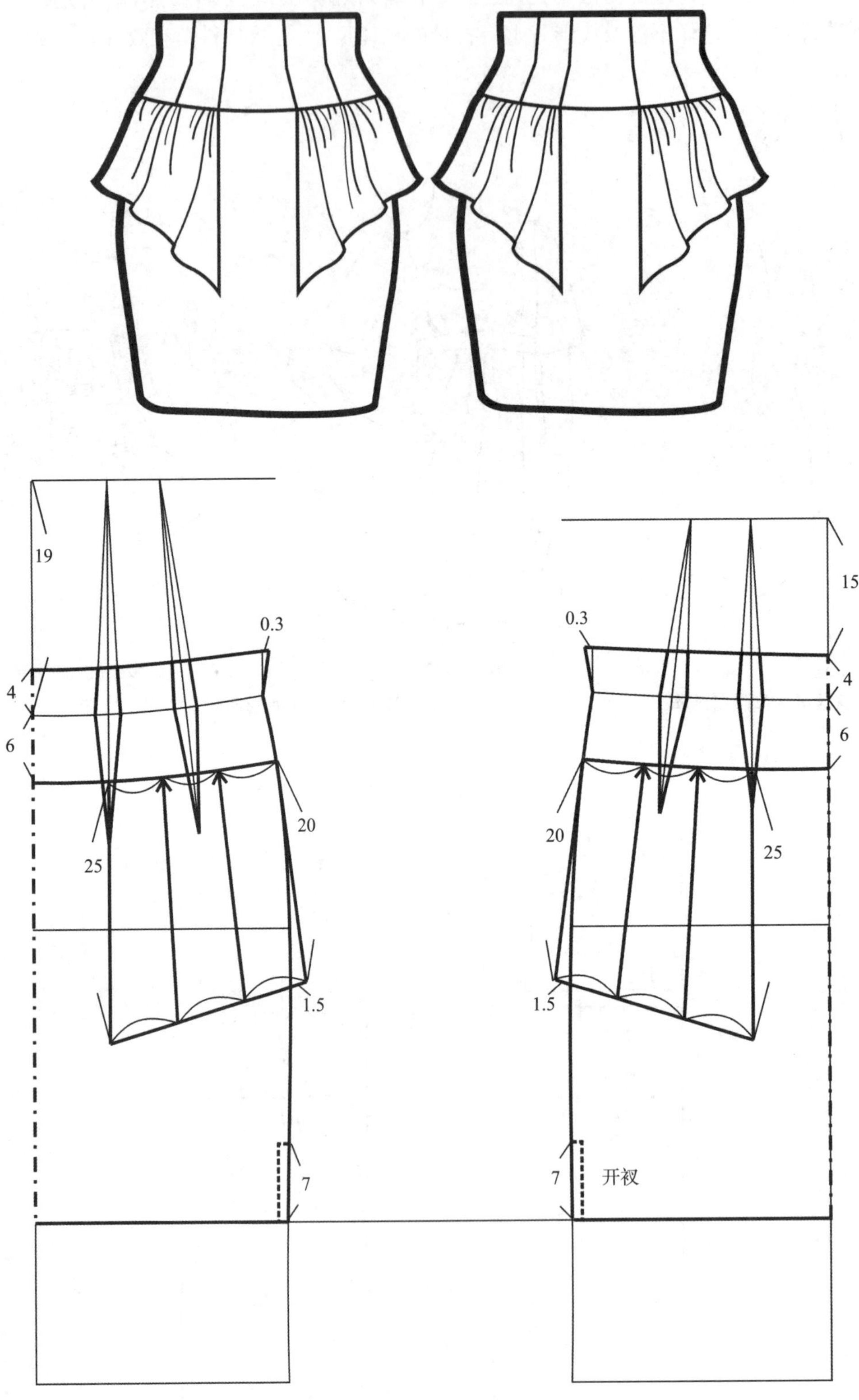

（1）结构图

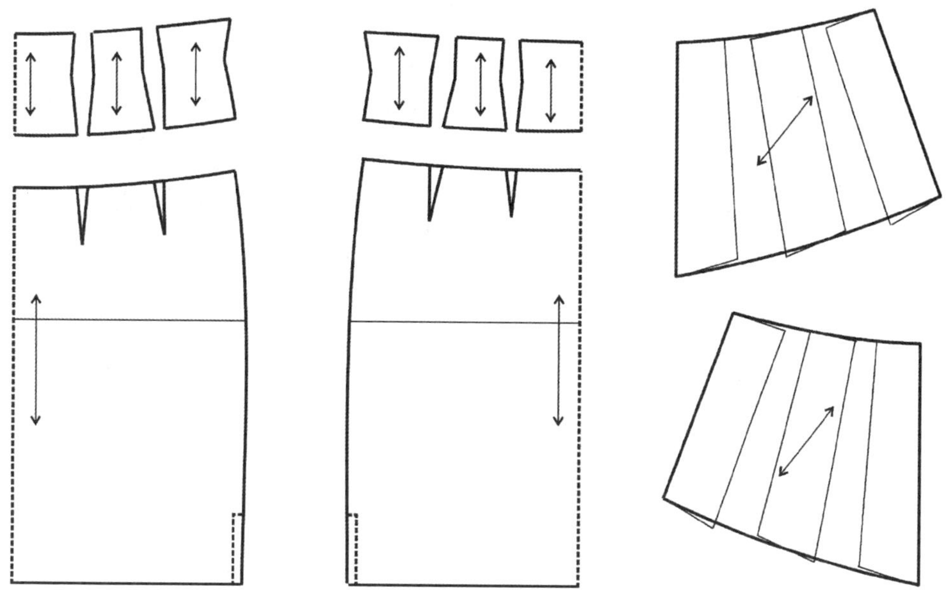

（2）裁剪图

图 9－26　高腰裙结构设计实例

二、低腰裙

低腰裙轻松舒适，腰头落在从腰围到臀围的坡度上，支撑部位稳定。低腰裙的腰线一般在正常腰线

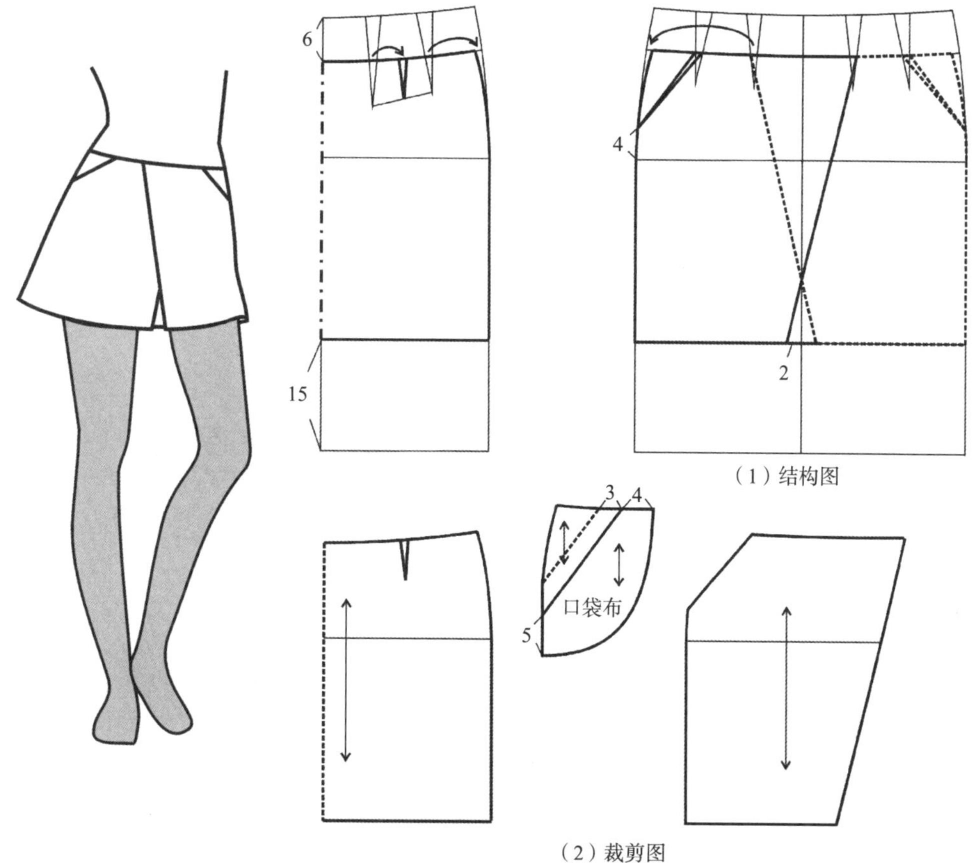

（2）裁剪图

图 9－27　低腰裙实例

下 4～6cm，可直接在基本纸样上根据设计的腰线位置截取。超过 8cm 的低腰裙接近中腰围至臀围的部位，该部位坡度小，围度近似，不容易寻找支撑点，因此需要特别注意腰头卡紧的问题。

有腰头的低腰裙还要特别注意腰头的画法。与中腰裙不同，低腰裙的腰头的形状应该为扇形，在制图时必须考虑腰省的处理。

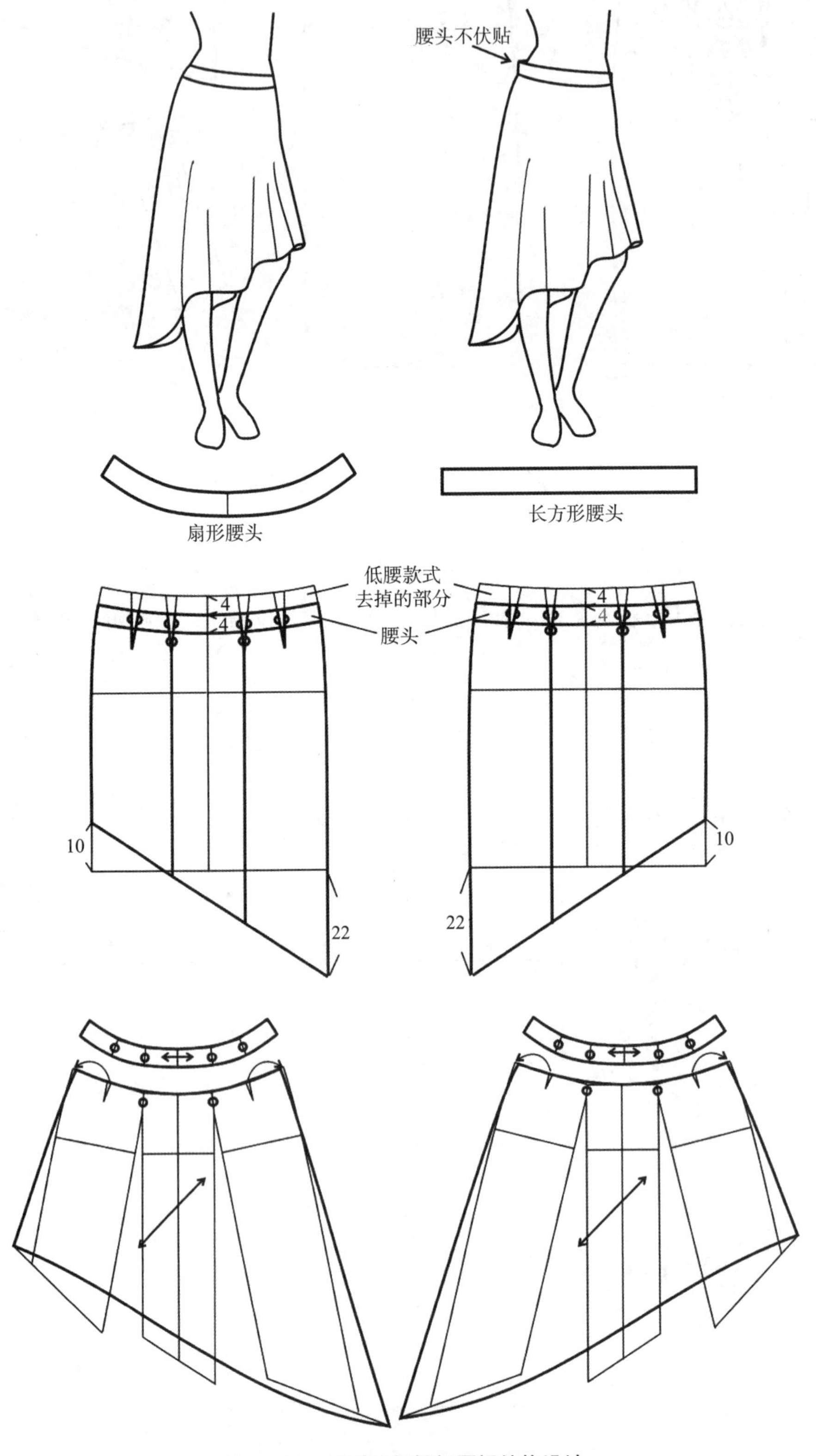

图 9-28　不对称裙摆低腰裙结构设计

从图 9－27、图 9－28 看出，低腰裙有一个非常好的特点：由于腰线位置低，腰省的长度相应缩短，省量也减小了。基本纸样上每一个省量约为 2.2cm，低腰 4cm 使每个省量减小为约 1.6cm，低腰 8cm 使每个省量减小为 0.5cm。由于这些省量较小，很容易将其平移合并到侧缝或其他部位，因此低腰裙往往可以处理成无省结构。牛仔裙等硬质面料不适宜收省，也常使用低腰结构。

第四节　分割线和褶皱在裙子结构上的应用

分割线与褶皱是省的变形，是结构设计的重要手法。两者在裙子的结构设计中综合应用，使裙子出现千变万化的款式。

一、褶裙

1. 自然褶裙（图 9－29）

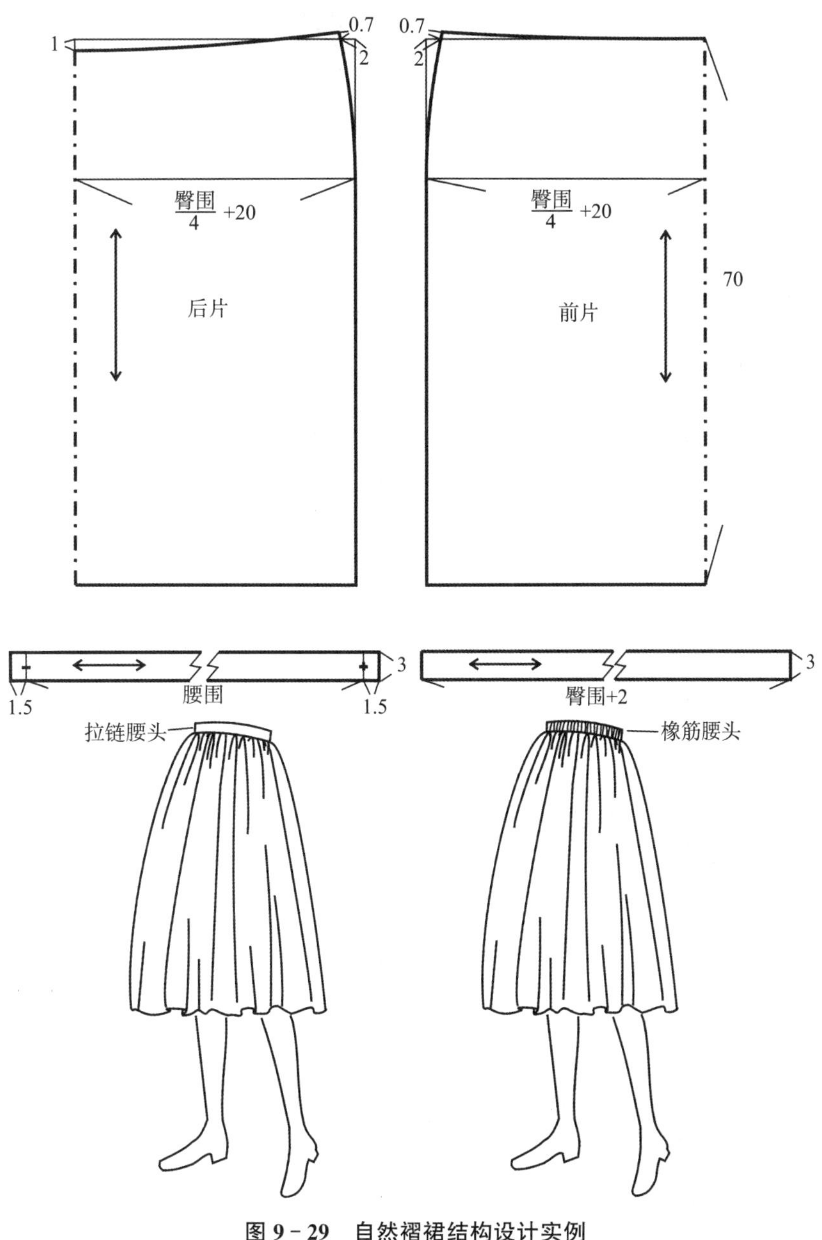

图 9－29　自然褶裙结构设计实例

自然褶裙是结构最简单的一种裙子款式。因为裙子覆盖的人体近似为圆柱体，因此用长方形的面料直接裁剪，再将多余的面料用打褶的方式处理。也可以认为是使用加褶的方法，将基本纸样剪开，加入打褶量(图 9－30)。

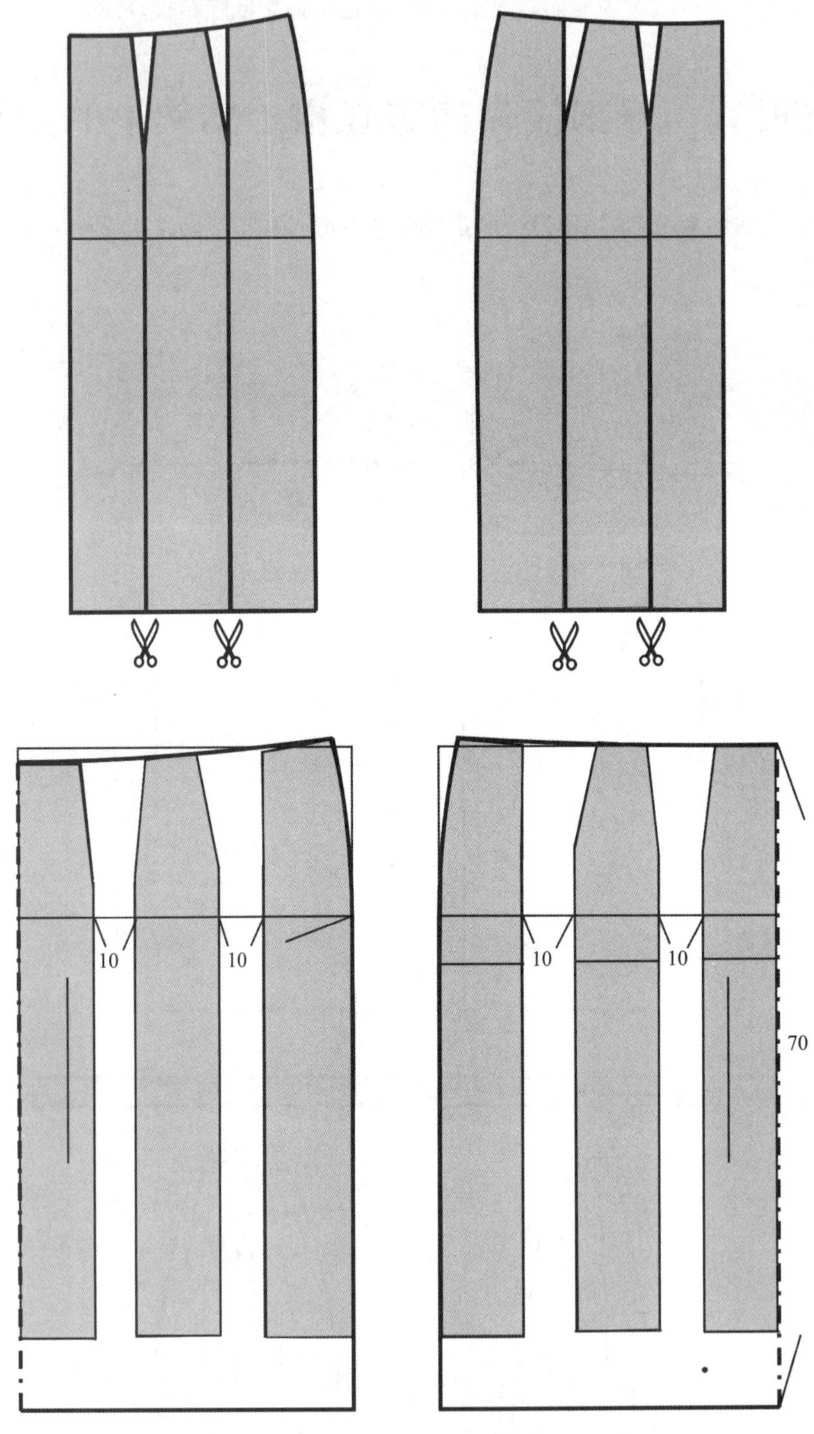

图 9－30　用加褶的方法进行自然褶裙结构设计

同样的纸样，打褶的时候部位不同，款式也不相同。图 9－31 的款式在同样的纸样基础上做了不同的缝合设计。

图 9－31　自然褶裙变款

2. 规则褶裙

倒褶、排褶、工字褶等规则褶的应用使裙子显示出秩序感，风格严肃、正式（图 9－32）。

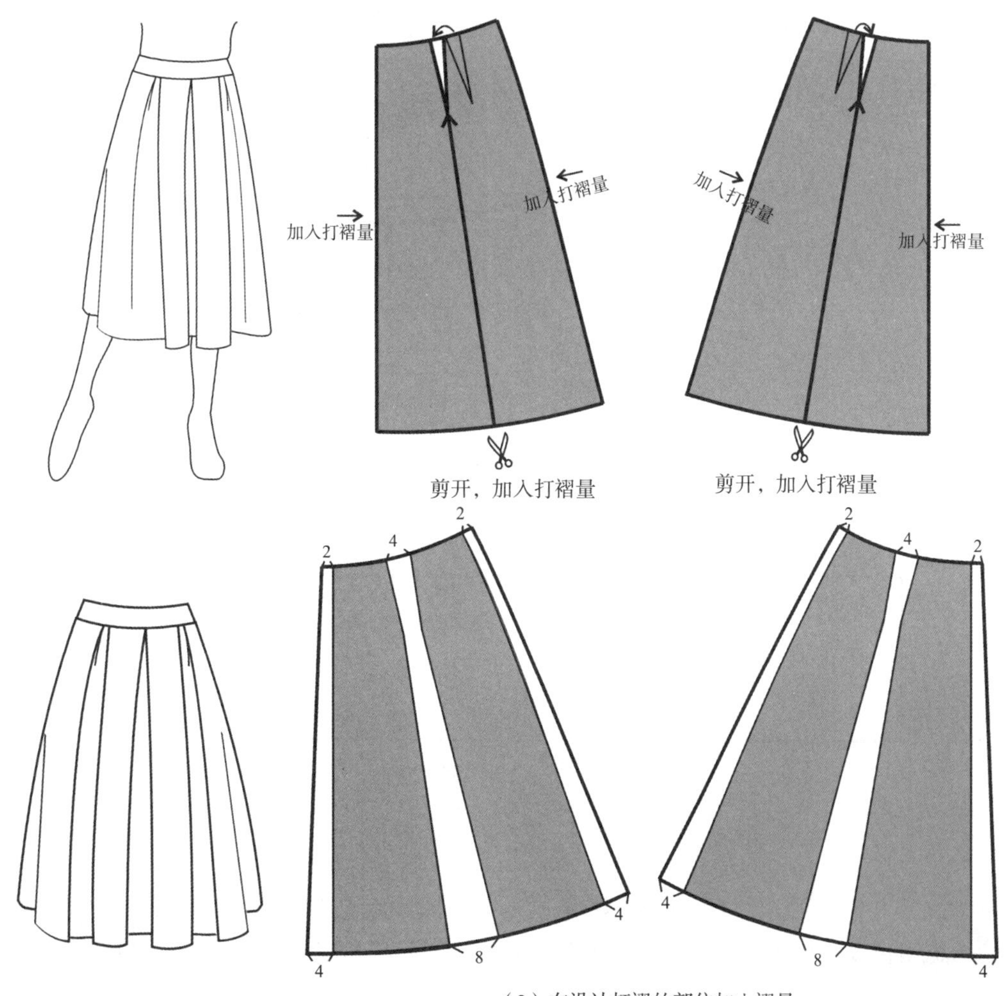

（2）在设计打褶的部位加入褶量

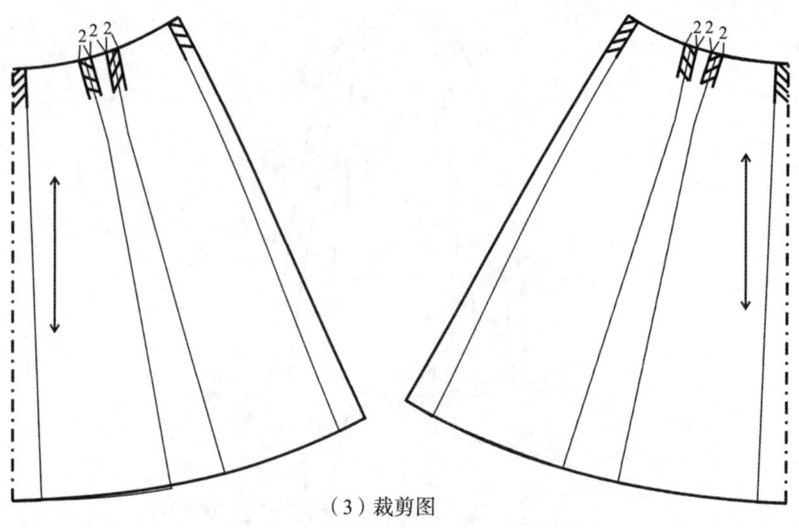

（3）裁剪图

图 9－32　规则褶裙结构设计实例

3. 节裙

节裙又叫蛋糕裙，裙长可长可短，节数可多可少。决定其外观效果的主要是碎褶的多少与分割线之间间距形成的比例，图 9－33 的分割线间距形成一定的节奏变化规律，设计者也可根据设计意图自己设定。

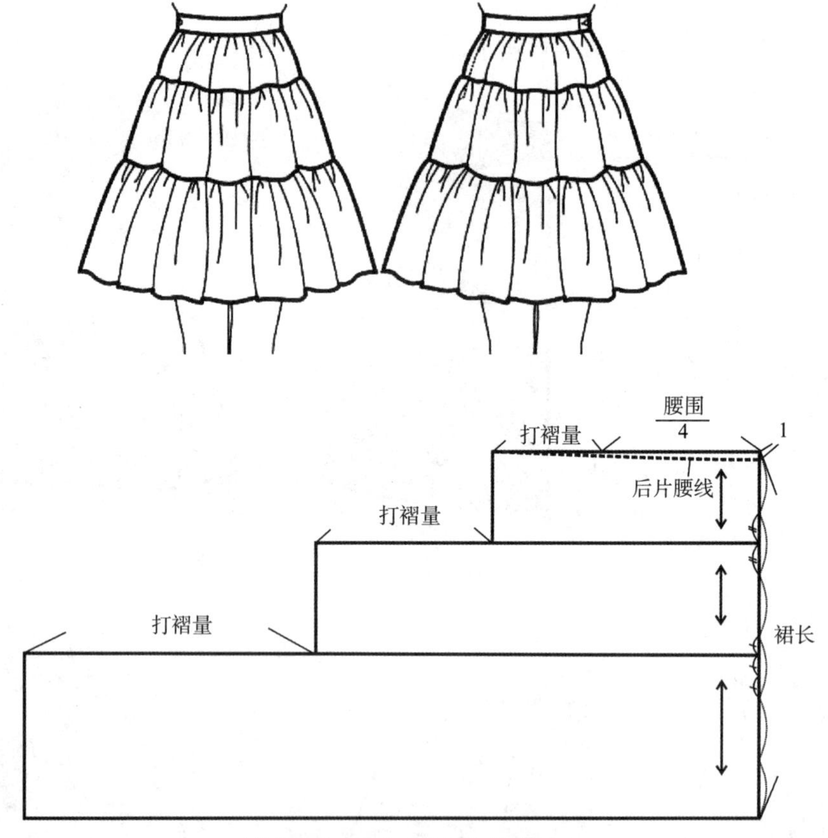

（除腰线处，后片裁剪与前片相同）

图 9－33　节裙结构设计示例

打褶量的大小与预想的设计效果、面料薄厚有关。面料种类繁多，最普遍适用的方法是先用选好的面料做一个缝合和测量试验：用手针将面料抽褶，测量抽褶前后的面料长度 A 与 A′，打褶量比例＝(A－A′)/A′（图 9－34）。

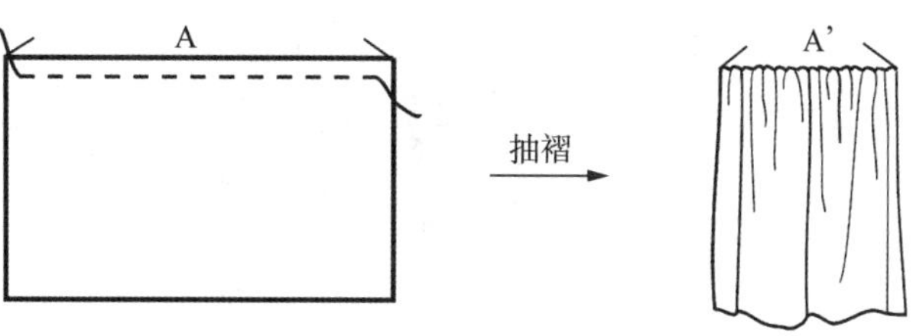

图 9－34　褶量的确定方法

二、多片裙

多片裙采用将裙子的腰省并入纵向分割线，或平移至侧缝等部位的方法，在围度方向上，多片裙被分割成相等的几份；在长度方向上，由于有纵向分割线的视觉引导，显得修长、端庄、典雅。

根据裙子被分割的片数，可分为四片裙、六片裙、八片裙等。纵向分割线不仅起到包纳省的作用，还可以打开裙摆，实现 A 型裙、斜裙等效果。

多片裙结构设计的焦点在于如何处理基本纸样前后片上分别收的两个省。四片裙的结构特点是腰线上无省，前、后中心线设分割线。将其中一个省转移到裙摆上（方法与 A 型裙一样），另一个省分成两份，一份平移至侧缝，另一份平移至前后中线（图 9－35）。

图 9－35　四片裙的结构设计

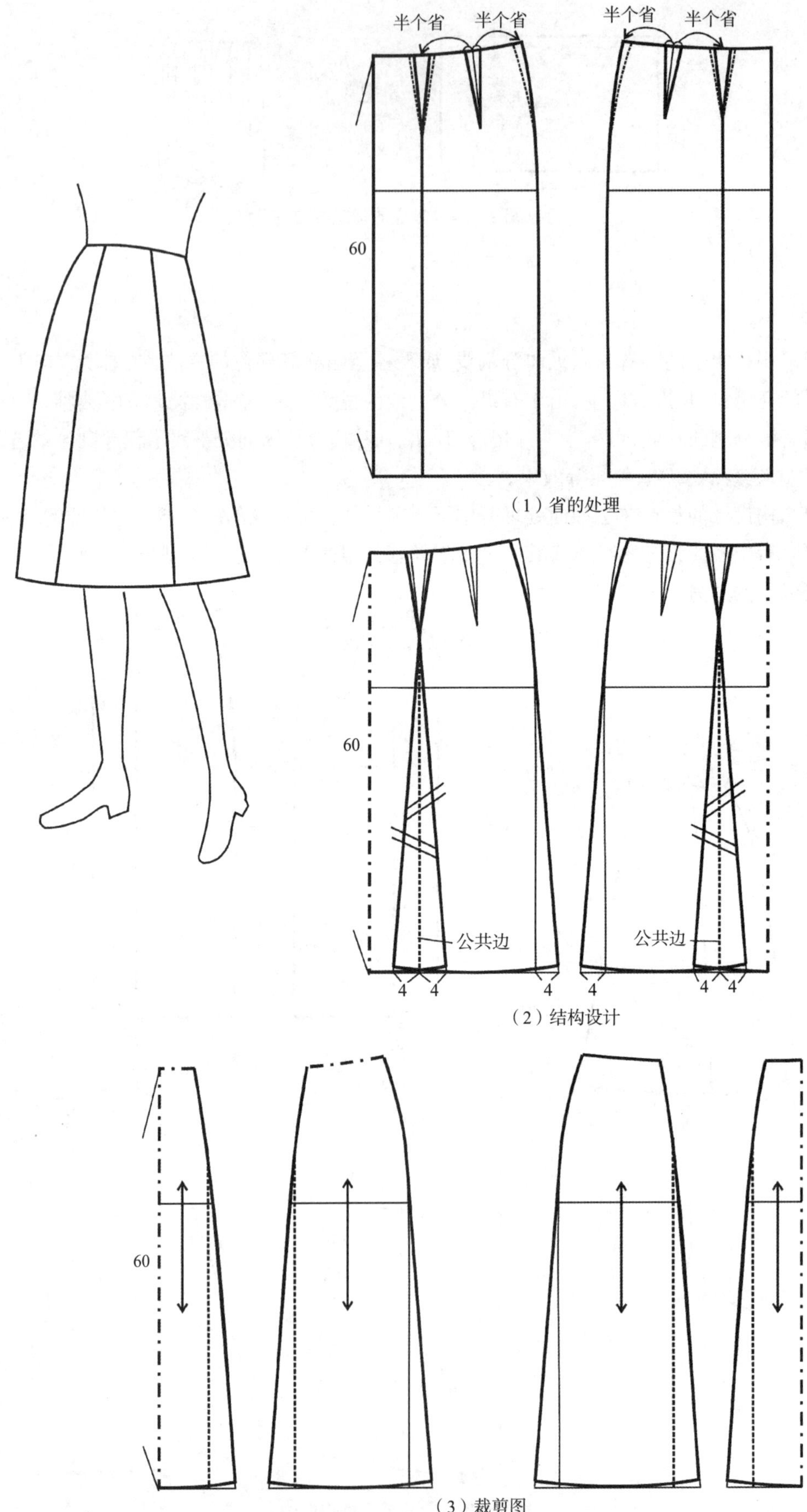

图 9－36　六片裙的结构设计

六片裙的结构特点是腰线上无省，前、后片各三等分的位置上有纵向分割线。结构处理方法是：将裙子基本纸样其中一个省向下剪开成为分割线，并在分割线上打开裙摆；另一个省分成两份，一份平移至侧缝，另一份平移至分割线里，使分割线包含的省量增大(图 9－36)。

在四片裙、六片裙的基础上，还可以进行延伸设计，如图 9－37、图 9－38 所示。

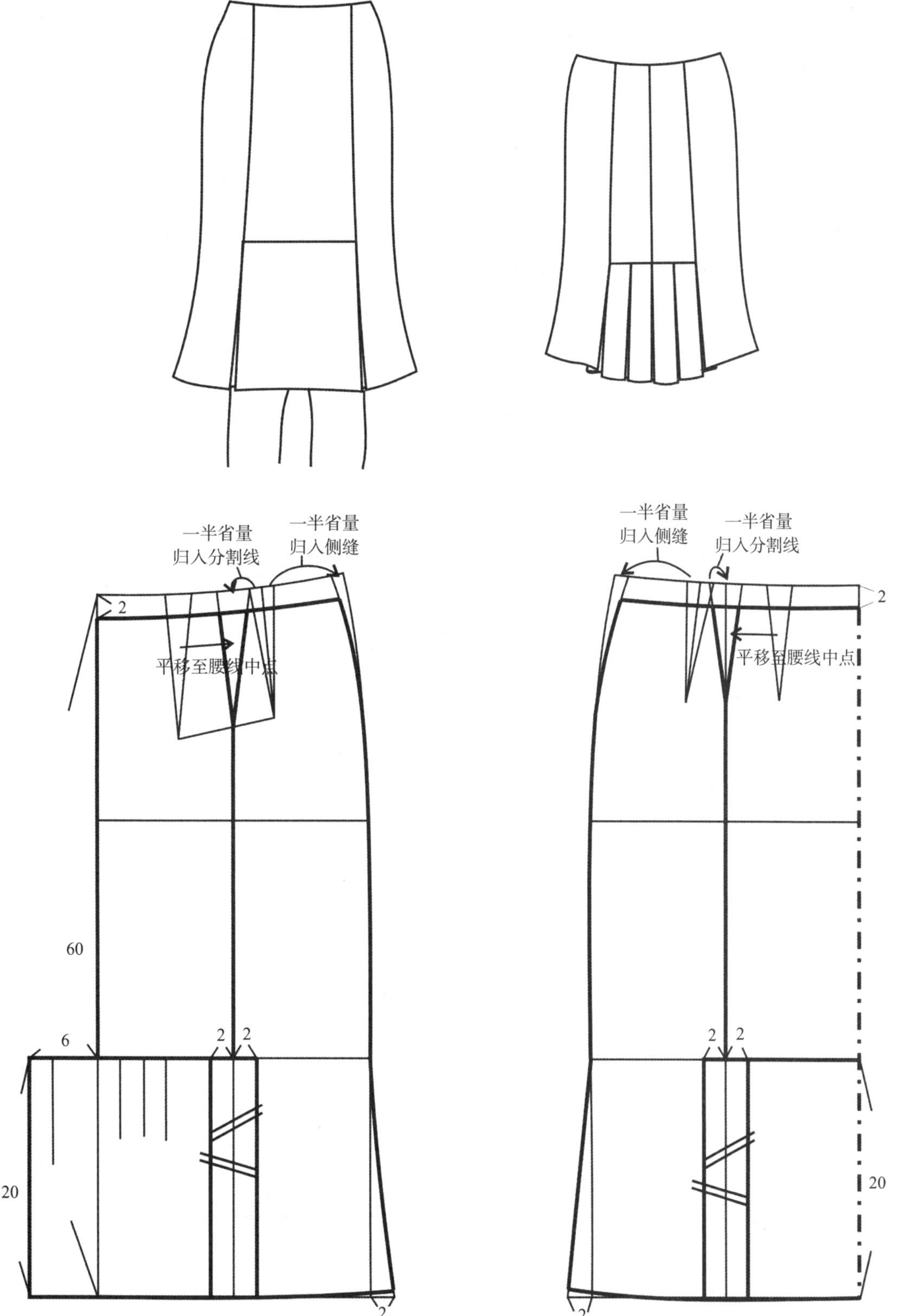

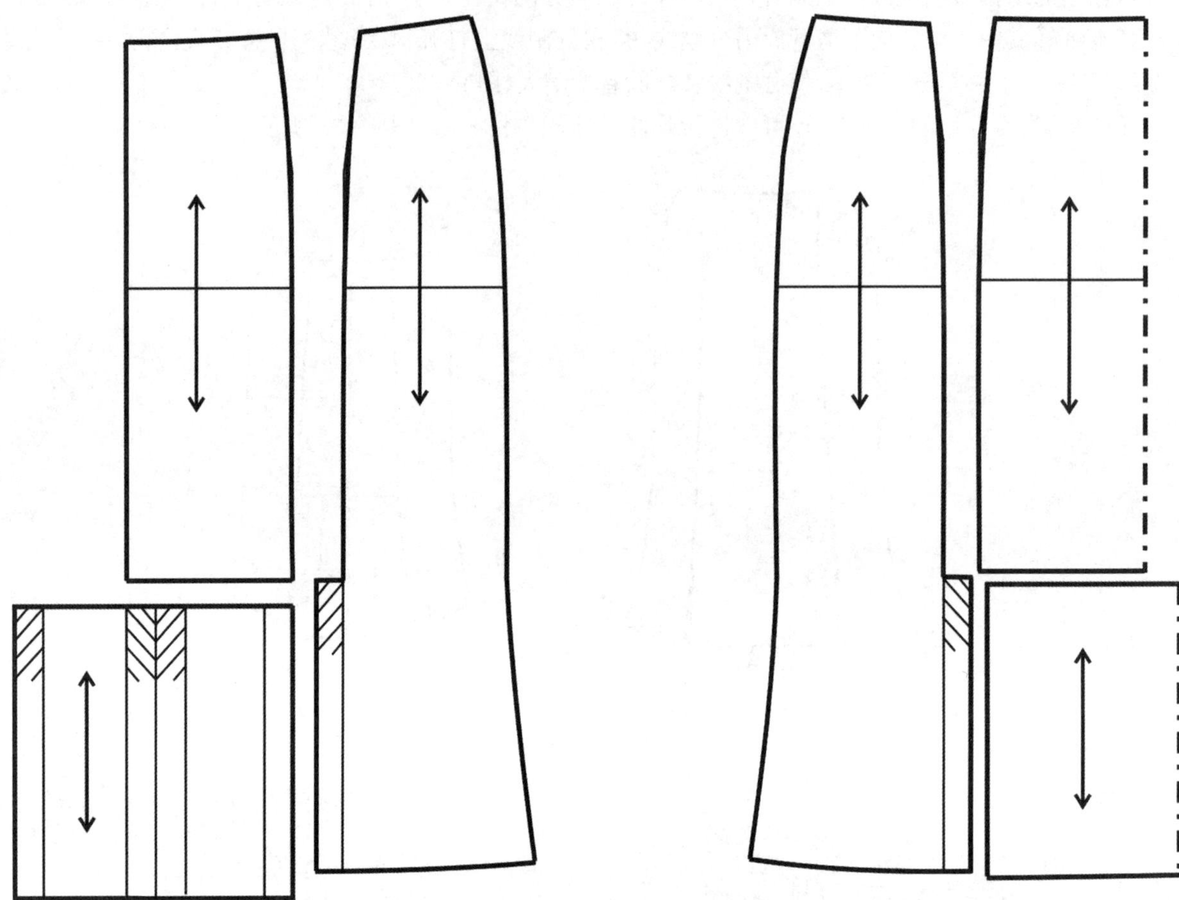

图 9－37　六片裙的款式变化

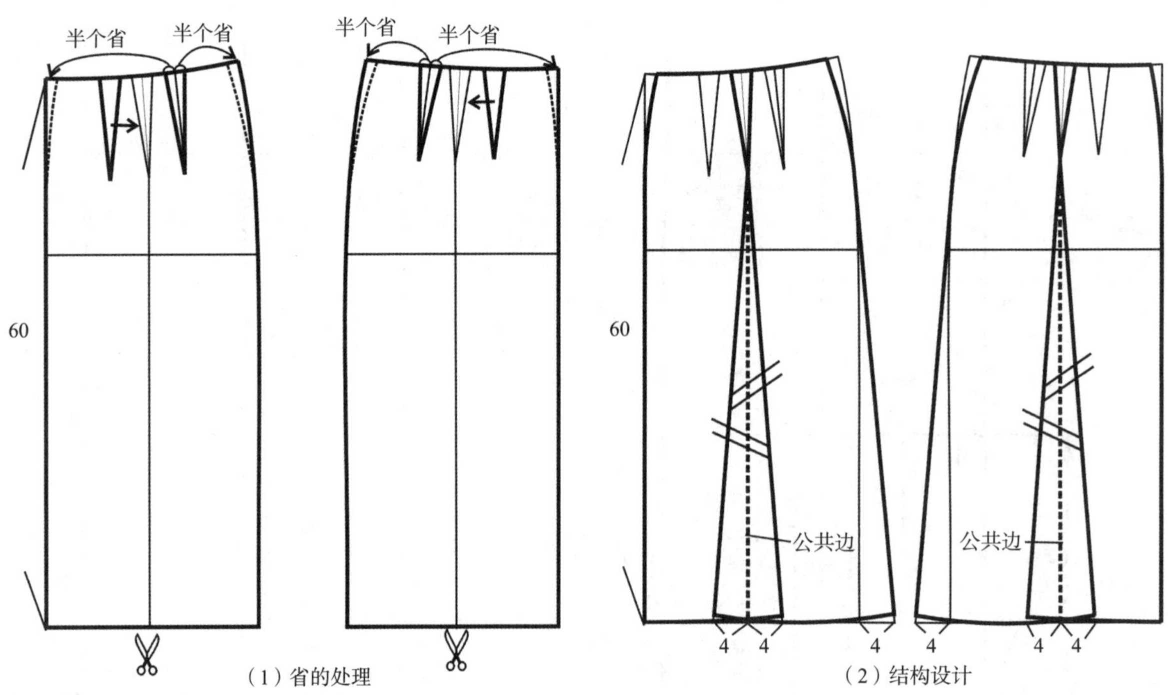

（1）省的处理　　　　（2）结构设计

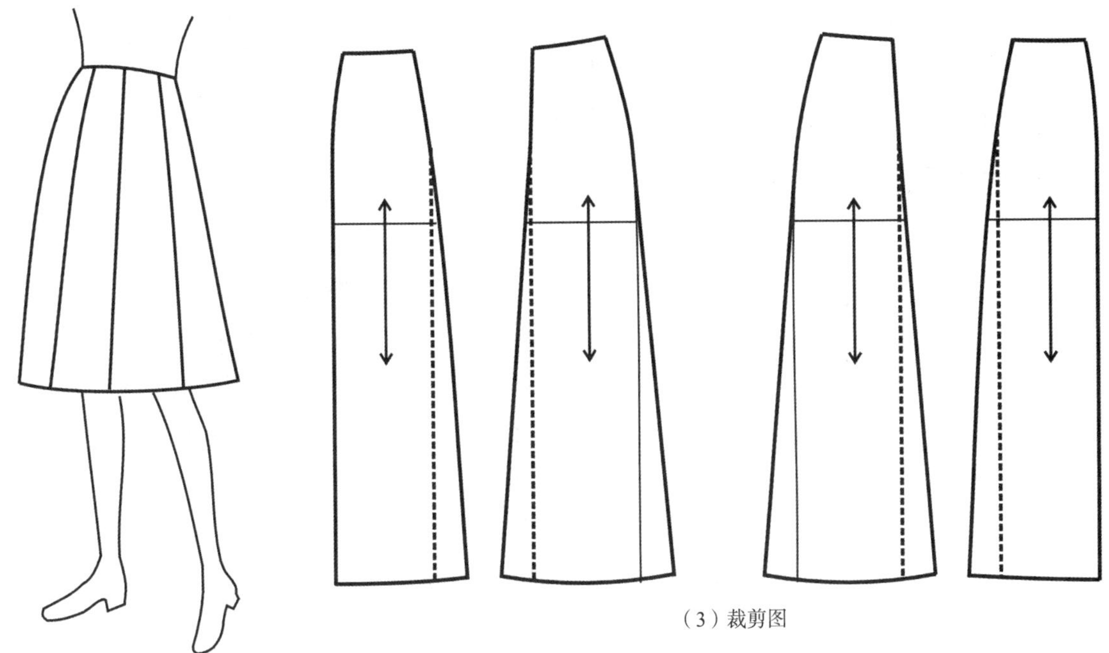

（3）裁剪图

图 9－38　八片裙的结构设计

三、育克裙

育克裙是使用横向分割线将腰省合并的裙型。育克结构将裙子分成两部分，一部分是从腰线到中腰围的育克，这部分常做横向运动，在坐下、蹲下等运动时，腰围、腹围变大，对服装施加的力是横向的，因此育克的横向使用强度更大的面料经向进行裁剪，而纵向使用面料纬向，亦称"横裁"。裙子另一部分是裙身，裙身已与腰省部分分割开，变成了不包含任何结构的平面裁剪，可以采用加褶、装饰性分割线等手段进行结构设计，款式变化丰富。

经过前后片腰省的省尖，分别画一条分割线，注意在侧缝部位分割线应对齐。将分割线与省全部剪开，省合并后，形成育克结构。

根据款式量取相应的裙长，本例为裙长 50cm 的育克筒裙，需要开衩，可在侧缝设置开衩(图 9－39)。

其他实例见图 9－40～图 9－42。

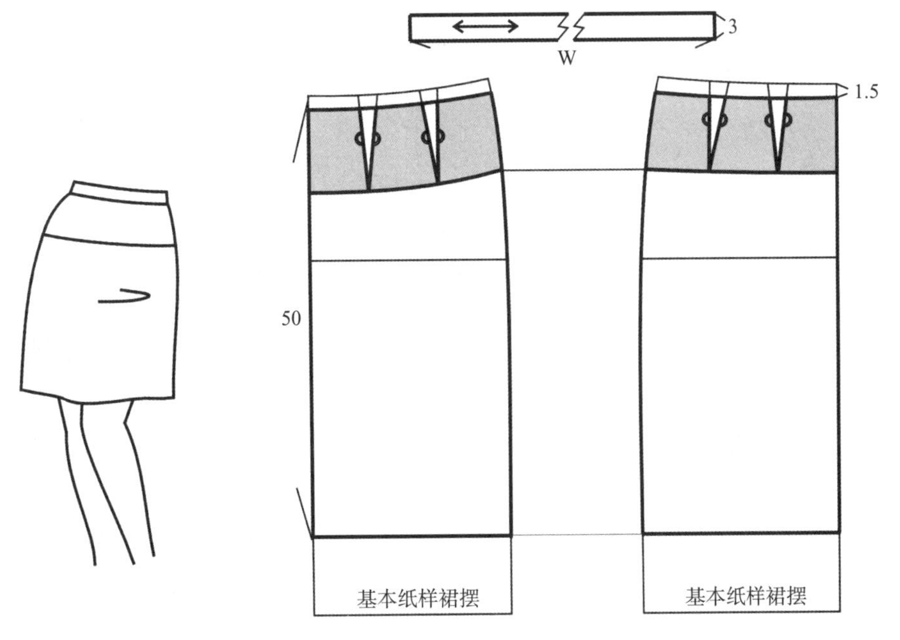

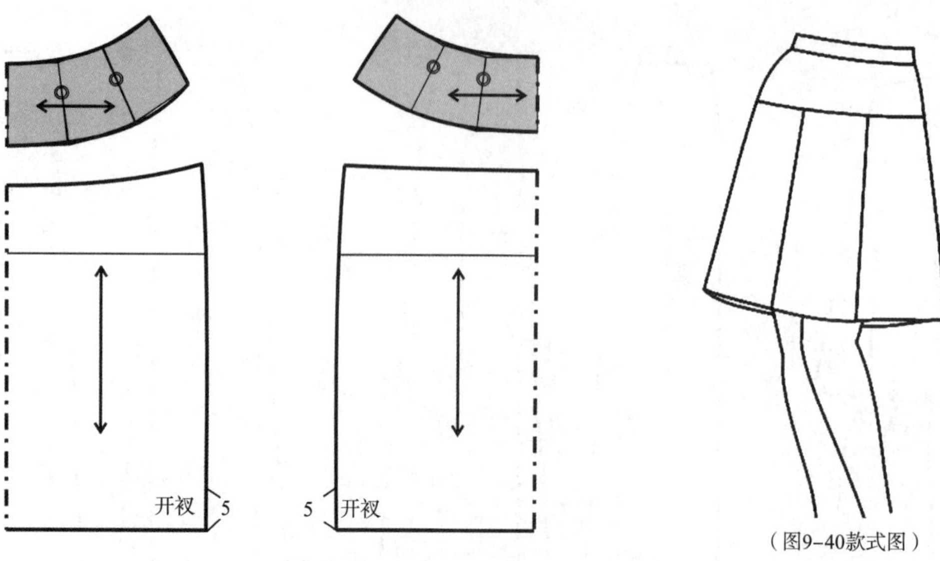

图 9-39 育克筒裙结构设计实例

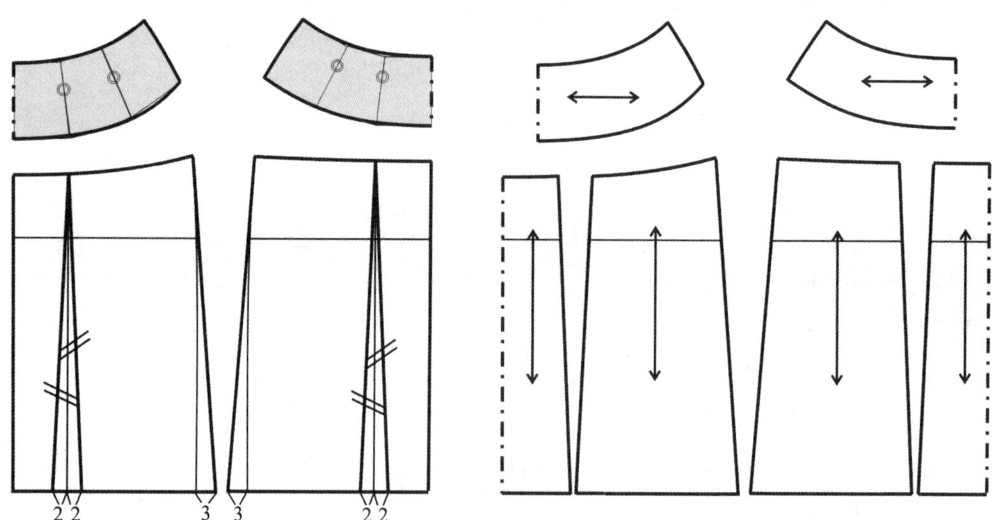

图 9-40 育克裙结构设计实例 2

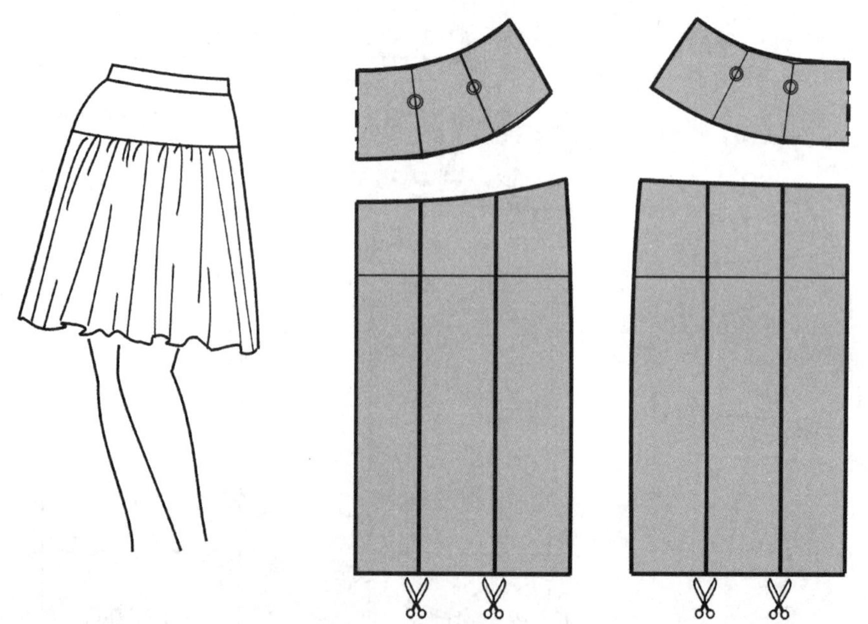

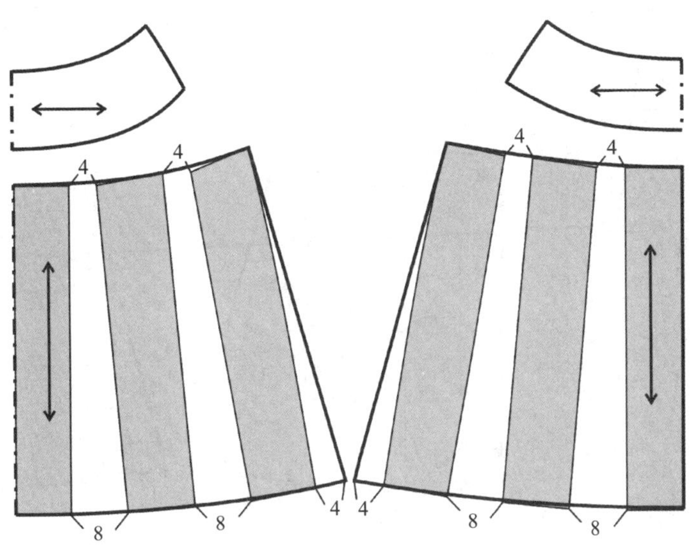

图 9－41　育克裙结构设计实例 3

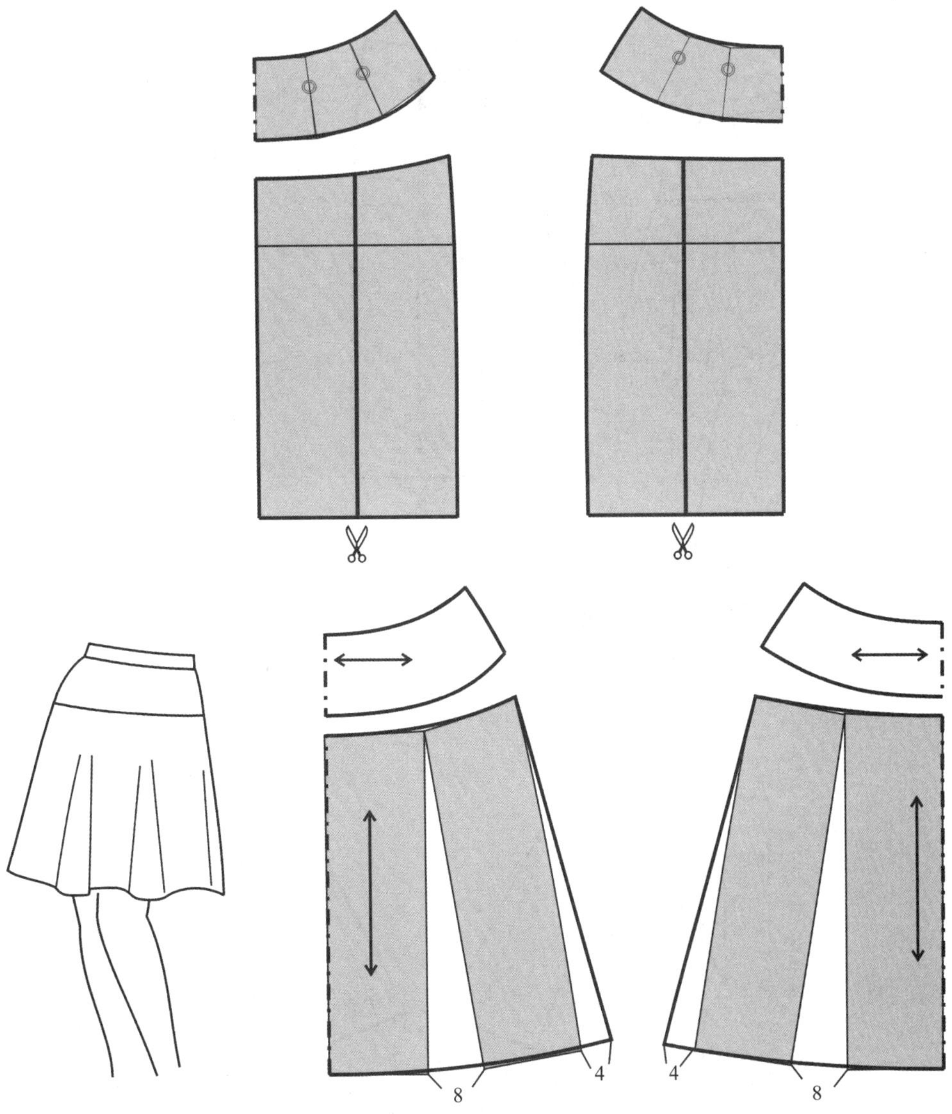

4
12
4
12

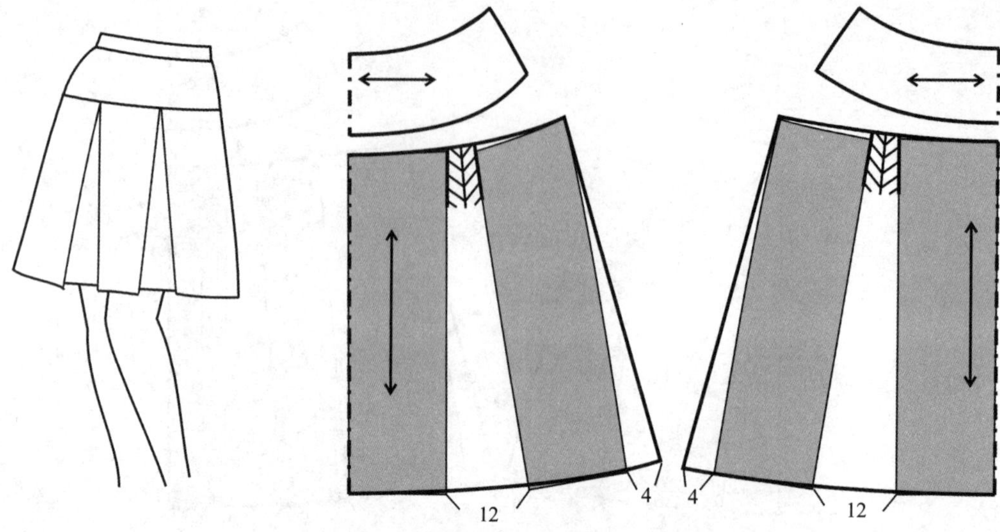

图 9－42 育克裙结构设计实例 4、实例 5

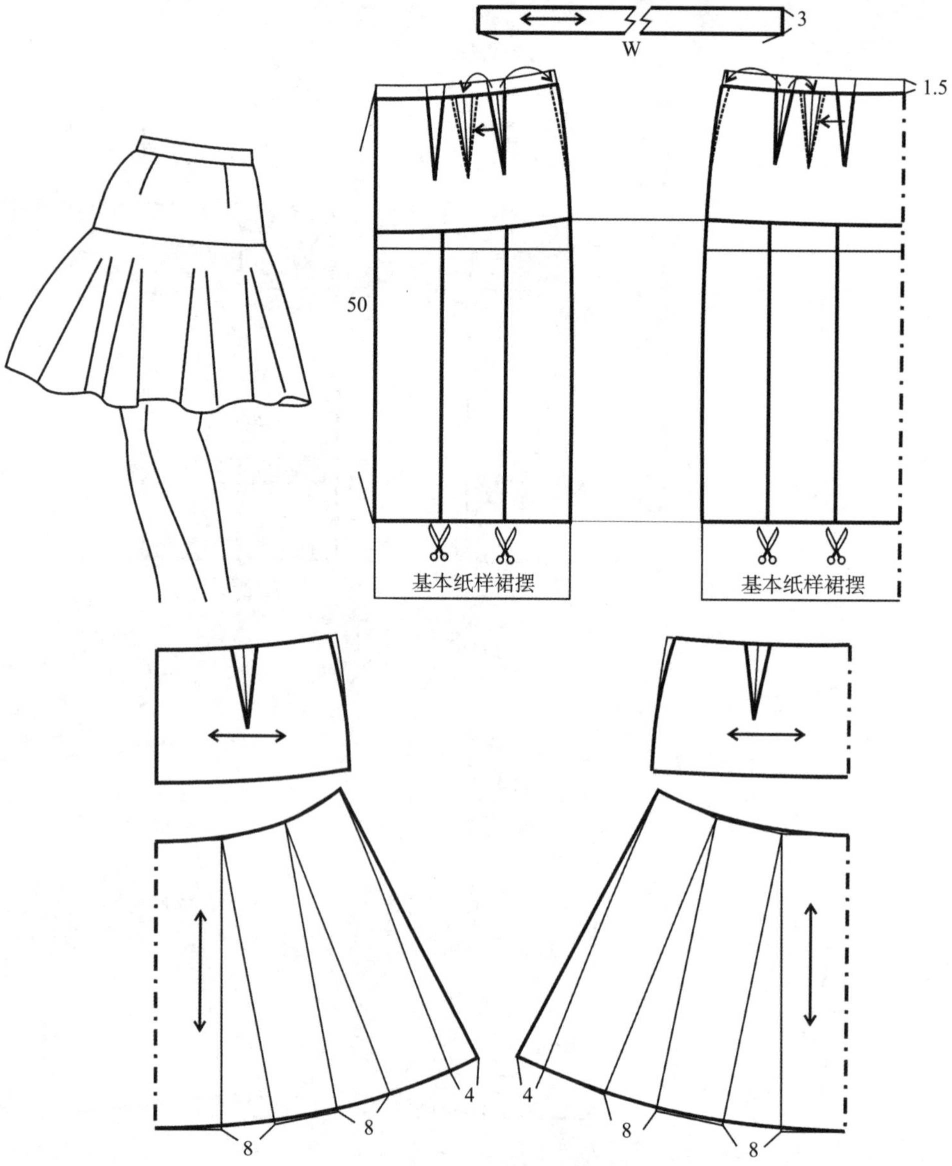

3
W
1.5
50
基本纸样裙摆
基本纸样裙摆
4
8
8
4
8
8

图 9－43 类似育克裙的结构设计

图 9－43 的横向分割线位置较低，远离腰省省尖，无法合并，必须保留腰省。这种款式看上去类似育克裙，但严格来说不属于育克结构。

四、鱼尾裙

从结构上分析，鱼尾裙与荷叶裙的设计一般是在裙子基本纸样的基础上，处理裙摆部位，一方面保留裙子基本款式从腰线到大腿中部贴体的效果，另一方面通过加褶、加嵌套结构或加裙摆量等方法改善裙摆活动量，裙子的最终呈现上部贴体，下部打开的效果，廓型为 S 形，非常符合女性风格，呈现女性的柔美与浪漫。

值得注意的是，裙摆打开的部位一般以腰线下 45cm 为起点，这里人体运动幅度基本与臀围尺寸相等，是超短裙常用的裙长部位，也是开衩的起点位置。

1. 将裙摆单独分离出来，通过展开纸样的方法加入裙摆(图 9－44)

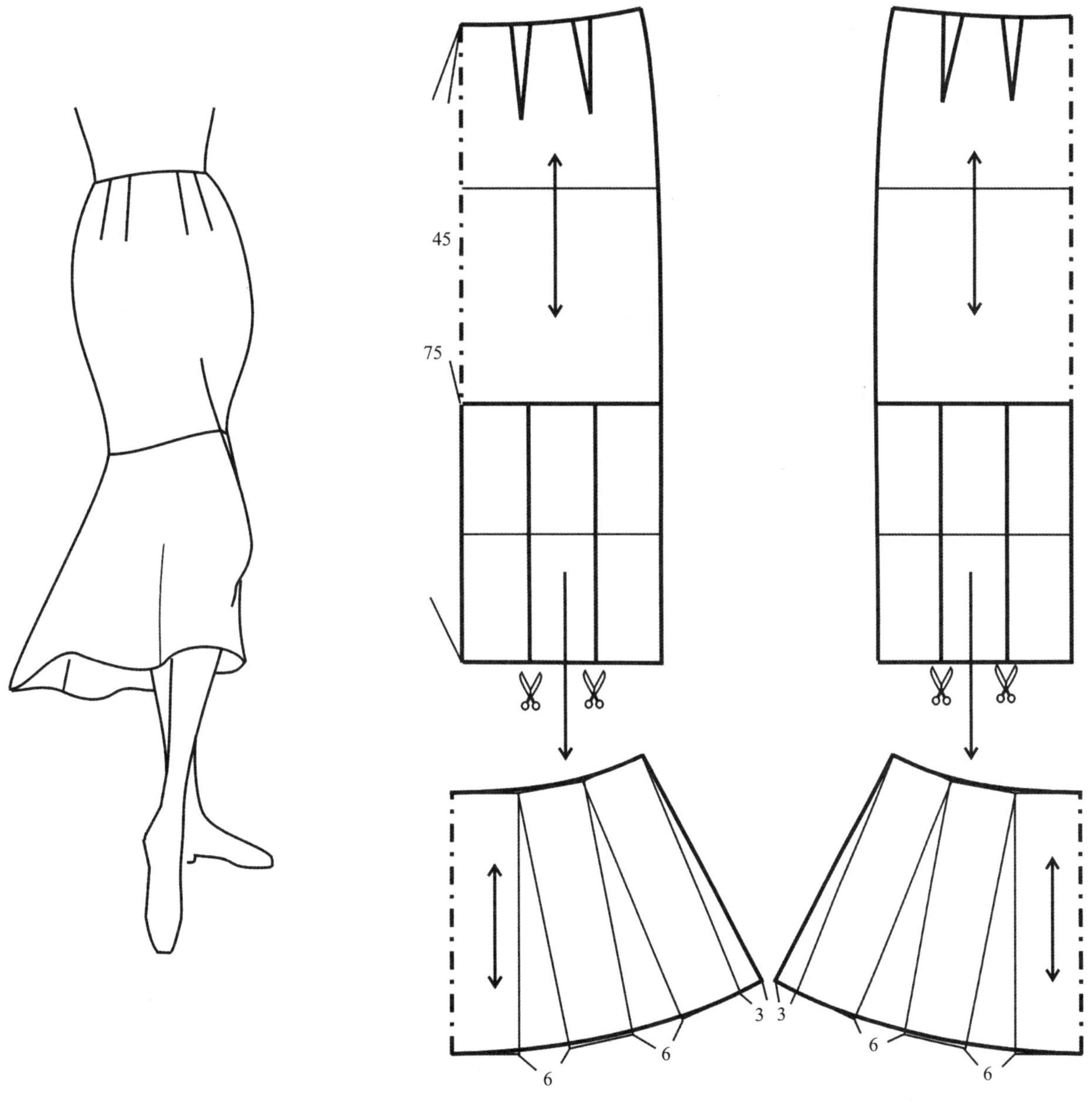

图 9－44 鱼尾裙结构设计实例 1

2. 使用纵向分割线，在分割线底部加入裙摆（图 9－45）

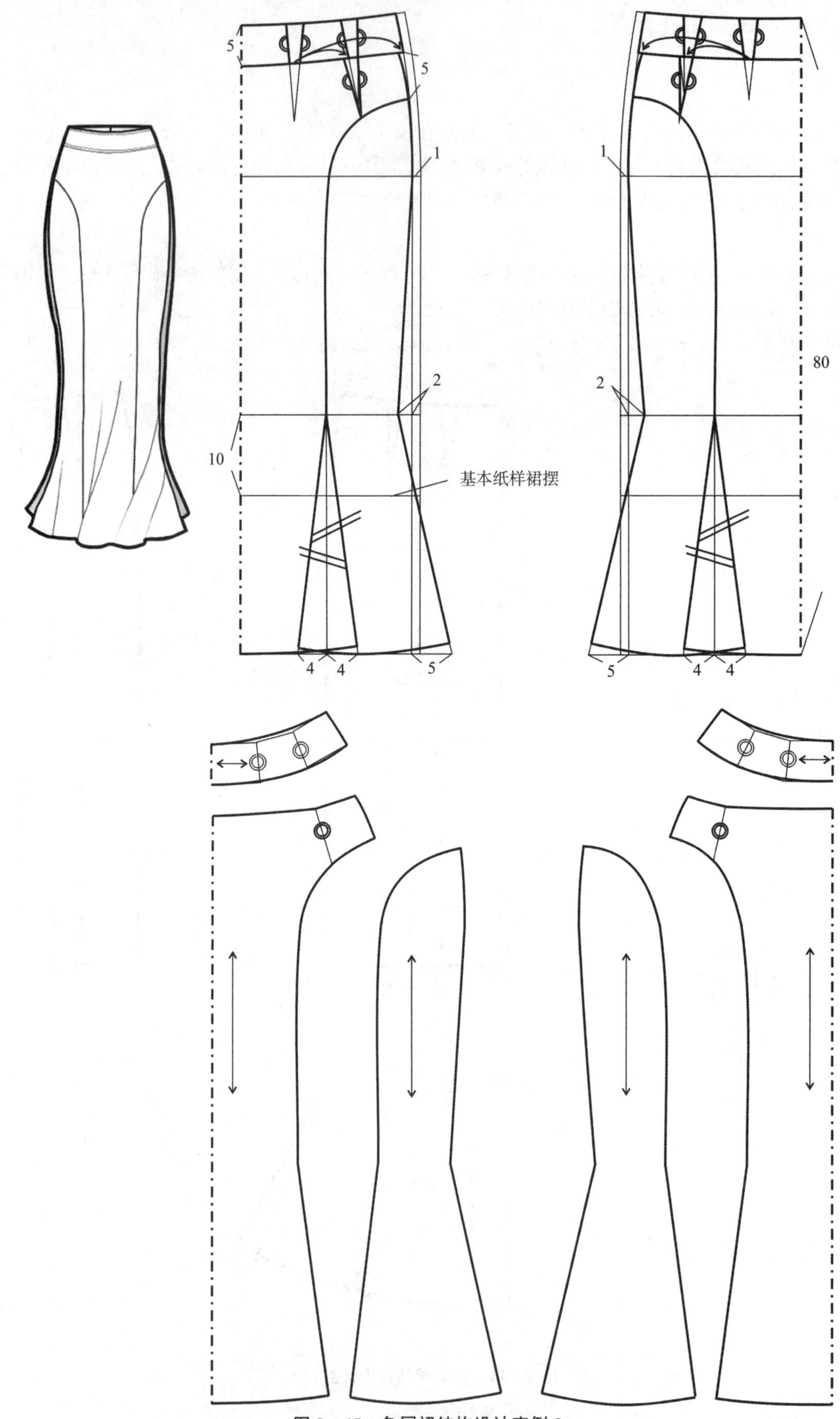

图 9－45　鱼尾裙结构设计实例 2

3. 在裙摆处嵌套各种形状的结构

嵌套的衣片缝合在裙摆处，可以是扇形、三角形、四边形、多边形等。这种方法适用于服装的很多部位，如图 9-46、图 9-47。

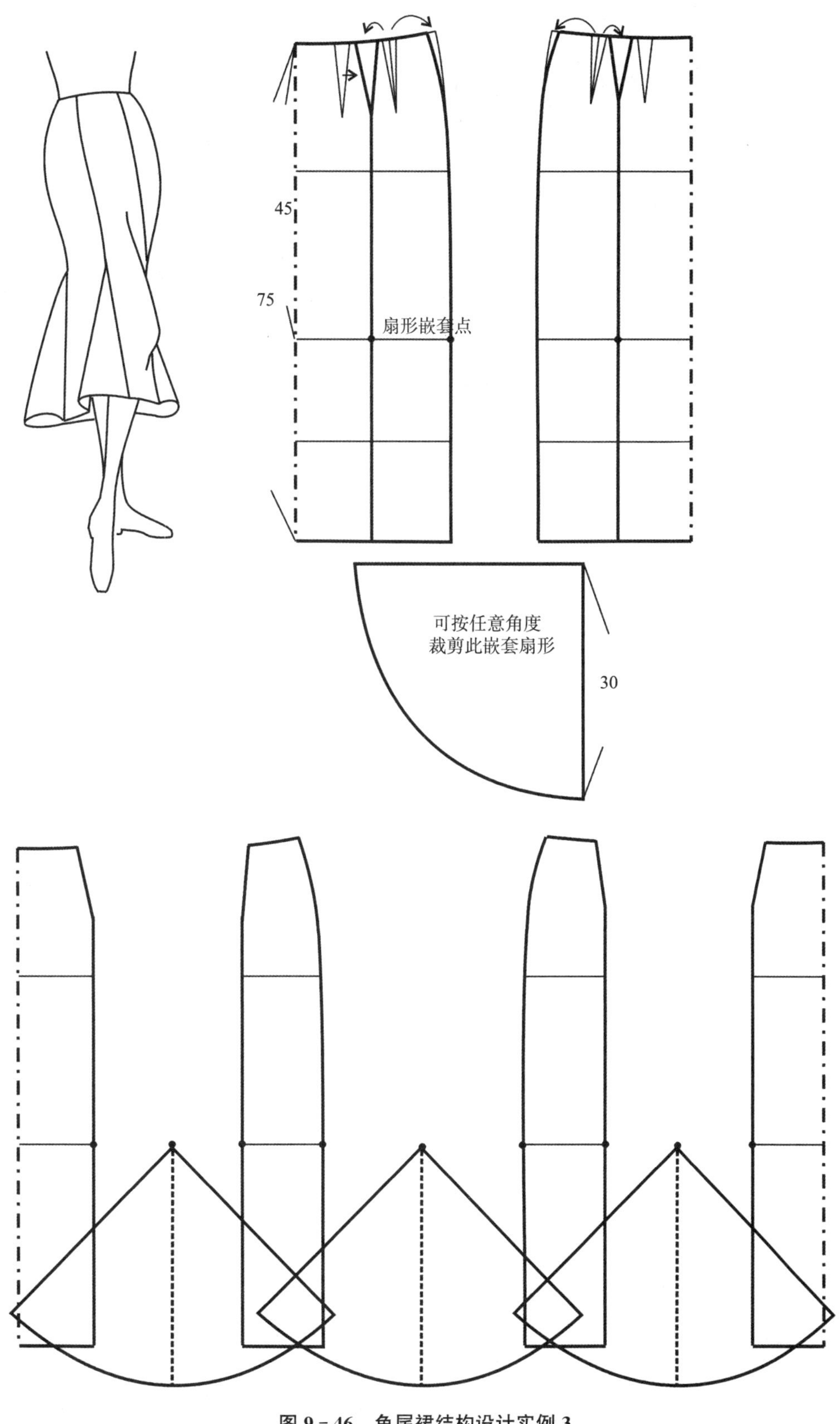

图 9-46 鱼尾裙结构设计实例 3

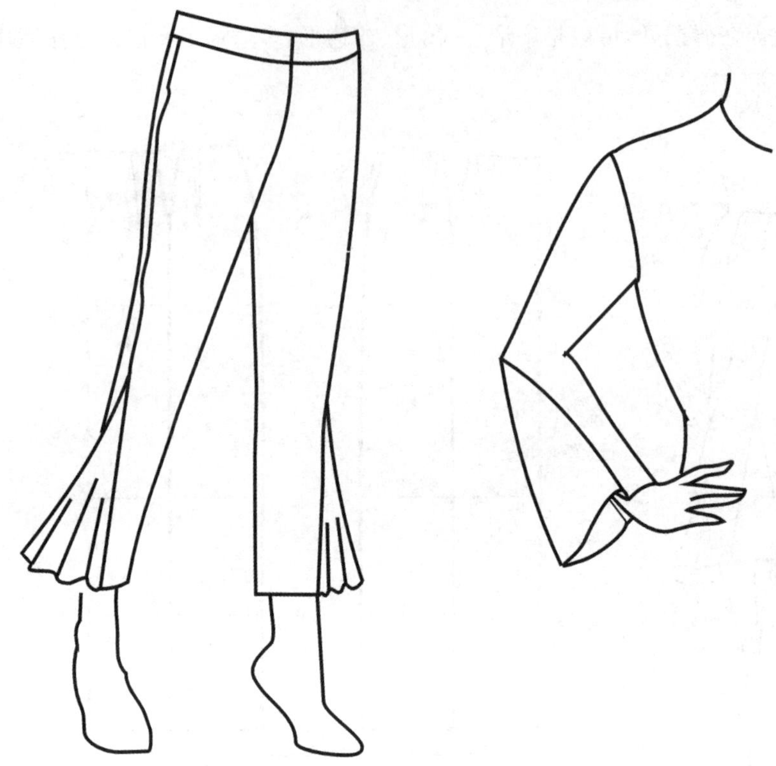

图 9－47　嵌套结构在服装其他部位的运用

4. 在裙摆两侧分割出独立衣片，用展开的方法打开裙摆(图 9－48)

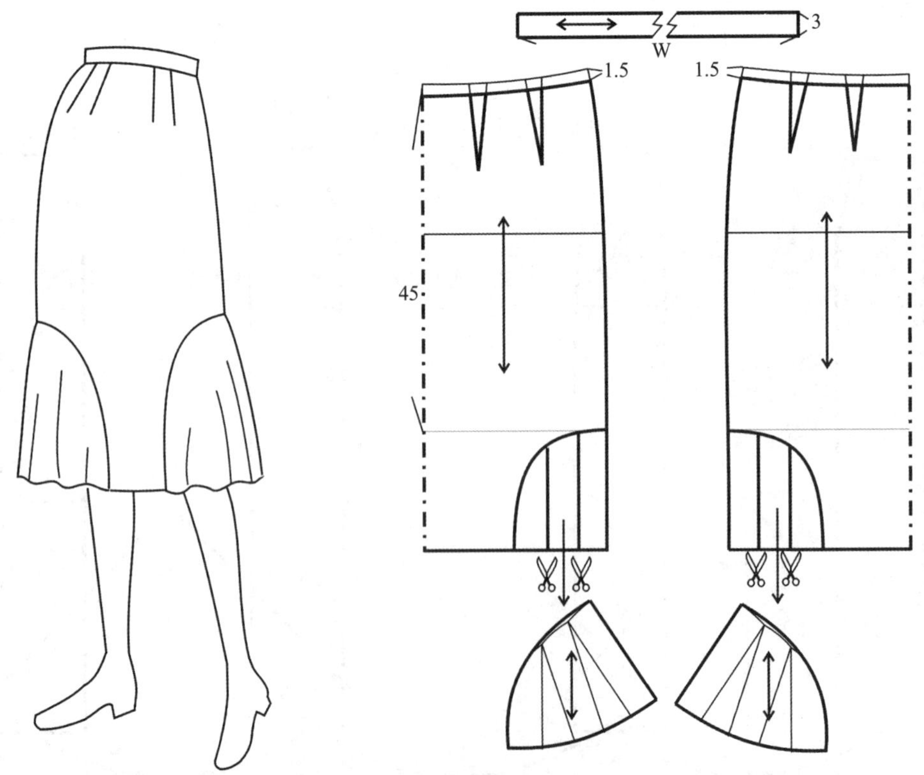

图 9－48　鱼尾裙结构设计实例 4

五、层叠裙

层叠裙的外观呈现多层裙片，错落有致。在结构设计中，需要注意的地方有：

(1) 应特别注意各层裙片的长度关系，形成一定的视觉韵律和节奏。

(2) 各层裙片结构设计的要点不同：最外层裙片应注意省的处理，如果没有省结构，则必须将省转移至裙摆或平移至侧缝；内层裙片由于腰腹部被遮盖，从外观上看不出是否有省，可以本着结构正确、处理简单、工艺合理、降低成本等原则进行处理。

(3) 层叠裙一般有一个里裙，便于结构处理，且保证舒适性。

(4) 各层裙片可以全部缝到腰头上，但当裙片超过 3 片时，腰头将非常厚，裙子显得比较臃肿，因此最好以上层裙片的裙摆为边缘，一层一层遮盖。除了最外层裙片外，其他裙片都缝合到里裙上(图 9－49、图 9－50)。

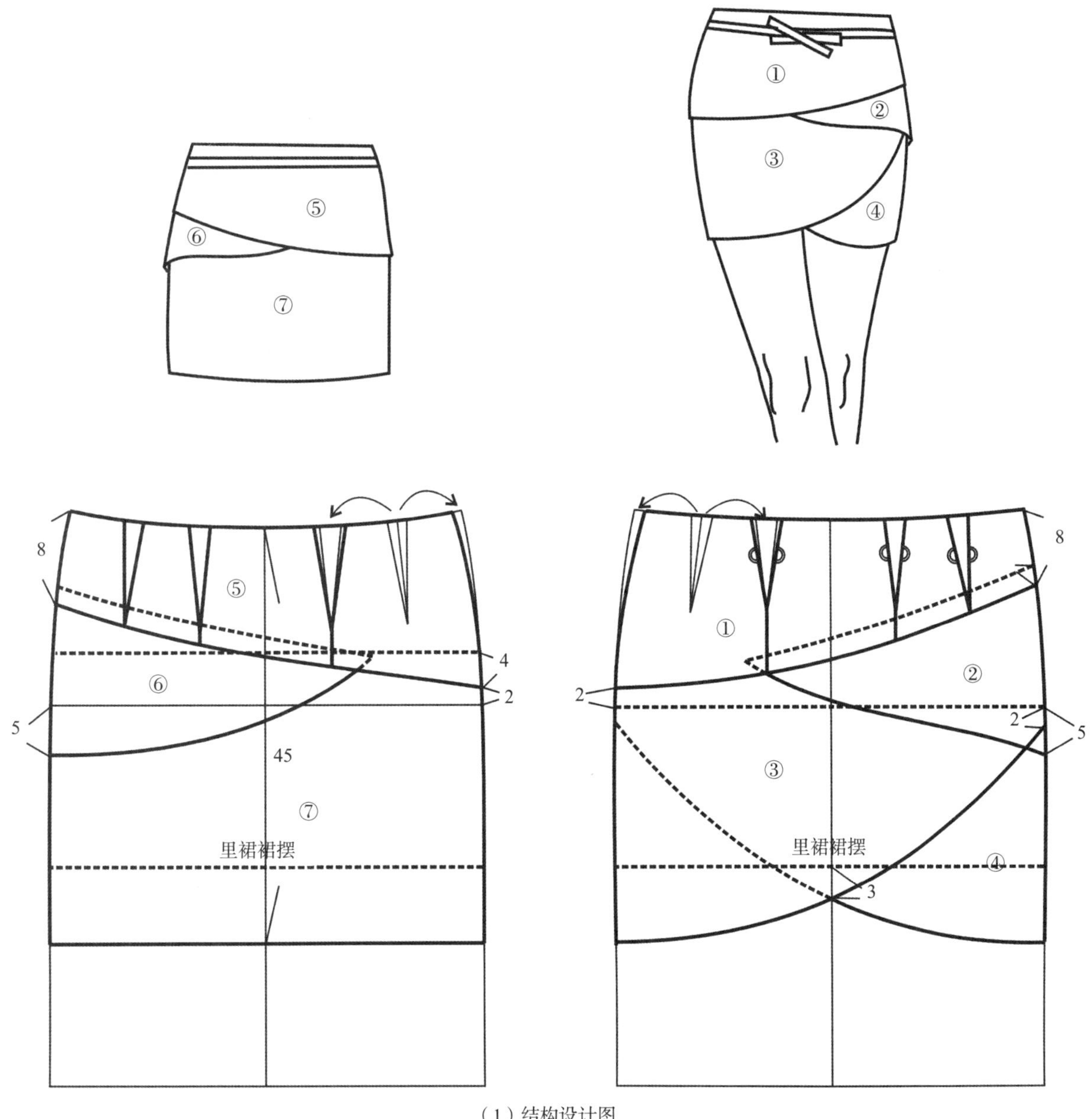

(1) 结构设计图

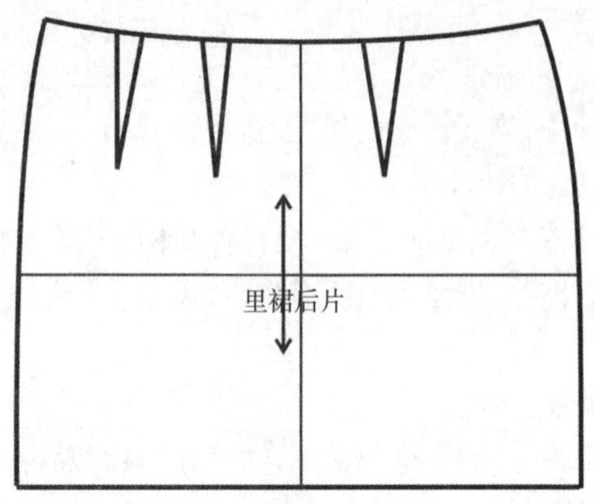

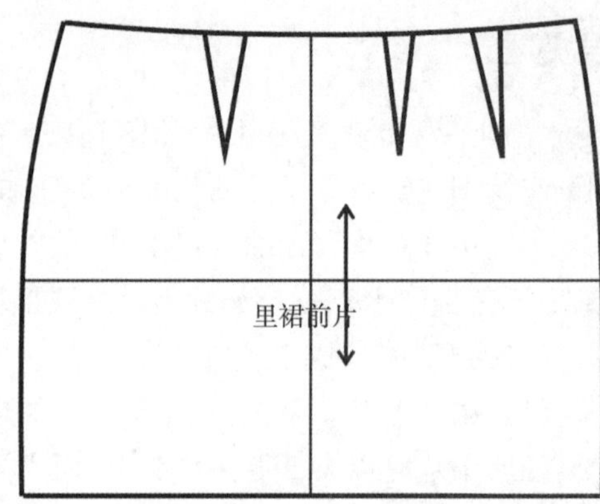

（2）里裙裁剪图

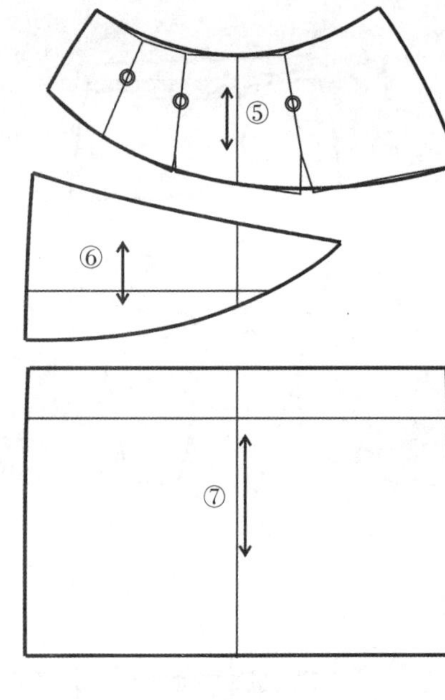

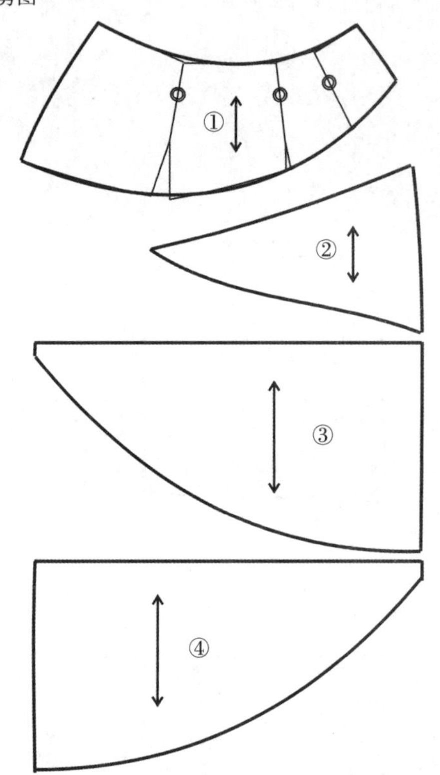

（3）外层裙片裁剪图

图 9－49　层叠裙结构设计实例 1

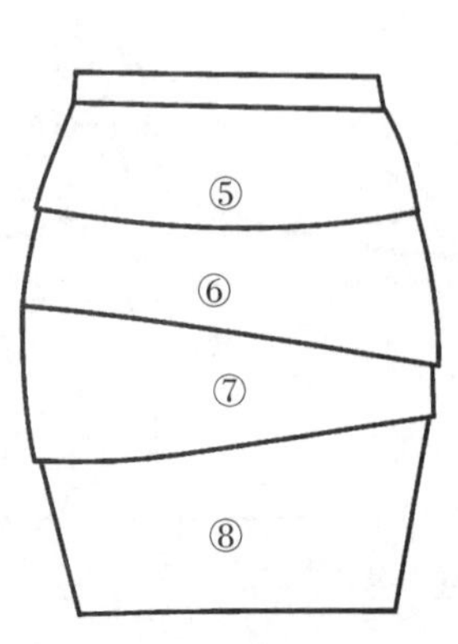

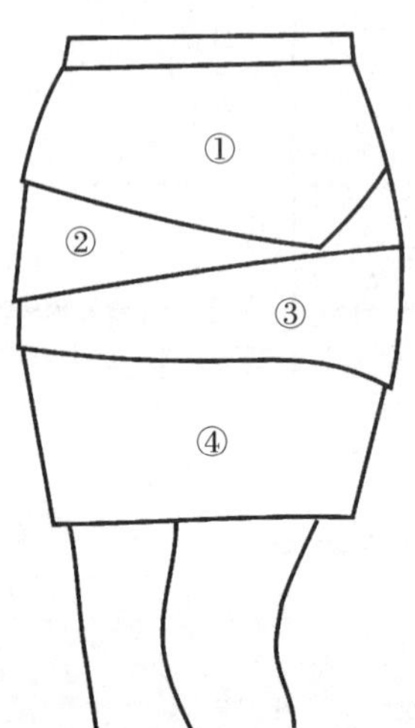

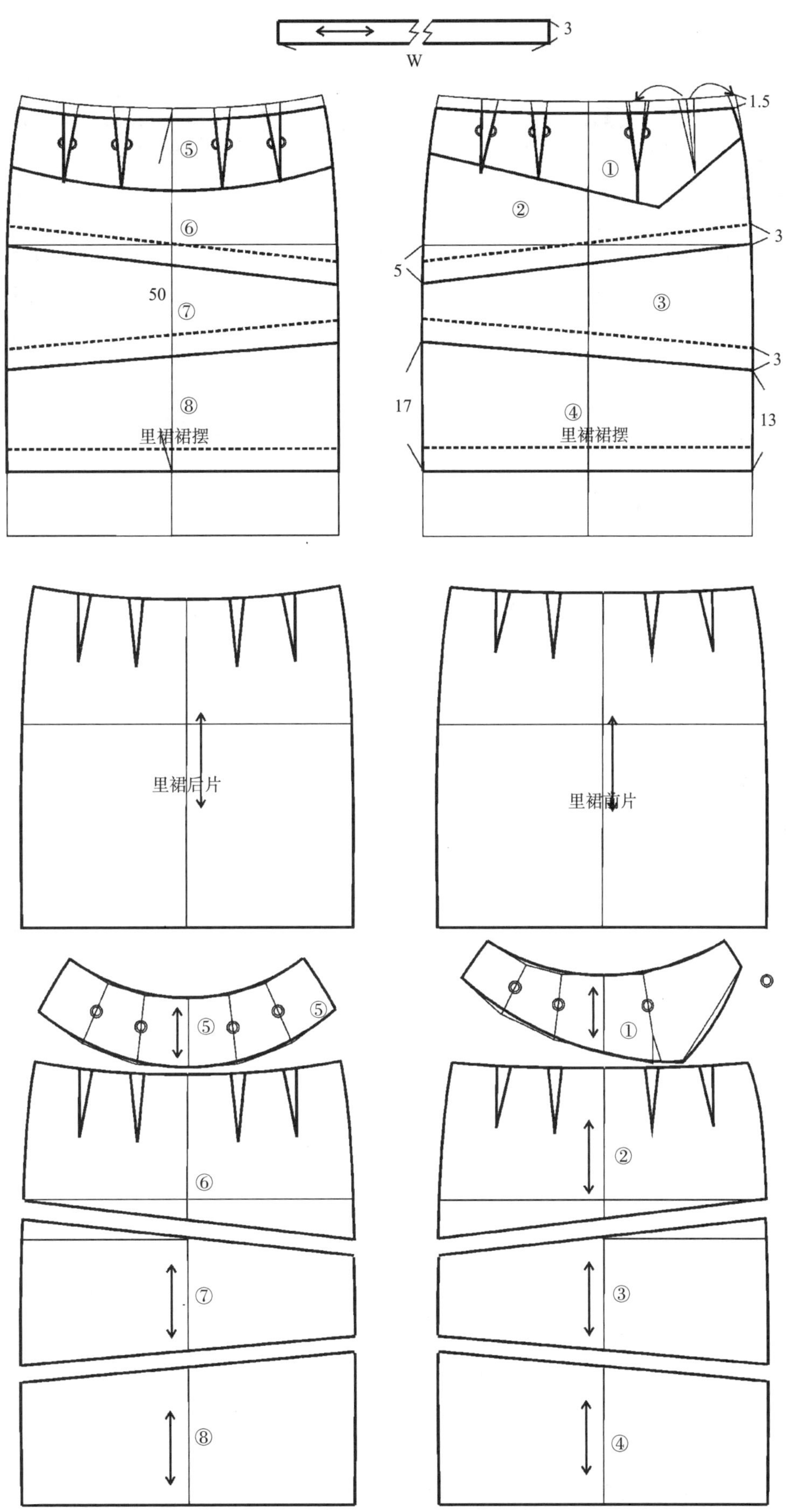

图 9－50　层叠裙结构设计实例 2

第十章　裤子结构设计

同样作为下装，裤子的结构比裙子更加复杂与精细，它包裹人体日常运动频率与幅度最大的部位，既要求外观合体，又必须保证运动的舒适性。由于人体行走、坐、蹲等动作使人体臀部的围度、长度、体表形态发生较大变化，因此，裤子从臀围到裤裆的结构成为重点与难点。

第一节　裤子基本纸样

与上衣、裙子一样，设定裤子的基本款式，得到基本纸样，将使裤子的结构设计更加系统化，操作也更准确和简便。一般来说，选择松量、长度适中的筒裤作为基本款式。

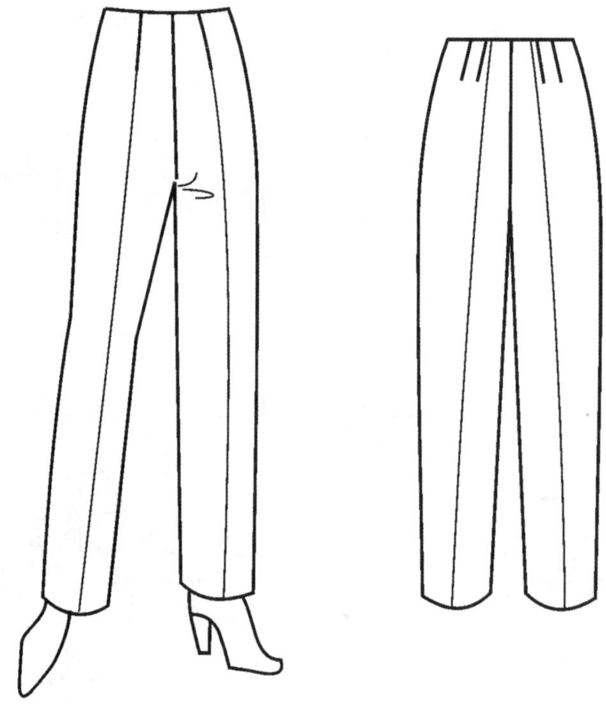

图 10 - 1　裤子基本款式

一、裤子纸样各部位的名称

如图 10 - 2 所示。

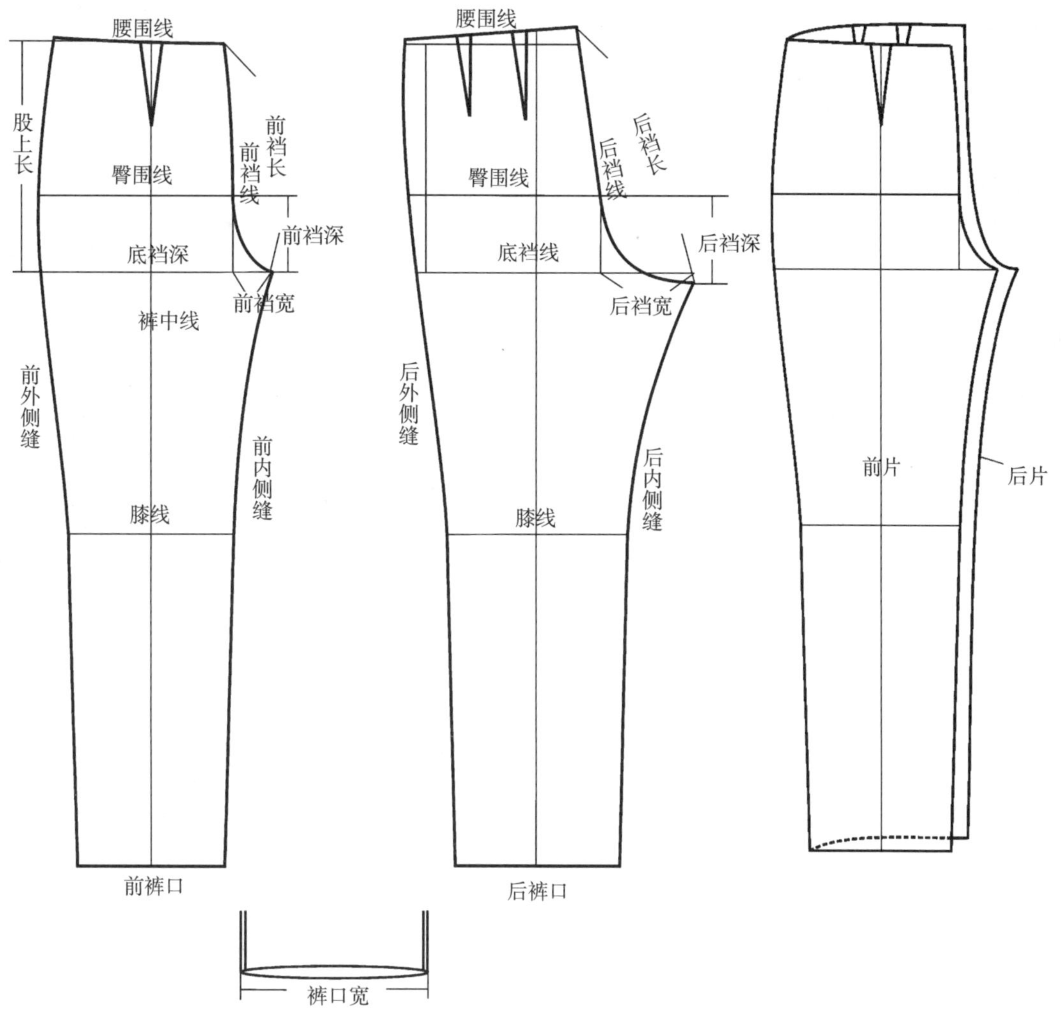

图 10－2 裤子纸样各部位名称与缝合关系

二、裤子基本纸样的规格尺寸(表 10－1)

表 10－1 裤子基本款式与纸样规格尺寸表

单位:cm

部位	裤长	腰围	臀围	股上长	前裆长	后裆长	脚口宽
尺寸	95	68	90	28	≈29	≈37	19

三、裤子基本纸样

1. 基本框架(图 10－3)

画一个横向为 H/4＋1,纵向为股上长的长方形。

(1) 臀围线:自长方形的上边向下测量纵向长度的 2/3,画一条水平线。

(2) 裤中线:将长方形四等分,再将第三个等分距离做三等分,经过三等分中的靠侧缝第一个等分点,画一条垂线。

(3) 裤脚:自长方形上边向下量取裤长,画一条横线。

(4) 膝线:位于底裆线与裤脚线中点向上 4cm。

(5) 前裆宽:前裆宽为□－1.5cm,经验数据约为 5cm。

(6) 后裆宽:后裆宽为前裆宽＋4cm,经验数据约为 9cm。

(7) 前裤口宽:前裤口宽为裤口宽－1cm。

(8) 后裤口宽:后裤口宽为"裤口宽+1cm"。

(9) 膝线处宽度:为达到筒裤效果,前后片膝线处的宽度各比前后裤口宽度放宽 1cm。

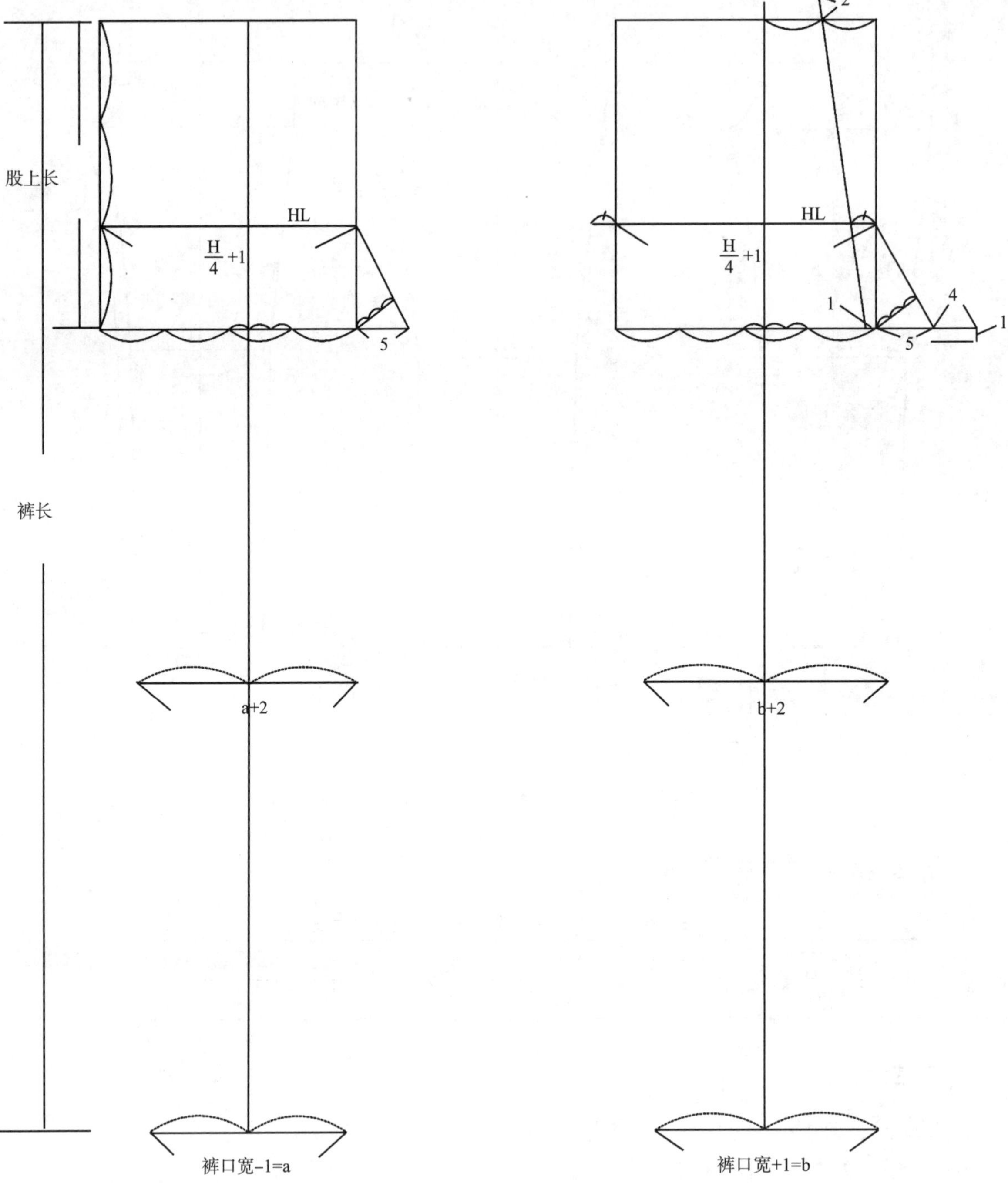

图 10-3　裤子基本纸样框架

2. 轮廓线(图 10-4)

(1) 前片:前裆线与腰线交点处收起 1cm,量取腰围/4+3,其中 3cm 作为省量,在裤中线位置上收省。

(2) 后片:后裆线倾斜,并高出长方形上边 2cm,自后裆线上端点向腰线量取腰围/4+4,其中 4cm 作为省量,在后片腰线上分别收两个省。

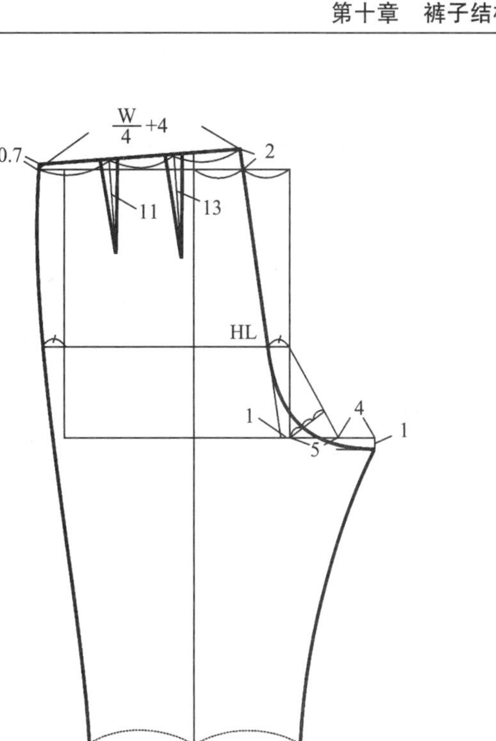
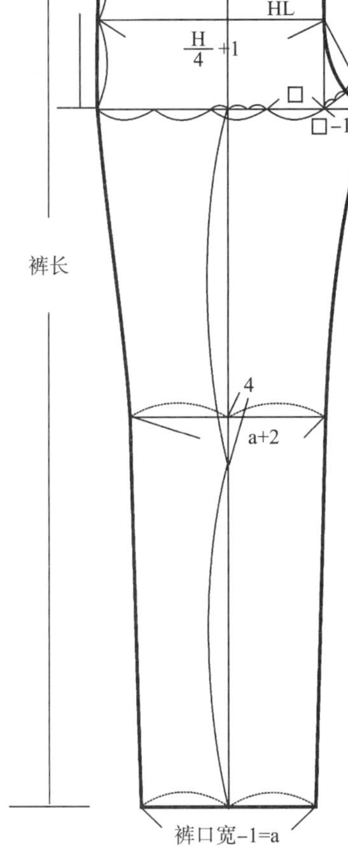
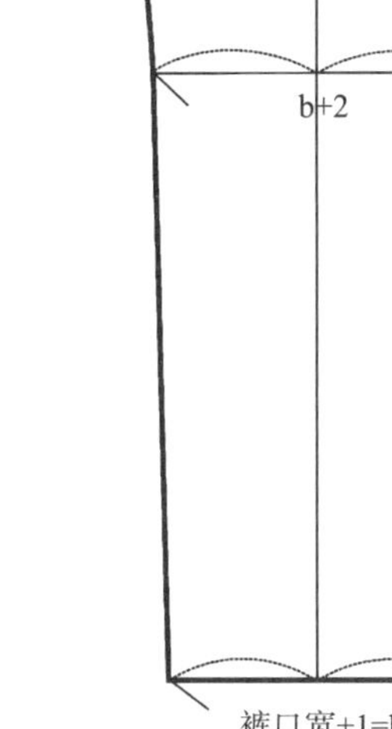

图 10-4 裤子基本纸样

四、裤子的结构要素分析

1. 腰围

与裙子的腰围相同，裤子的腰围对应的人体腰部虽然在不同的状态尺寸变化较大，但为了保证裤子穿着的平衡性和支撑点，不需放松量。按照国家标准要求，有一些裤子放了 2cm 的松量，这就需要搭配腰带，才能使裤子的腰线保持在原位。

2. 臀围

臀围决定了裤子的宽松度和活动量。无弹性面料最基本的臀围放松量为 4cm，这是人体坐下、蹲下、席地而坐等姿态造成的臀围最大增量。如面料有弹性，则臀围放松量可以为 0，甚至可小于臀围(表 10-2)。

表 10-2 裤子合体程度与臀围放松量 单位：cm

裤子外观效果	贴体型	较贴体型	较宽松型	宽松型
裤子臀围松量	0～6	6～12	12～18	18 以上

一般来说，改变臀围松量采用在基本纸样上加减松量的办法，以保证结构的协调合理。

3. 裆宽与裆深

裤子的裆部是决定裤子穿着舒适度的重要部位，近年来也成为裤子款式结构设计的创新要素。前后裆线与人体的对应关系如图 10 - 5 所示。

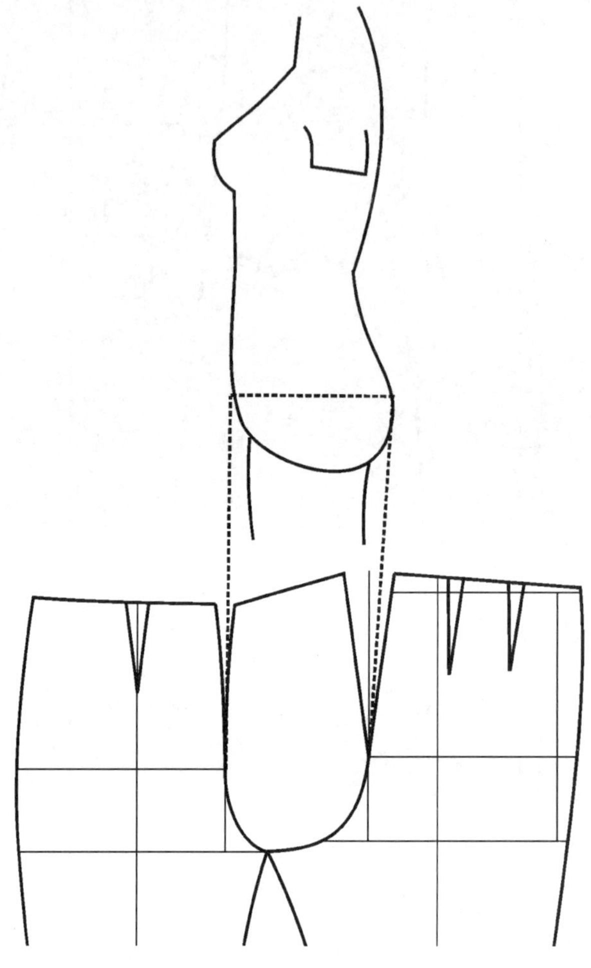

图 10 - 5　裤子裆部与人体的对应关系

可以看出，腰围、臀围等尺寸不变，如果增大裆宽，将使大腿围的尺寸变大，同时使裤子侧向松度变大。增大裆深，将使裤子裆部下落，形成吊裆裤的效果。

4. 后裆线

如果不考虑人体运动量，裤子后片的结构可以与前片基本相同，后裆线垂直。目前裤子基本纸样的后裆线为斜线，在腰线上延长 2cm，这是考虑人体臀部运动的处理，在静态合体的纸样里加入了后裆的运动量，使后裆线拉长，并有一定的倾斜度（图 10 - 6）。

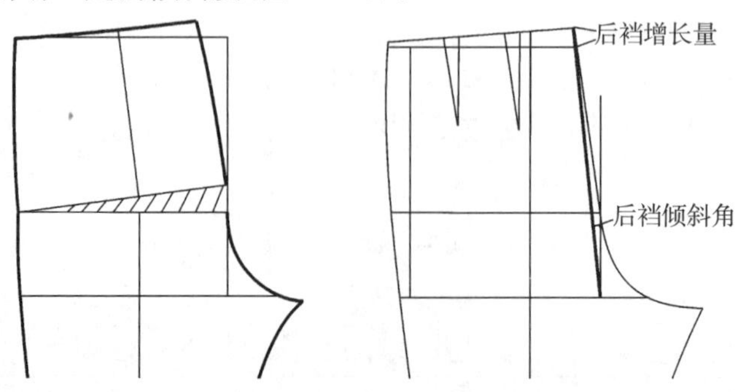

图 10 - 6　裤子后裆线倾斜原因

随着裤子合体程度的变化，后裆线的倾斜角与延长量也要进行调整。例如非常宽松的裤子，其裆深和臀围松量已经足以满足臀部的运动量，后裆线就不必倾斜。高弹性的裤子，如打底裤、裤袜等，面料本身的特性可以满足运动需要，也不需要倾斜(表 10－3、图 10－7)。

表 10－3 裤子合体程度与后裆线倾斜角、增长量

裤子外观效果	贴体型	较贴体型	较宽松型	宽松型
后裆线倾斜角(°)	15 ～ 20	10 ～ 15	5 ～ 10	0 ～ 5 以上
后裆线增长量(cm)	0	0 ～ 1	1 ～2	2 ～ 3

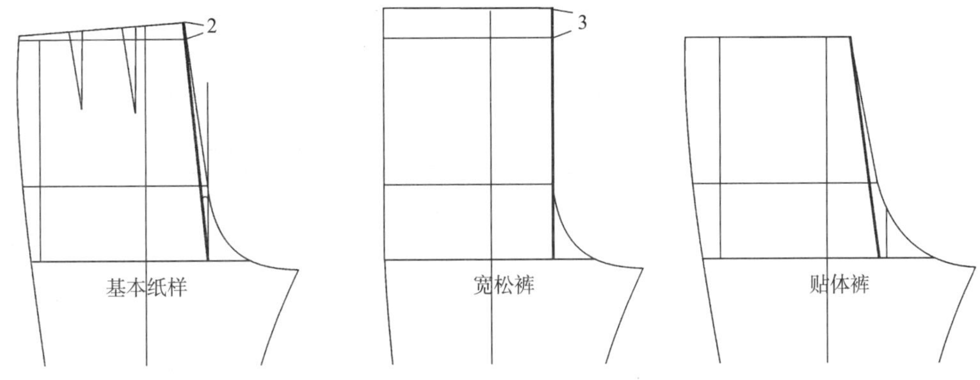

图 10－7 裤子后裆线的倾斜角与增长量

第二节 裤子基本廓型与结构处理

按照廓型划分，裤子可分为筒裤、锥形裤、喇叭裤三种基本廓型(图 10－8)。

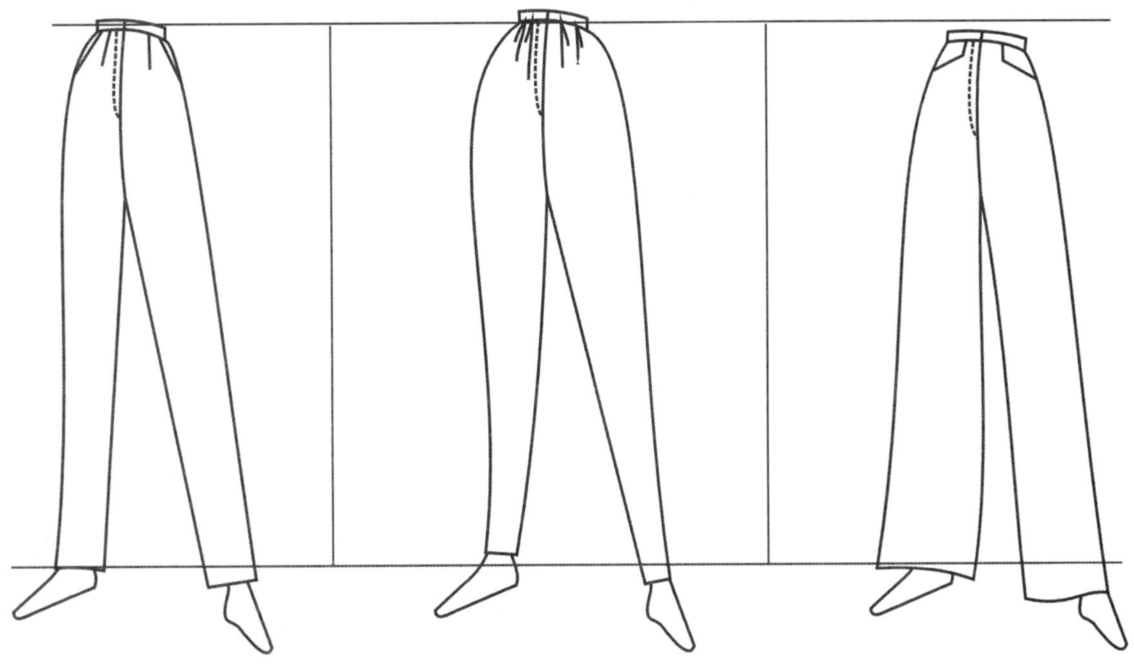

图 10－8 裤子的基本廓型

女装裤子由男装演变而来，男装在长期的时尚进化过程中，形成了许多固定的服装款式与细节搭配，在女裤款式与结构处理中，值得参考和遵守。

以图 10－8 为例，筒裤长度适中，中腰，臀围与腿围松度适量。在款式细节上，前身设一对省或褶，后身两对省或褶；前口袋为斜插袋，后口袋为单开线口袋；

锥形裤的腰线一般略高，裤长稍短，腰臀处宽松，裤口收紧。前身设两对褶，后片两对省；前口袋为直插袋，后口袋为双开线口袋；

喇叭裤或阔脚裤的腰线一般略低，裤子较长，与高跟鞋、厚底鞋搭配穿着。腰臀处合体，裤口大。前身无省或一对省，后身为育克结构或两对省；前口袋为平插袋，后口袋为贴袋。

一、筒裤

1. 西服筒裤(图 10－9)

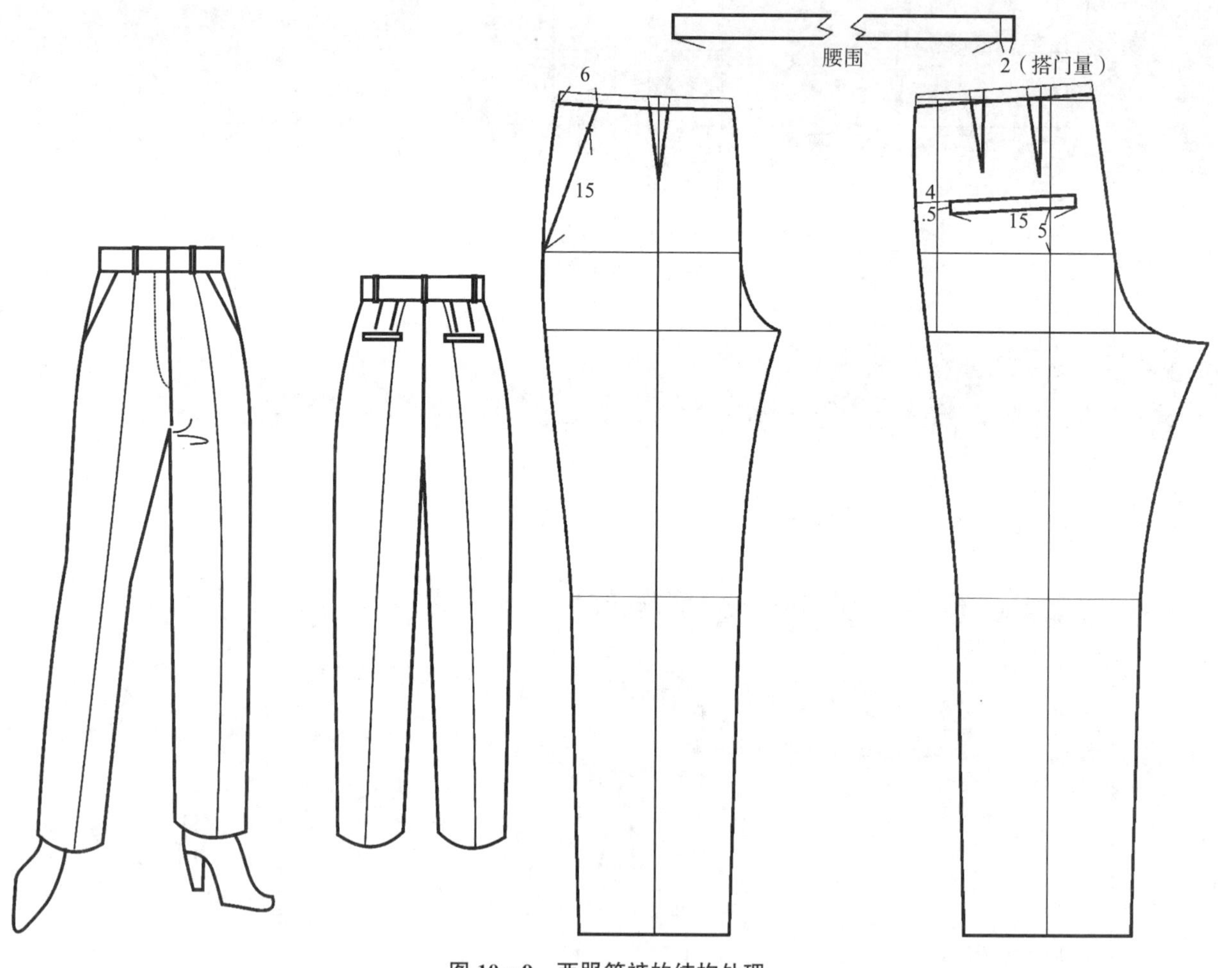

图 10－9　西服筒裤的结构处理

2. 紧身筒裤

随着弹性面料的广泛使用，既贴体又舒适的紧身筒裤越来越受到欢迎。普通弹性的裤子可将臀围放松量减少到 2cm，裤口宽、膝线处宽度等均可减小(图 10－10)。

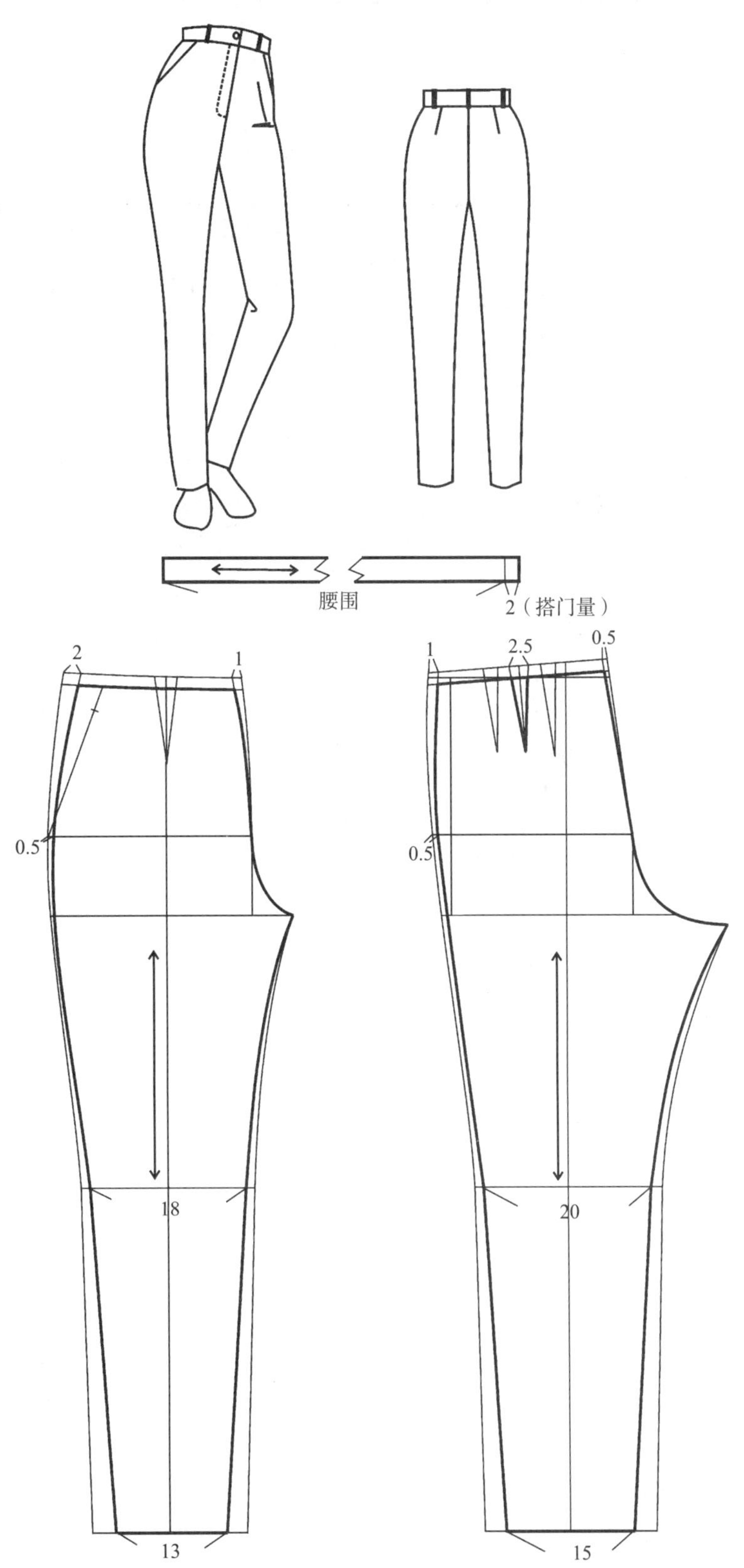

图 10－10　紧身筒裤的结构处理

本例裤子成衣规格尺寸：

裤长：95cm；臀围：92cm；膝线处宽度：19cm；裤口宽度：14cm。

臀围松量可在侧缝去掉，为保持侧缝的形态，腰围也会相应收紧，因此应特别注意保持腰围尺寸，可去掉省，或减小省量。

二、锥形裤

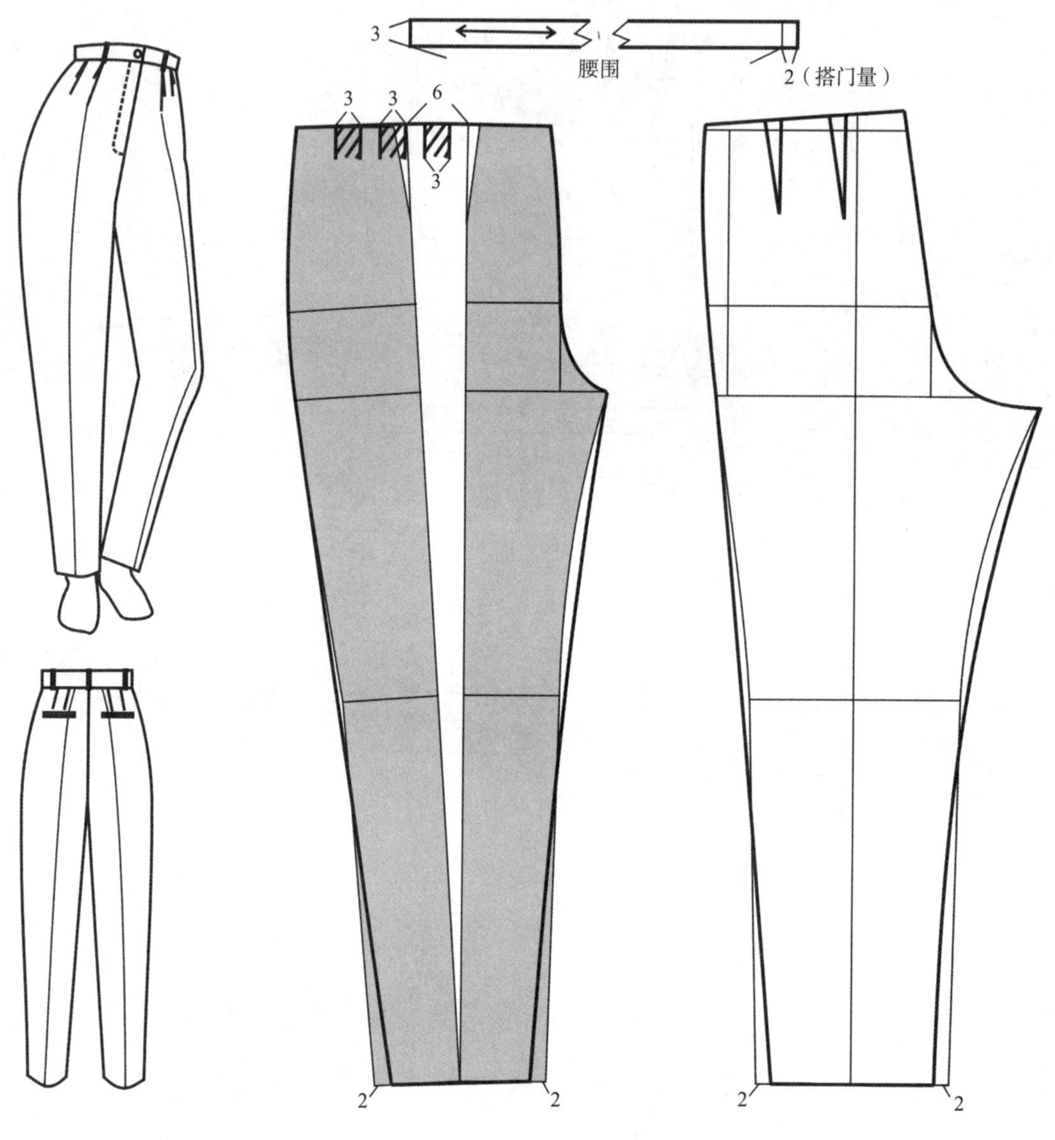

图 10－11　锥形裤结构处理方法 1

锥形裤比较显著的特点是腰臀部的松量和相对来说较小的裤口尺寸。与上衣在侧缝加松量的方法不同，为了保证裤子结构的平衡，特别是裤腿左右对称，最好用切展的方法在前片裤中线里加入腰臀松量(图 10－11)。

锥形裤一般在前片处理，后片仅收紧裤口即可。

锥形裤的切展部位、加入松量的大小均可自主设计，得到不同的裤型效果。如图 10－12 所示，切展量改为 3cm，适合作为各式哈伦裤的松量。图 10－12(1)切展部位到膝线，可保持膝线以下裤腿合体；图 10－12(2)切展部位到底裆线，仅打开腰臀部，可保持整个裤腿合体；图 10－12(3)切展部位到裤脚，使裤腿笔直，对称效果更好。

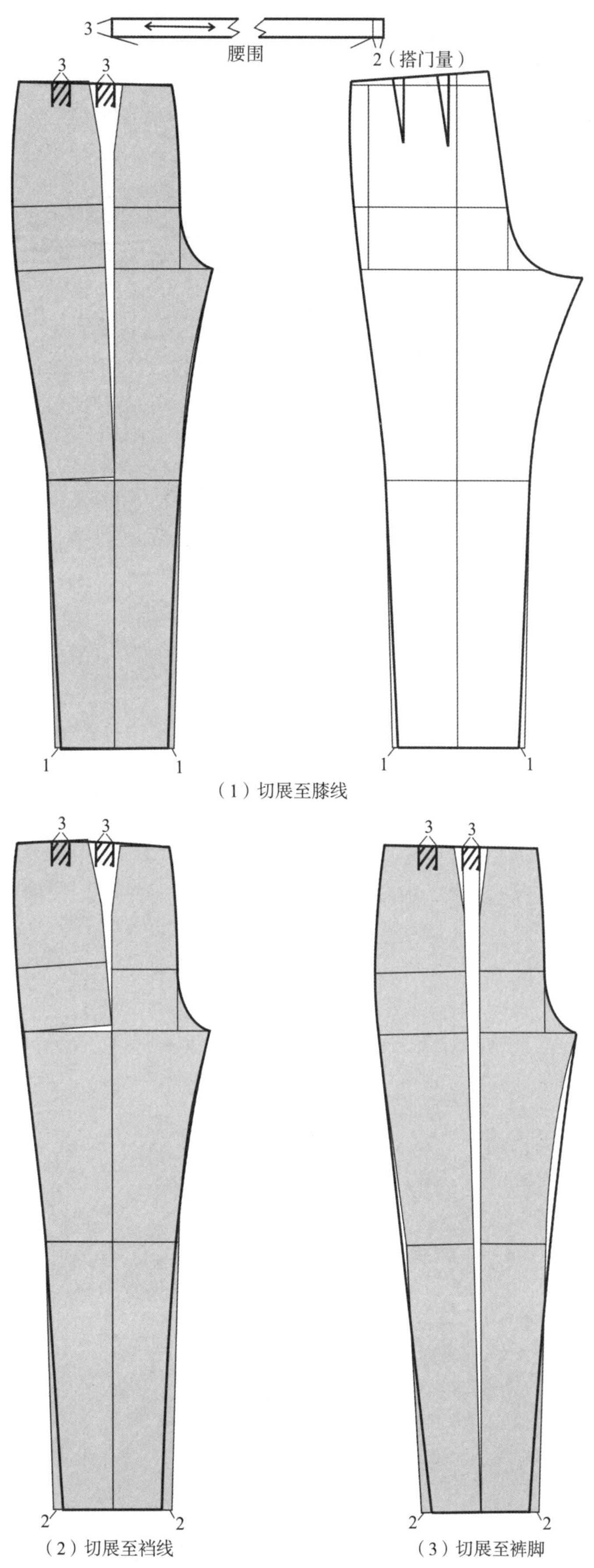

（1）切展至膝线

（2）切展至裆线

（3）切展至裤脚

图 10－12　锥形裤其他结构处理方法

三、喇叭裤

图 10 - 13 所示为西裤喇叭裤，仍保留西裤的松量与省等款式特征。

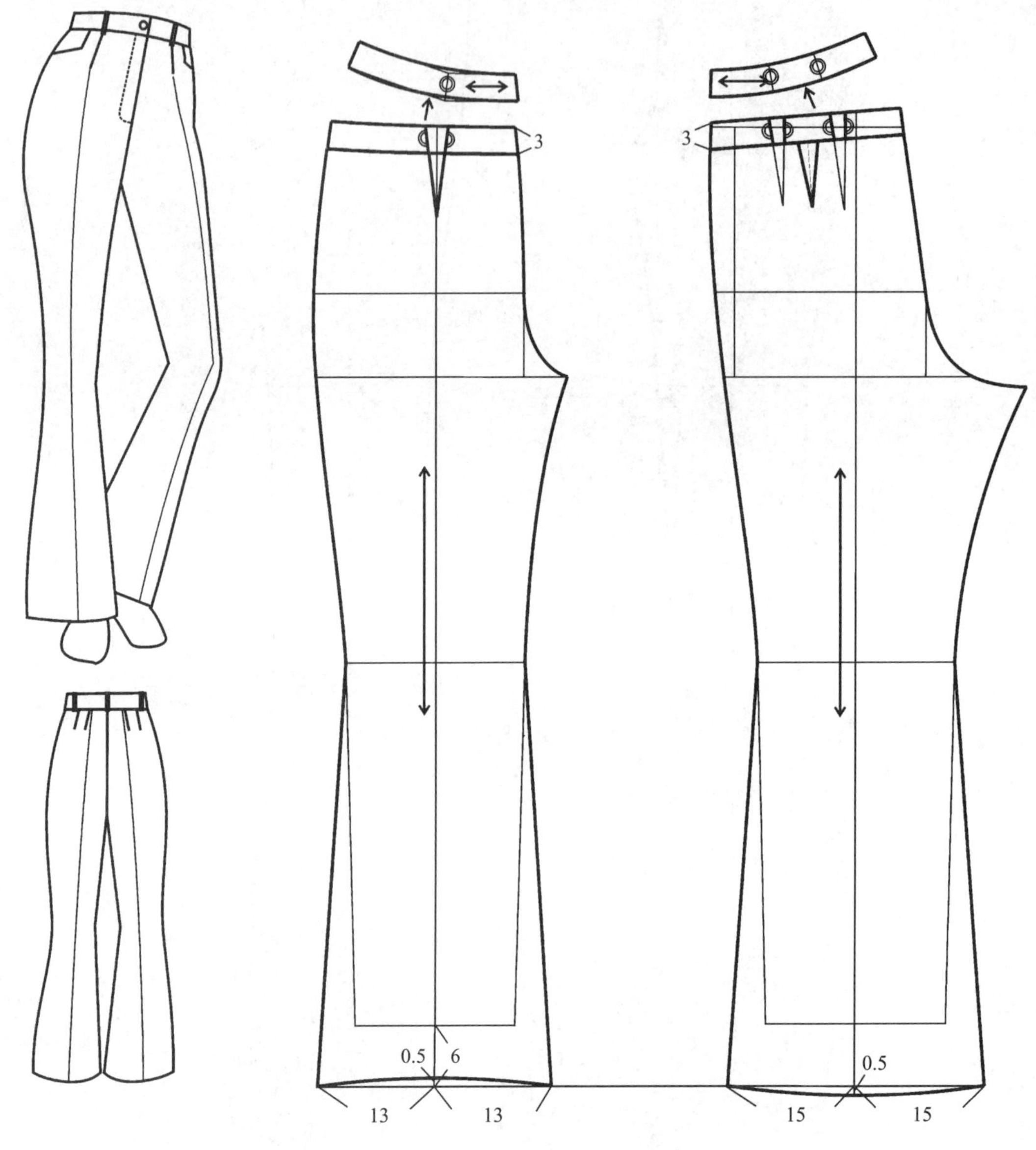

图 10 - 13 喇叭裤的结构处理

本例为西裤喇叭裤的结构处理，保留了西裤的臀围放松量与省结构等。在裤腰线位置截取 3cm 作为腰头，将腰头内含的省合并。裤子加长 6cm，加宽裤口，裤口形状为前短后长的 S 形。因为低腰的缘故，后片的两个省剩下的省量不大，可合成一个省。

第三节 裙裤

裙裤外观看上去像裙子，却有像裤子一样的裆结构。与裤子相比，裙裤的裆结构宽松肥大，穿着舒适。它综合了裙子飘逸的外观和裤子良好的运动性能，是一种结构特殊、风貌独特的裤子。

以中间号型为例，从图 10－14 可以发现，裙裤的裆深约为 30cm，比裤子基本纸样大 2cm；前裆宽约为 8cm，后裆宽约为 11cm，共 19cm，而裤子基本纸样的这个数据约为 14cm。可以看出裙裤的裆结构无论深度还是宽度，都远远大于合体裤子。

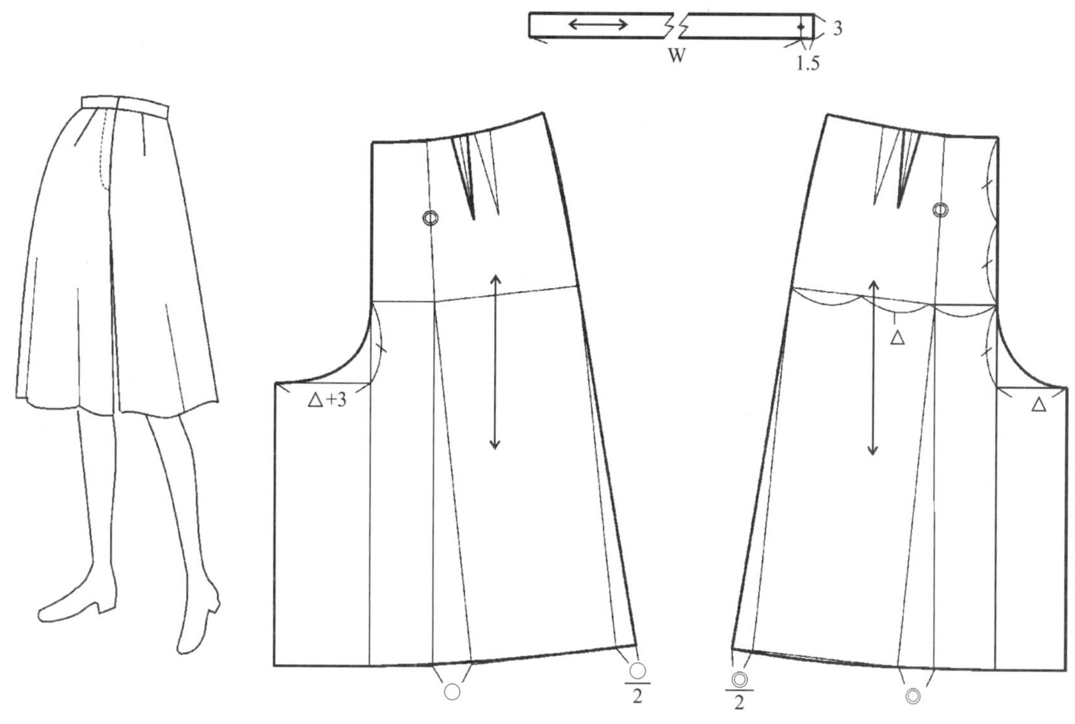

图 10－14 A 型裙裤的结构设计

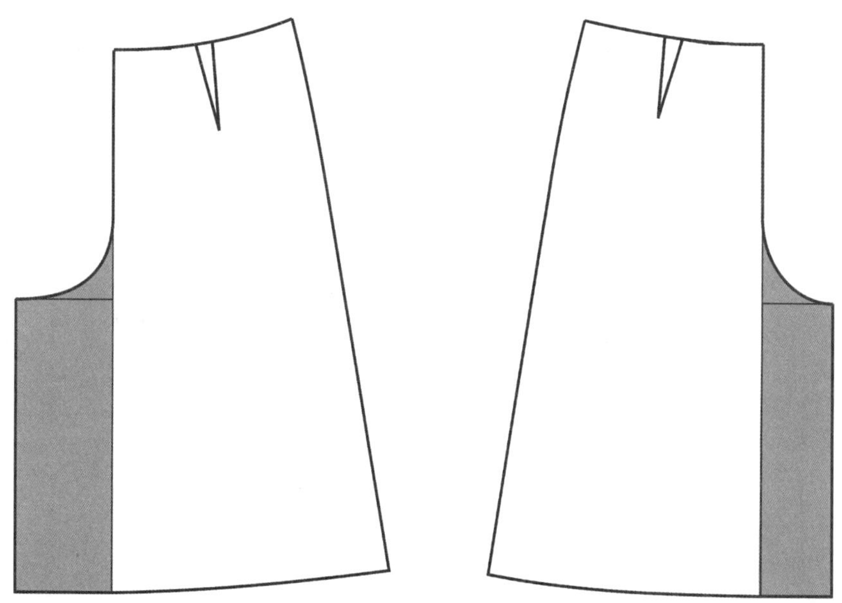

图 10－15 裙裤的裆结构

裙裤的裆结构与裙子本身的款式没有任何关联，在任何裙子纸样的基础上加上裆片，都可以变成裙裤(图 10－15)。与第九章的裙子对应，裙裤同样可以分为斜裙裤、圆裙裤、高腰裙裤、育克裙裤等(图 10－16、图 10－17)。

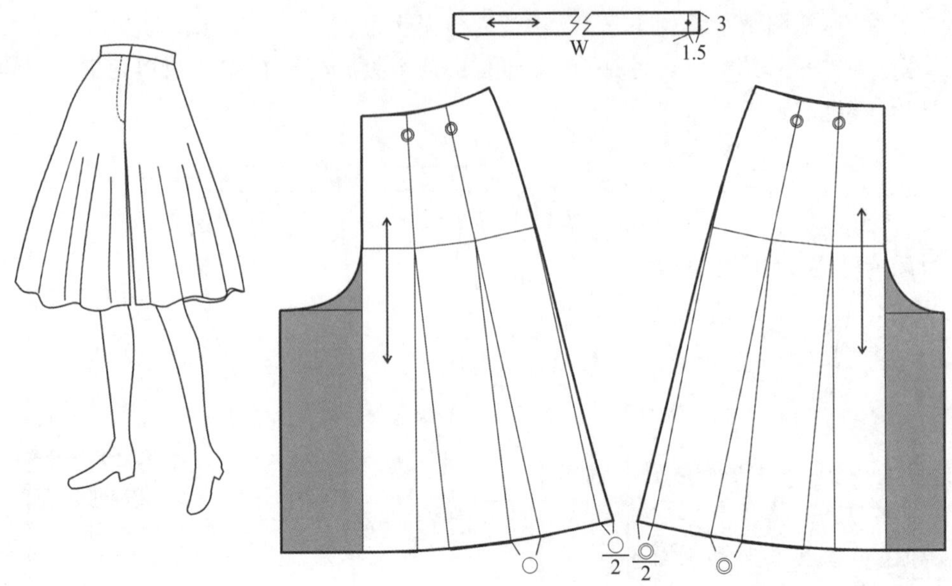

图 10－16　斜裙裤的结构设计

图 10－17　裙裤结构设计实例 1

结构复杂的裙裤，可先忽略裆部结构，最后再加上裆片（图 10－18）。

A. 在A型裙的基础上制图，设计出前片的分割线与加褶位

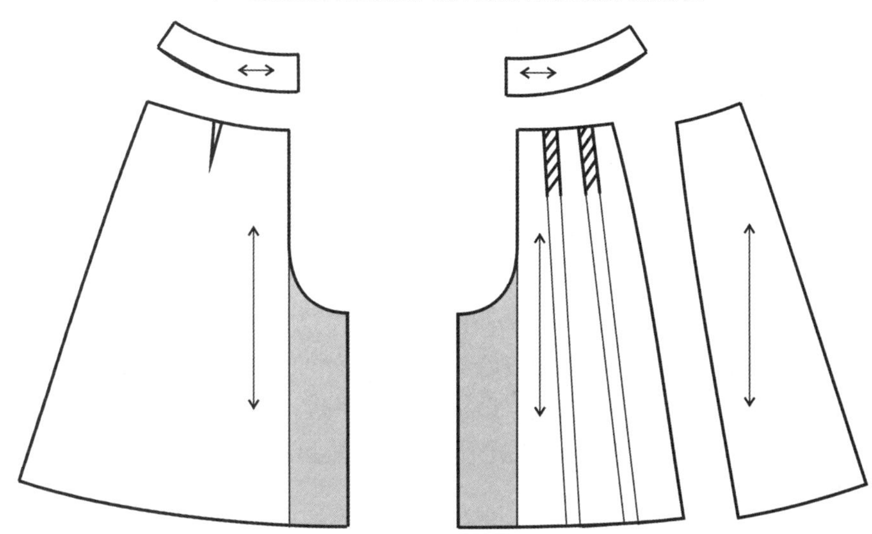

B. 前片为不对称款式，分别处理好左右片，加上裆结构

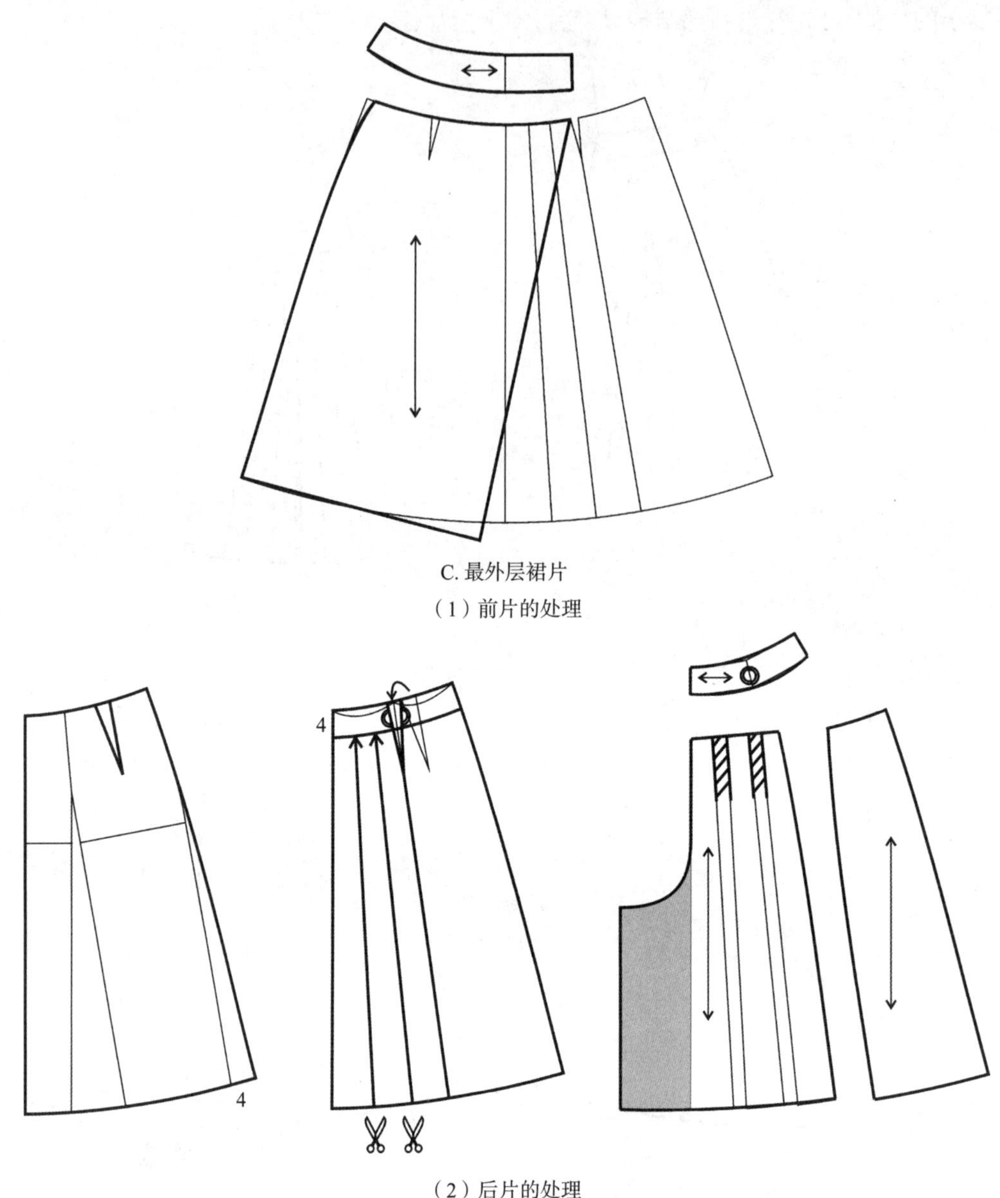

C. 最外层裙片

（1）前片的处理

（2）后片的处理

图 10 - 18　裙裤结构设计实例 2

裙裤的裆宽尺寸取值较为灵活，可以根据设计意图调整。比如前裆宽，最小为裤子基本纸样前裆宽尺寸，最大可达单个裙片臀围尺寸的一半，约 10～12cm。后裆宽一般在前裆宽的基础上增加 3～4cm。越接近裤子基本纸样的裆宽取值，裙裤的裆部越合体，可称之为“裤裙”(图 10 - 19)。

还有一种裙子与裤子的层叠款式，内层的裤子与外层的裙子在结构上其实关系不大，可分别进行结构设计，注意腰线部分应一致。

图 10 - 20 外层裙子为圆裙，内层为短裤。裙子的最短尺寸一般为 45cm 左右，但是因为内层裤子打底，所以裙子缩短到 38cm，短裤长 40cm。裙子可以设计得非常短，这是这种层叠裙的优势之一。

本例属于中腰款式，腰头上端超过人体腰线 2cm，以便系带。这种小高腰款式的省形为楔形，如何在育克结构中合并省呢？如图所示，腰省只能近似合并，但是余留的腰线处省量很小，使用系带的方式可以将这些松量收起来。

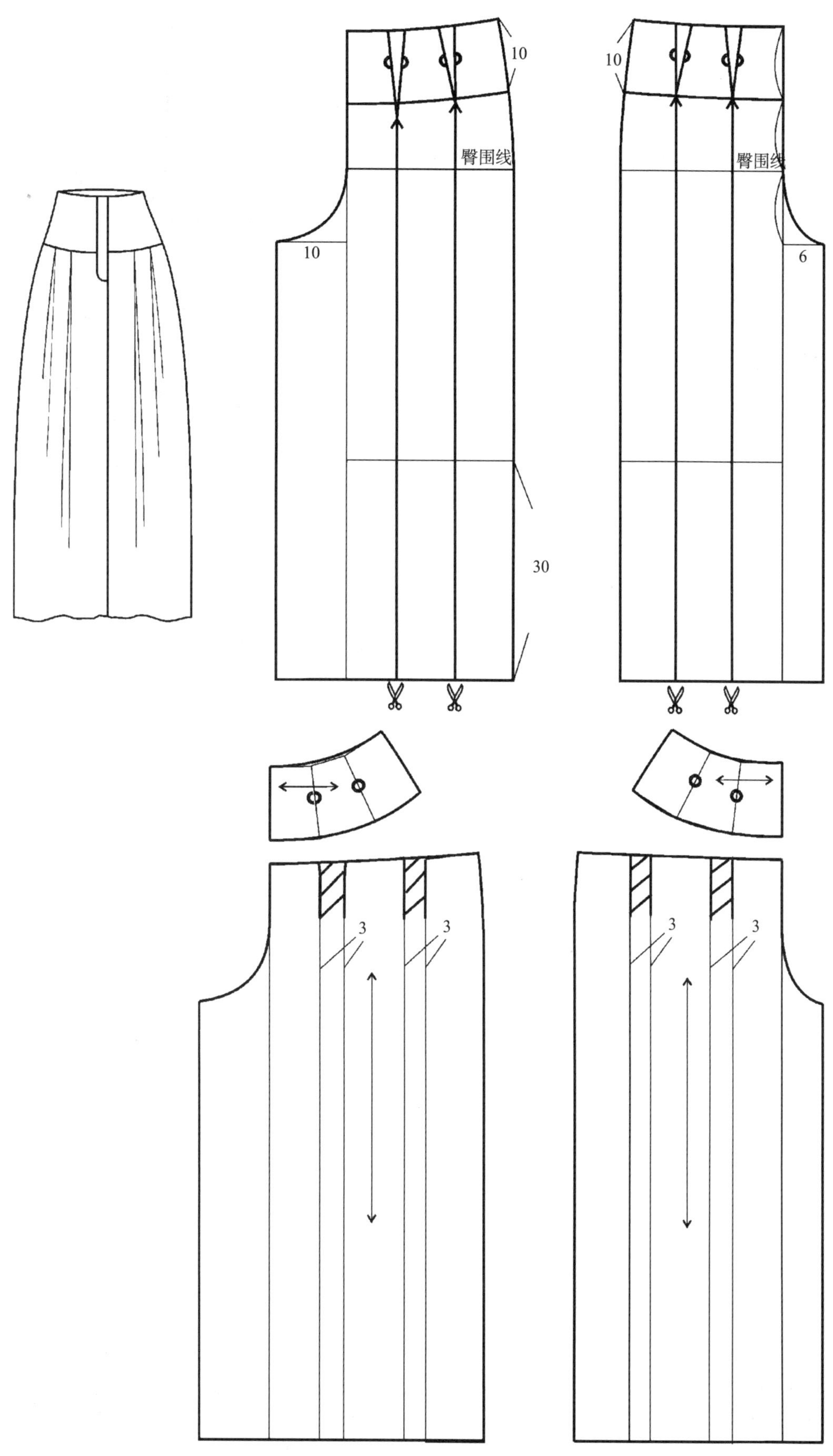

图 10－19　裙裤结构设计实例 3

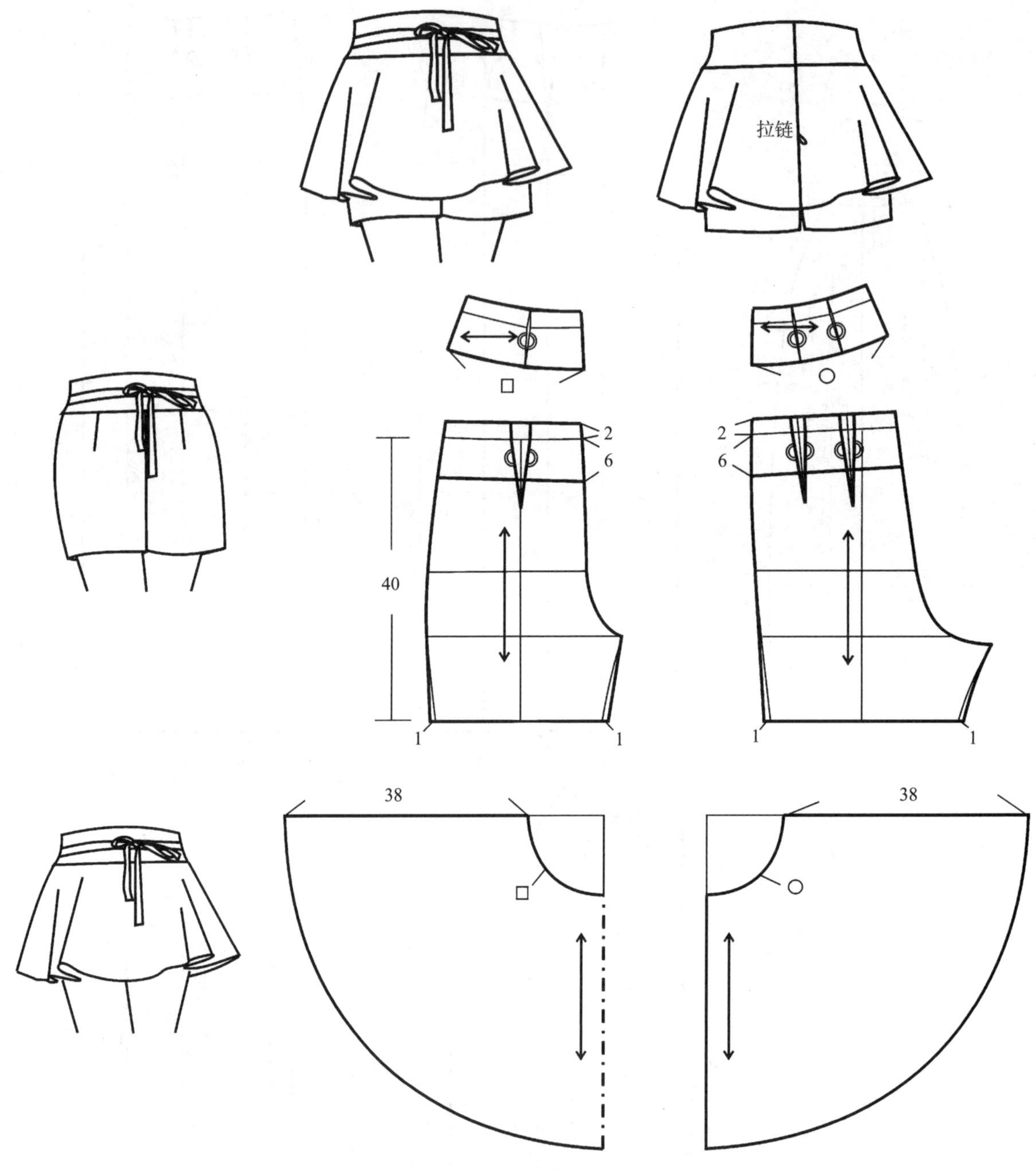

图 10-20　裙裤结构设计实例 4

第四节　裤子综合结构设计

材料的创新和人们对时尚的开放态度使裤子款式发生着越来越显著的变化，裤子不再仅仅停留在筒裤、喇叭裤、萝卜裤等传统款式上，哈伦裤、吊裆裤、灯笼裤、打底裤和各种创新结构的裤子琳琅满目，既给结构设计注入了新鲜血液，也提出了挑战。

一般来说，裤子综合结构设计可以分两步进行：首先，设计或判断裤子的基本裤型，决定臀围、裆宽、裆深、裤口等尺寸，可以在裤子基本纸样上修改，也可以根据必要尺寸重新打板；其次，分析裤子内部结构，画出款式细节的纸样。

一、修身休闲裤(图 10－21～图 10－23)

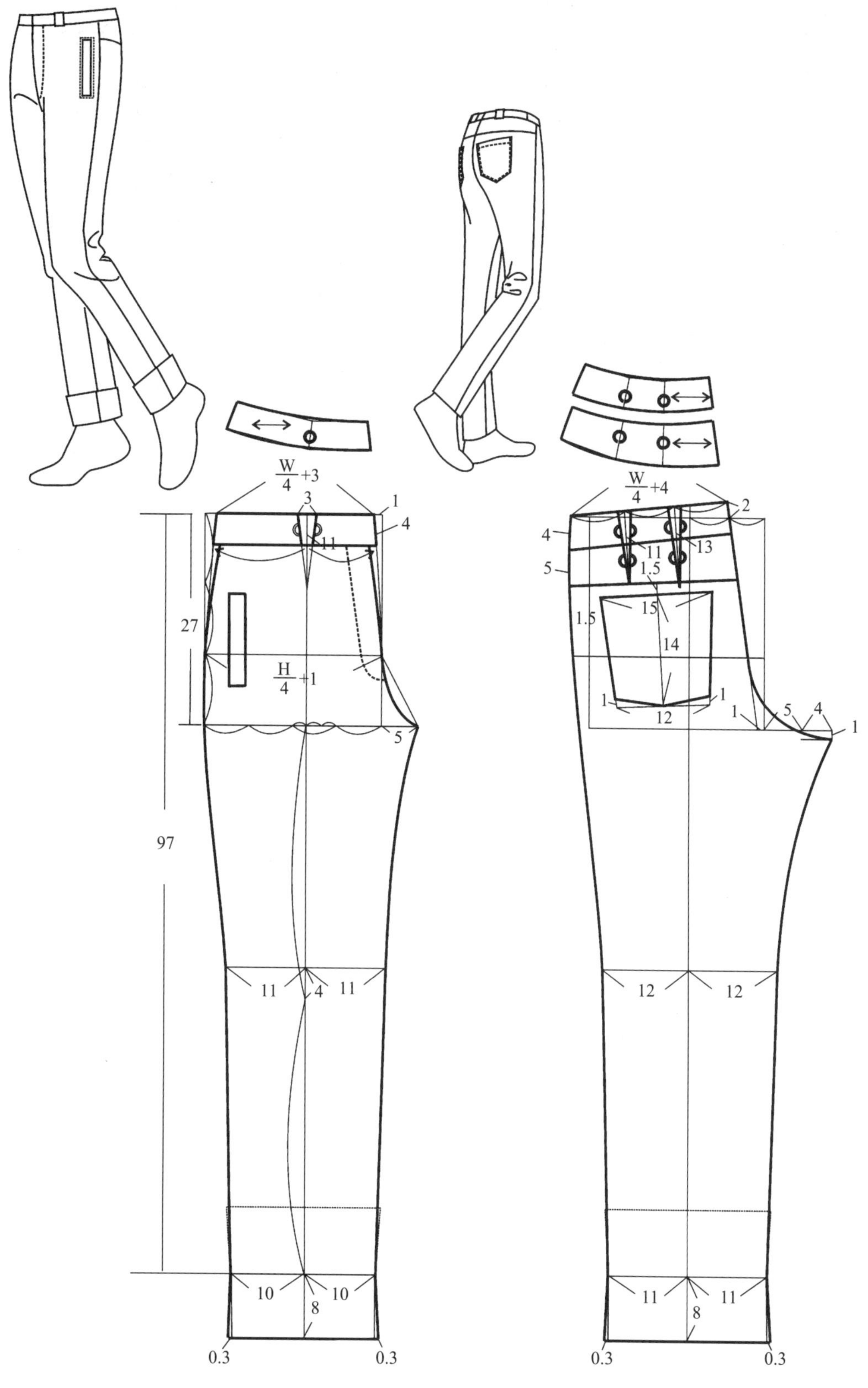

图 10－21　休闲裤结构设计实例 1

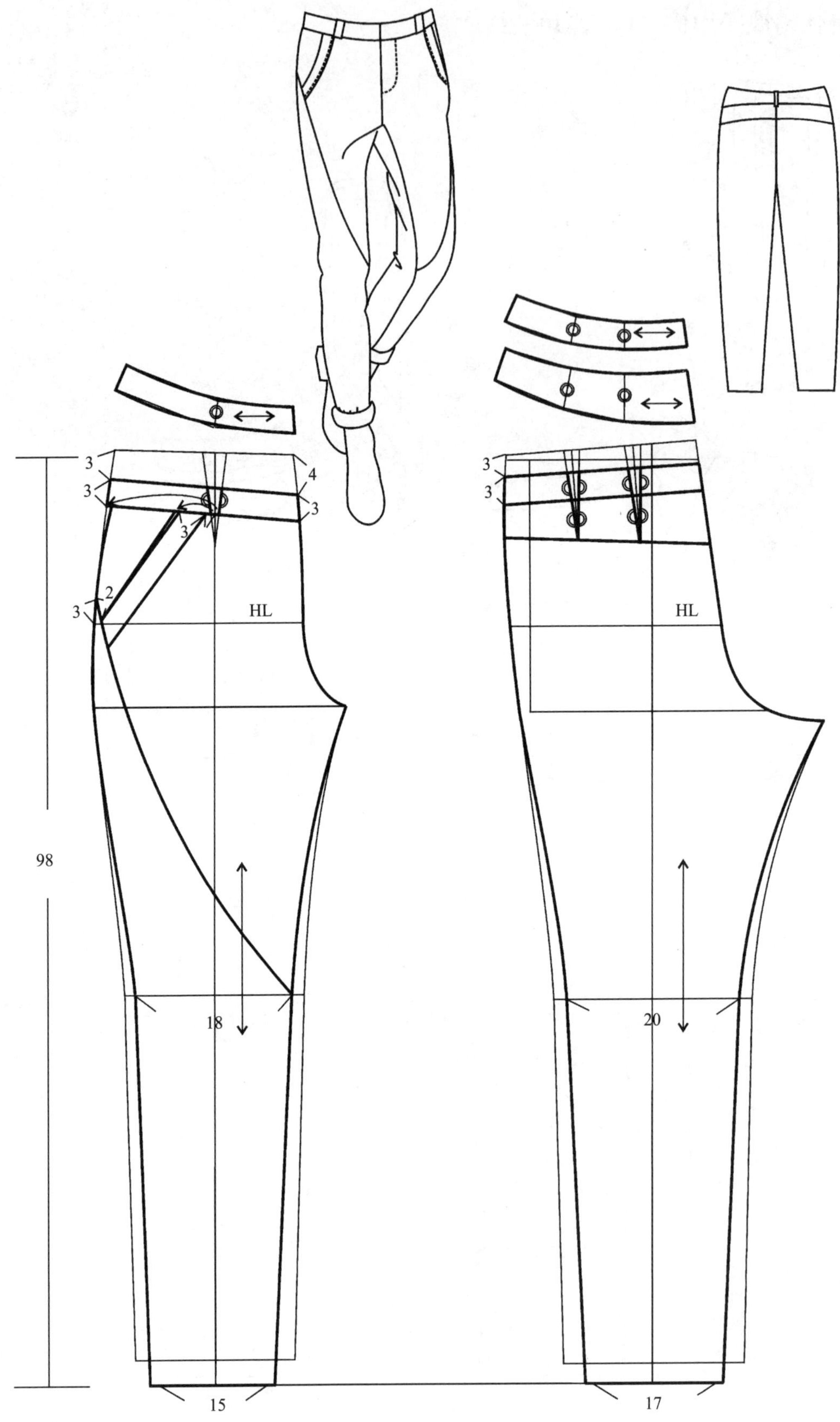

图 10－22　休闲裤结构设计实例 2

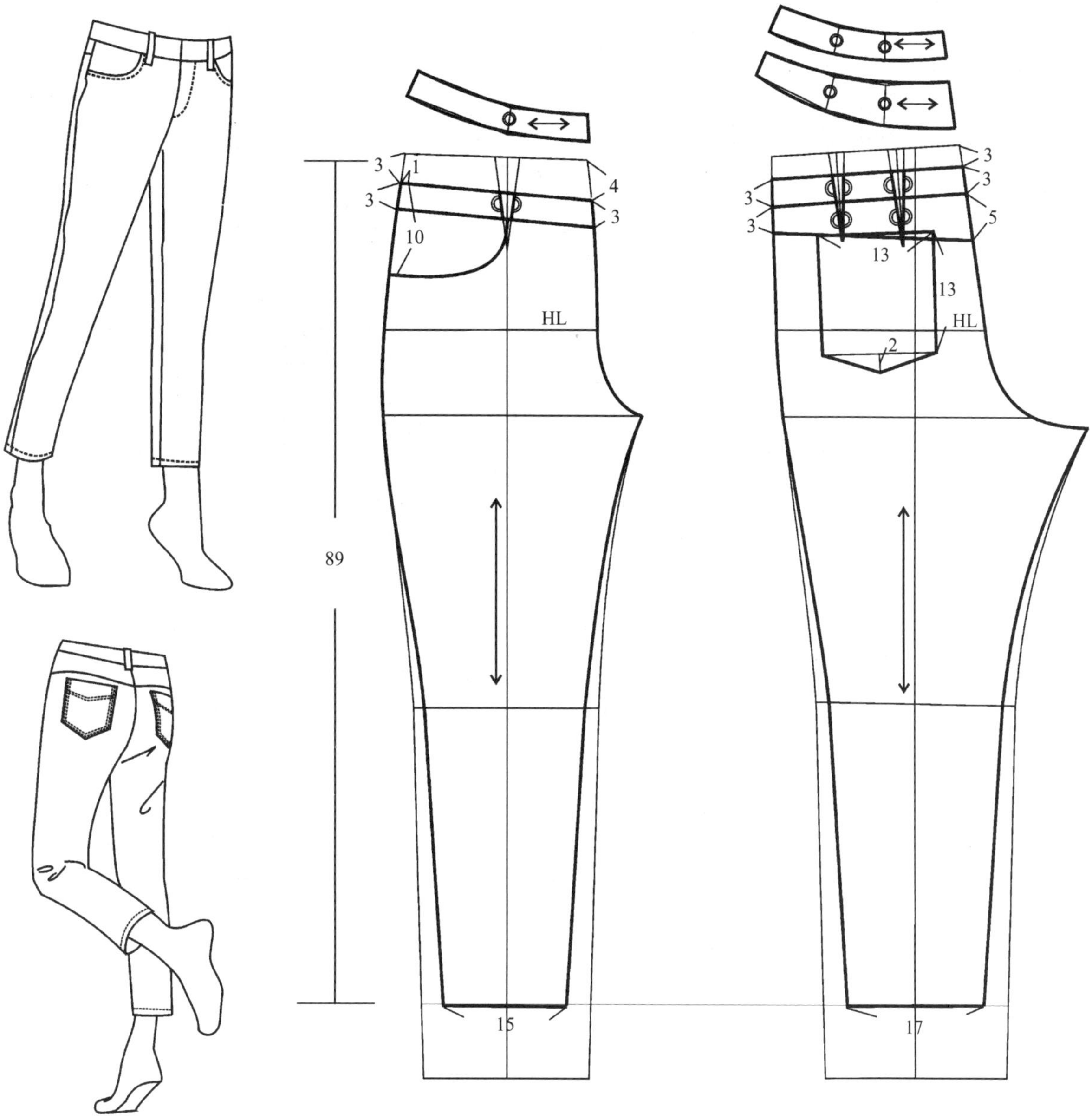

图 10－23　休闲裤结构设计实例 3

以上三款裤子都属于直筒型休闲裤，结构上有以下共同的特点：

（1）低腰：休闲紧身型筒裤一般采用低腰结构，一方面改善臀长比例，显得腿部修长，另一方面低腰结构的下装穿着支撑点比较稳定，穿着更加舒适方便；一般常见低腰量为 2～4cm；

（2）腰头：低腰结构的腰头必须在裤子纸样的相应腰线位置截取，并合并其中包含的省量；

（3）育克：大多数休闲裤的后片采用育克结构；

（4）裤长：随着设计的不同，裤口形式的多样，裤长可自行量取或设计。

可以看出，使用裤子基本纸样进行修改裁剪，将大大减少裤子打板的工作量。

二、弹力紧身裤

1. 低弹裤(图 10－24)

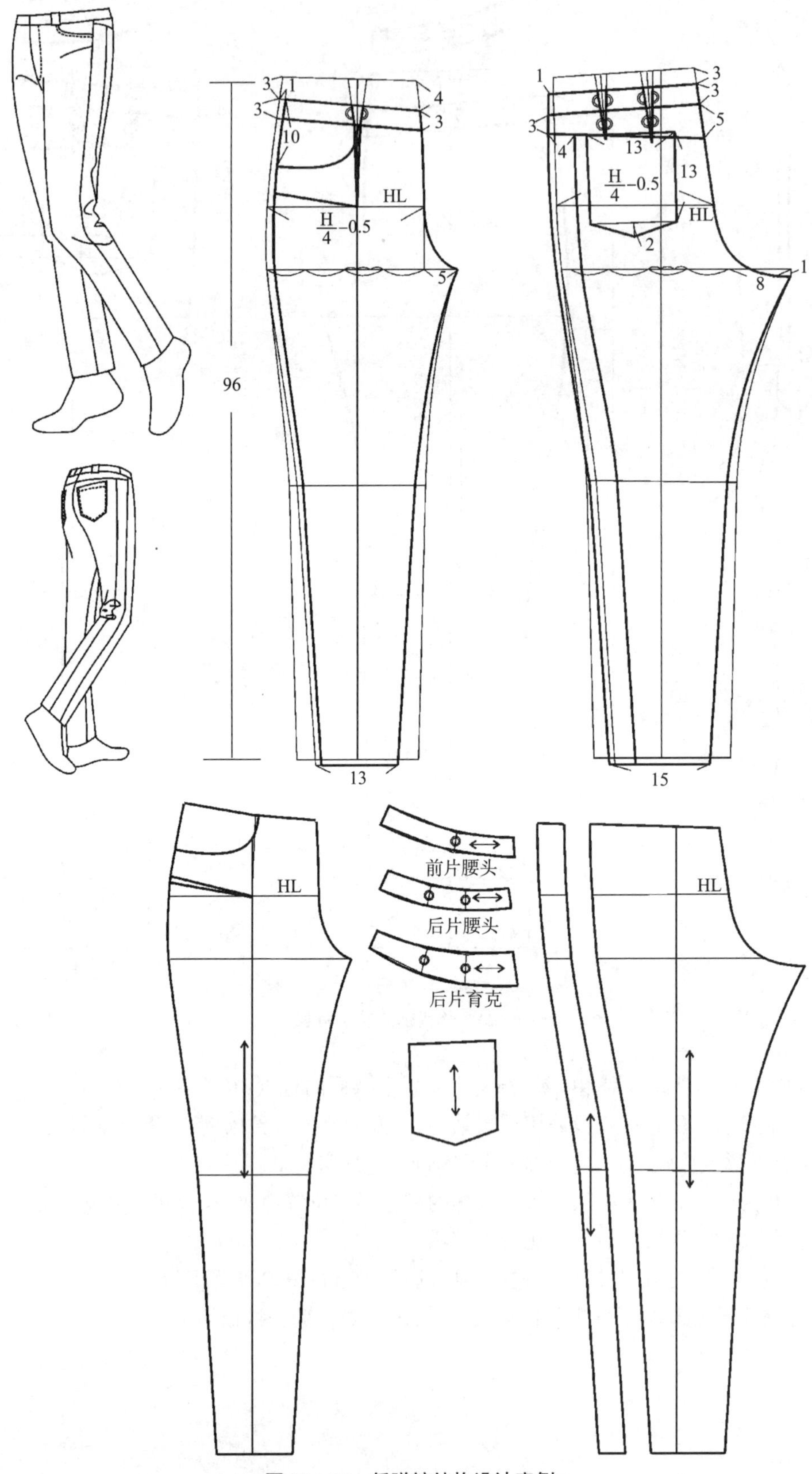

图 10－24　低弹裤结构设计实例

2. 中弹裤(图 10－25)

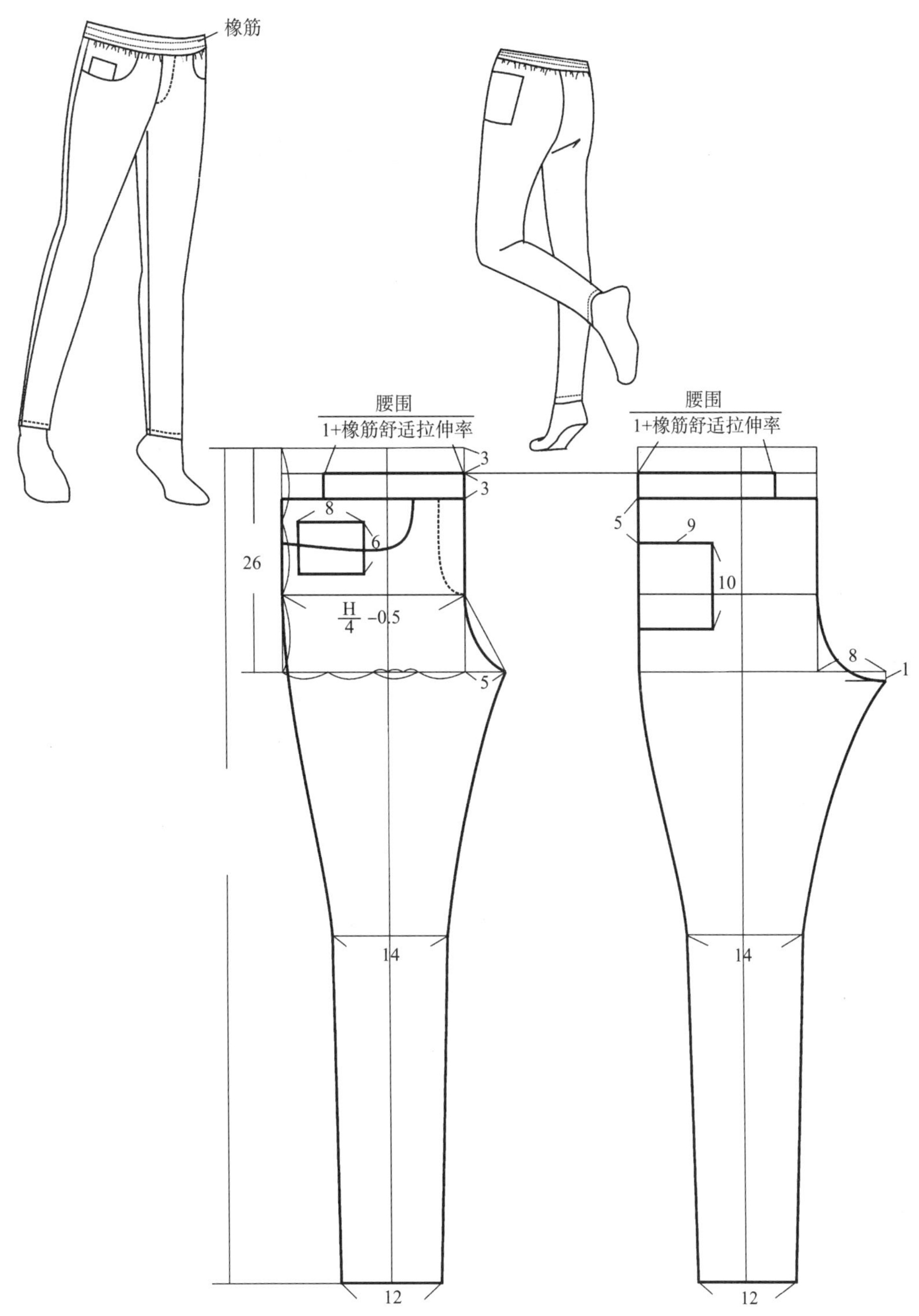

图 10－25　中弹裤结构设计实例

3. 高弹裤

低弹裤的面料里有少量的氨纶成分，既可保证面料的贴体度，又改善了裤子的运动性能。此时臀围放松量可减小到 2cm，裤口尺寸也较小，为保持裤子结构的平衡，最好重新打板。

中等弹性的裤子臀围尺寸可小于臀围净尺寸，一般是针织面料。

高弹裤常用于裤袜、打底裤等，采用弹性很好的针织面料，且裤子前后片连裁，仅在前后中线和裤子内侧缝缝合。一般来说，这种内衣类服装使用的针织面料横向舒适弹率为80%，纵向弹率可定为90%(图10－26)。

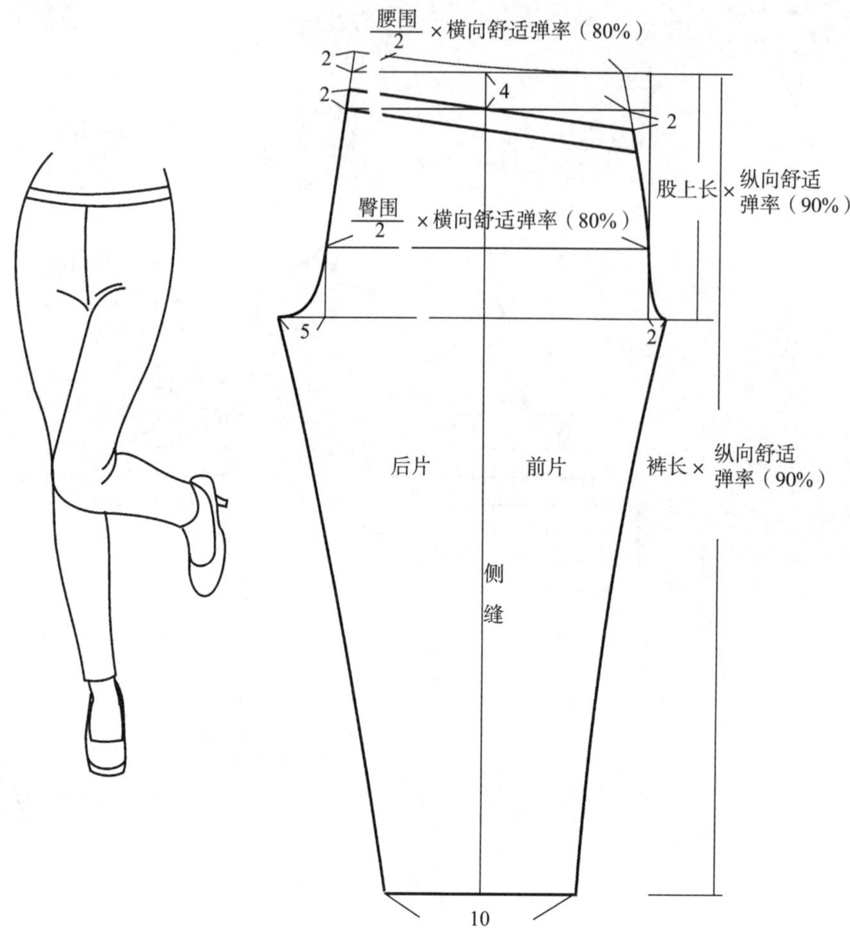

图10－26　高弹裤结构设计实例

三、哈伦裤

哈伦裤起源于伊斯兰传统服装，现在对哈伦裤的定义是模糊的，一般认为哈伦裤最大的特点是腰臀部比较宽松，而裤口较紧(图10－27～图10－30)。

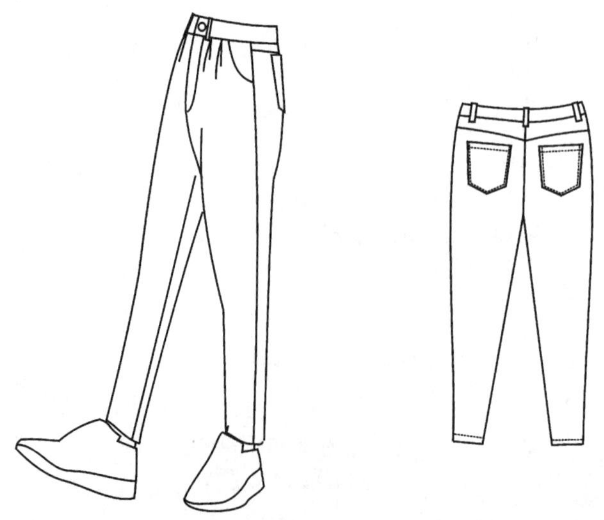

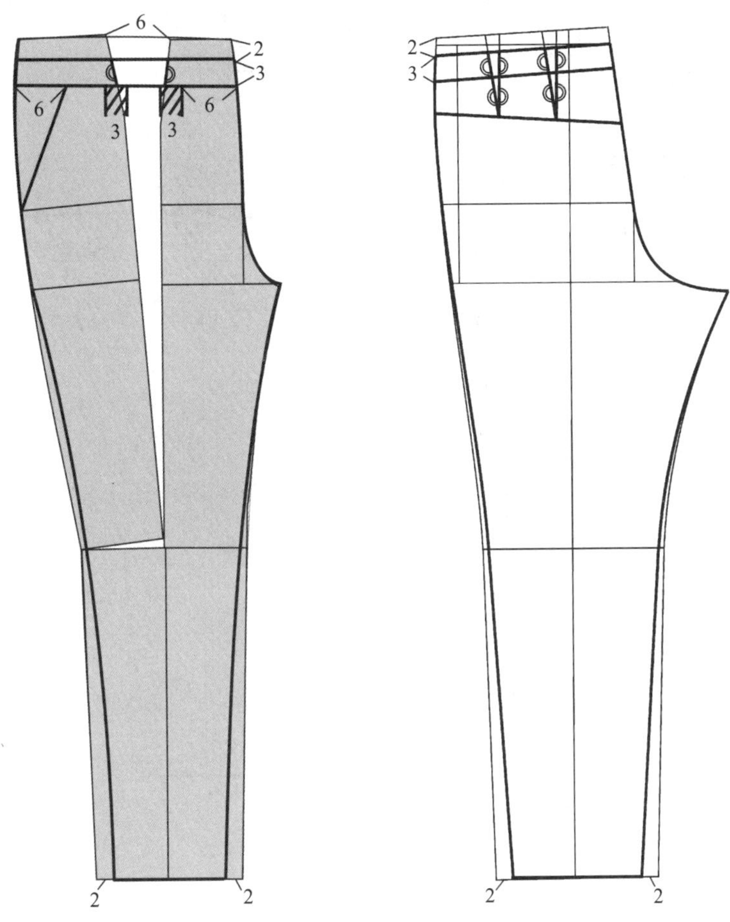

图 10－27　哈伦裤结构设计实例 1

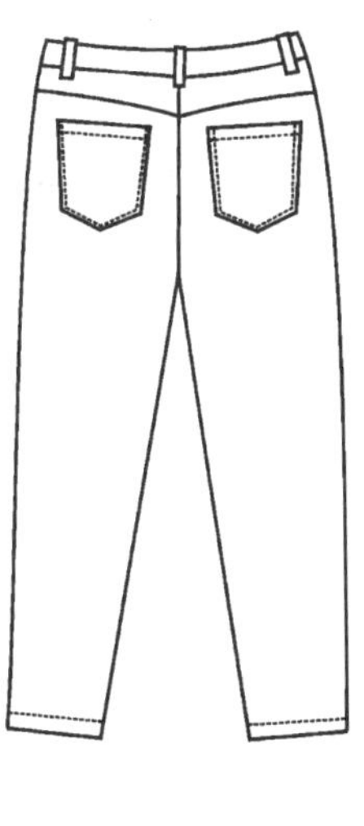

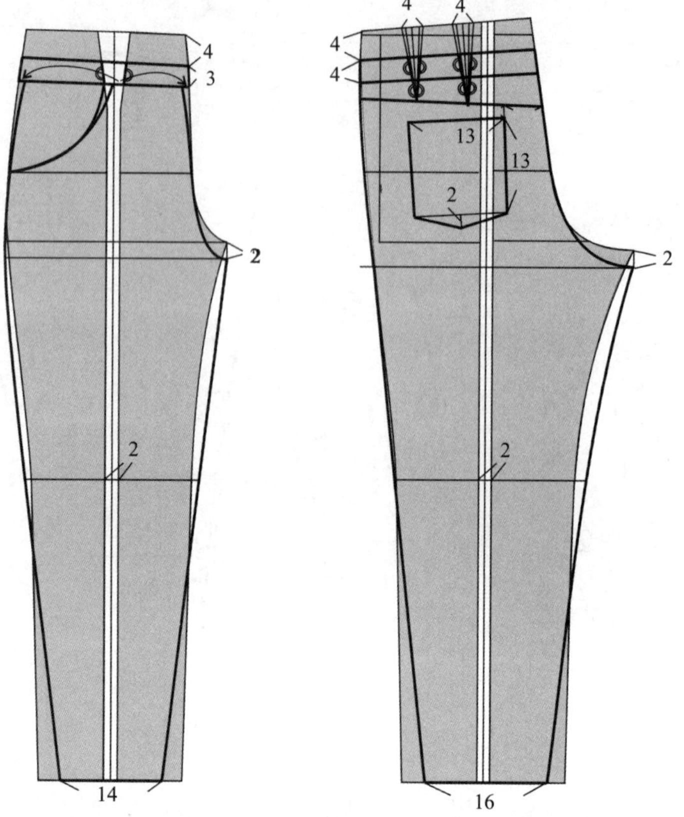

图 10－28　哈伦裤结构设计实例 2

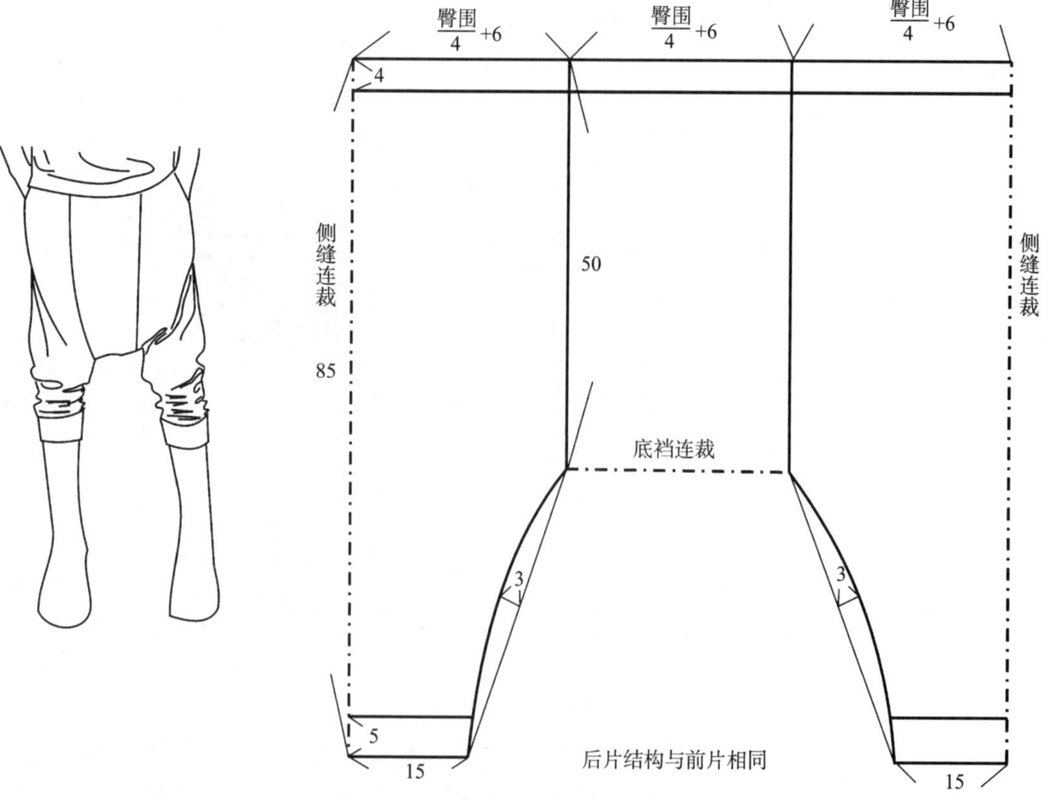

图 10－29　哈伦裤结构设计实例 3

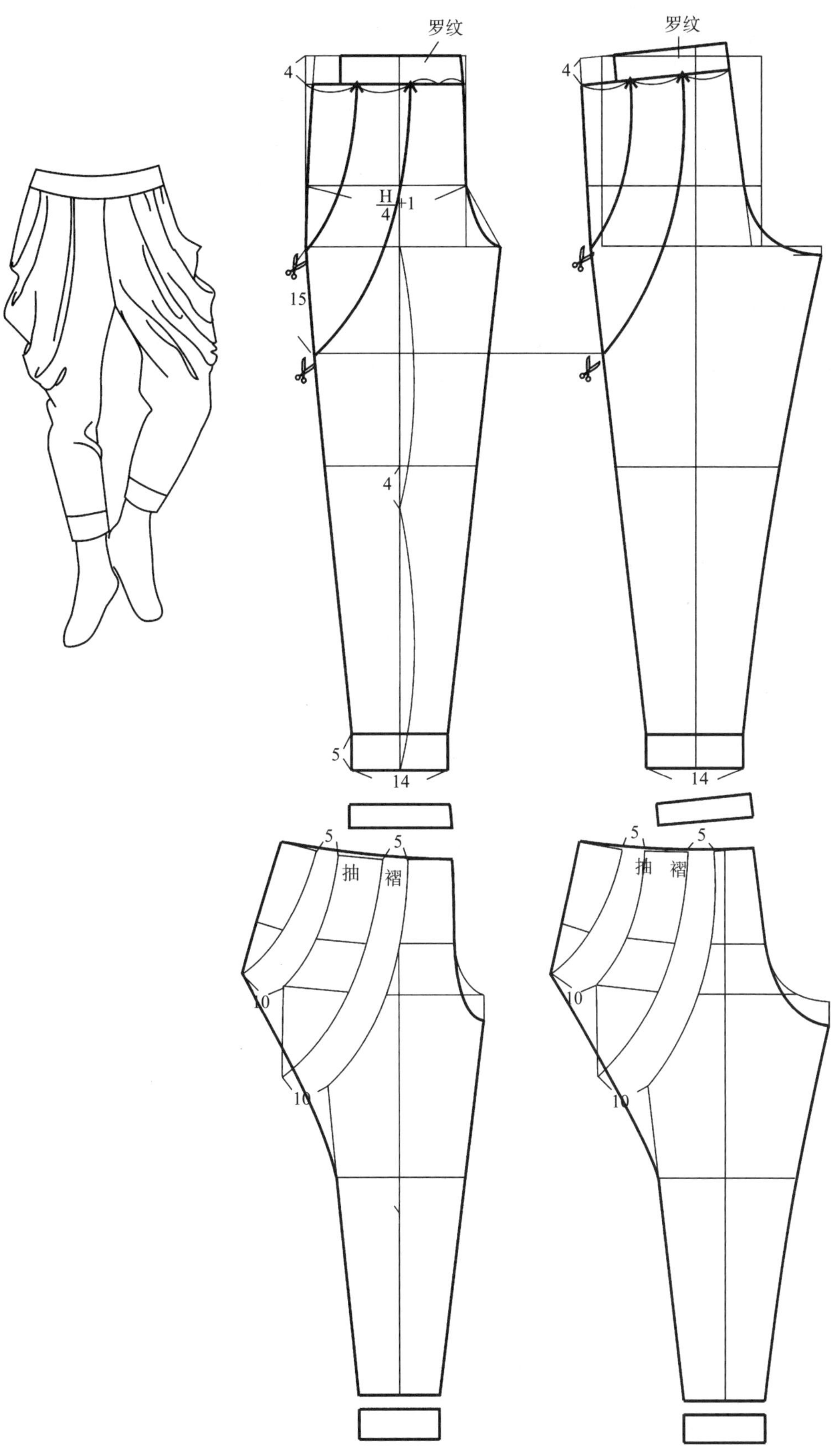

图 10－30　哈伦裤结构设计实例 4

哈伦裤的结构处理的重点是用切展的方法在臀围处加入松量，根据裤子设计效果，切展部位可以由腰线到侧缝臀围处、裆线处、膝线、裤口处。难点是如何处理腰线，根据款式，腰围松量可以通过收褶、平移、育克等方法收掉。

图 10－29、图 10－30 的款式裤口较紧，多使用针织面料制作。裤口宽度可适当增加，以应对面料没有弹性的情况，或得到不同的设计效果。

四、其他裤子款式(图 10－31～图 10－35)

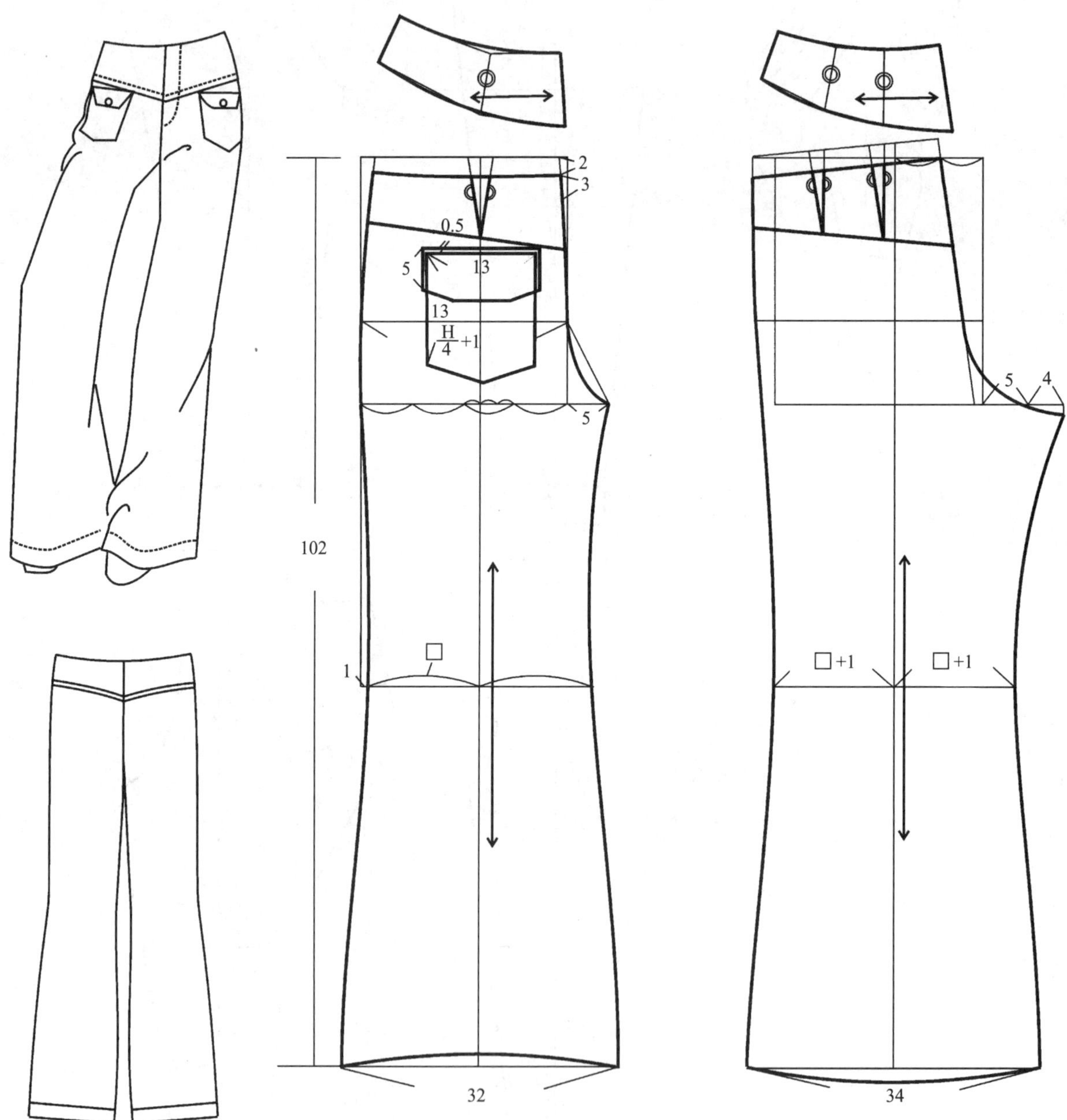

图 10－31　其他裤子款式结构设计实例 1

图 10－32　其他裤子款式结构设计实例 2

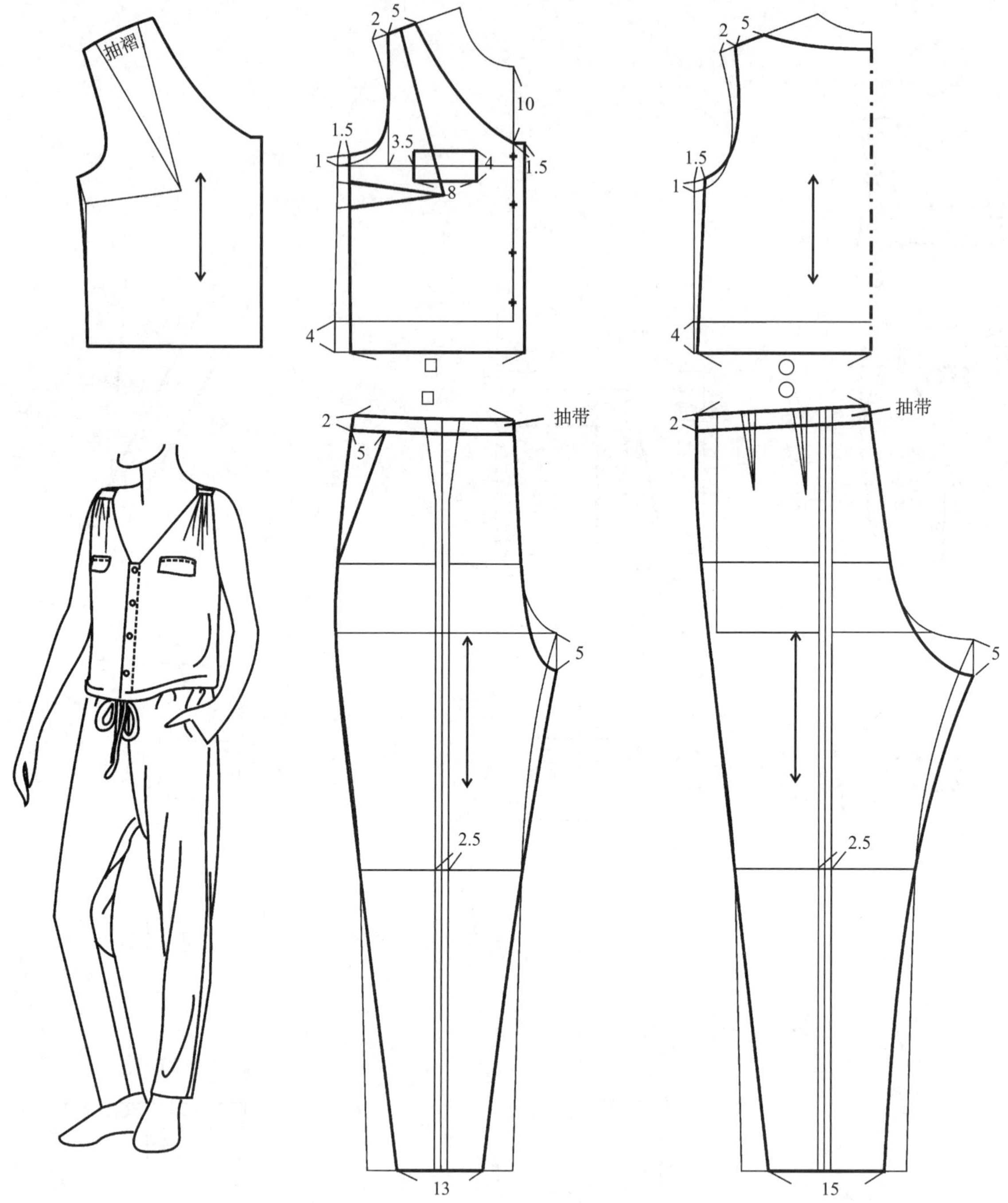

图 10－33　其他裤子款式结构设计实例 3

背带裤与连身裤是上衣与裤子相连的款式，需要注意的结构问题是：

(1) 穿着者在坐下、蹲下等运动中后中长拉长，由于上衣牵扯的作用，必须加长衣长与裆深。图 11－32 衣长加长 2cm，在静止时是落裆量，运动时是后中长调节量。图 10－33 衣长加长 4cm，是款式所需，在活动时也可以作为长度调节量，裆深加长 5cm，一方面出于款式的需要，另一方面也是人体运动的需要；

(2) 上衣与裤子的腰线尺寸应该对应，同时注意服装开口问题。如图 10－33，腰围必须大于等于臀围，本例的结构设计通过切展裤中线，加入臀围放松量的同时，也增加了腰围尺寸，使其大于等于臀围净尺寸，保证穿着。

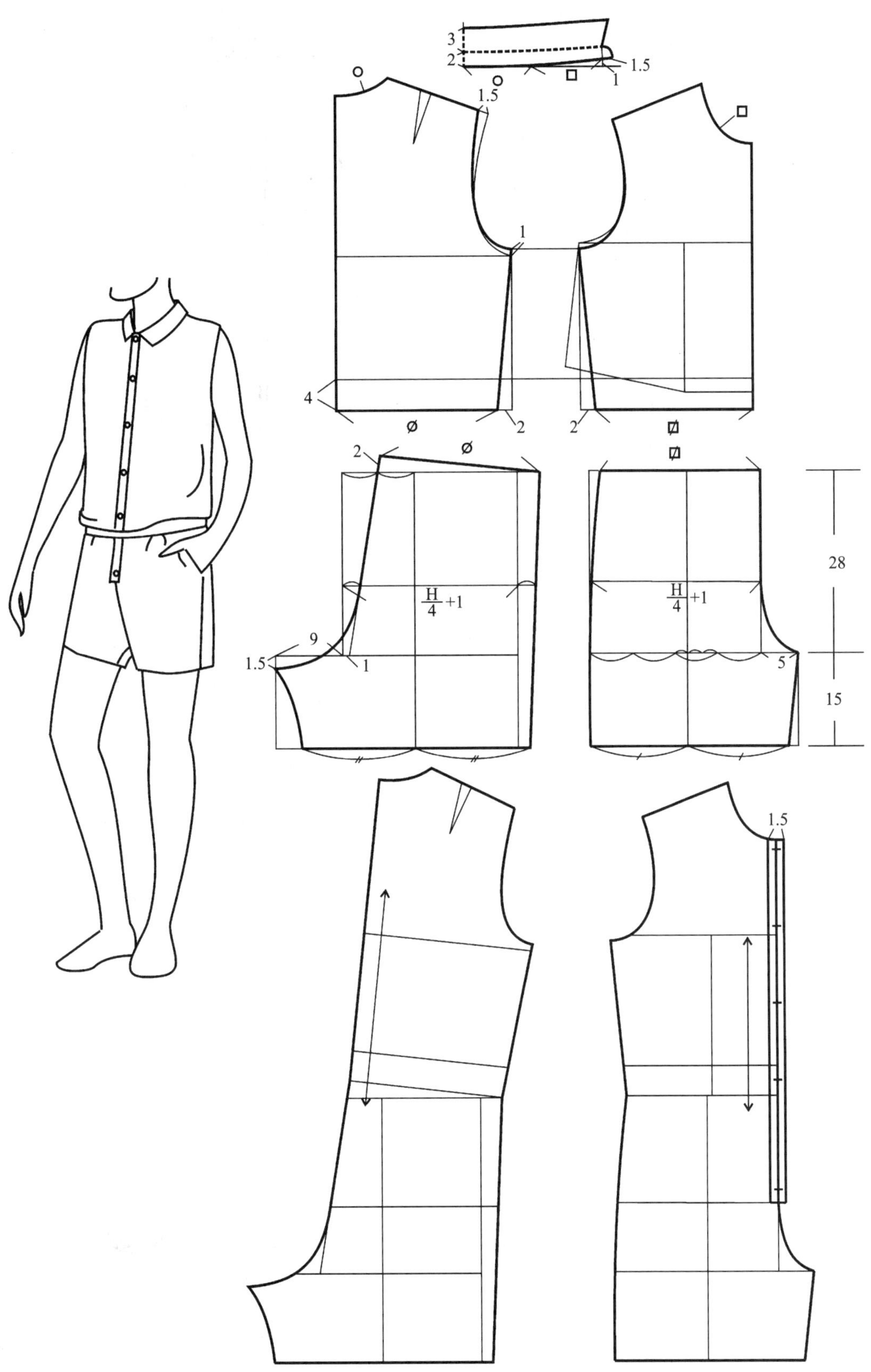

图 10-34 其他裤子款式结构设计实例 4

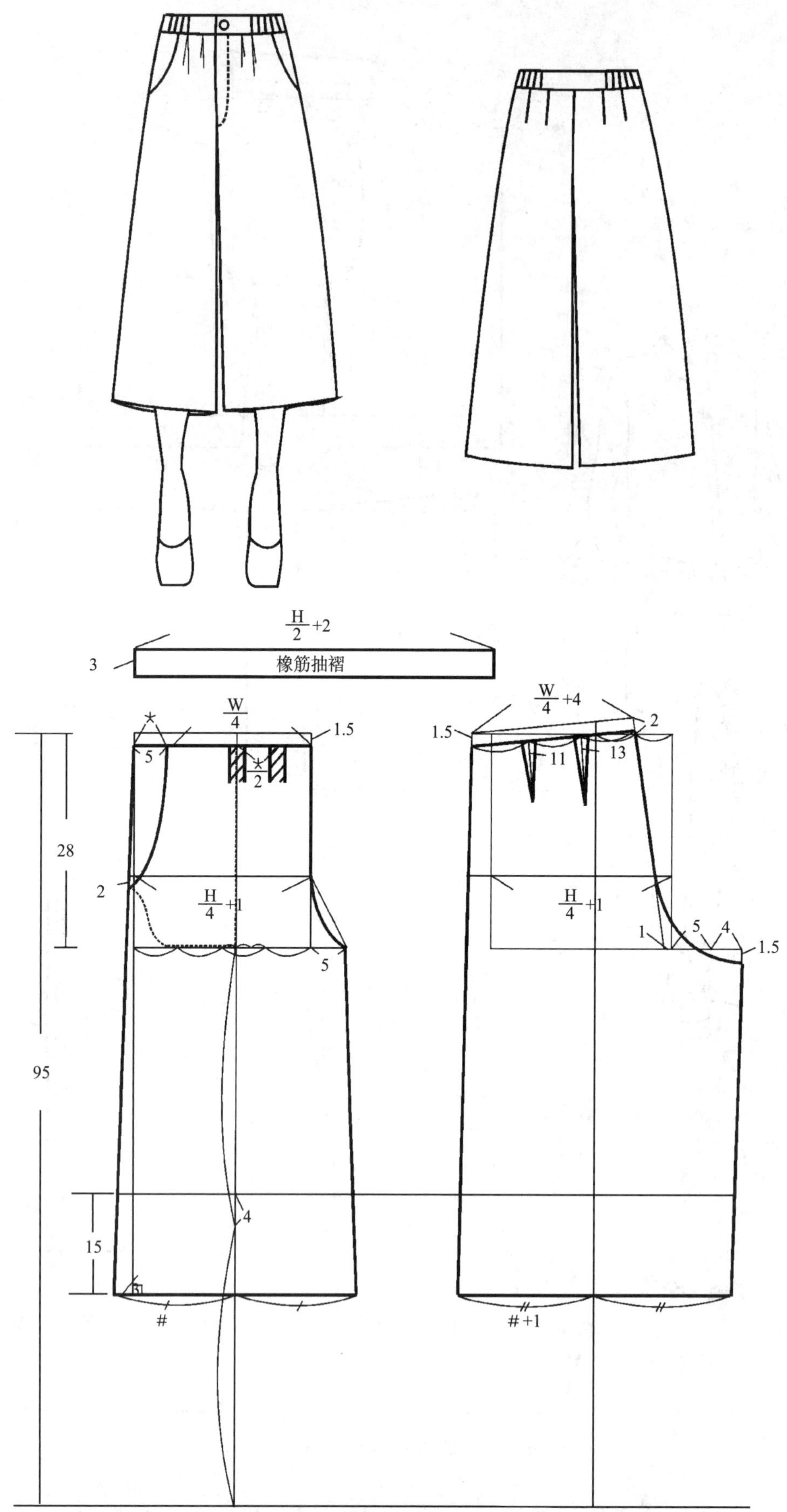

图 10－35　其他裤子款式结构设计实例 5

第十一章　女上装结构设计

综合运用基本衣身纸样变化与领、袖的结构处理方法，就可以开始学习画常见基本款式成衣的纸样。在画成衣纸样之前，需要先对衣身纸样上的腋下省和肩胛省有正确的认识，进行必要的处理。

第一节　肩胛省与腋下省的处理

一、肩胛省

基本纸样的前后肩线不等长，相差 1.5cm，无法直接缝合。不等长的原因是由于肩胛省的存在，肩胛省是由于肩胛骨突起而形成的省结构，保留肩胛省，服装后背款式将出现肩胛省缝合线。然而很多款式未设肩胛省，应该怎么处理呢？

下面将讨论肩胛部位的处理情况。

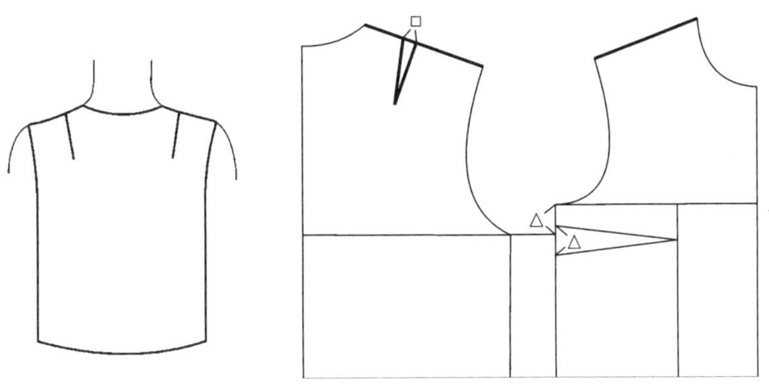

图 11－1　有肩胛省的处理方法

1. 款式上设有肩胛省

如果款式上有肩胛省，则在成衣纸样处理时正常使用，做缝合处理(图 11－1)。

2. 款式上没有肩胛省，但有肩胛省转移结构

本书第四章介绍了肩胛省转移至领口、袖窿、后中线等处的方法，也可以用育克分割线将其合并。因此，在结构设计时，如果既想塑造合体的廓型，又不想在成衣上出现肩胛省，则可以用省的转移方法，将肩胛省处理成其他形式(图 11－2、图 11－3)。

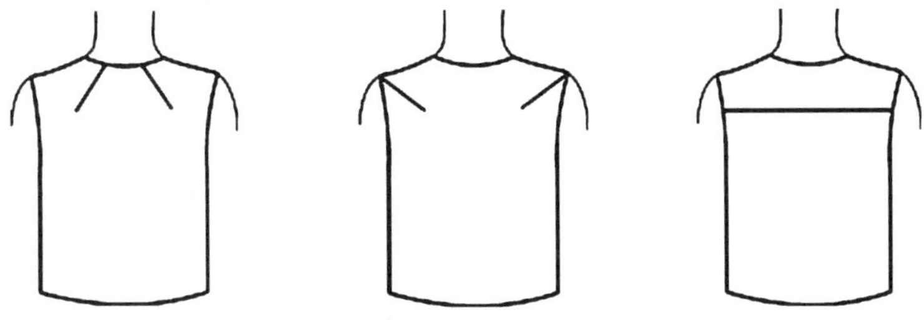

图 11－2　有肩胛省转省结构的款式

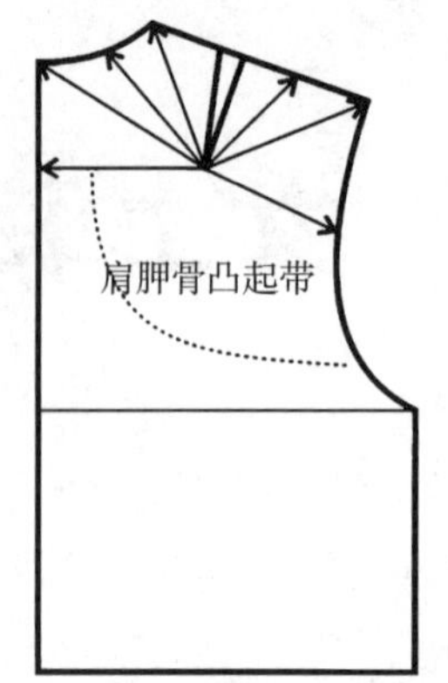

图 11－3　肩胛省转省处理

3. 没有肩胛省，也没有转省结构

很多款式既没有肩胛省，也没有转省结构，结构上只能做近似处理：延长前肩线，或缩短后肩线，使肩线等长（图 11－4）。

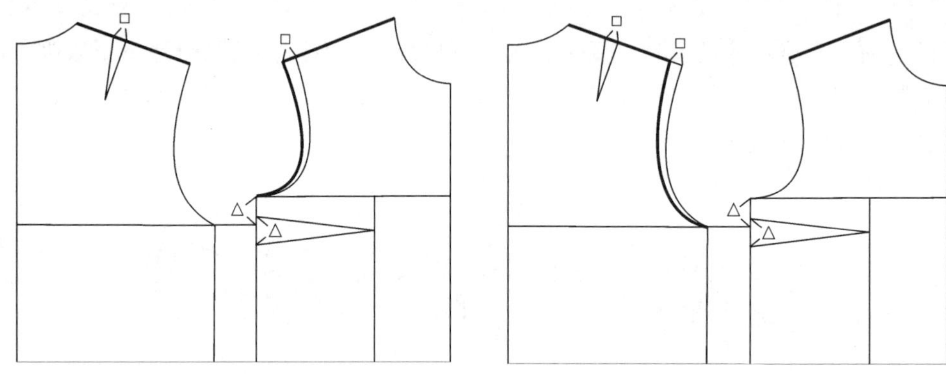

图 11－4　肩线等长处理

因为是近似处理，肩胛处合体性减弱。延长前肩线，将使前肩处变松，适合偏宽松的廓型；缩短后肩线，将使肩胛骨处略紧，适合紧身的服装。

二、腋下省的处理（腰线对位）

和肩线一样，腋下省的存在使前后侧缝长度不相等，而且相差的长度更大。而采用缩短或延长侧缝的方法简单处理，将使袖窿变形太大。如何解决这个问题呢？下面介绍腋下省的几种处理方法，或称腰线对位方法。

1. 款式上设有腋下省，或有腋下省的转省结构（图 11－5）

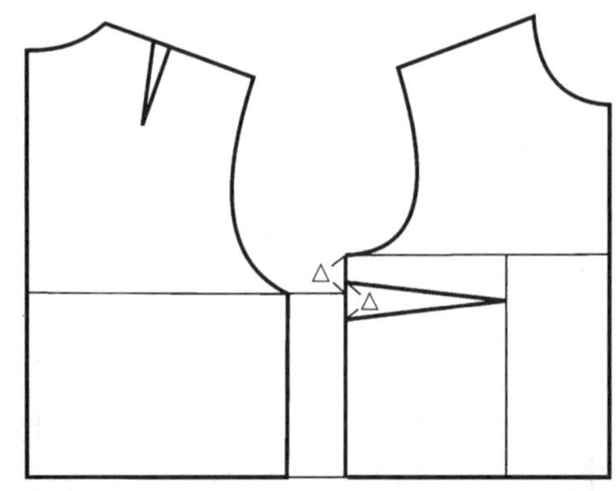

图 11－5　设有腋下省的结构

基本纸样制图时前片纸样的腰线与后片腰线未对齐。在成衣结构设计时，应将两个衣片腰线对齐，方便同步制图、尺寸核对。

对齐后，前后侧缝腋下点之间的高度差量，其实就是腋下省的省量，同时也是胸部凸起增加的前身长度(即图 11－5 中的△)。紧身或合体廓型的服装，为了体现女性人体的曲线美，必须全部使用这个省量，将胸部造型完全勾画出来。

当然，使用转省的方法，将这个省转到其他位置，或转变为褶裥、分割线等，将使女装结构更加丰富多彩(图 11－6)。

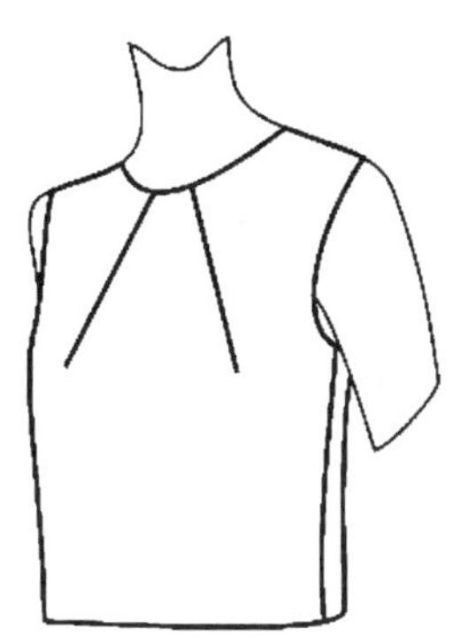

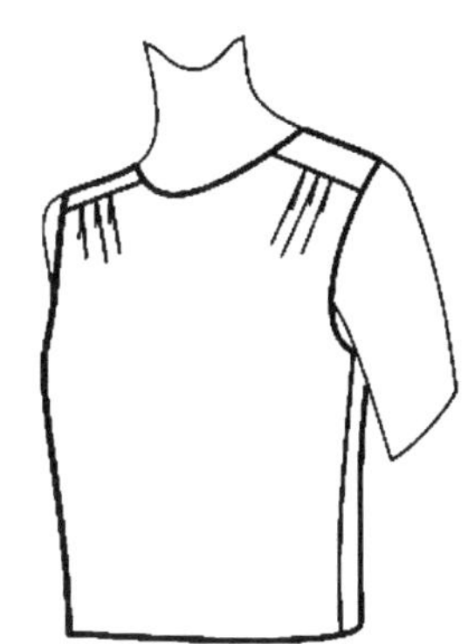

图 11－6　腋下省转省结构

2. 款式上没有腋下省，也没有腋下省的转省结构

(1) 保留部分胸凸量的近似处理

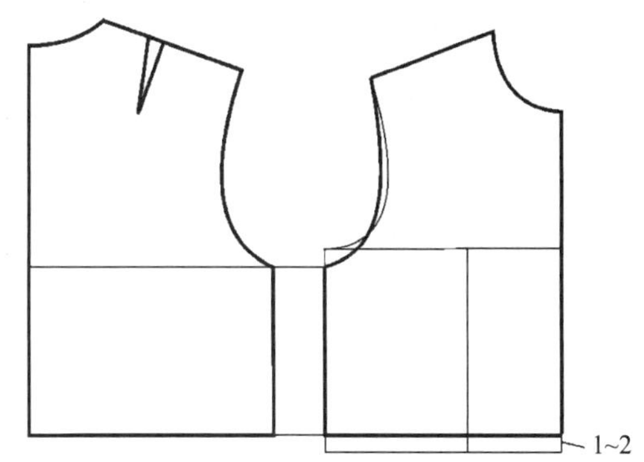

图 11－7　保留部分胸凸量的处理

如图 11－7 所示，款式上没有腋下省，也没有转省结构，缝合工艺又必须要使前后侧缝等长。这类款式应将前片向腰线下放置 1～2cm，腰线以下的部分抹去(剪去)，这时前后侧缝相差量减小，再使前片腋下点与后片腋下点对齐，重新修正袖窿。这样就能得到完全等长的侧缝。

这种处理实际上减少了人体的胸部突出部位造成的前片长度，使衣身前长缩短。由于衣片长度不够，衣身的前底摆会略上翘，袖窿处有一些浮余量。然而这恰巧符合休闲风格或宽松廓型的服装的要求，它们正好需要这种放松的、减弱人体立体感的结构。

(2) 全部去掉胸凸量的处理

完全去掉胸凸量的处理方法非常简单，在腰线处将前片多余的长度完全去掉，使侧缝长度相等。但这种处理完全没有留出女性人体的胸部突起量，所以在穿着时前襟常因胸部顶起而明显前翘。

这种处理方法没有考虑人体的立体造型非常平面化，适合中式服装和宽松服装(图 11－8)。

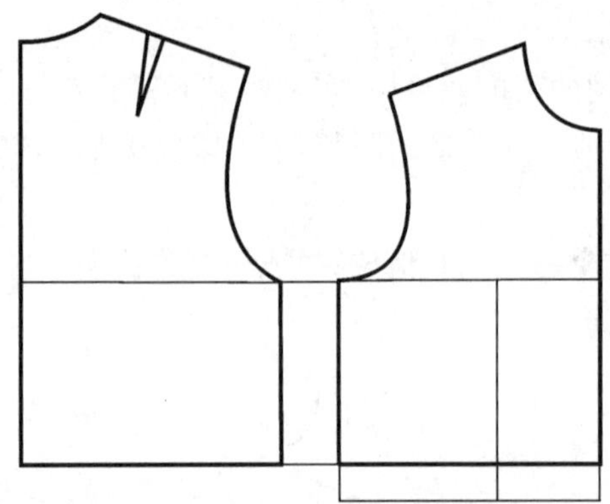

图 11－8　完全去掉胸凸量的处理

总的来说，服装结构设计处理步骤大致可分为两个部分：

① 服装廓型的结构处理，包括胸围放松量、底摆大小、肩袖造型等。其中胸围放松量是廓型的根本，宽松廓型和合体廓型最本质的区别就在于胸围放松量的大小。其余廓型处理或多或少都与胸围放松量有关联。

② 服装内部结构处理，包括省、分割线、褶裥、口袋、门襟、领型、袖型等具体款式细节。

在结构设计的时候，一般来讲，廓型处理在先，内部结构在后，这样有助于将款式信息更加有条理地区别、有步骤地处理，减低结构制图的难度，提高准确率。

廓型的处理，特别是胸围放松量的加放或减小有一定的难度，需要积累经验才能完全掌握。

第二节　有腋下省或转省结构的基本款

基本款是指一些结构简单的常见款式。首先分析一个衬衫基本款式(图 11－9)。

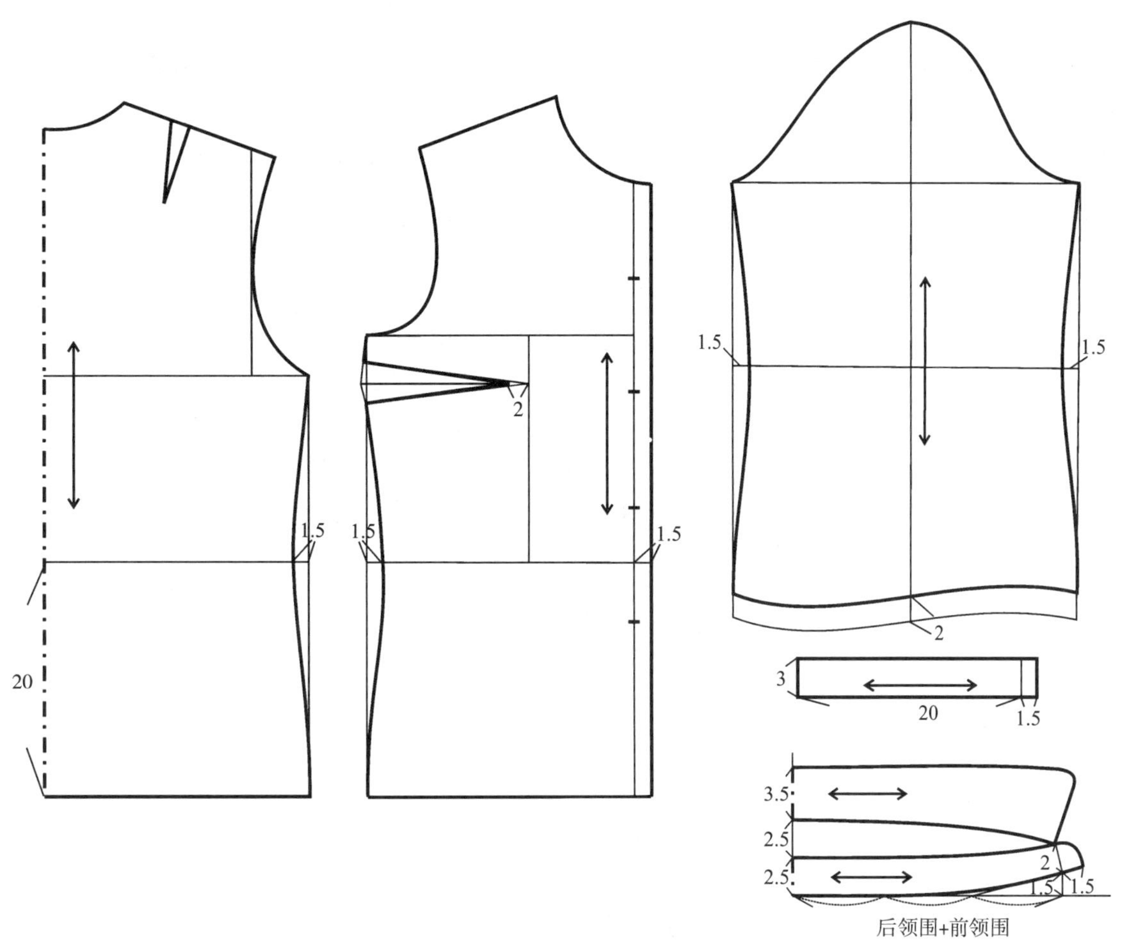

图 11-9　衬衫基本款式

这个衬衫基本款式的特点是：H 廓型，胸围略宽松，衬衫长度至人体臀围线；长袖、分体式翻领；衣身内部设有腋下省和肩胛省。

以此款式为例，成衣结构设计的基本步骤是：

(1) 外轮廓处理

① 画好后片和前片基本纸样。在画前片基本纸样的时候，应该对款式进行判断，决定如何处理腋下省。如果有腋下省或有转省结构，则将前片的腰线与后片对齐；如果没有腋下省，则将前片的腰线向下 1～2cm，以后腰线的水平延长线作为新的腰围线(图 11-9)。

② 修改或保留领口、肩线。如果后片没有肩胛省及其转省结构，则需延长前肩线，或缩短后肩线。

③ 基本纸样修改后，在腰线下加出服装的长度。

④ 如果服装的开口在前门襟，则需加出搭门量。搭门量的大小与扣子的大小相关，扣子越大，搭门量越大。注意钉扣位置是在前中线上。一般来说，衬衫扣子搭门量是 1.25～1.5cm，套装搭门量是 2cm，大衣搭门量是 2.5cm。

(2) 处理好服装纸样的外轮廓后，再处理内部结构

① 这个款式只有腋下省，为了使胸部造型更加美观，腋下省省尖后退 2cm。

② 为了使服装的廓型更合体，在前后侧缝腰围处各收腰 1.5cm。

③ 根据扣子粒数，均匀摆放设置扣位。

(3) 最后画领子和袖子

① 袖子是常见的衬衫袖，如果直接使用袖子基本纸样，造型比较宽松粗糙，因此在肘线处向里收紧

1.5cm。

② 画出袖口，袖口的宽度可自定，2～6cm 不等。长度为“腕围＋4cm”，约 20cm，其中 4cm 为手腕处放松量。

③ 在袖身上减去袖口宽度尺寸。袖口宽 3cm，袖身减去 2cm，是为了形成袖口的蓬起感（图 11－10）。

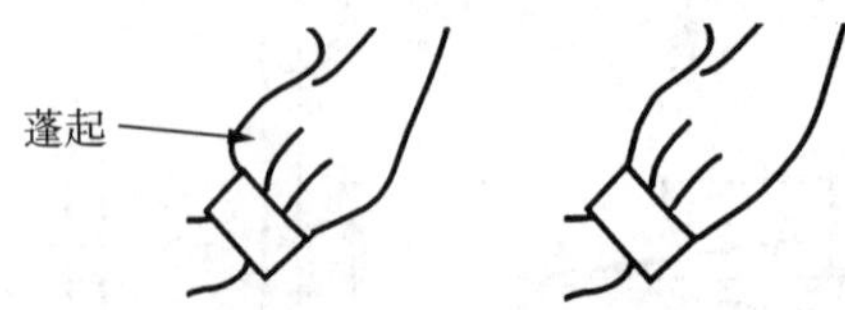

图 11－10　袖口蓬起的处理

④ 以前、后领围为制图尺寸，画分体式翻领。

在图 11－9 的基础上，可以继续修改，得到下列款式和纸样。

一、廓型的修改处理

服装的常见廓型有 H 型、A 型、V 型、X 型等。一般通过侧缝改变其廓型，然而在很多情况下，也需要衣身内部结构的共同调整，才能得到理想造型（图 11－11）。

图 11－11　各种廓型基本款式

1. 直身型（图 11－12）

直身的衣身不用收腰，可直接将侧缝画直。

2. 小 A 型（图 11－13）

小 A 型只在侧缝底摆处加放出摆量即可。侧缝的摆量只改变服装正面的廓型，如果设计摆量较大的大 A 型，就需要用切展的方法实现。

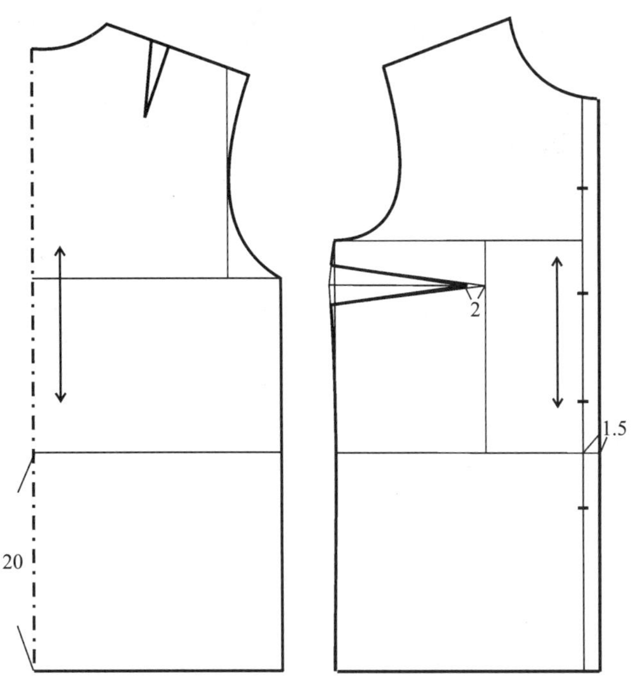

图 11－12 直身型的处理

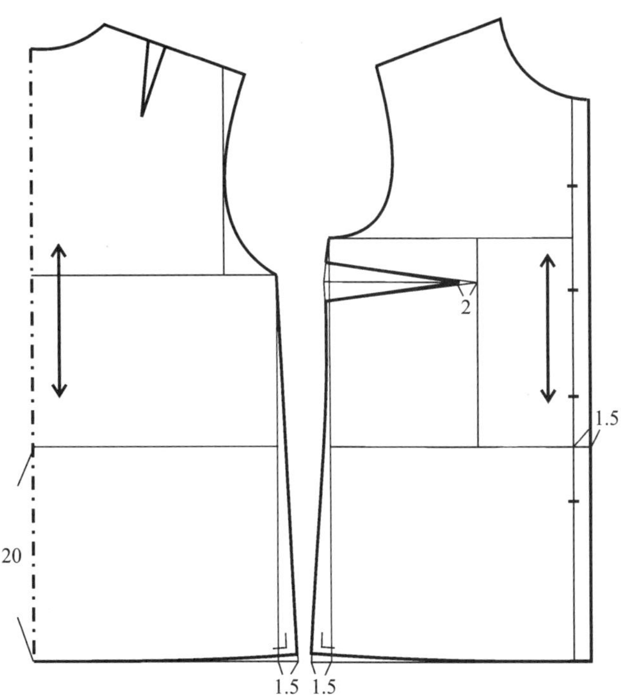

图 11－13 小 A 型的处理

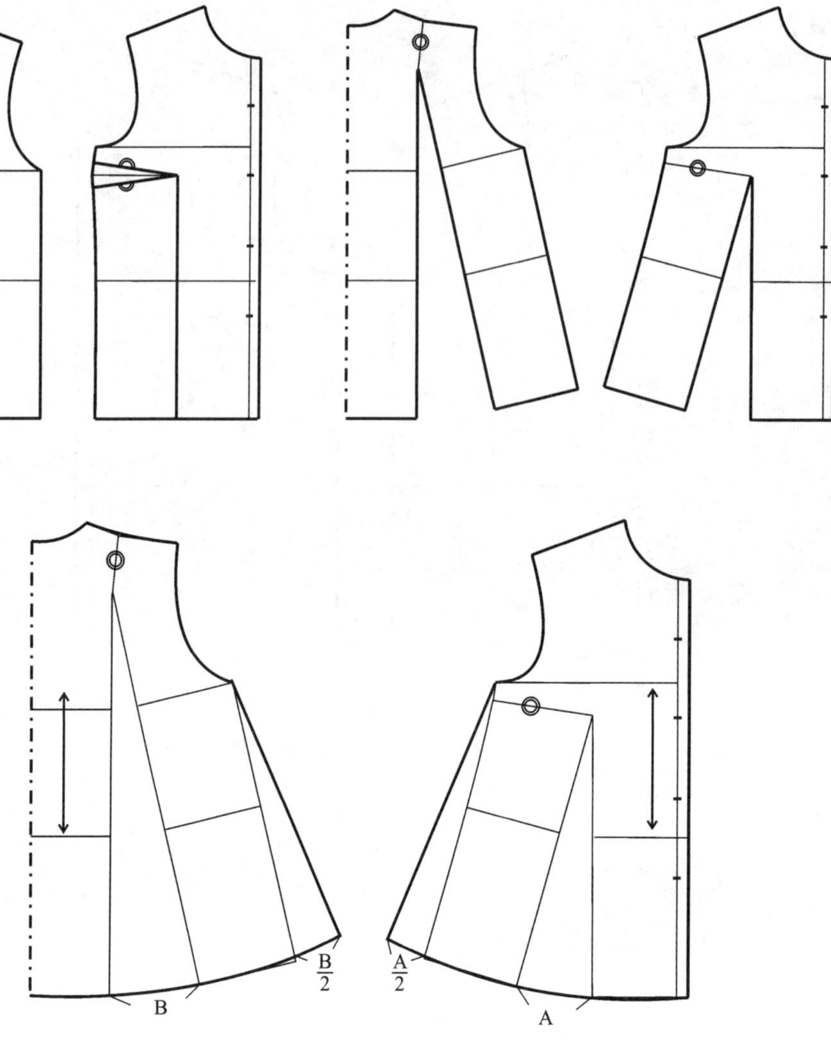

图 11-14　大 A 型的处理

3. 大 A 型(图 11-14)

大 A 型的底摆很大,有几个较大的自然垂褶。纸样的处理方法是:

① 将腋下省转到前片底摆处,前片侧缝打开转省量 A 的一半;

② 将肩胛省转到后片底摆处,后片侧缝打开转省量 B 的一半。

这种处理方法也可以用在大 A 型的连衣裙、大衣、外套上。

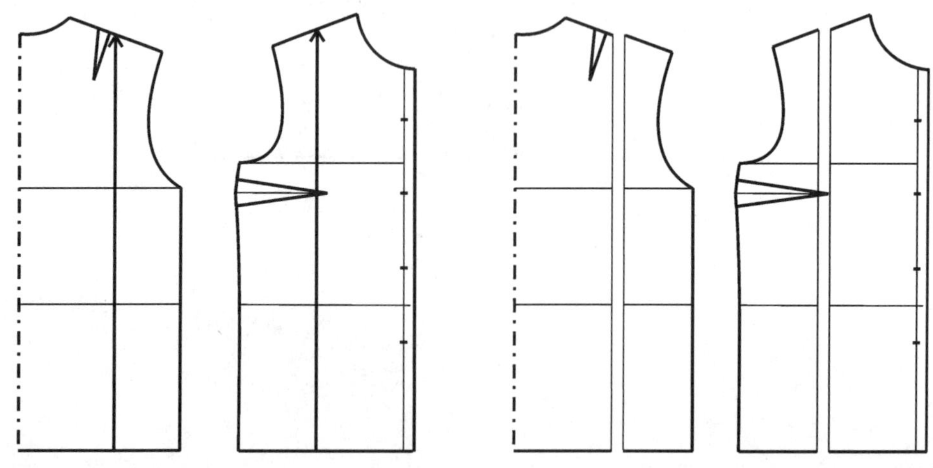

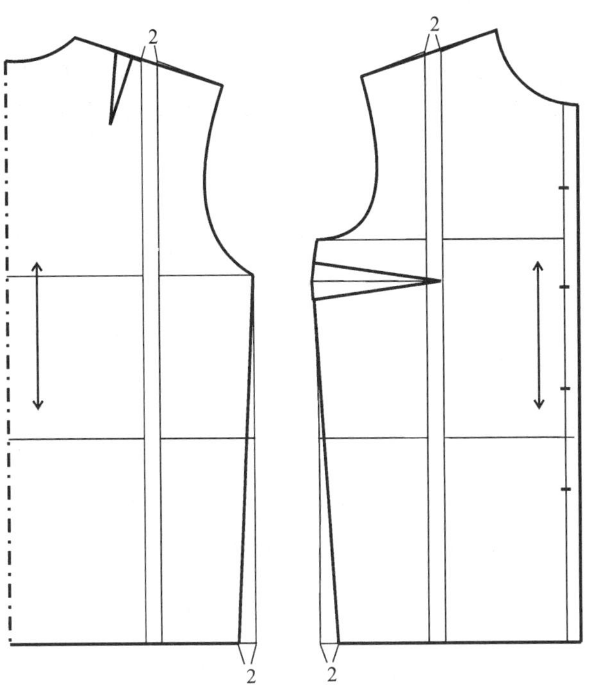

图 11-15　V 型的处理

4. V 型(图 11-15)

V 型的特点是肩宽而摆小,呈现倒梯形的状态。衣身基本纸样的肩线与底摆基本合体,仅在侧缝处理无法实现 V 型效果。

① 在前后肩线中点处切展衣身基本纸样,平行打开 2cm;纸样剪开的位置和加入的松量可以自己决定,切展处将出现加进去的浮余量;

② 侧缝在底摆处将加出的 2cm 收掉,保持原来的底摆围度。

经过处理,现在的纸样肩线延长 2cm,略有落肩效果,胸围比基本纸样放松了 8cm,总共的胸围放松量达到了 20cm,而底摆围度未变,实现了 V 型效果。

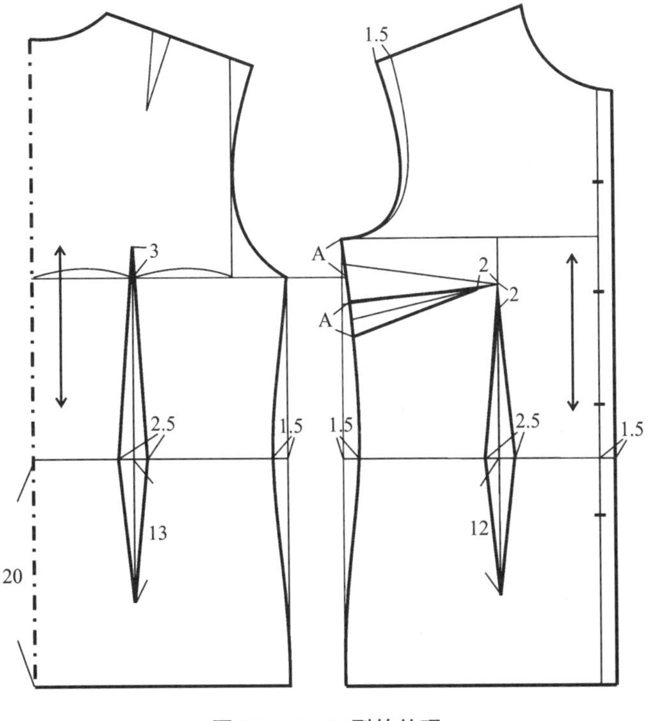

图 11-16　X 型的处理

5. X 型(图 11 - 16)

X 型是非常女性化的廓型，符合女性 S 形体型特征。前后片常见收腰位与省量如图 11 - 16 所示。值得注意的是腋下省往往调整倾斜角度，省量仍是前后片侧缝差量；另外，指向胸点的省尖向后退 2cm，使胸点造型更平贴自然。

X 型属于合体廓型，收了许多腰围松量，需要核算其收腰量是否过大或过小。经过计算，图 11 - 16 的纸样收腰量为 10cm，腰围放松量为 12cm，与胸围放松量一样。也就是说胸围到腰围之间的曲线曲率与人体曲率一致，已经完全达到合体的视觉效果，不必再增加收腰量。

臀围放松量为 6cm，达到合体标准。为了突出 X 型效果，侧缝底摆还可以向外打开，增加臀围放松量。

二、腋下省的变化与处理

腋下省处理是款式设计的重要内容之一。在第四章、第五章和第六章，我们知道腋下省有多种设计和工艺处理方法。在成衣设计里，可以直接使用这些方法。

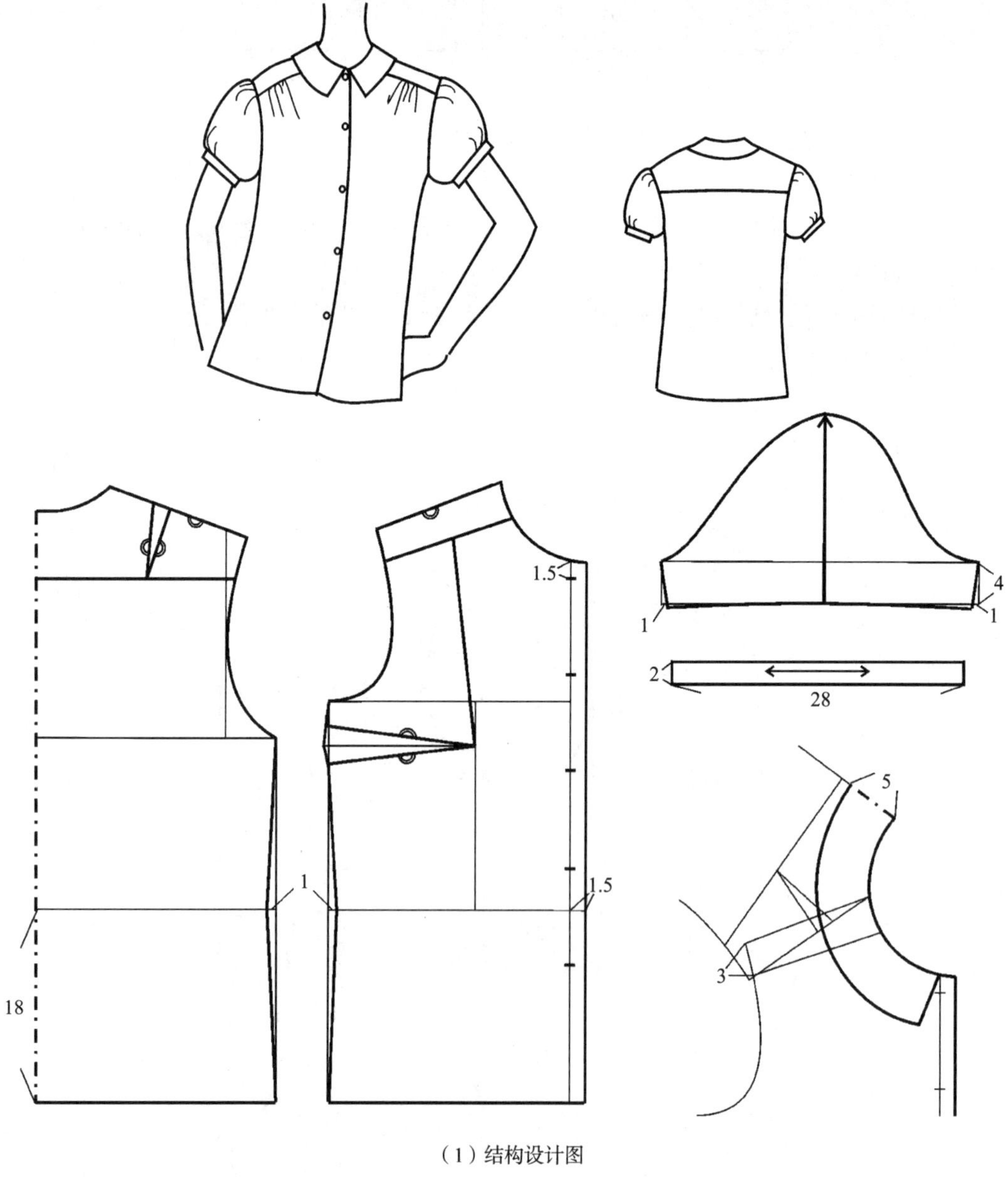

(1) 结构设计图

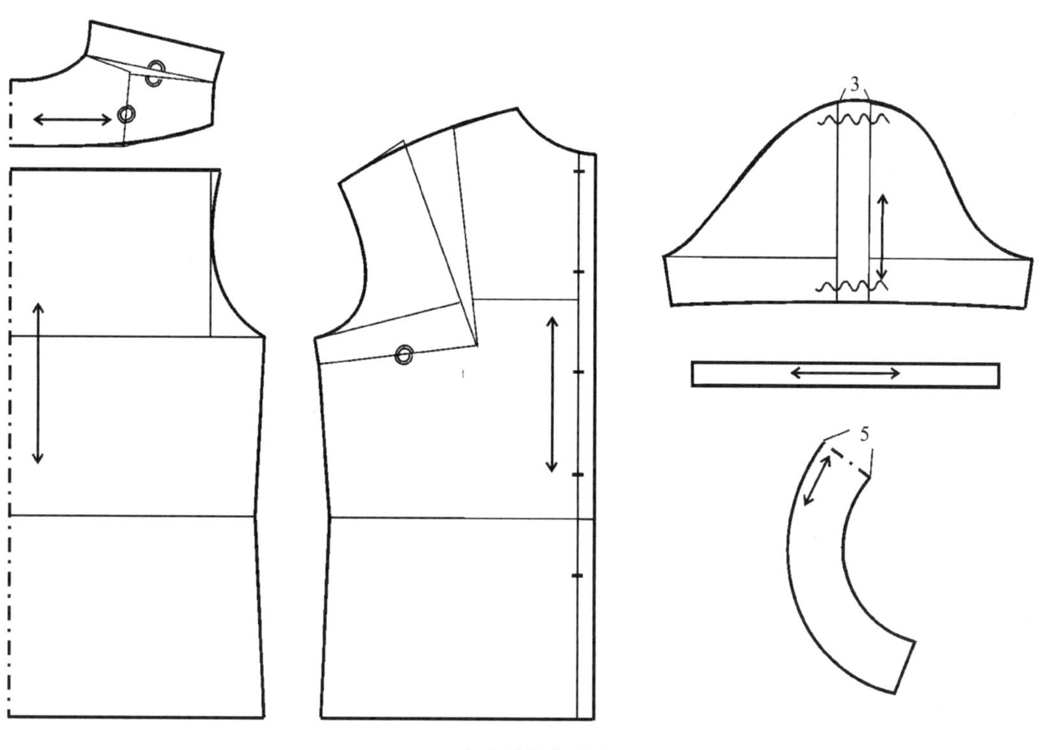

（2）结构完成图

图 11－17　衬衫实例之一

图 11－17 衬衫实例的款式特点是 H 廓型，长度适中，育克结构，前片育克处打褶，无腋下省。泡泡短袖，扁领。制图步骤与要点是：

① 款式上没有腋下省，首先应继续观察是否有转省结构，如果可以转省，则保留腋下省，将基本纸样的前片腰线与后片腰线对齐制图。

② 衣长在腰线下加出 18cm，位置略高于臀围线。

③ 加出搭门量，前后侧缝各收腰 1cm。

④ 在前片和后片的肩部各画出育克分割线。一般来说，后育克分割线的位置在肩胛省尖位置附近，前育克分割线在肩线下 3cm 左右。合并肩胛省，前后育克合并成为一片。

⑤ 前片腋下省转移到前育克分割线上，作为碎褶量。

⑥ 短袖长在袖山底线下 4cm，自袖中线切展，加出泡泡袖褶量。袖口长为“上臂围＋2cm（松量）”，约为 28cm。

⑦ 画出扁领，扁领在后中线上的宽度为 5cm。

图 11－18 的衬衫实例是腋下省转为分割线的技巧应用。分割线上可以用一些装饰手法，使款式变化更加丰富。

刀背缝是女装经典结构之一。刀背缝自袖窿分割到衣摆，经过女性人体的起伏部位，可将腋下省、胸腰省、腰腹省、腰臀省等都包含在曲线内，同时底摆也可以加放松量，因此是合体廓型女装的常用结构。刀背缝造型整洁、严谨，形态立体，适合正装，如女套装、连衣裙、大衣等。

基本纸样的胸围放松量为 12cm，适合春秋穿着的合体外套，图 11－19 的刀背缝外套为 X 廓型，收腰，底摆略微打开，腋下省合并至刀背缝内，前后腋下片合并裁剪。门襟为暗门襟，即在门襟内辑缝一个单独的门襟，与衣片门襟形成一个夹层，扣子在夹层扣合。袖子采用合体廓型常用的两片合体袖（图 11－20）。

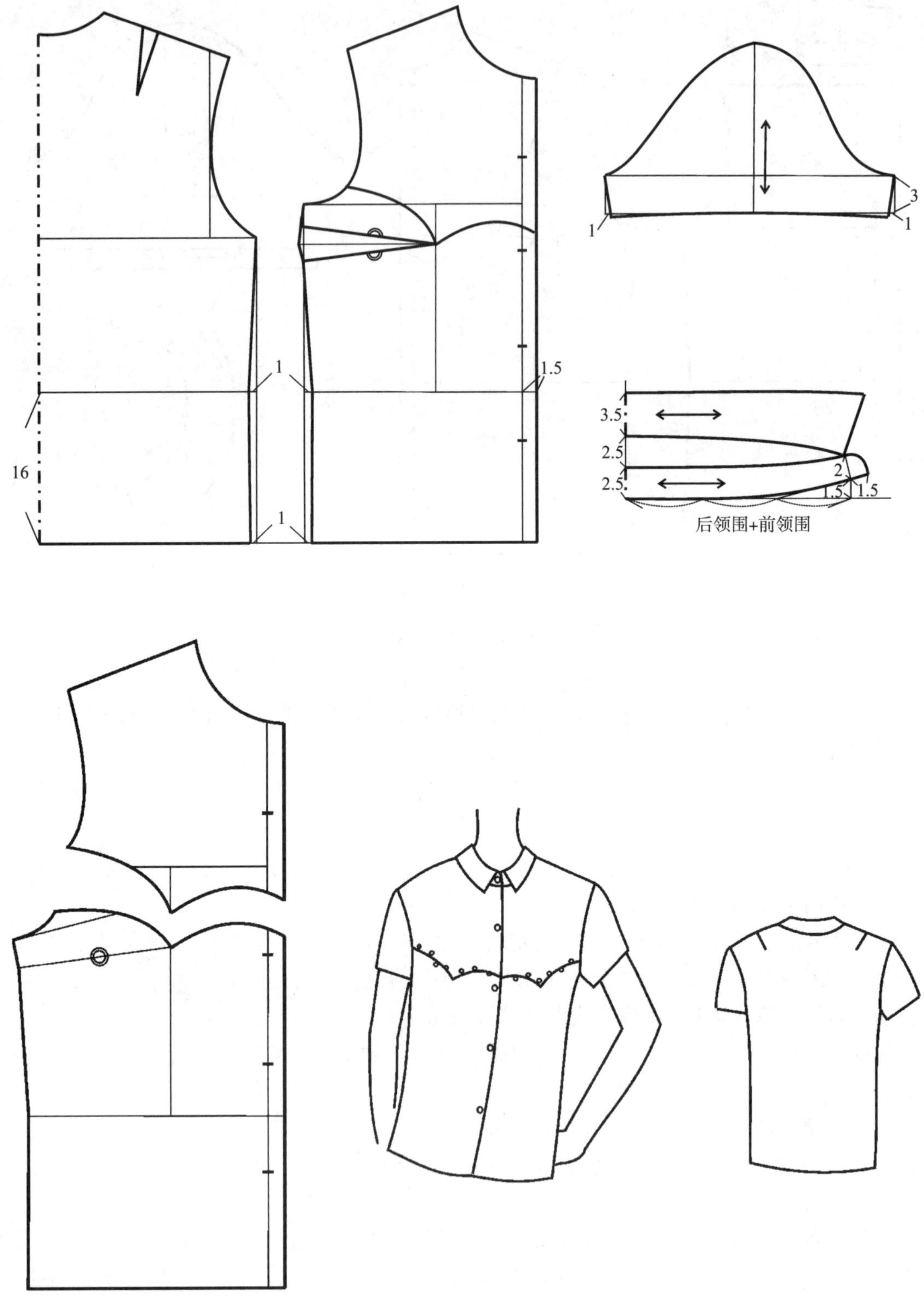

图 11－18　衬衫实例之二

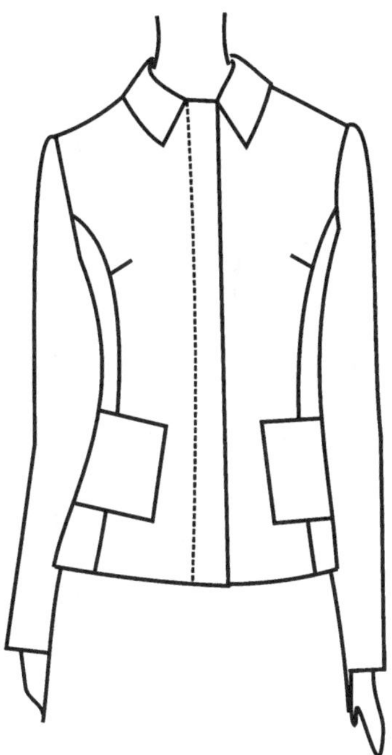

图 11－19　刀背缝外套

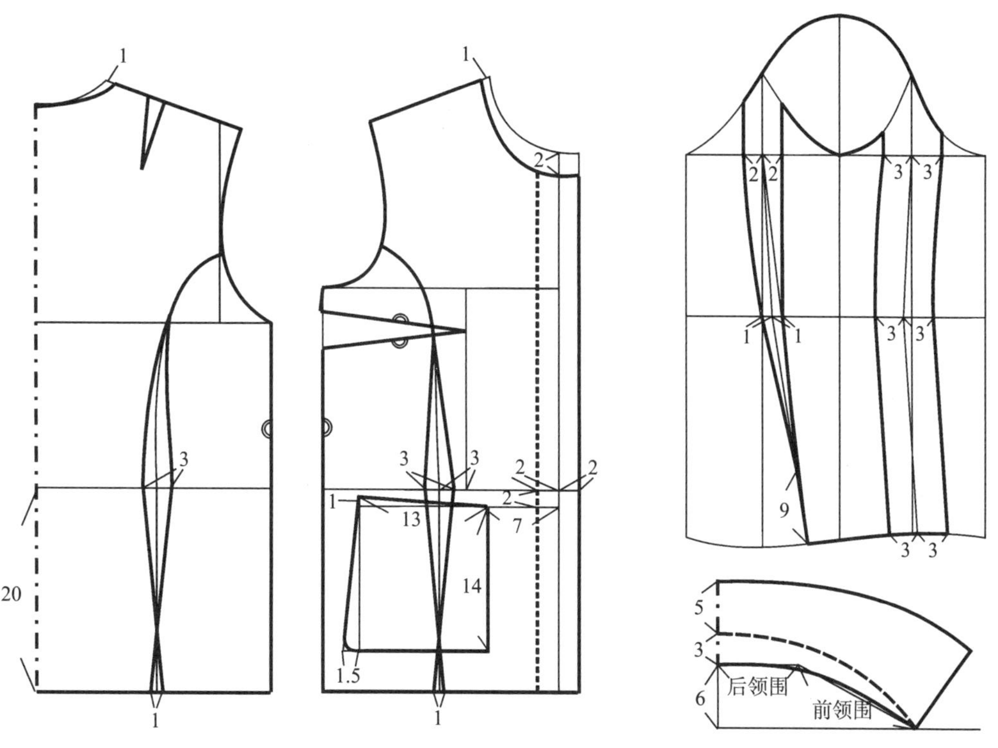

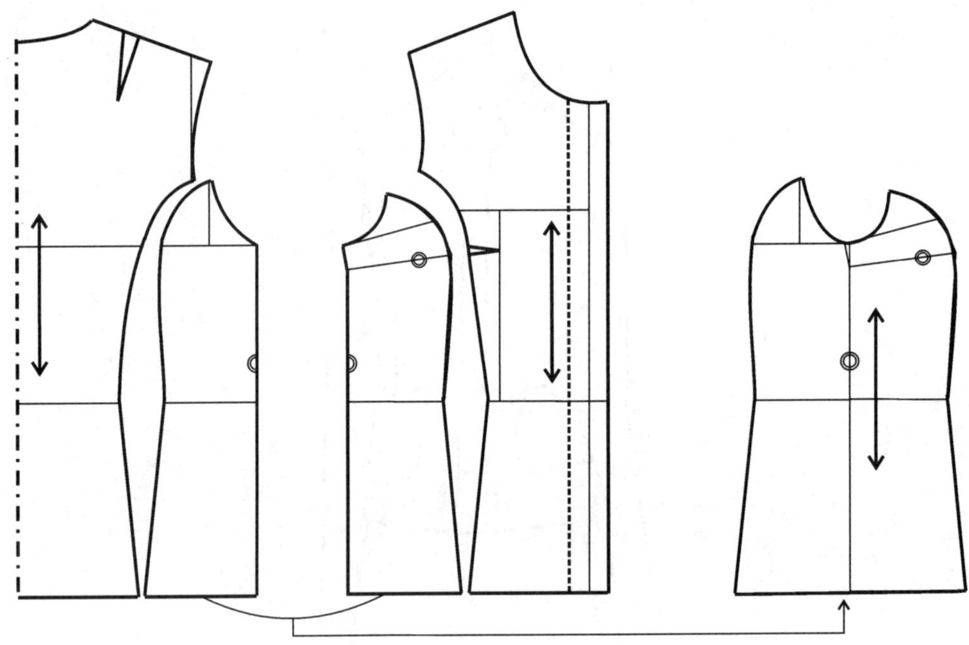

图 11-20　刀背缝结构制图与完成图

第三节　无腋下省或转省结构的基本款

无腋下省或转省结构的款式一般都为款式简单、造型放松自然的休闲装，如 T 恤、运动衫、卫衣、开襟衫等。可以说，目前休闲风格的常见款式里，不使用腋下省结构、不考虑人体曲线和胸凸量的结构更加常见。

这类款式内部结构简单，在结构制图时，重点是处理好腋下省和肩胛省，使前后侧缝、肩线等长。

比如图 11-21 的常见 T 恤款式，如果使用基本纸样的放松量，则 T 恤较宽松，衣长至臀围处，圆领，短袖。结构制图如图 11-21。

值得注意的是，T 恤的袖子造型自然，没有袖子包住衣身的拱起感，袖山与袖窿的长度应近似相等，才能做出这样的效果，所以在制图时应适当减小袖山高，减小袖山曲线长度，并在制图后复核尺寸。

如图 11-21，因为 T 恤上没有腋下省和转省结构，因此将前片腰围线向下放 1.5cm，去掉这部分衣片，前侧缝其余多余的长度在腋下点去掉，这样前后侧缝长度相等。前肩线延长，与后肩线相等。

重新测量前片袖窿长度，袖山高定为 10cm，前后 AH 分别减去 0.5cm，画袖山曲线，使袖山曲线与袖窿曲线的长度可大致相等。

图 11-22 是一款没有省的衬衫，也要将前片向下放 1～2cm，并修正前片的腋下点，使前后侧缝长度相等。这个款式还有衬衫常见的育克结构，S 形底摆，明门襟。由于前片袖窿变长，所以袖子的前袖山也做相应的近似调整，前袖底缝向右 1cm。袖口是袖子常见的宝剑头袖衩与打褶款式。

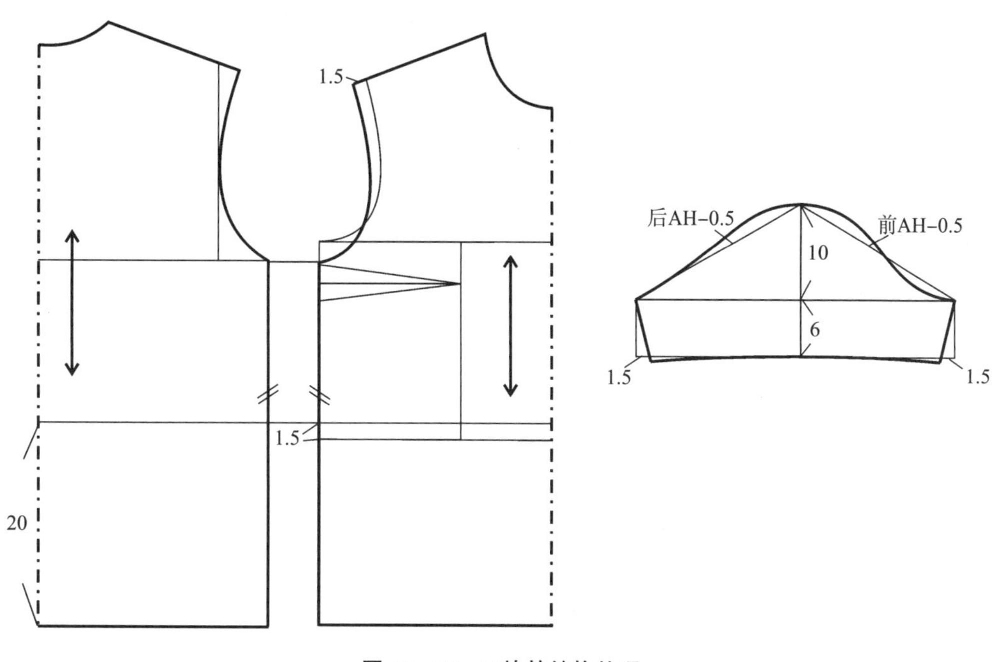

图 11－21　T 恤的结构处理

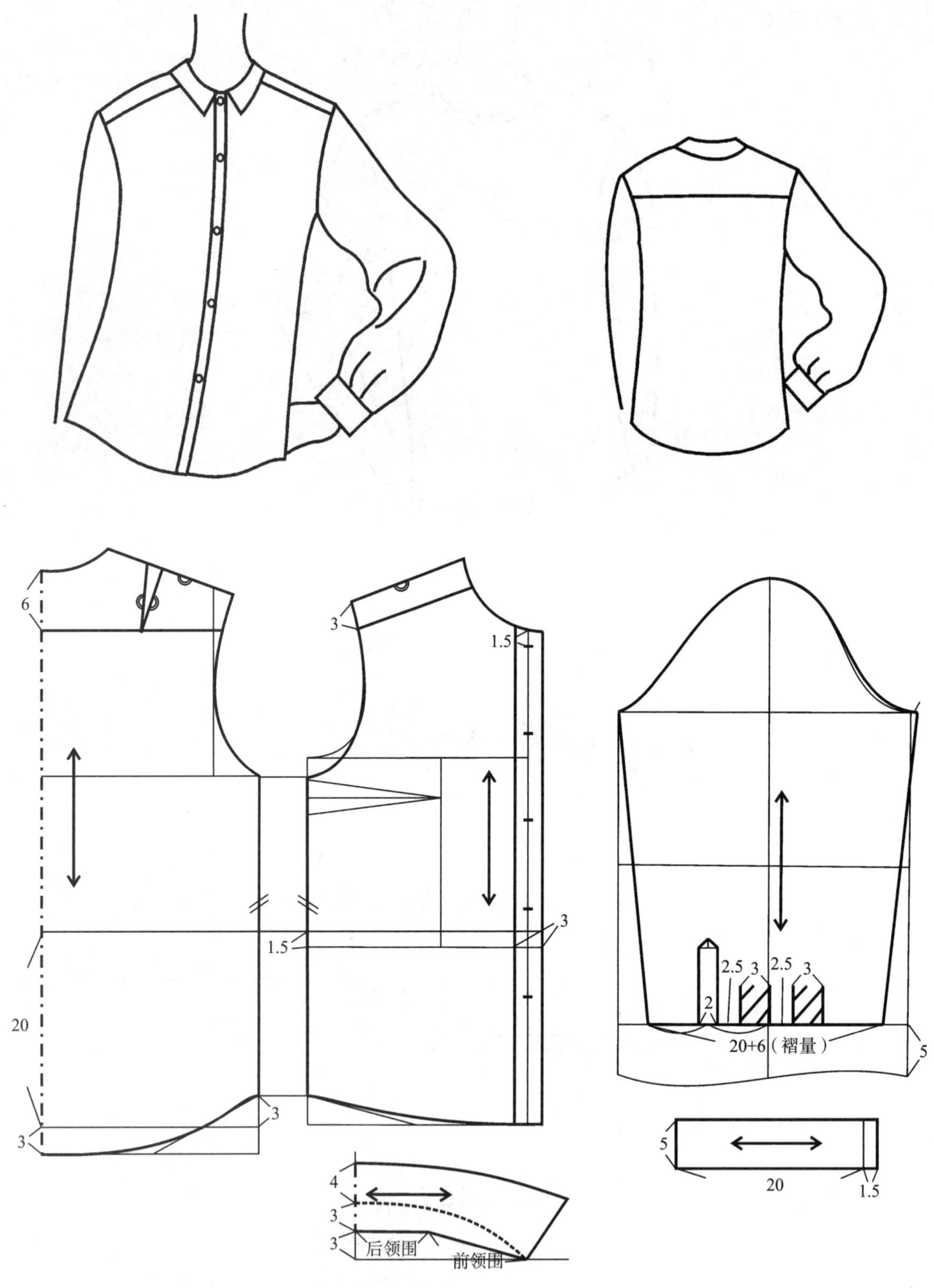

图 11－22　无省衬衫的结构处理

开襟衫是春秋常见的薄款外套，多用针织面料，松紧适度，柔软自然。使用基本纸样的放松度可以满足其外观与舒适度的需要(图 11－23)。

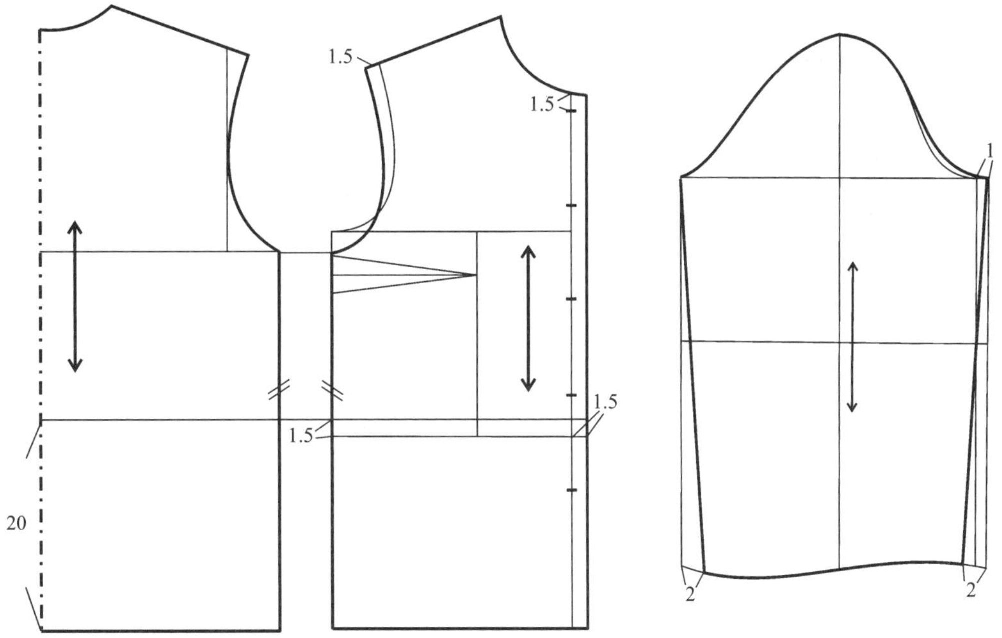

图 11-23 开襟衫的结构处理

服装的衣长、领型、袖型都是基本款的设计点。图 11-24 是衣长变化的实例，衣长 40cm，大约在大腿的中部，V 形领开在腰围线以上 2cm 处。

本章任何一个基本款服装，都可以继续加上设计巧妙的分割线、加入打褶量，使用省与廓型的结构变化方法进行综合设计。具体技巧与实例请参看后续章节。

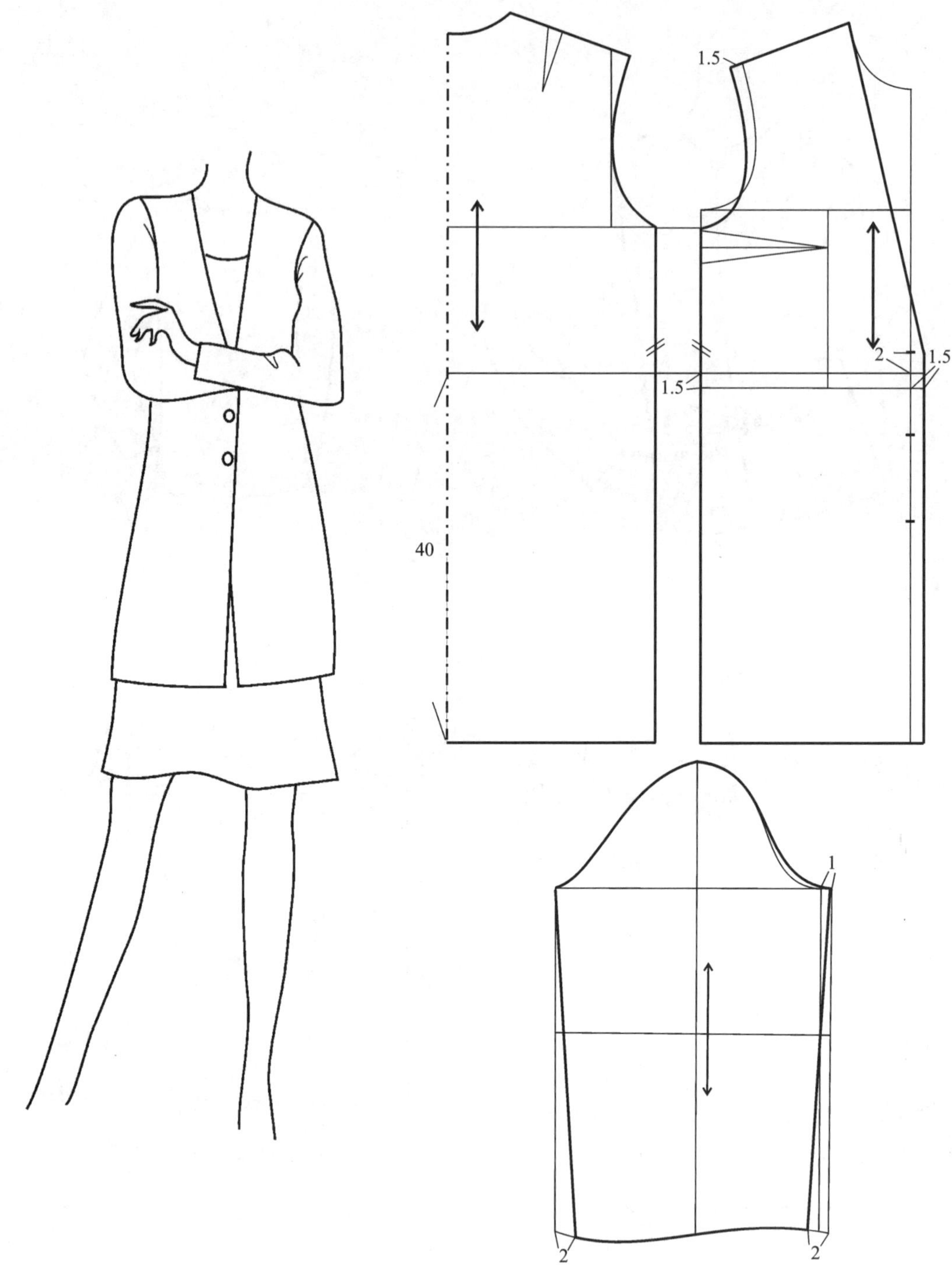

图 11－24　长款开襟衫的结构处理

第十二章　放松量与廓型结构设计

第一节　放松量设计概述

基本纸样的胸围放松量为 12cm，以女套装作为制板标准。胸围、肩、袖等处存留的松量适中，既包含人体的基本生理运动量，也可满足人日常动作的需要。如果不改变基本纸样的胸围放松量直接进行结构设计，可以满足大部分服装的运动松量需要，但对于贴体廓型、宽松廓型及其他特殊廓型的服装来说，大多数情况下需要改变胸围放松量，才能实现特殊的服装款式风格。

服装结构设计的特点是工学与艺术学结合，设计与技术结合，理性与感性结合。在整个服装结构设计的学习与实践过程中，都会发现结构设计既不是死板的数学公式，也不是天马行空的美术线描，而是在一定的规律指导下的艺术设计，或在一定创意思维下的规律应用。

服装松量的设计也体现了这样的特点。在进行胸围放松量的加放或减小以及整个基本纸样修正的过程中，存在一定的任意性，面对同样的款式与规格要求，不同的结构设计师处理的方法是不一样的，最终成品区别可能不明显。但作为一门以人体工程学位基础的工业技术，悠久的服饰历史也决定了人们的审美有一定的惯性，因此也可总结出一些规律以供参考。

一、不同种类的服装惯用的放松量不同(图 12－1)

• 最贴体的服装，如旗袍、晚礼服、小礼服、吊带连衣裙等，胸围放松量一般为 4～6cm，其他紧身型服装的胸围放松量以此为参考。

• 合体型薄款服装，如合体衬衫、连衣裙等，胸围放松量一般为 6～10cm。紧身型中等厚度面料服装，如紧身的套装，也以此为参考。

• 略宽松的衬衫、连衣裙，合体套装、外套等，胸围放松量一般为 10～14cm。紧身型大衣、薄款棉袄等，以此为参考。

• 合体大衣、棉衣、外套等，宽松衬衫、连衣裙等，胸围放松量一般为 14～18cm。

• 宽松大衣、棉衣、外套等，非常宽松的衬衫、连衣裙等，胸围放松量为 20cm 以上，能看出明显的松量，可内穿多层衣物。

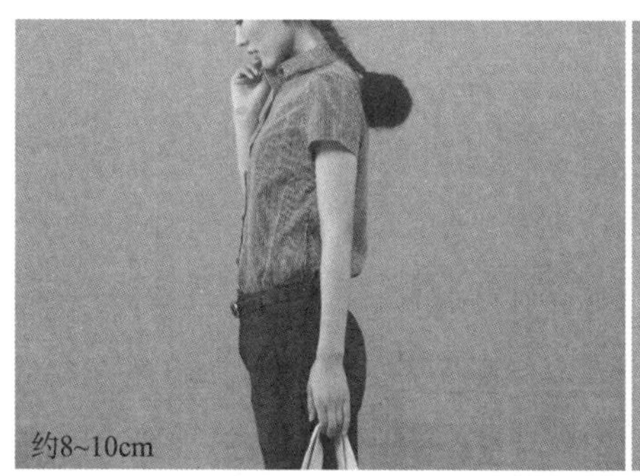
约8~10cm

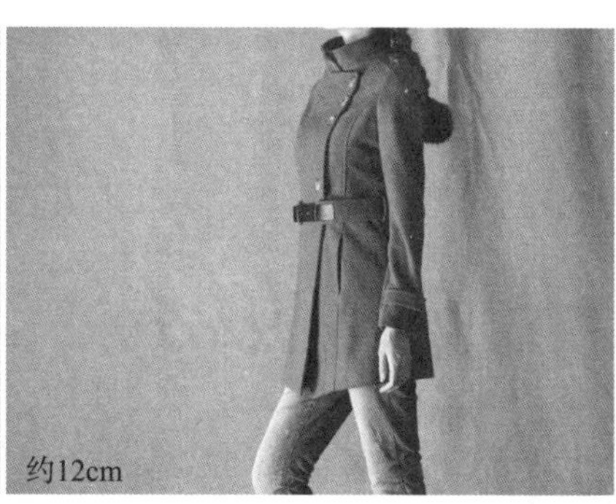
约12cm

约20cm

图 12-1 不同胸围放松量的成衣效果

二、服装围度调整的范围

服装胸围放松量的调整分为放松和缩小两种情况，其中放松的处理是为了增大服装容量，从理论上来说增加量没有上限。而缩小的处理是减小服装容量，必须以人体的"净围度＋基本放松量"作为减小底线。

以胸围为例，除了净胸围以外，还要考虑人体的呼吸量和基本运动量，因此至少要预留 4cm 的胸围放松量。

而对于臀围来说，人体站、坐、蹲等运动也要求服装至少预留 4cm 的松量。

三、面料弹性对服装松量的影响

在现代生活中，人们越来越注重服装的舒适性，越来越多服装面料采用弹性材料、针织面料等，氨纶、莱卡等纤维大大改善了贴体程度与活动性能，也使服装结构设计，特别是放松量设计面临调整数据的问题。

面料弹性对服装结构的影响主要体现在紧身型服装上。在没有弹性的前提下，最紧身的服装代表是旗袍，其胸围放松量是 4cm，小于 4cm 的服装将使穿着出现很大问题。但如果采用弹性面料或针织面料，服装松量可以为 0，或者小于净胸围，服装仍然既贴体又舒适。因此在结构设计时，应特别注意面料的弹性情况，根据弹性大小适当减小面料松量。

以 M 号服装为例，加入氨纶后的面料会产生弹性，假设其舒适弹性拉伸率为 5%，如果裤子裁剪的尺寸为净臀围 90cm，未加松量，则可舒适拉伸 90×5%＝4.5cm，可以满足臀部运动的需要。

四、服装的风格不同、廓型不同，松量的加放方法也不同

可以说，服装松量的收紧都是基于合体造型的需要，而放松则是可能出于两种不同的目的，方法也不同。

一种目的是为了改变服装的廓型。随着现代生活方式、社会文化、审美等的改变，人们越来越喜欢宽松廓型的服装。这种廓型与服装的种类、面料无关，是一种服装风格的表达。常见的款式特征是胸围宽松，肩袖宽松，肩角平顺，肩点下落至袖子，腋下点下落量大。

另一种是为了增加服装的内部容量，以便内套衣物保暖。这种服装风格与套装相似，显得正式，与人体的轮廓相似，虽然胸围增加了不少松量，但仍有合体型的风格特征。常见的款式特征是胸围松量适当，肩袖相对合体，肩点位置在人体肩点附近，肩角明显(图 12-2)。

宽松型与合体型这两种廓型并没有严格意义上的区别，宽松廓型也适合内套衣物保暖，合体廓型有时也极其宽松，形成明显的宽松视觉效果。真正有明显区别的地方在于两者的肩角形态，即宽松型服装

(1) 宽松廓型

(2) 合体廓型

图 12-2　不同廓型服装的肩角形态不同

的平顺肩角与合体型服装的棱角肩角。肩角形态不仅在外观上显著影响服装风格，也决定了袖子结构设计中袖山高的取值方法截然不同。

另外，就衣身的内含结构来说，宽松廓型是平面化的、粗犷的，前后衣片的形状相似；合体廓型是立体的、细腻的，前后衣片内含的结构与功能不同，胸围放松量的分配和取值要格外考虑。

第二节　宽松廓型服装的放松量设计

一、宽松廓型服装松量设计的基本方法

绝大多数宽松廓型的服装都要在基本纸样的基础上加放松量，且松量没有上限。松量的加放与基本纸样的修正主要在以下部位：

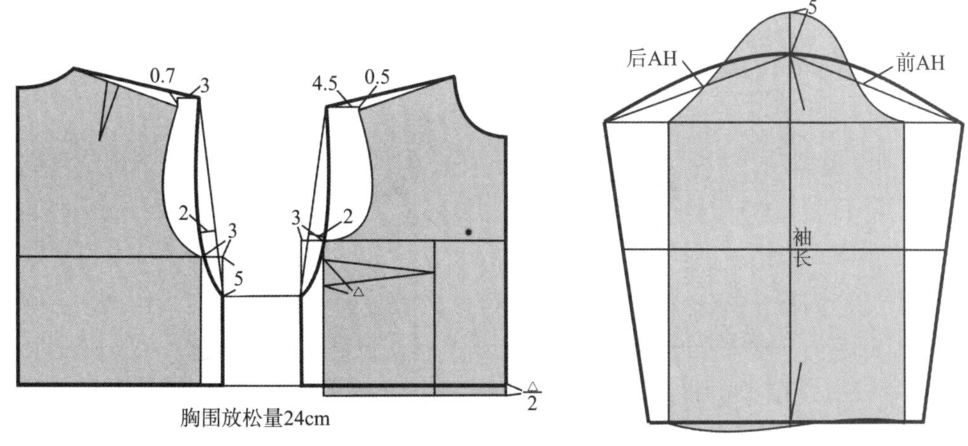

图 12-3　胸围放松量为 24cm 的宽松廓型松量设计

下面以图 12-3 为例进行分析。

在修改基本纸样前，先进行前片腰线的对位处理。宽松廓型的服装是弱化人体的，很少采用省结

构，因此采用无省的对位方法：前片在腰线位置上减去腋下省量的一半，可取值 1.5～2cm；前后侧缝的其余长度差量在腋下点处理，使两者相等。

1. 胸围放松量

基本纸样已包含了 12cm 的胸围放松量，如果继续增加松量，可在前后衣片的侧缝上加放，当增加的松量过大时，也可在前、后中心线上加少数松量，以便达到衣片形态的和谐。

宽松廓型是平面化的，弱化人体真实形态，因此前后衣片的形状区别不大，松量在前后衣片上的分配可以平均进行。

2. 肩部放松量

肩部放松量分为两部分处理，一个是肩部纵向的放松量，即肩点抬高量；另一个是肩部横向的放松量，即肩线延长量，或称落肩量。因为宽松廓型服装往往没有肩部衬垫，所以放松量会垂坠下来，形成袖窿浮余量；肩点将下落到袖子上，在视觉上形成放松的、舒适的效果。

(1) 肩点抬高量：肩点抬高量不会太大，取值范围为 0～2cm，常用尺寸为 0～1cm，取值大小与服装松量成正比，但不排除特殊造型采用特殊尺寸的可能；

(2) 肩点延长量：与其说肩点延长量属于松量设计，不如说它是款式表达的一个重要手段。在常规情况下，为了使袖窿形态正常，应使肩点延长量的大小与胸围放松量成正比。但越来越多现代设计将肩点下落到非常低的位置，有的甚至到了肘线上。这对常规服装结构设计来说是一个挑战，如何确定袖山高和袖子的肥度值得好好分析思考。

3. 腋下点下落量

腋下点也是款式设计必须考虑的重要部位之一。常见款式的腋下点放松量与胸围放松量成比例，可以采用参考公式“后片侧缝胸围加放量＋1～2cm”，但大多数情况下这个数值可以由设计师自己确定。极限情况的例子是蝙蝠衫，腋下点下落到腰围线甚至臀围线。

值得注意的是，此时前片腋下点下落量是不确定的，应以与后片腋下点水平对齐为标准。

4. 袖窿形状

宽松廓型的特点是平面化，线条直、长，衣片宽、大，因此袖窿的形状也接近于直线。这样的袖窿形成的结果是在胸宽和背宽部位增加了非常多的松量，这与宽松廓型服装的风格诉求是和谐一致的(图 12－4)。

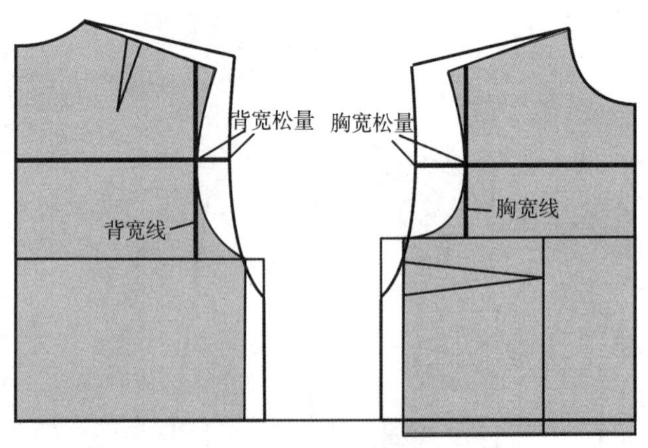

图 12－4　宽松廓型胸宽与背宽处也有较多松量

5. 袖山高

按照袖山高的测量方法，宽松型服装的袖子铺平后抬起的角度较大，肩点与腋下点的位置降低，袖山高必然减小，小于基本纸样的袖山高，如图 12－5 所示。

如果在基本纸样上修改，袖山高的尺寸以"基本袖山高-腋下点下落量"为参考公式，袖子的制图见图 12-3。当然，这个公式存在一定的局限性，只可用于一般情况使用。特殊情况将在后面的章节讨论。

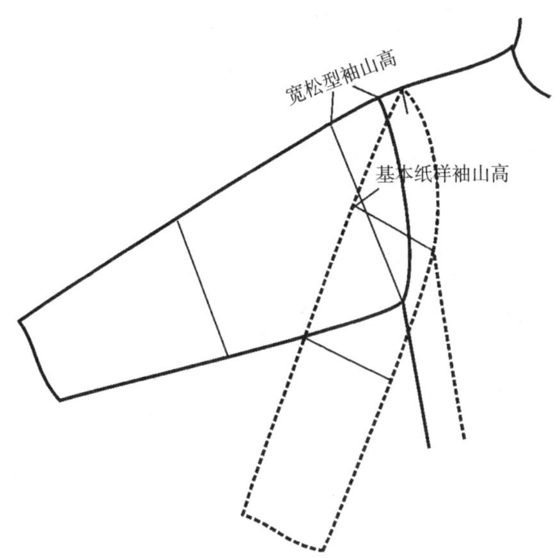

图 12-5　宽松廓型的袖山高小于基本袖山高

6. 袖山曲线形态

由于袖山高降低，为了保证袖山曲线平顺，曲线的曲率必然减小，袖山曲线与袖窿曲线的长度差量将随之减小。

在第八章讨论过，袖山曲线与袖窿曲线的差量越大，袖窿缝边就会形成隆起状态；而当两者长度接近时，将接近自然的缝合状态，接缝平顺，没有隆起的情况。宽松廓型的袖窿形态正需要这种平顺的形态(图 12-6)。

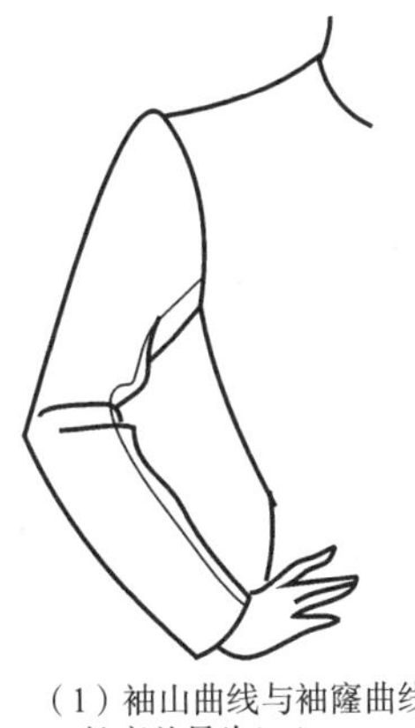

（1）袖山曲线与袖窿曲线长度差量为3~4cm

（2）袖山曲线与袖窿曲线长度差量为1~2cm

（3）袖山曲线与袖窿曲线长度差量为0~1cm

图 12-6　不同的袖窿缝边隆起状态

图 12-3 所示的例子为放松量加放较多的情况，当放松量加放小的时候，应该如何处理呢？下面将从加放 2cm(胸围放松量总体达到 12cm)开始分析，仅供参考。

二、不同胸围放松量的宽松廓型松量设计

1. 胸围放松量为 16cm

如果将人体近似看成一个圆柱体，则采用基本纸样松量的服装与人体之间的间隙为 12÷2π≈1.9cm（圆的周长等于 2πr）。

胸围放松量为 16cm 的服装在基本纸样的基础上增加了 4cm 松量。每增加 2cm 放松量，服装与人体之间的间隙将增加 2÷2π≈0.32cm，属于对基本纸样松量的微调。胸围放松量 16cm 的服装与人体间隙为 16÷2π≈2.54cm（图 12-7）。

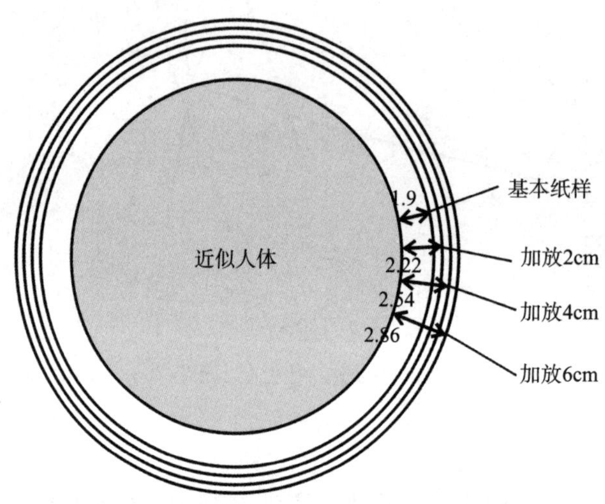

图 12-7 加放松量后服装与人体之间的间隙估算

16cm 的胸围放松量适合较宽松的 T 恤、衬衫、连衣裙、小外套等。在基本纸样的基础上多加放的 4cm 松量，首先除以 2（因为纸样为半身制图），再平均分配到前、后侧缝，这样算得每一条侧缝分配 1cm（图 12-8）。

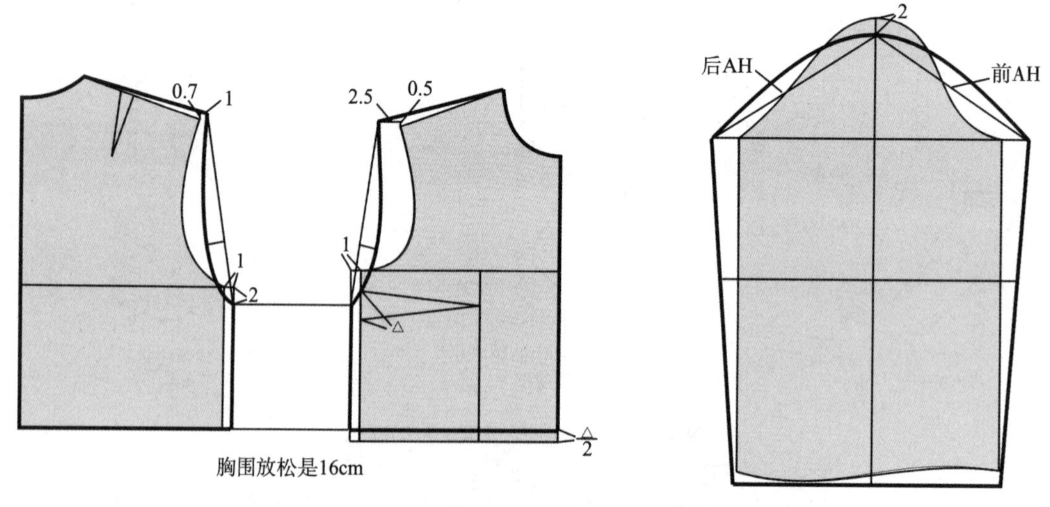

图 12-8 放松量为 16cm 的宽松廓型松量设计

图 12-8 所示的松量设计方案仅供参考，因为如前文所述，肩点延长量（落肩量）、腋下点位置都存在较大的设计空间。

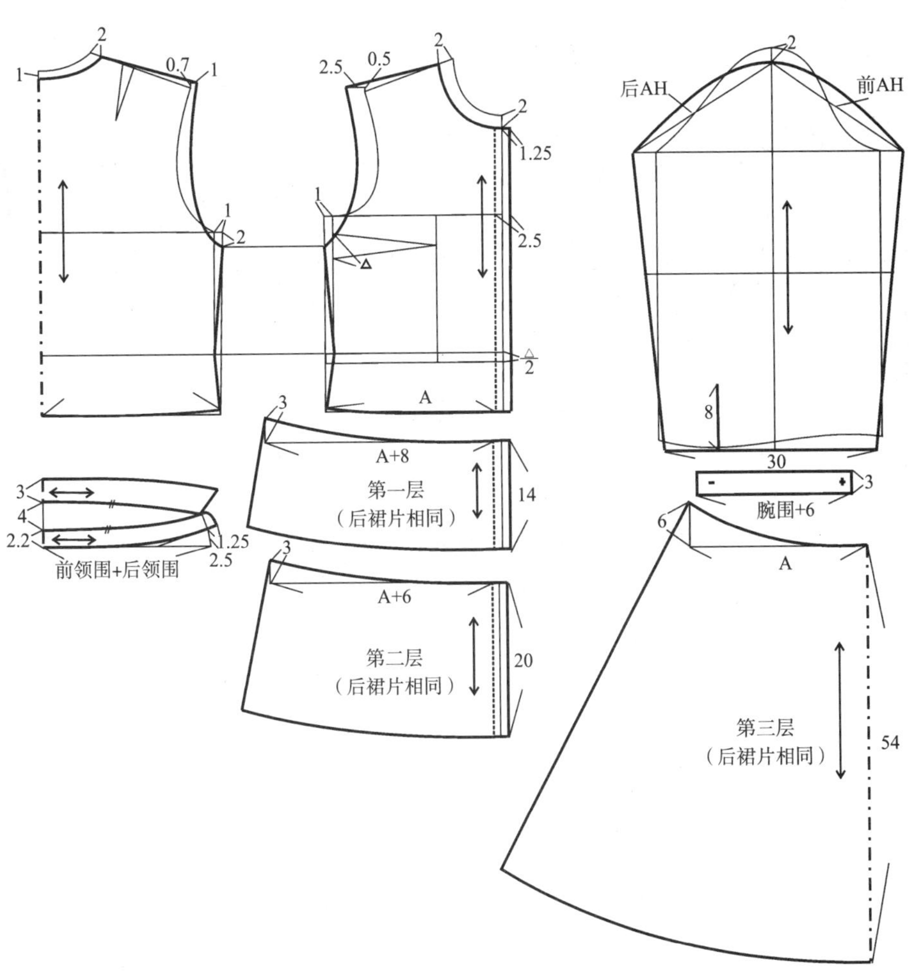

图 12－9　胸围松量 16cm 的宽松连衣裙结构设计

图 12－9 为胸围松量 16cm 的示例，采用的松量设计与图 12－8 大致相同。领子较窄小，平贴颈部，裙子分为三层，处于外层的第一、二层腰部打碎褶，里层裙子廓型类似斜裙，可不必打褶，用起翘量控制底摆的围度。

袖山高减小 2cm，经测量，本例的袖山曲线与袖窿曲线的长度差为 1cm。从数据上看，缝合后的肩角比较明显，袖山的隆起效果不易察觉，接缝比较平顺。

2. 胸围放松量为 20cm

胸围放松量 20cm 适合做宽松廓型的衬衫、连衣裙、外套等，衣身宽松效果明显。

在图 12－10 中，胸围松量加放在前后侧缝，肩线延长量与腋下点下落量都做了相应设计。按照落肩型袖子的效果，袖山顶点下落 4cm，按照新的袖窿长度制图，如图所示，袖宽将明显增加，特别是臂根部分。

如果想控制袖子形态，使袖宽呈现合体型的效果，则不论胸围松量如何，都要在肩点位置、腋下点位置等处尽量贴近基本纸样原来的位置。同时，通过增加、保持或少量减小袖山高的方法，控制袖子宽度。图 12－11 示范了如何进行松量设计，如何使用袖山高控制袖宽。

图 12－11 尤其值得注意的是袖山曲线 L 与 L′的确定。宽松衬衫的袖子与袖窿的长度基本相等为宜，因此采用前 AH－0.3～0.5、后 AH－0.3～0.5 的取值方法，一方面使袖山曲线与袖窿长度大致相等，另一方面减小袖宽(图 12－12)。

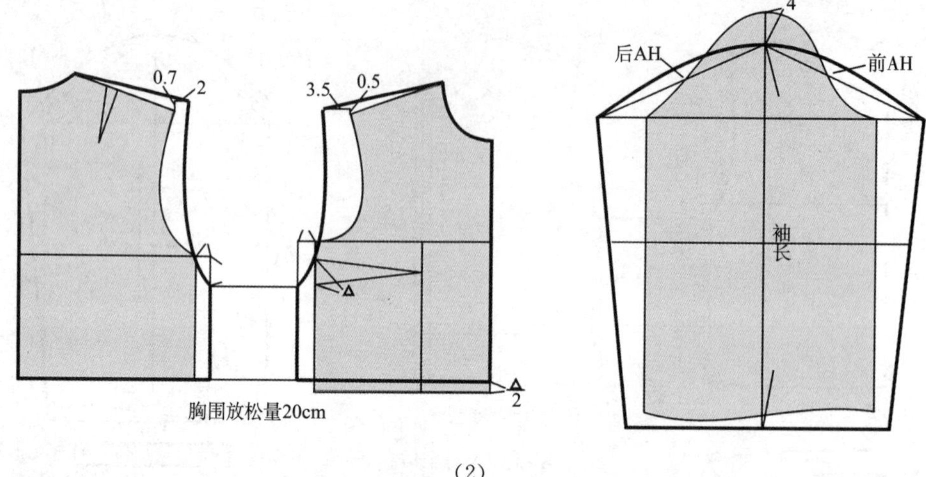

（2）

图 12－10　放松量为 20cm 的宽松廓型松量设计

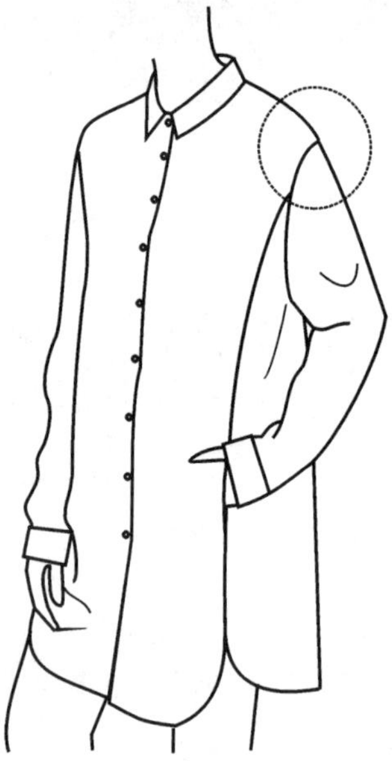

（1） 落肩型宽松衬衫

（2）窄袖型宽松衬衫

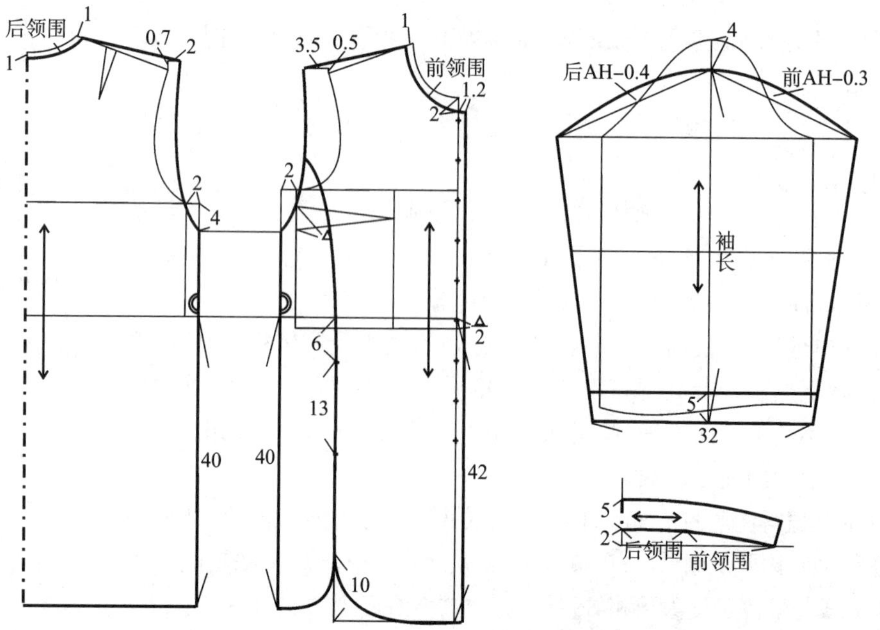

（3） 落肩型宽松衬衫的结构设计

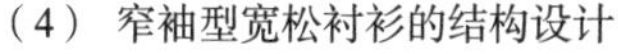

（4） 窄袖型宽松衬衫的结构设计

图 12-11　放松量为 20cm 的宽松衬衫结构设计

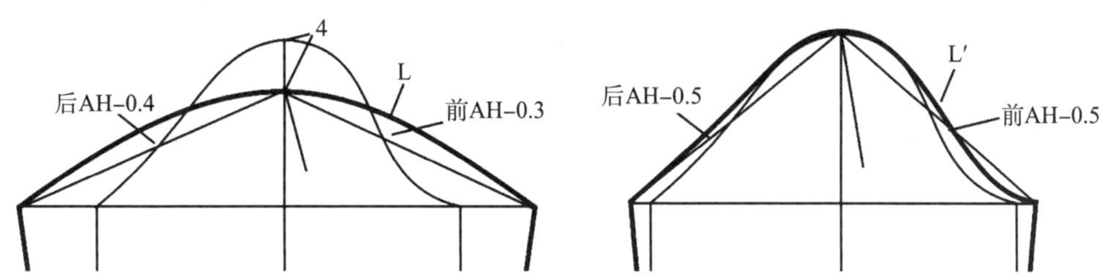

图 12-12　袖山曲线与袖宽的尺寸控制方法

3. 落肩量较大的款式结构设计与处理

肩线长度及肩点位置是款式设计的重要部位之一，它控制着服装肩部造型。虽然为了保证服装结构的正常比例，落肩量有时与胸围放松量成正比关系，但实际上它是独立的，仅仅取决于设计者的设计意图。在近几年的时尚休闲装中，特别是日韩流行风格中，常常有松量并不明显，但落肩量很大的款式。

以图 12-13 为例，胸围放松量为 24cm，落肩量明显较大，肩点落在上臂约 7cm 处。为了使袖窿与袖山曲线基本等长，画袖山曲线时，采用前 AH－0.3、后 AH－0.3 的数据，制图后经过复核，袖山曲线 L′与袖窿曲线 L 的长度差约为 0.1cm（L′－L＝0.1），基本相等。

图 12-14 的款式为中袖 T 恤，针织面料，袖窿缝合线和袖子上的荷叶边为梭织面料，因此底摆、袖口等处可以处理得较为紧身。除了肩袖的结构处理，荷叶边的设计使普通的宽松休闲 T 恤增加了活泼妩媚感。荷叶边虽然是装饰，但波浪褶大小与位置形成服装视觉上的韵律。

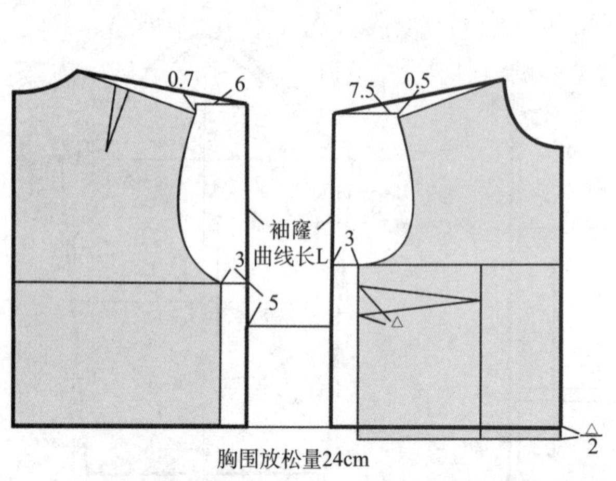

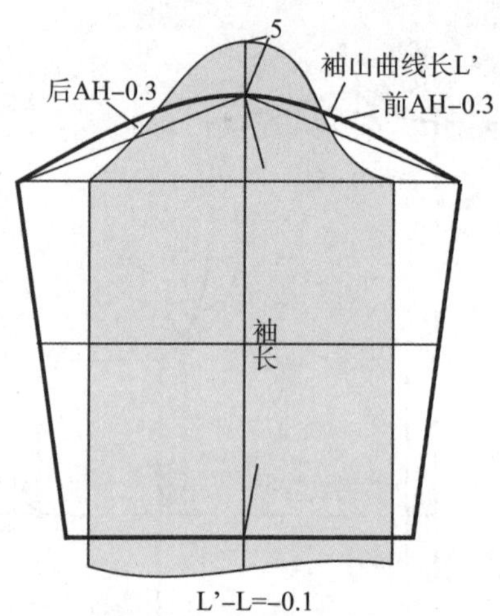

图 12－13　落肩量较大的款式结构设计

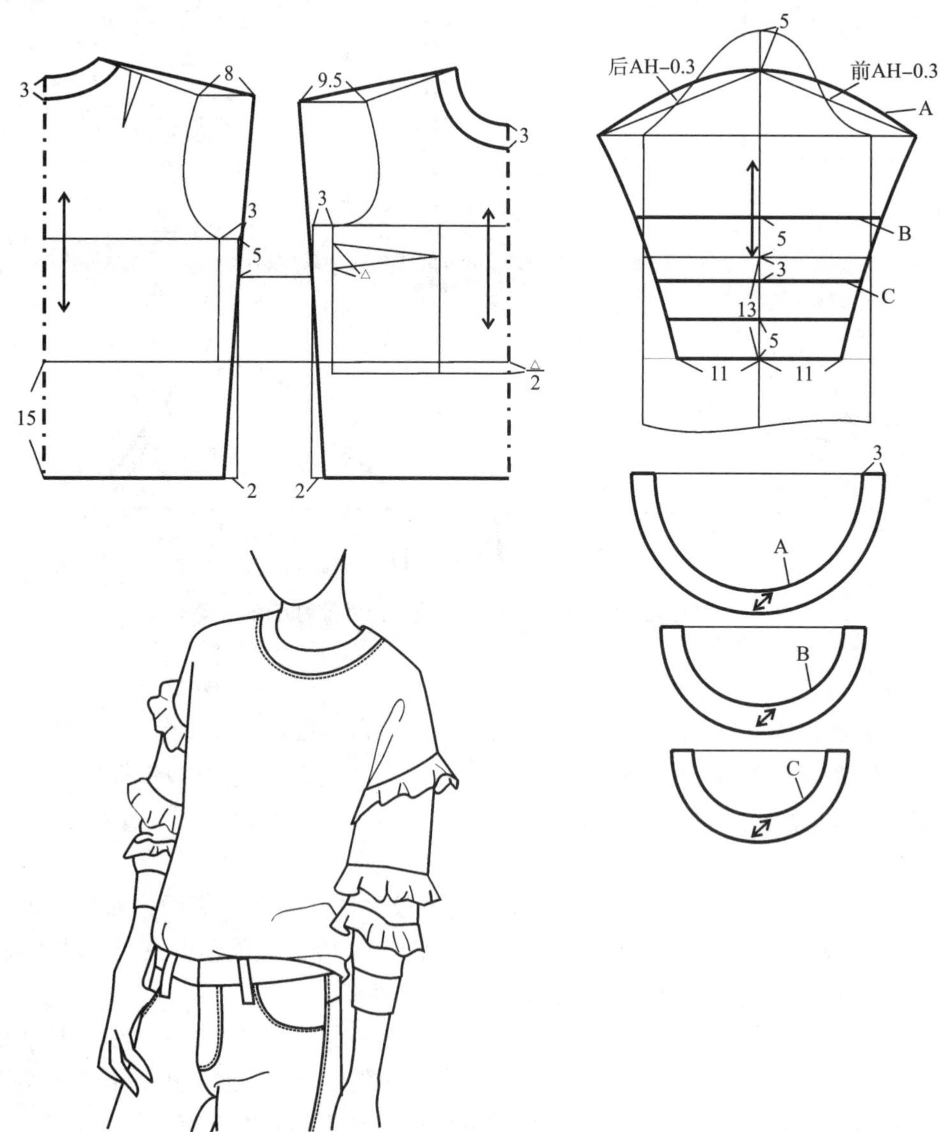

图 12－14　落肩量较大的款式结构设计示例

还有一种宽松廓型的肩袖造型，落肩量大，袖山拱起，像泡泡袖一样，但没有明显的褶皱。做到这种效果的要点在于：1）加长袖山曲线，使袖山曲线 L″的长度比袖窿曲线 L 长 3～4cm。加长袖山曲线的办法一是适当抬高袖山高，二是采用前 AH＋1、后 AH＋1 的袖山制图取值。如图 12－15，经过处理后，L″－L≈3.5cm。2）用“吃势”的缝合工艺方法，将袖山曲线多余的长度“吃”掉，形成拱起的袖山状态。

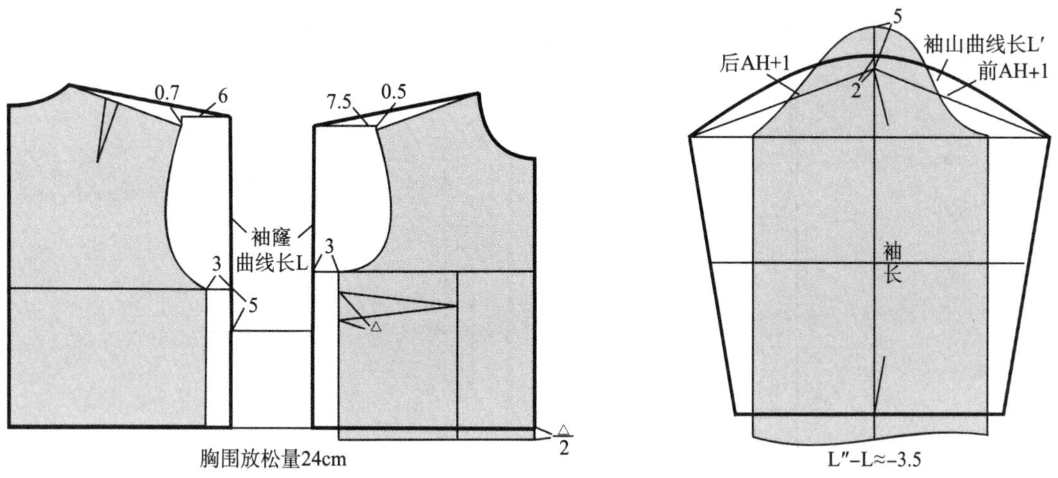

图 12－15　拱起的袖山造型结构处理

4. 腋下点下落量大的款式结构设计与处理

衣身腋下点下落量越大，肋下浮余量越多，越接近蝙蝠衫的效果。在结构处理中，腋下点下落量增加，主要对袖山高的取值形成了影响，因为基本纸样的袖山高约为 14cm 左右，按照前文所述，宽松廓型的袖山高取值为基本纸样袖山高-腋下点下落量，而当腋下点下落量超过 10cm 时，袖山高将变得很小（图 12－16、图 12－17）。

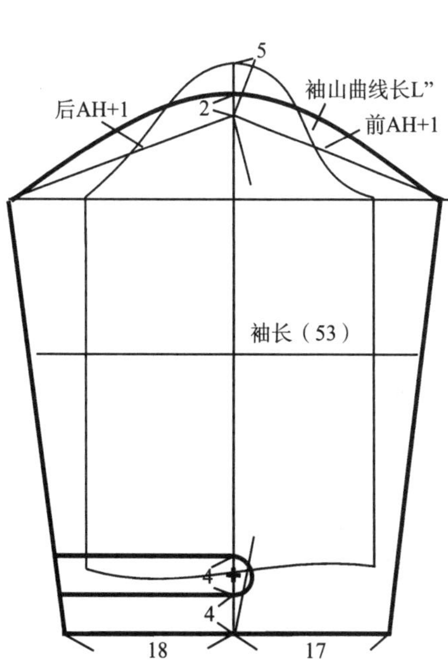

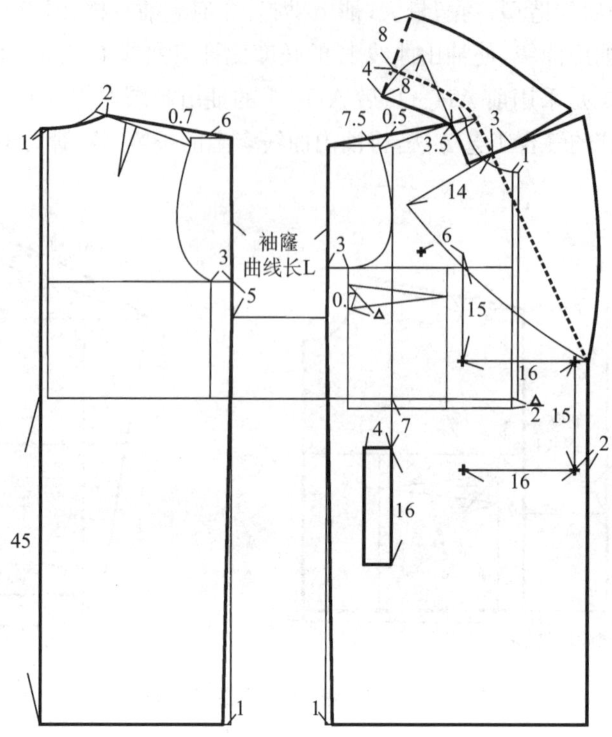

胸围放松量28cm

图 12－16　拱起的肩袖造型款式结构设计示例

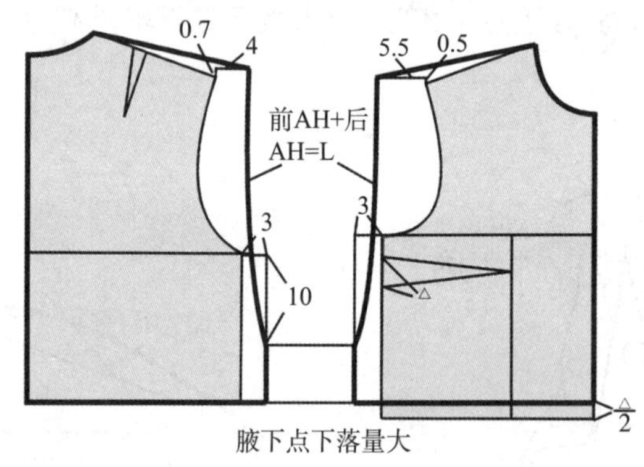

腋下点下落量大

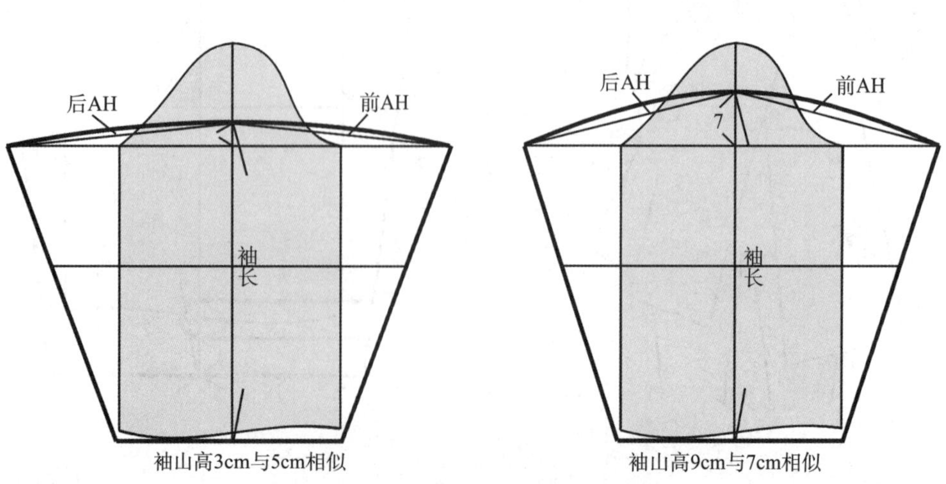

袖山高3cm与5cm相似　　袖山高9cm与7cm相似

图 12－17　腋下点下落量较大的结构处理

实际制图实验表明，当袖山高降低到一定程度的时候，其取值对袖宽的影响将变小。袖山高 3cm 与 5cm 的单边袖宽差仅为 0.27cm，袖山高 5cm 与袖山高 7cm 的单边袖宽差 0.41cm(图 12－18)。

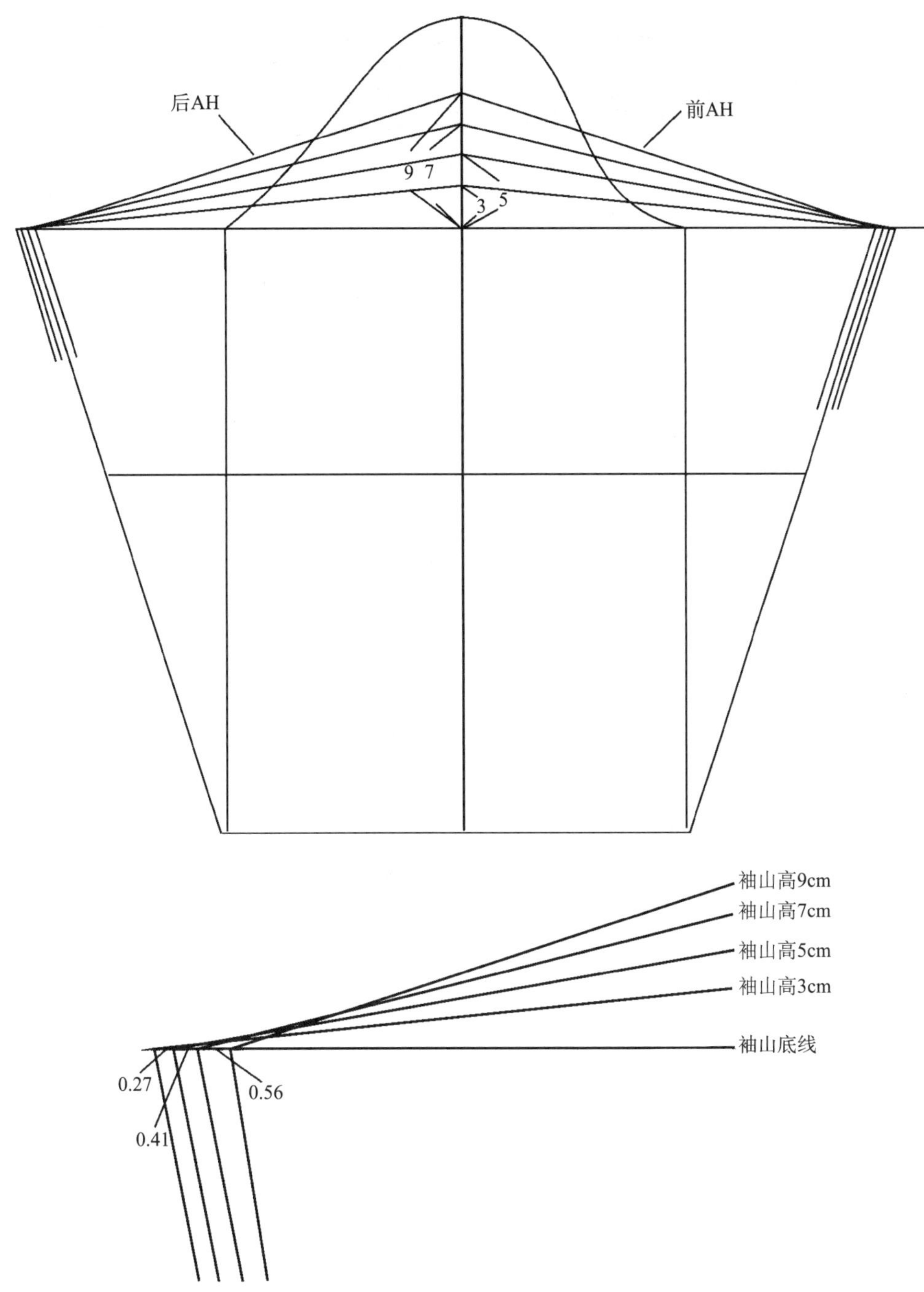

图 12－18　袖山高对袖宽的影响

也就是说，宽松廓型较小的袖山高取值相差 2cm 对袖子状态，特别是袖宽影响不大。

袖山高对袖山曲线的弧度和长度的影响如图 12－19 所示，当使用前 AH、后 AH 作为辅助制图尺寸时，袖山高越大，袖山曲线越长。如果想使袖山曲线与袖窿曲线等长，必须在前、后 AH 的制图尺寸基础上，减去 0.2～0.3cm，如图 12－20。

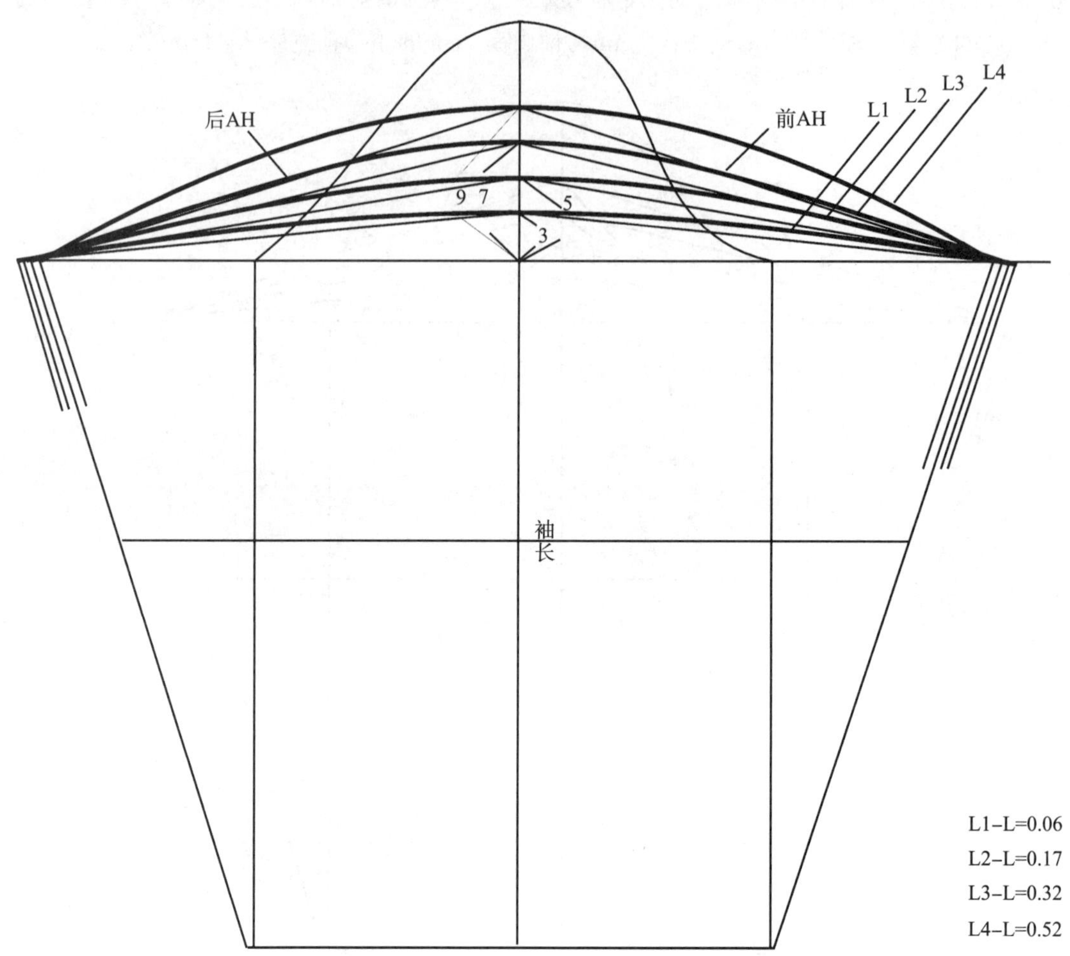

图 12－19　袖山高对袖山曲线的影响

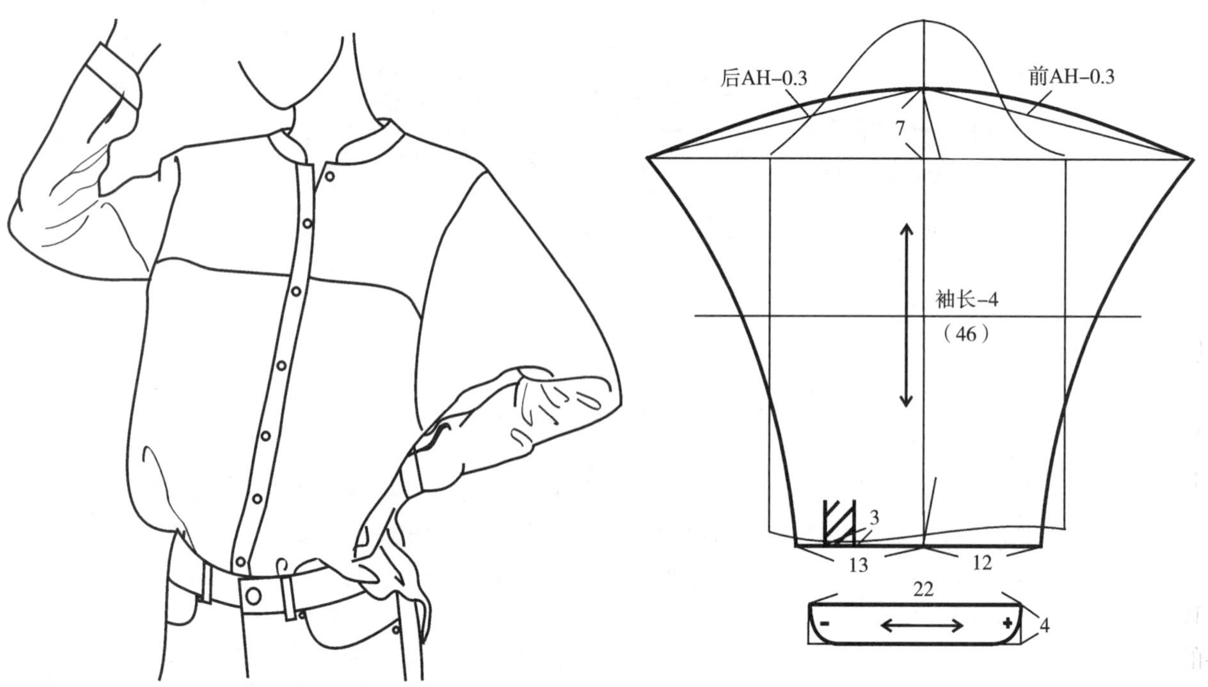

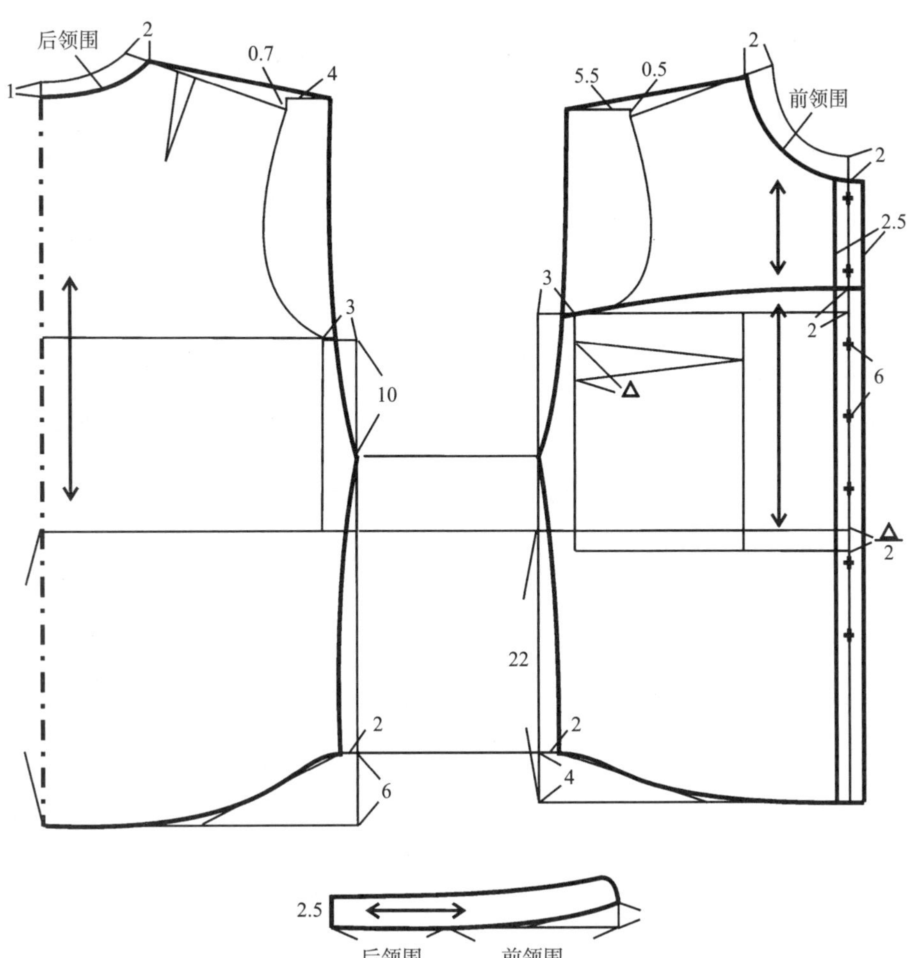

图 12－20　腋下点下落量较大的款式结构示例

第三节　合体廓型服装的放松量设计

一、合体廓型服装松量设计的基本方法

比起宽松廓型，合体型服装端庄而正式，与人体外轮廓近似，松度适量，肩角明显。最典型的合体型服装是西服套装，其余服装品项——大衣、外套等也多为合体型。虽然合体型服装追求的效果是“合乎人体”，尽量合身得体，然而为了在秋冬季内套衣物，必须增加服装的容量，所以也需要增大胸围、肩宽、袖宽等处的放松量。不过，与宽松廓型相比，合体型服装的松量增加尺寸更加保守、分配更加细致。在基本纸样的上修正主要在以下部位：

下面以图 12－21 为例进行分析。

在修改基本纸样前，先进行前片腰线的对位处理。合体廓型的服装既可以保留前片腋下省，如图 12－21(1)；也可以去掉腋下省，采用无省的对位方法，如图 12－21(2)，前片在腰线位置上减去腋下省量的一半，可取值 1.5～2cm；前后侧缝的其余长度差量在腋下点处理，使两者相等。后文将采用第一种对位方法。

胸围放松量24cm

（1） 使用全部胸凸量的有腋下省对位方法

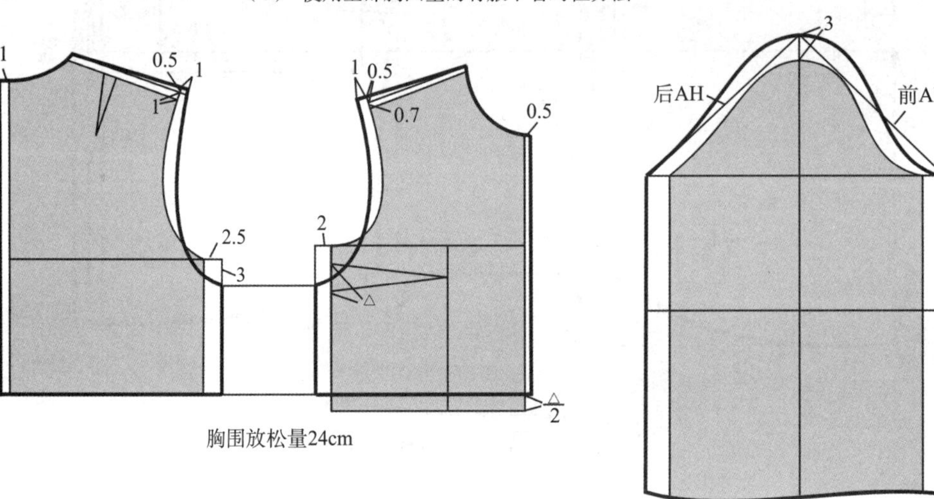

（2） 使用部分胸凸量的无省对位方法

图 12－21　胸围放松量为 24cm 的合体廓型松量设计

1. 胸围放松量

合体廓型的服装在基本纸样上加放胸围放松量，应比宽松廓型更加细致，因为合体廓型外观标准更高。总的来说原则如下：

（1）放松量应多加在后片上，尽量保持前片合体。因为服装的焦点往往更多地集中在前身上，而人体的运动集中在后身；

（2）胸围放松量可以在后片侧缝、前片侧缝、后片中线、前片中线上加放；

（3）综合考虑前两条原则，在加放胸围松量时，优先顺序与加放尺寸数据应为：后片侧缝加放量＞前片侧缝加放量＞后片中线加放量＞前片中线加放量；

（4）前、后中线加放松量后，会使领口变大。因此只有在胸围放松量非常大（超过 20cm），或特殊设计效果（如强调前后片中缝放松效果）时才在此两处加入松量。

2. 肩部放松量

合体廓型的肩部结构处理主要考虑的因素有三点：①内穿衣物会使肩部垫高；②大衣、外套等服装的肩线应长于内穿衣物；③大多合体廓型服装的肩部为平肩造型。因此，肩部放松量分为三部分处理，一是容纳内穿衣物的肩线整体抬高量；二是肩线的延长量；三是绱垫肩或修正肩部造型的肩点抬高量。

（1）肩线抬高量：肩线抬高量不会太大，取值范围为 0～1cm，可根据服装的设计用途取值；

（2）肩线延长量：合体廓型的肩线延长量目的是使外穿服装包住里面的衣服，因此常见尺寸为 0～1cm。

有时为了造型需要，如宽肩型设计，肩线可延长 2～3cm，与此同时，肩点也应抬高，并用厚垫肩辅助造型；

(3) 肩点抬高量：肩点抬高是为了塑造肩角形态，根据设计意图取值，一般为 0～1cm。

3. 腋下点下落量

合体廓型的腋下点下落是为了增加腋下容量，如果下落量太大，与服装的外观不符。一般来说可以采用参考公式后片侧缝胸围加放量(＋1～2cm)。

4. 袖窿形状

合体廓型的特点是立体化，线条弯曲，与基本纸样的轮廓相似。袖窿的形状也与基本纸样的相似，但还是应注意胸宽、背宽处应留出一些松量(图 12－22)。

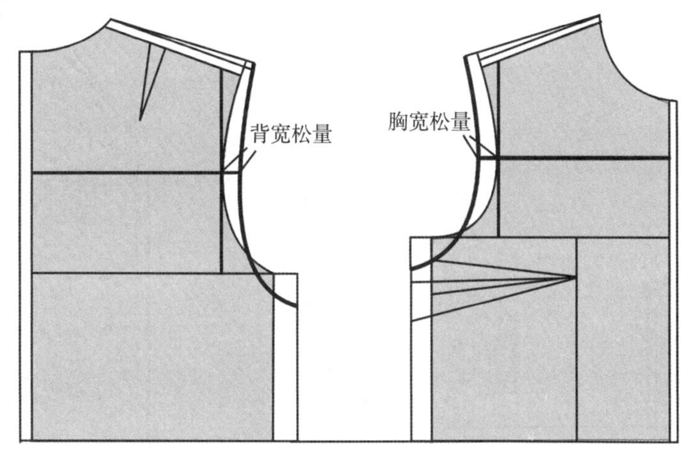

图 12－22　合体廓型袖窿曲线与胸宽、背宽松量

5. 袖山高

按照袖山高的测量方法，合体型服装的袖子铺平后抬起的角度与基本纸样相似，肩点抬高，腋下点的位置降低，袖山高高于基本纸样的袖山高，如图 12－20 所示。

如果在基本纸样上修改，袖山高的尺寸以基本袖山高＋腋下点下落量为参考公式，袖子的制图见图 12－21。也可以量取图 12－24 中所示的部位作为袖山高参考尺寸。

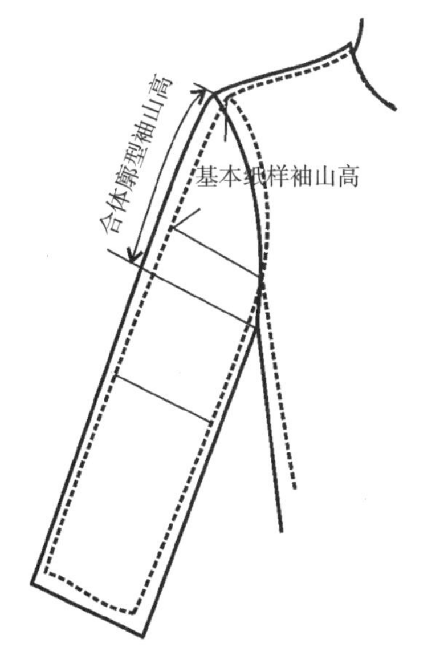

图 12－23　合体廓型的袖山高大于基本袖山高

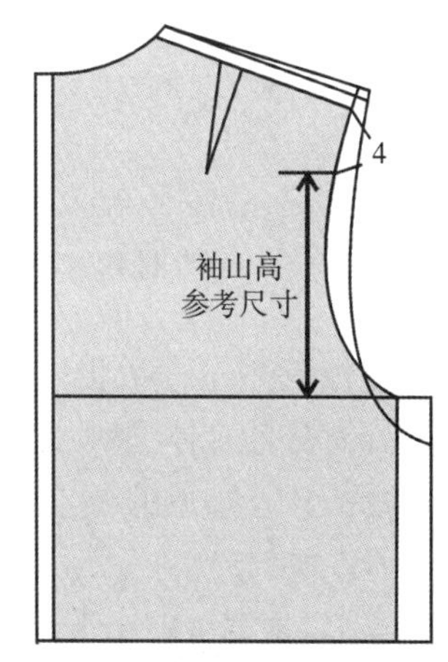

图 12－24　合体廓型的袖山高参考尺寸

6. 袖山曲线形态

合体廓型的肩角明显，袖缝缝合处，袖子略拱起，包住衣身，这就要求袖山曲线比袖窿长 2～4cm。拱起效果越明显，长度差量应该越大，但超过 4cm 后将很难用“吃”的缝合技巧处理，容易出现像泡泡袖一样的小褶皱。

二、不同胸围放松量的合体廓型松量设计

1. 胸围放松量为 14～16cm（图 12－25）

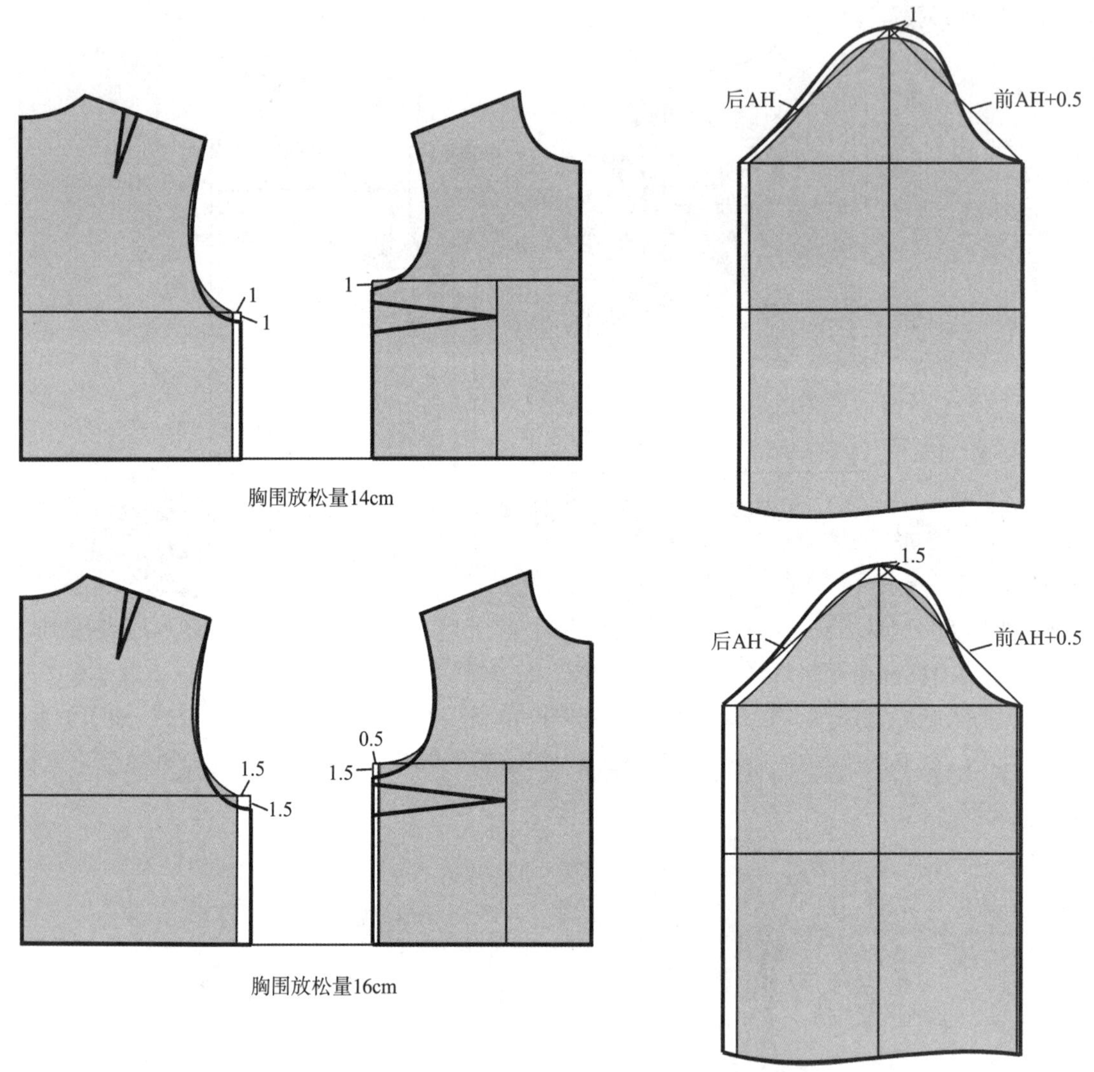

图 12－25　胸围松量为 14～16cm 的合体廓型松量设计

胸围放松量加放 2cm 一般仍用在合体套装上，加放的 2cm 是为了弥补刀背缝、后中缝等结构损失的胸围松量。略宽松的合体型衬衫、连衣裙等也可以采用这个松量。

按照合体廓型松量加放的参考原则，松量优先加在后片侧缝上，腋下点下降尺寸以后中缝加放松量为参考。

袖山高抬高后，袖宽可能小于基本纸样的袖宽，因此采用前 AH＋0.5 的辅助尺寸，一方面增加袖宽，另一方面加长袖山曲线。

图 12－26 为一款合体套装，值得注意的是袖山高抬高 1.5cm，后片刀背缝在袖窿处形成一个 1cm 的省结构，收紧袖窿，减小后袖宽与前袖宽的长度差量。

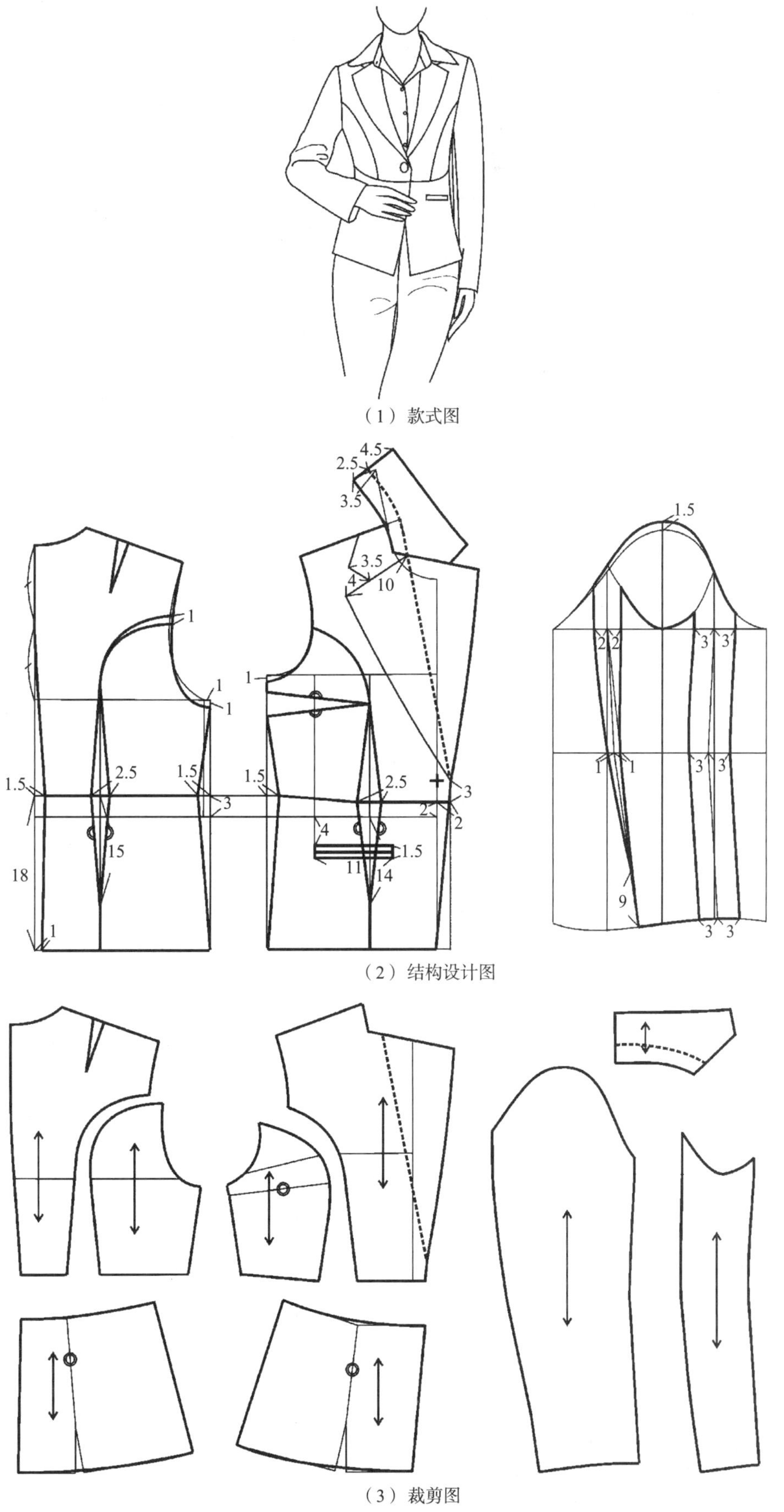

（1）款式图

（2）结构设计图

（3）裁剪图

图 12－26　胸围放松量为 14cm 的合体套装结构设计示例

图 12－27 所示的是一款合体大衣的松量与结构设计方法。值得注意的是本款处理将胸围加放量平均分配在前后侧缝上，前侧缝加放 1cm，后侧缝也加放 1cm。这样的处理好处在于保持前、后 AH 的长度差量不大，袖子前后袖宽保持平衡。

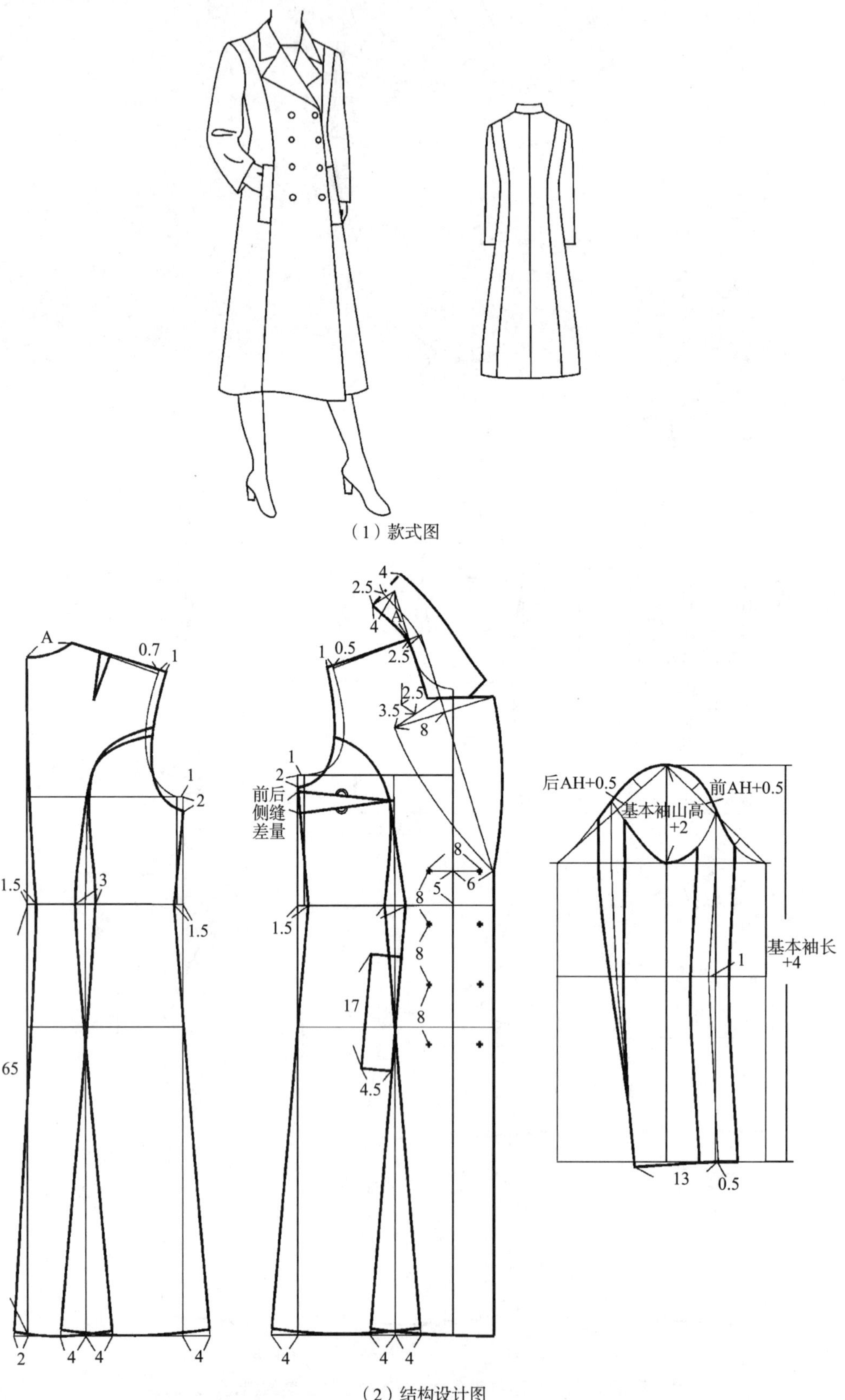

（1）款式图

（2）结构设计图

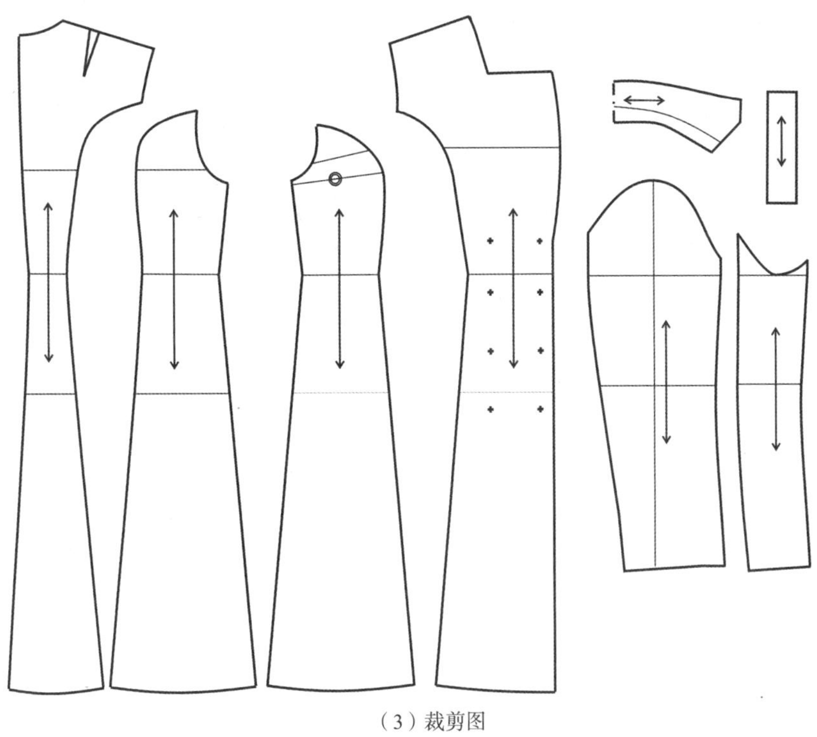

（3）裁剪图

图 12－27　胸围放松量为 16cm 的合体大衣结构设计示例

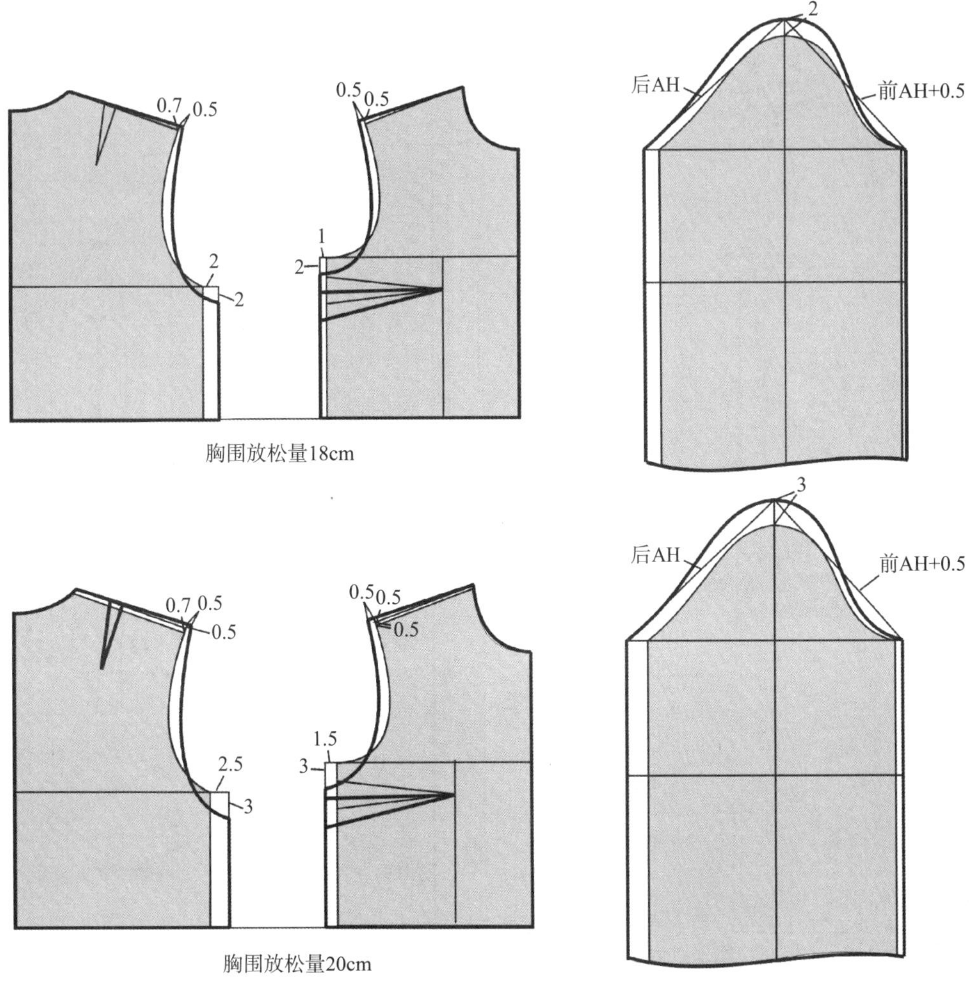

图 12－28　胸围松量为 18～20cm 的合体廓型松量设计

2. 胸围放松量为 18～20cm

胸围放松量为 18cm 的服装属于中等松度。后侧缝加放 2cm，前侧缝加放 1cm，肩线抬高量视情况而定，腋下点下落 2cm；肩线延长 0.5cm，前肩点抬高 0.5cm，后肩点抬高 0.7cm。袖山高抬高量参考腋下点下落量，此时袖宽加大，与整体衣身变化相协调。

胸围放松量为 20cm 的服装较为宽松。后侧缝加放 2.5cm，前侧缝加放 1.5cm，前肩线抬高量 0.5cm，后肩线抬高量 0.7cm，腋下点下落 3cm；肩线延长 0.5cm，前肩点抬高 0.5cm，后肩点抬高 0.7cm。袖山高抬高量参考腋下点下落量，此时袖宽增大更多(图 12－29)。

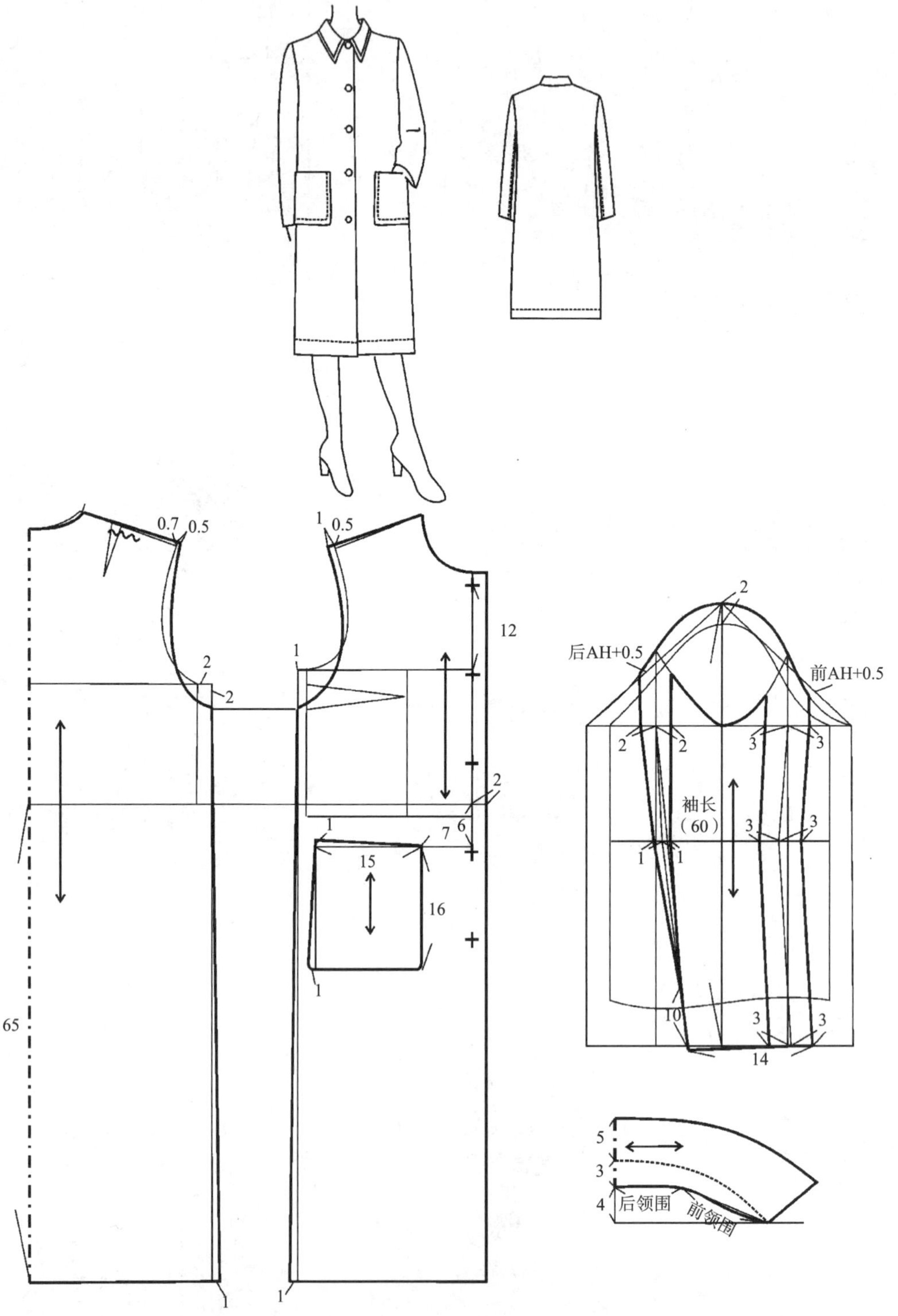

图 12－29　胸围松量为 18cm 的合体大衣结构设计示例

图 12－30 所示的牛角扣大衣是常见的大衣款式之一，H 廓型，较宽松，胸围放松量设为 24cm。其中加放的 12cm 放松量分别在后侧缝、前侧缝、后中线、前中线分配。值得注意的是因为胸围放松量较大，所以腋下点下落量反而并不大，以便保持大衣的合体效果。同时袖山高也没有增加，因此肩角的造型减弱，增强袖宽，改善袖子的活动性能。

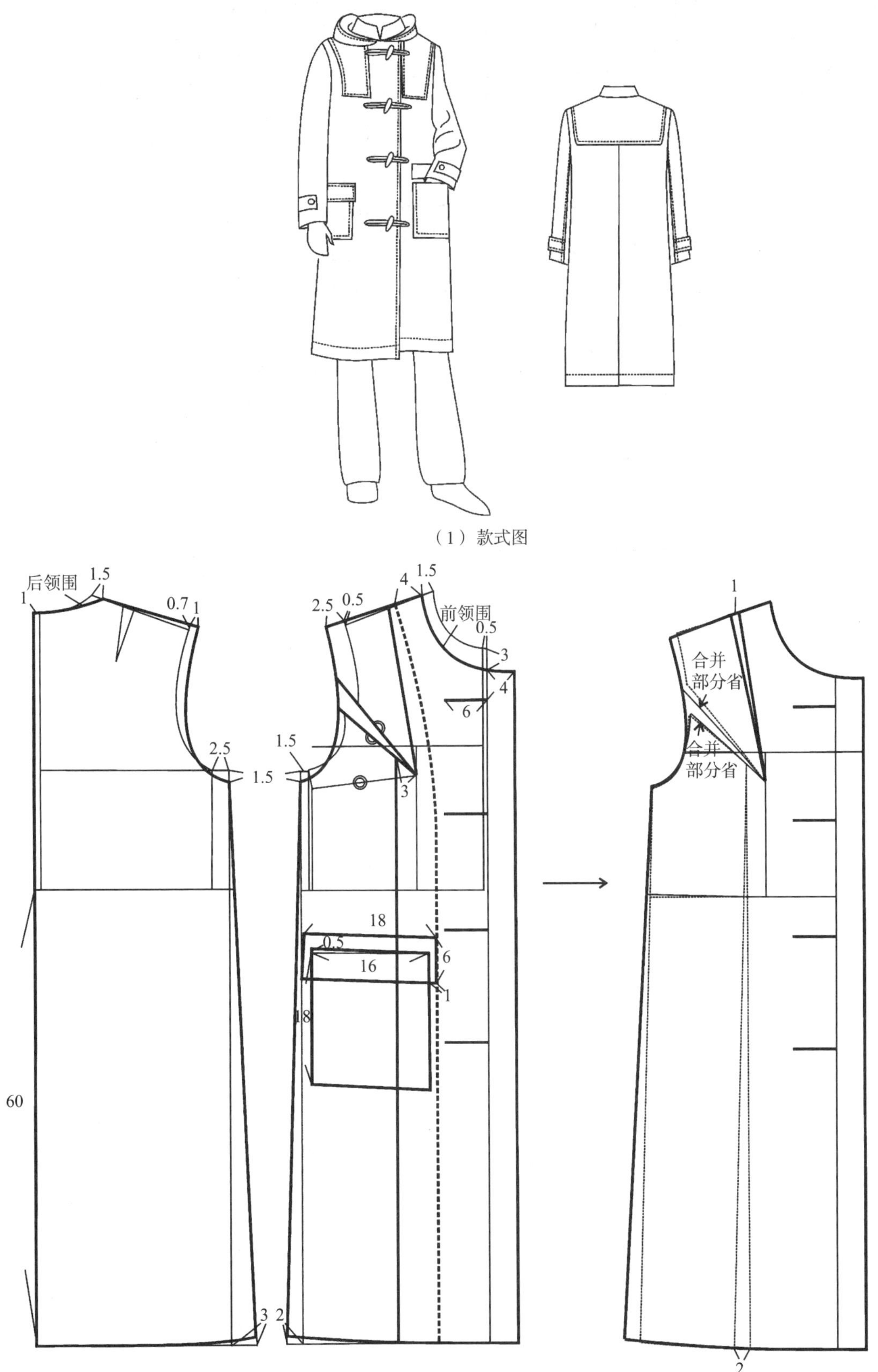

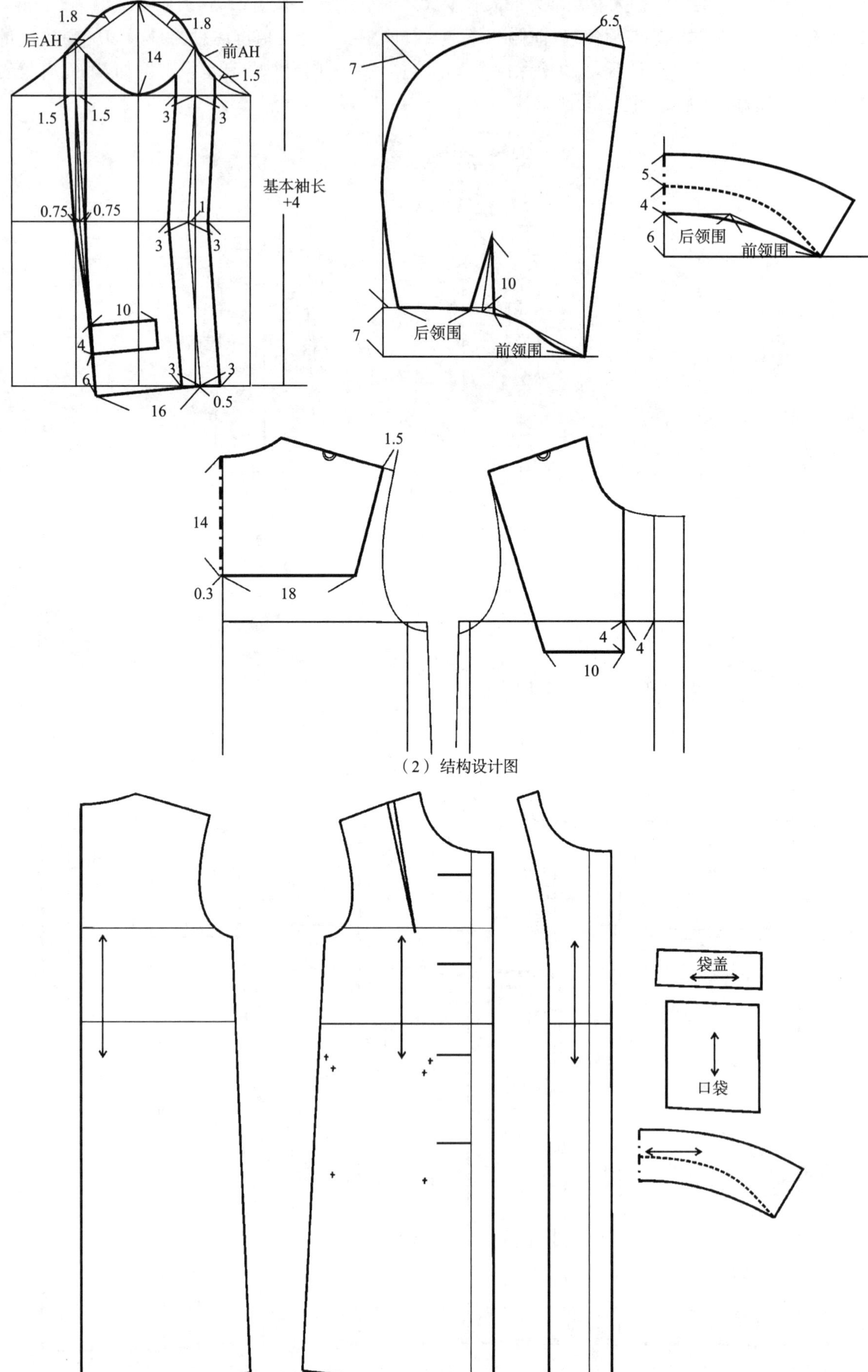
1.8
1.8
后AH
前AH
14
1.5
1.5
1.5
3
3
基本袖长
+4
0.75
0.75
1
3
3
10
4
6
3
3
16
0.5
6.5
7
10
7
后领围
前领围
5
4
6
后领围
前领围
1.5
14
0.3
18
4
4
10
袋盖
口袋

（2）结构设计图

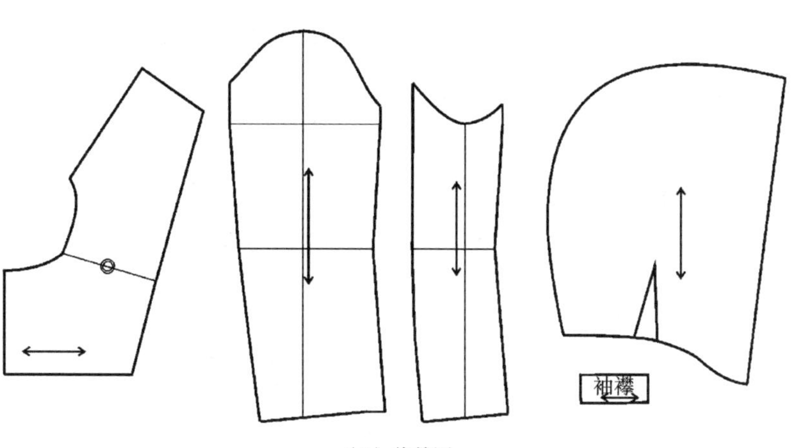

（3）裁剪图

图 12－30　胸围松量为 24cm 的合体大衣结构设计示例

袖山高的大小与袖子抬起的角度直接相关。如图 12－31 所示，袖子抬起角度越大，活动性能越好，腋下松量越大，而对应的袖山高越小。

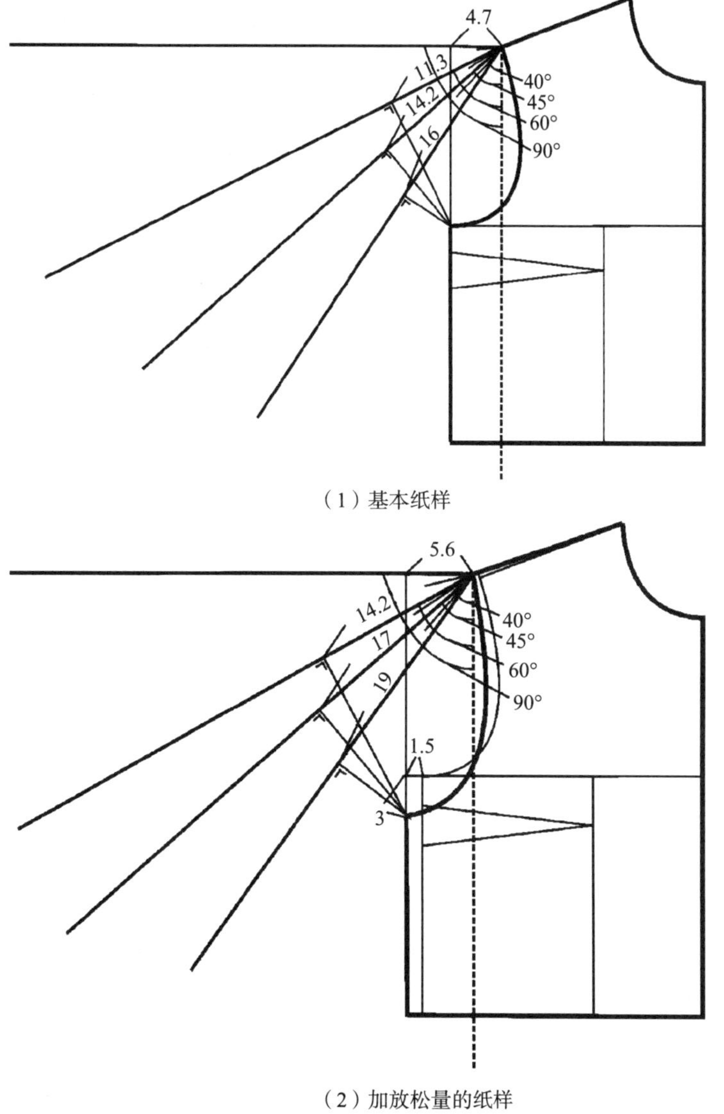

（1）基本纸样

（2）加放松量的纸样

图 12－31　袖子抬起角度与袖山高的关系

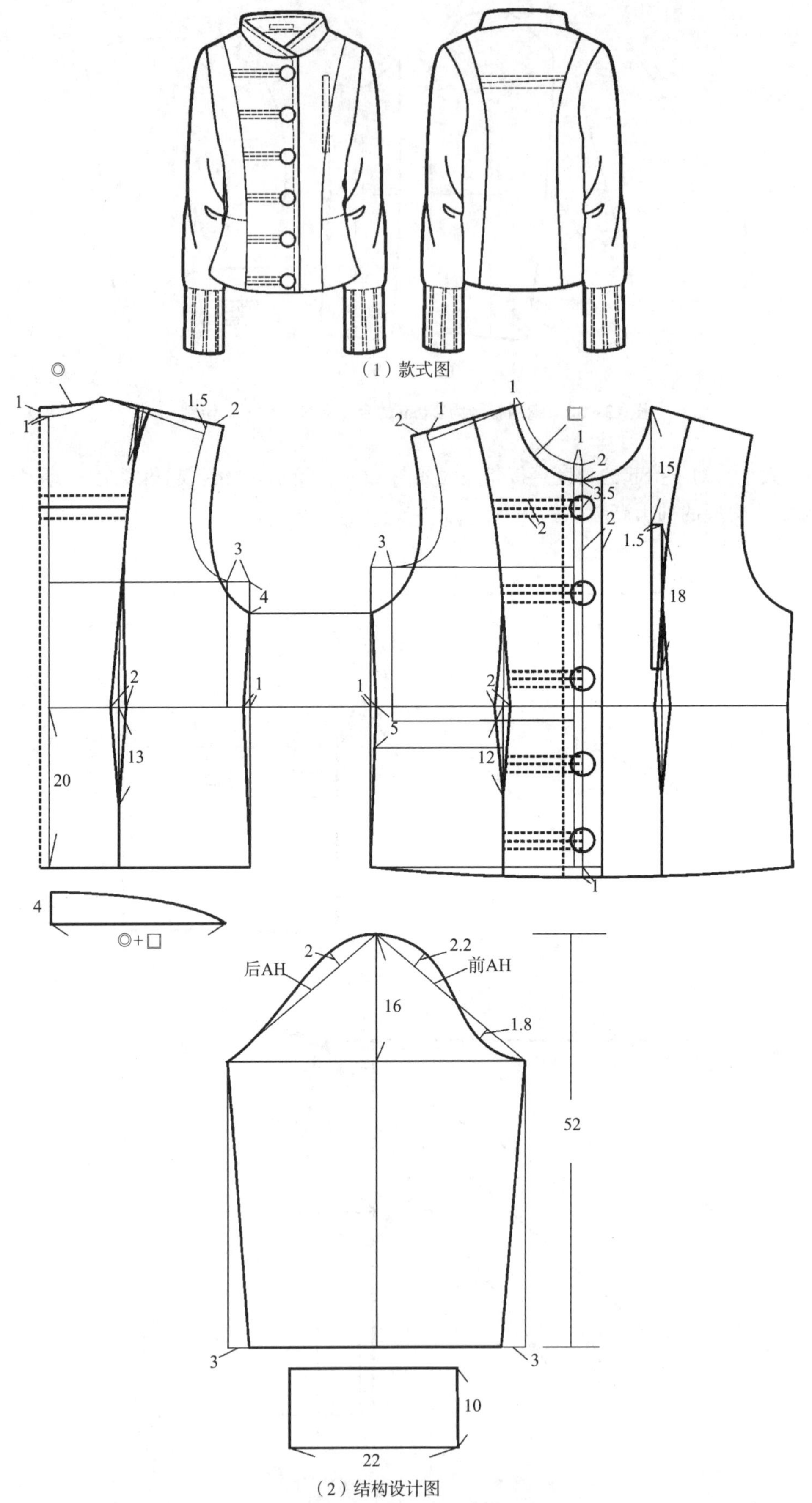

图 12-32 胸围松量为 24cm 的棉衣结构设计示例

第四节　紧身廓型服装的放松量设计

下面以图 12－33 为例进行分析。

在修改基本纸样前，先进行前片腰线的对位处理。紧身廓型的服装一般都需要保留胸凸量，使用腋下省结构或将腋下省转移到其他部位。

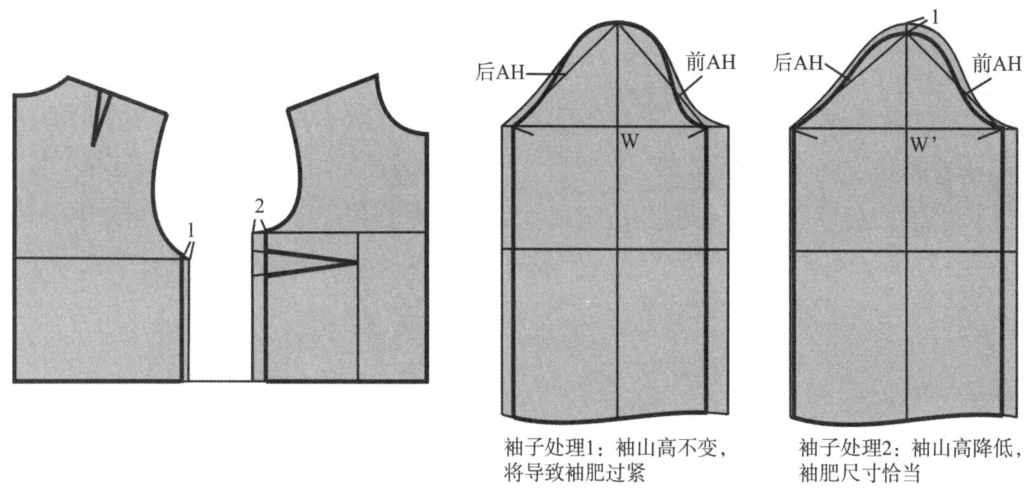

图 12－33　胸围松量为 6cm 的紧身廓型松量设计

1. 胸围放松量

在基本纸样上减少放松量，也在前后侧缝上处理。在加放松量时，后侧缝的松量要多加，前侧缝少加，以便增加后身活动量，保持前身合体形态。在减少松量时，原理相同，但处理正好相反，前片侧缝松量要多减，后片侧缝松量少减。

不可在前后中线减小松量，否则将导致领围尺寸减小，使服装无法穿着。

也可以粗略处理，前后侧缝减少的松量等量，这样将使袖子的形态更加平衡。

2. 肩部放松量

基本纸样的肩部放松量非常少，肩点仅包含约 0.3cm 的纵向松量，在一般情况下可以不用处理，当设计的廓型非常紧身时，可将肩点降低 0.3～0.4cm。

3. 腋下点处理

基本纸样的腋下点距离人体腋下点约 2.5cm，如果款式是无袖的，可将腋下点抬高 1～2cm，以免腋下裸露太多。如果有内穿衣物或有袖款式，或特殊设计，则可以不用处理腋下点。

4. 袖窿形状

紧身廓型的袖窿形状与基本纸样相似，不可画得太弯，减小胸宽、背宽尺寸。

总之，紧身廓型因为胸围放松量的减小，活动性能已经受到了影响，所以应特别注意各部位的尺寸。

在面料没有弹性的情况下，紧身廓型的胸围放松量至少应保留 4cm，这是类似旗袍的放松量，是最小松量。

5. 袖山高

紧身廓型的袖窿长度减小，如果抬高袖山高，或袖山高保持不变，有时将使袖子的肥度小于人体上臂围，无法穿着。以图 12－33 为例，袖子处理 1 的袖肥 W 约为 26.3cm，过紧；袖子处理 2 的袖肥 W′约为 28.3cm，比较恰当。因此在实际操作时，应以袖肥作为首要考虑尺寸，袖山高可放在其次。

二、不同胸围放松量的紧身廓型松量设计

下面举几个例子说明紧身廓型的结构处理方法(图 12－34～图 12－37)。

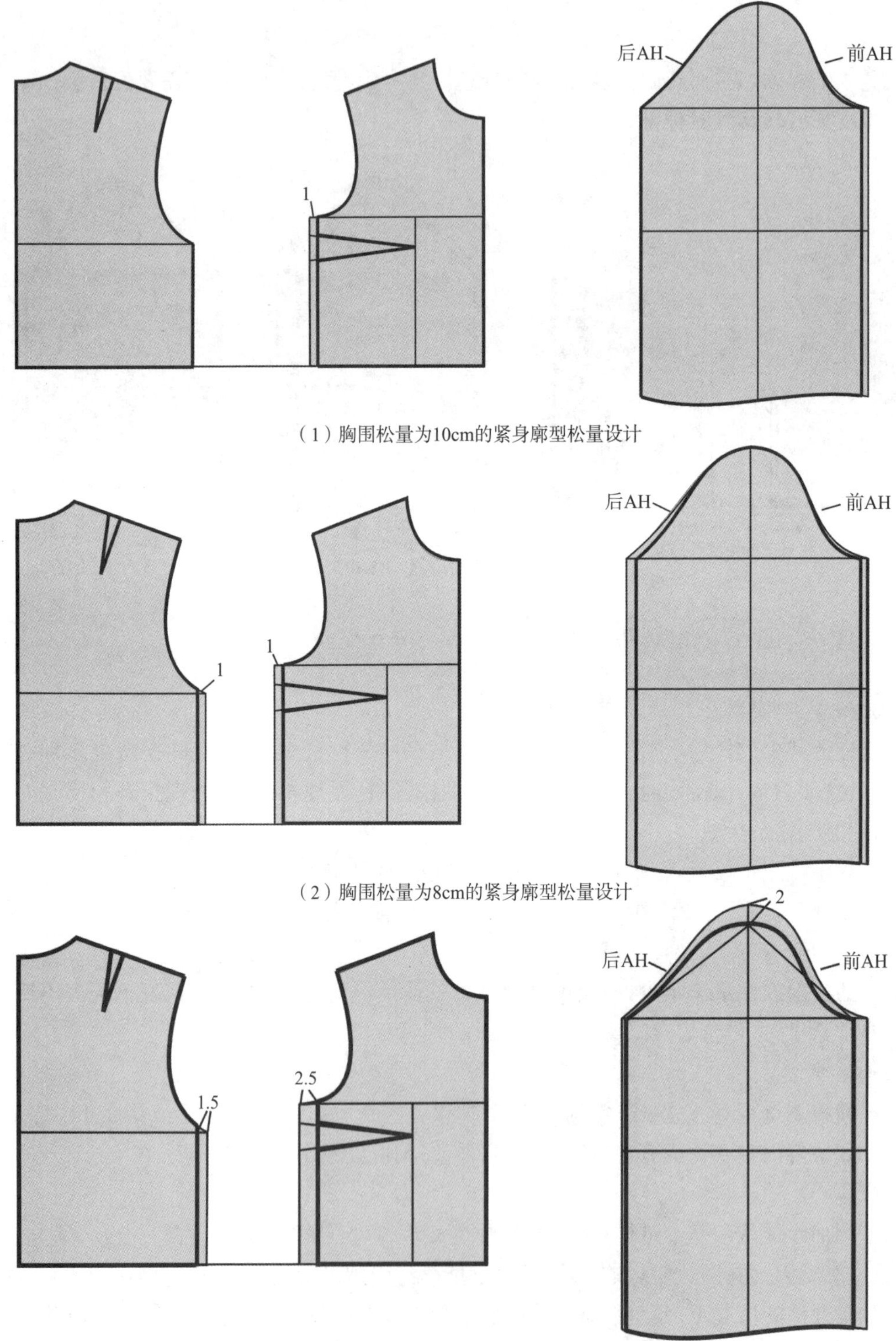

（1）胸围松量为10cm的紧身廓型松量设计

（2）胸围松量为8cm的紧身廓型松量设计

（3）胸围松量为4cm的紧身廓型松量设计

图 12－34　不同胸围松量的紧身廓型松量设计

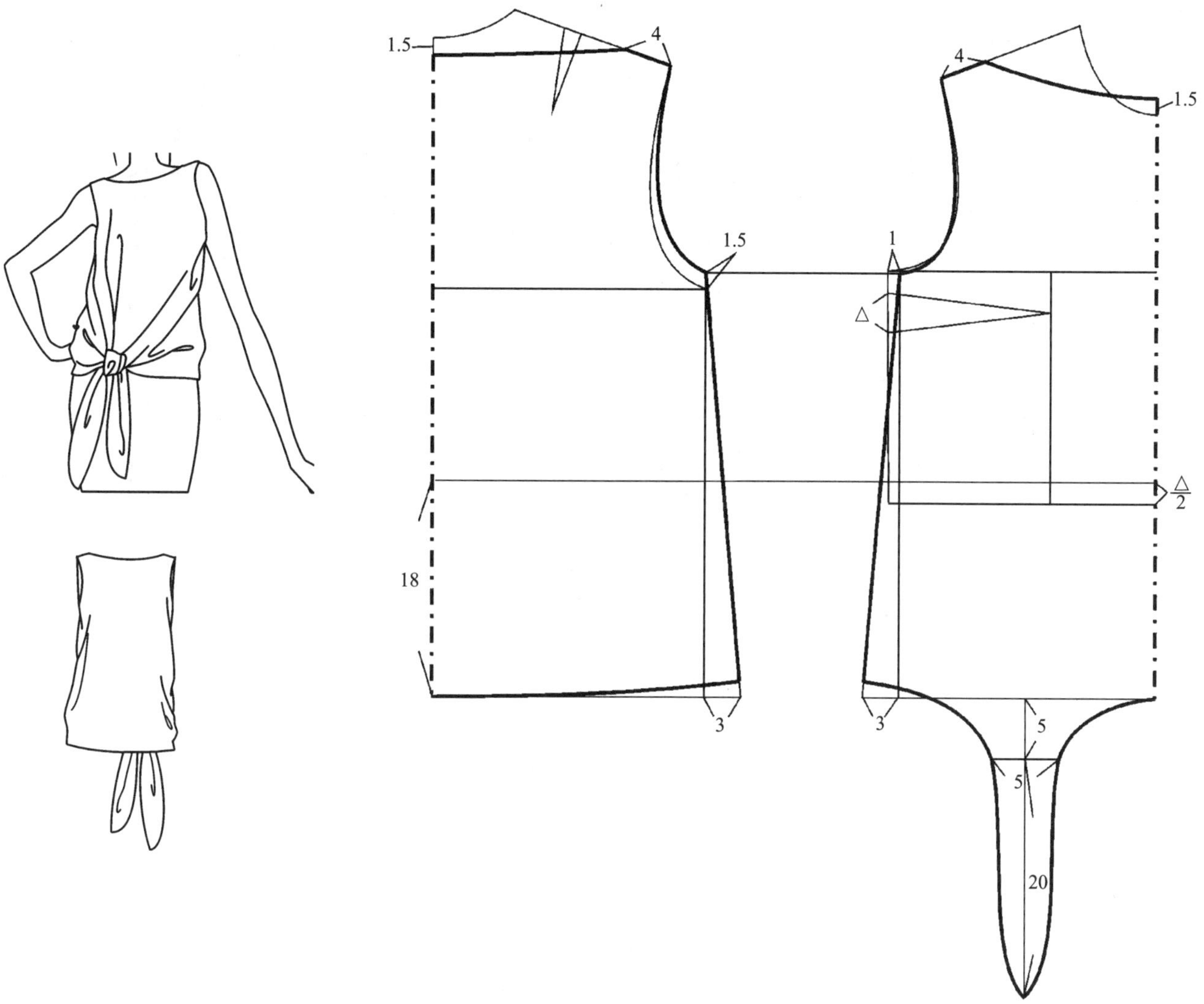

图 12－35　胸围松量为 10cm 的紧身廓型 T 恤结构设计

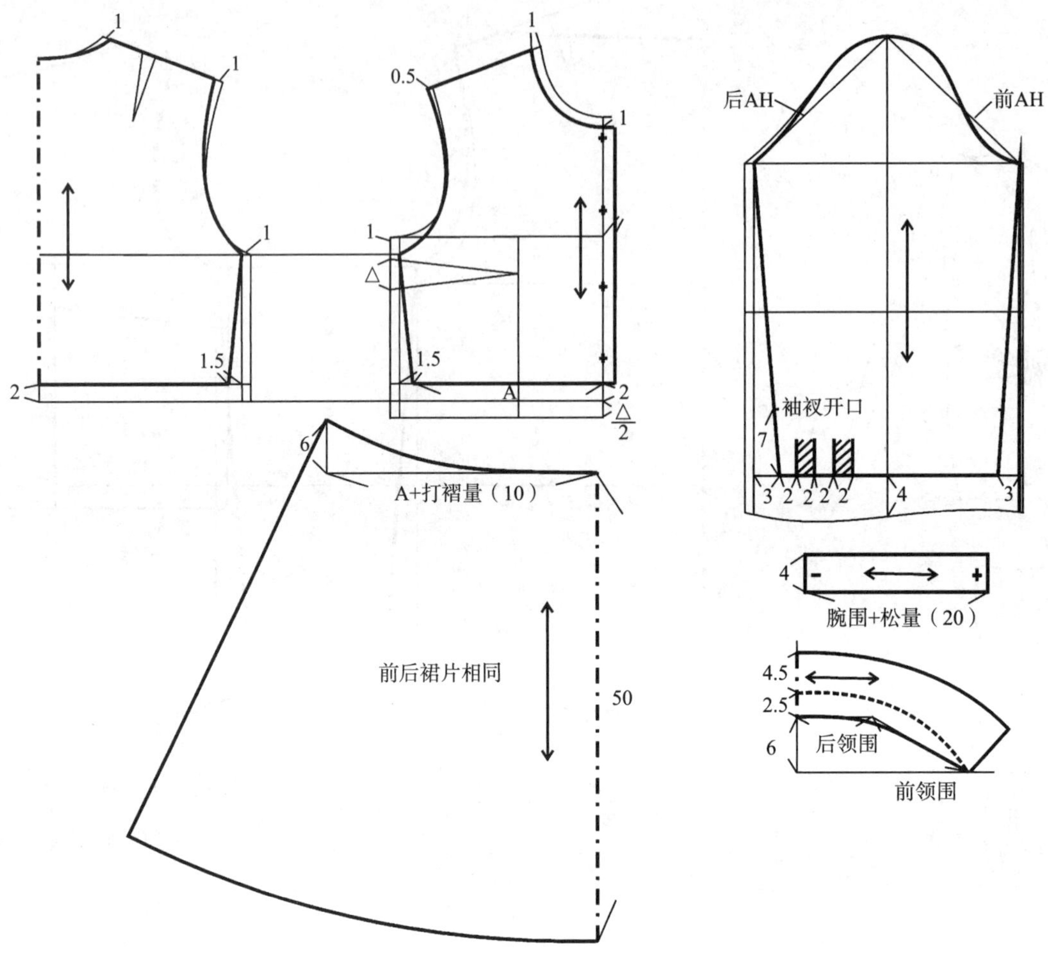

图 12－36 胸围松量为 8cm 的紧身廓型连衣裙结构设计

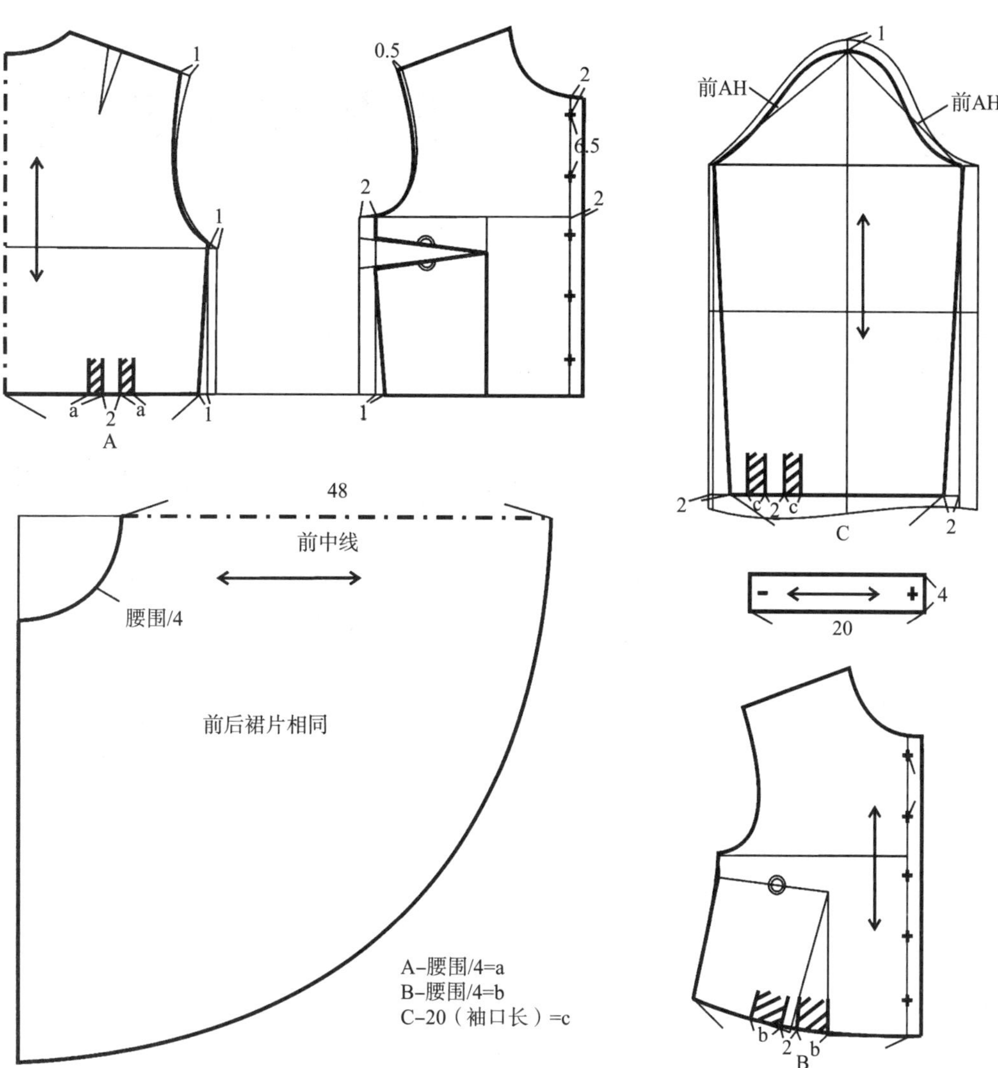

图 12－37　胸围松量为 6cm 的紧身廓型连衣裙结构设计

第十三章　服装综合结构设计

服装结构设计是一项需要缜密思维和系统性方法的工作，如果只是着眼于个别款式和个别纸样，将失去变通的能力，也无法实现结构设计的创造性意义。面对快速变化的时尚、纷繁复杂的款式，必须理清顺序，找到规律性、系统性的方法。

第一节　服装结构设计的系统性方法一——亚原型法

对于初学者来说，过多地在不同难度、不同风格的服装结构设计中切换，将使学习和实践的道路出现更多混淆和困扰，“只见树木，不见森林”，影响对这门学科整体的理解。

所谓结构设计的系统性方法，基本可分为以下几个阶段：

第一，掌握基本纸样，通过将基本纸样缝制成成衣并分析观察，对基本纸样的结构非常熟悉；

第二，掌握并熟练运动省的变化方法，获得服装内部结构设计的能力；

第三，学会修改纸样的松量和廓型，获得服装廓型设计的能力；

第四，学会对每一个版型做进一步款式设计和结构处理的能力；

第五，通过经验的增长，加深对结构的理解，最终达到灵活运用所学的理论与实践知识，创造出独特的结构，引领时尚。

其中，第四部分能力是结构设计变通能力的体现，获得这一能力也可举一反三，使服装款式更加丰富多变。在这一步，所有的款式和版型都被看做一个基础和原点。基本纸样又被称为“原型”，一些学者据此认为任何版型都可作为“亚原型”，进行结构设计方法。

例如图 13－1 所示的裙子系统性结构设计方法，在一个最基本的 A 型超短裙的基础上，用加法的设计方法，可以衍生出无数款式；使用反向操作，也可以用减法获得简洁的设计；或用改变某一个设计点的结构、工艺的方法，调整款式。

这种结构设计方法简捷变通，极易操作，非常适合作为初学者提升结构设计技巧的手段和方法。

每款成功的版型都是经过多次尝试与确认得到的，殊为不易，如果只使用一次，将对人力物力造成不必要的浪费。根据“亚原型”结构设计方法，每一个版型都可以作为新的起点，经过再设计、再创造，拓展出更多具有良好版型基因的新款式和新纸样(图 13－2)。

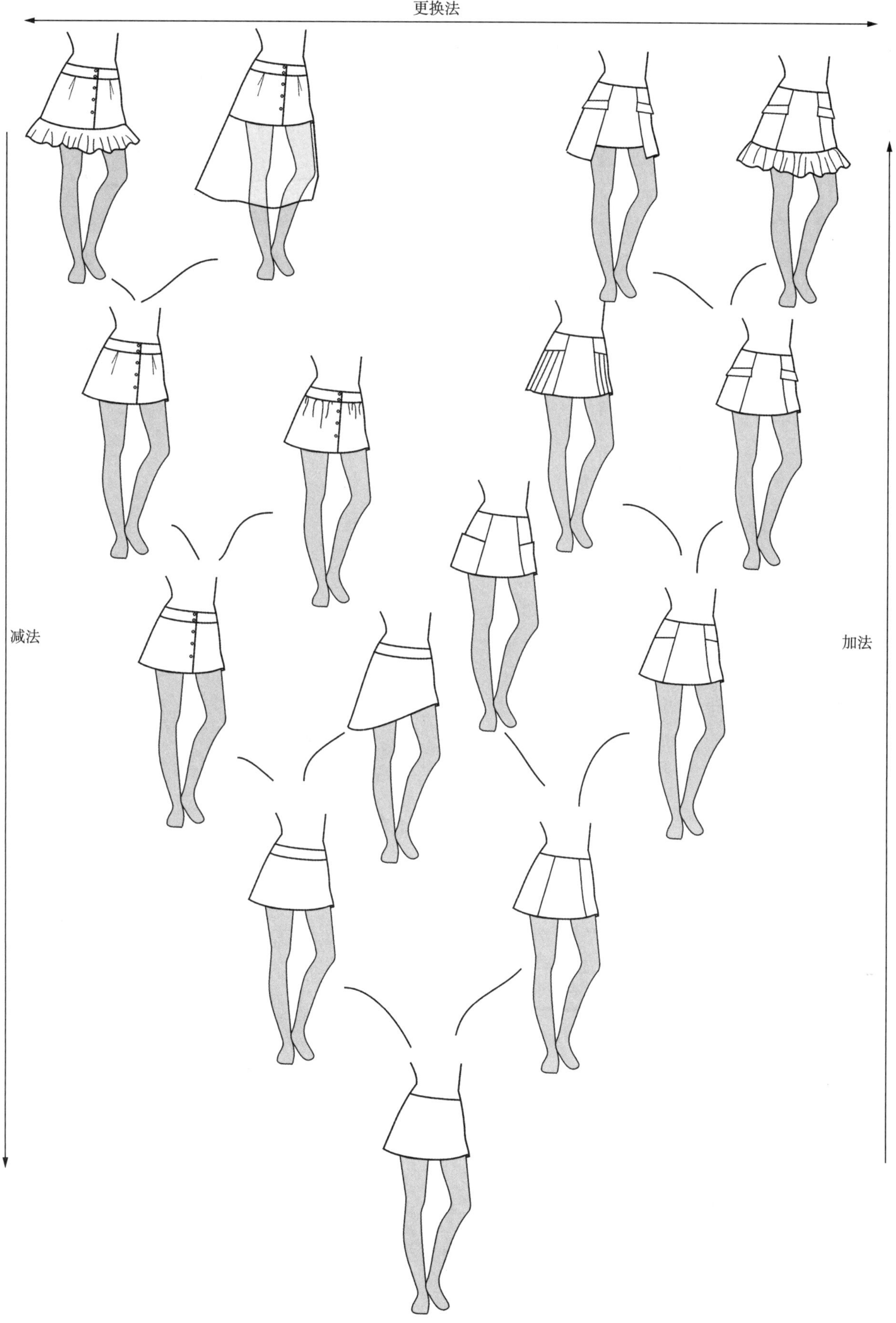

图 13-1　亚原型设计方法

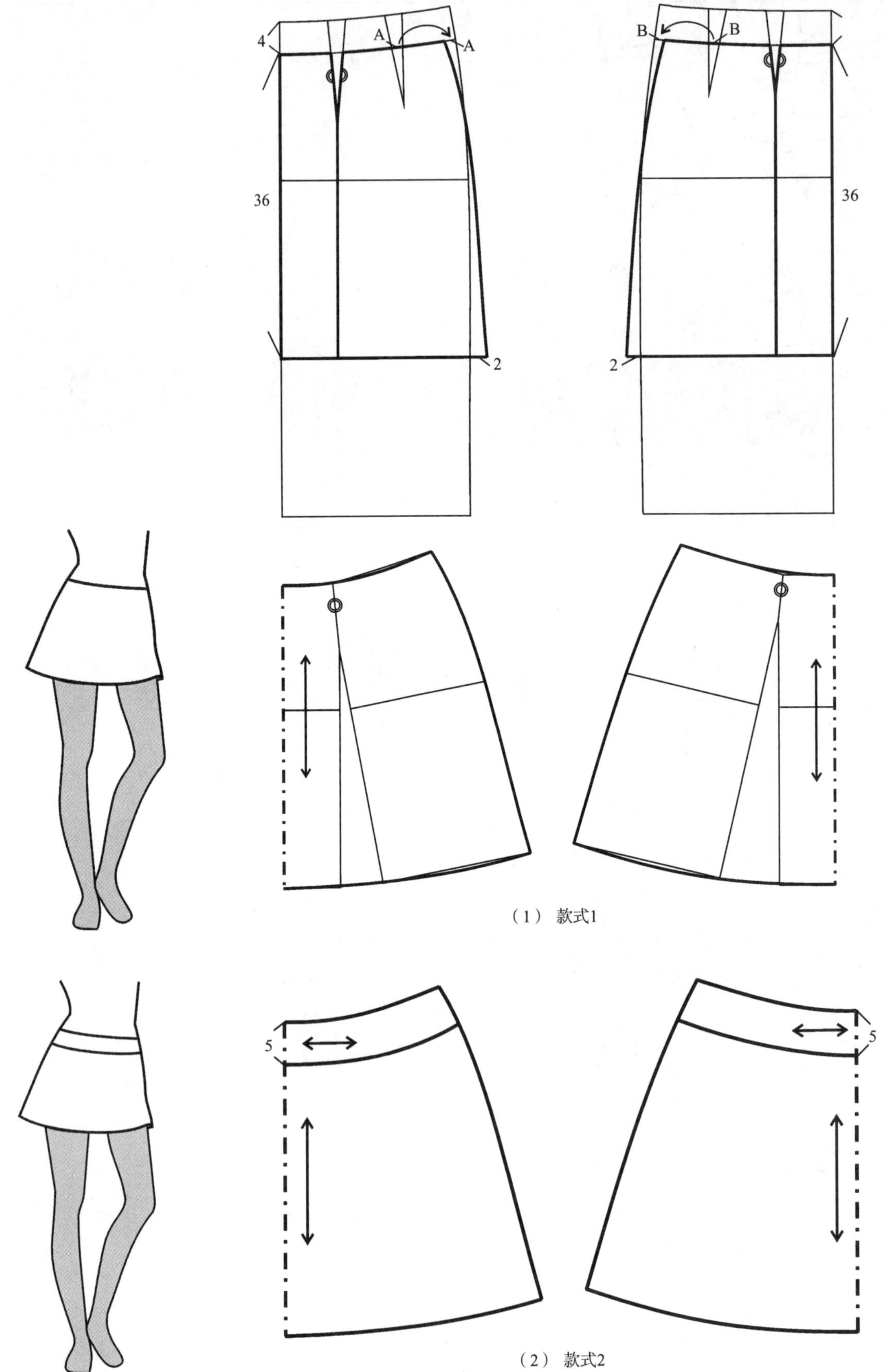

（1） 款式1

（2） 款式2

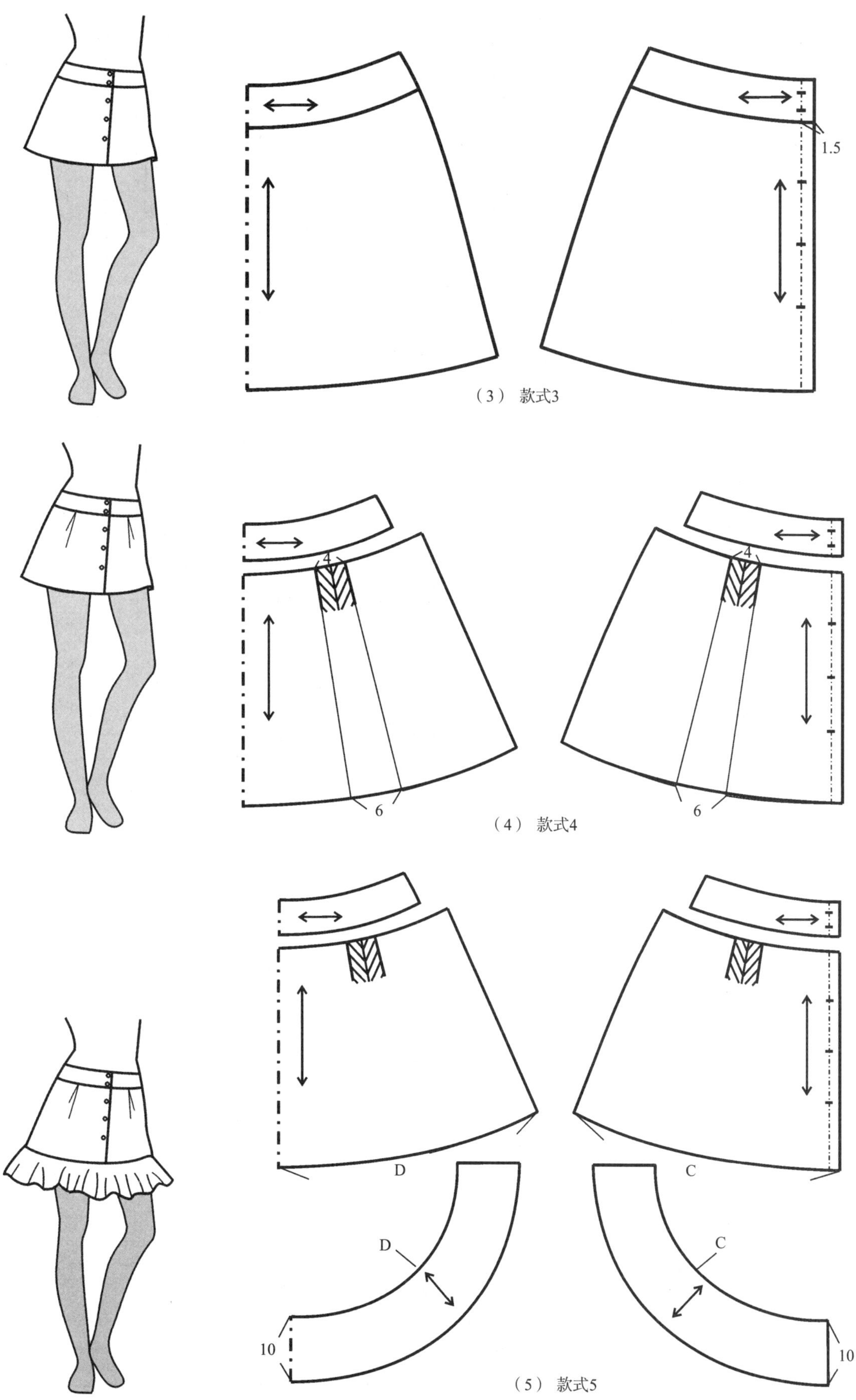

（3） 款式3

（4） 款式4

（5） 款式5

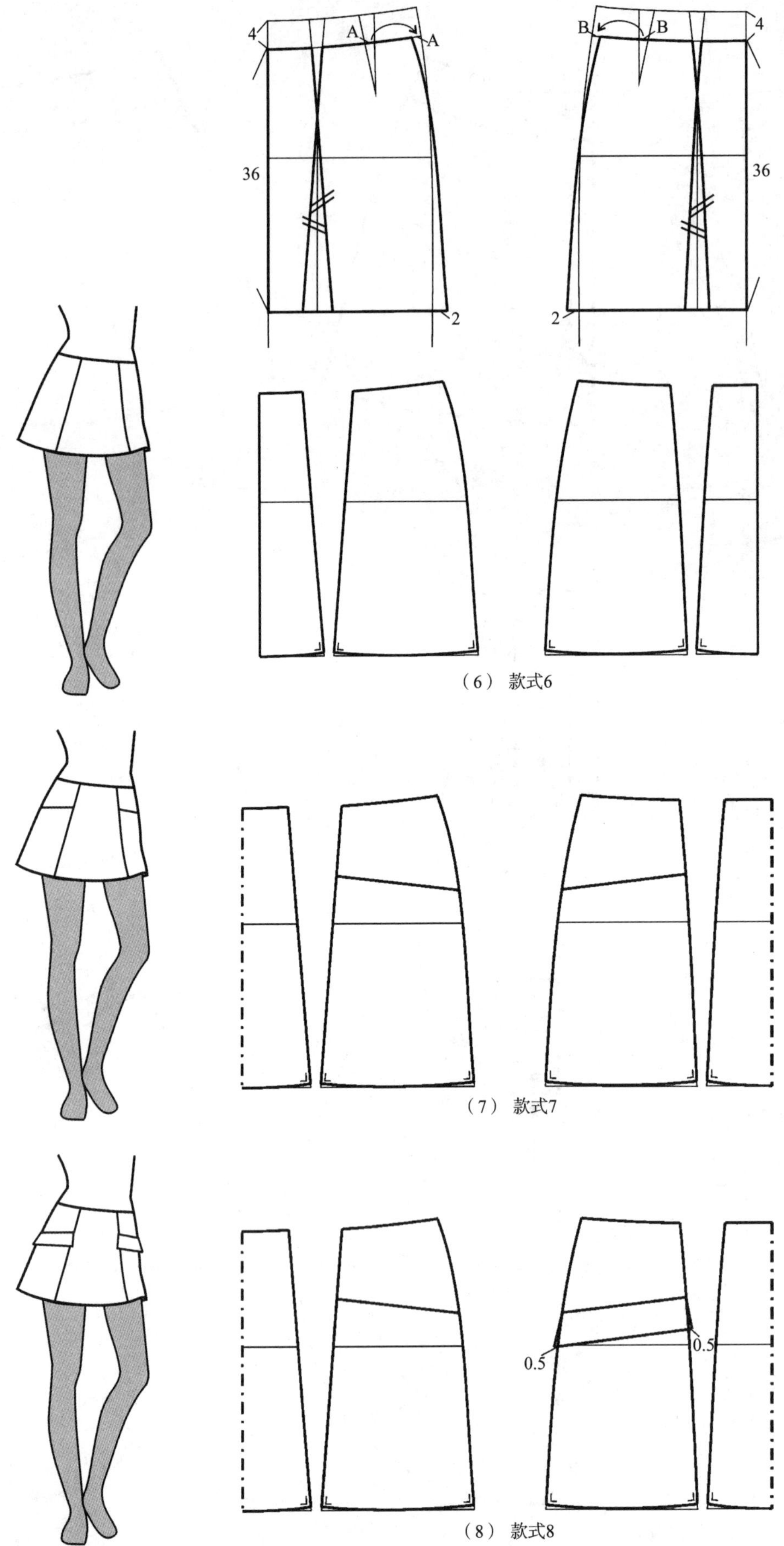

（6） 款式6

（7） 款式7

（8） 款式8

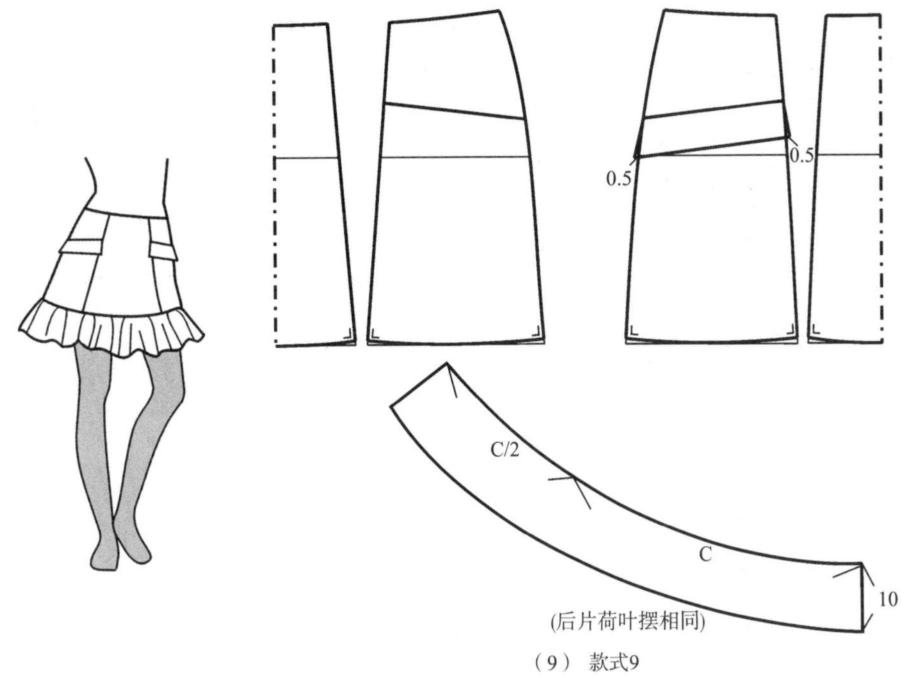

（9） 款式9

图 13－2　亚原型结构处理方法

第二节　服装结构设计的系统性方法二——拆解法

学习“亚原型”的结构设计方法，还有一个益处，就是培养积累服装结构设计要素，当遇到一个全新的款式时，能够从款式中发现这些熟悉的要素，服装结构变得清晰易懂，再使用“拆解法”进行条理性分析，将大大提高结构设计的成功率。

拆解法的思路是先将服装拆解成零部件，再分别研究零部件的特征结构。在拆解的过程中，首先是服装的廓型，包括围度、长度、侧面线条形状；然后是内部结构，包括基本纸样上省位的处理、服装内部结构线、工艺处理形式等。分解图见图 13－3。

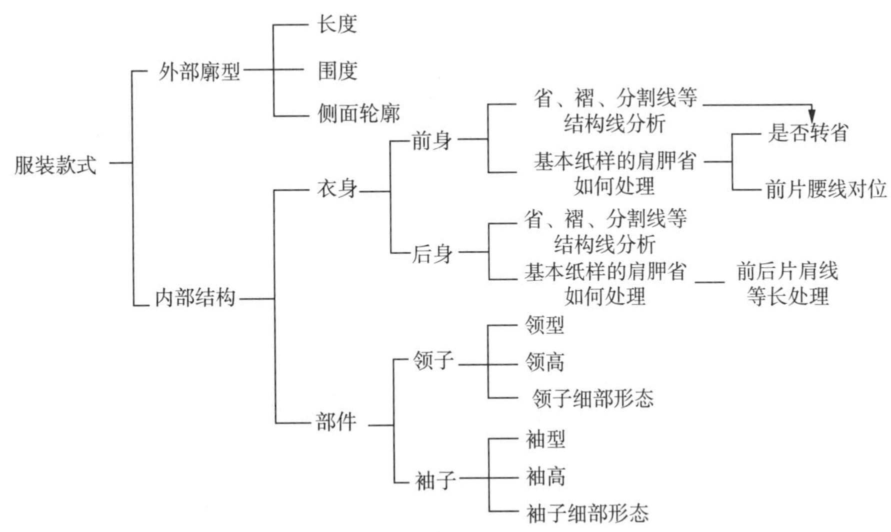

图 13－3　服装结构设计要素拆解图

使用分解图对图 13-4 的大衣款式进行分析，可以更好地把握款式的全部特征，形成结构设计处理的思路，在动手画纸样前做到全盘掌握，不遗漏细节，不前后矛盾。

图 13-4 倒褶收腰大衣

通过图 13-5 的分析，大衣的长度、围度、腰线对位方法、基本纸样上省的处理、领子袖子的长宽等基本确定，再进行具体的结构处理就事半功倍了。

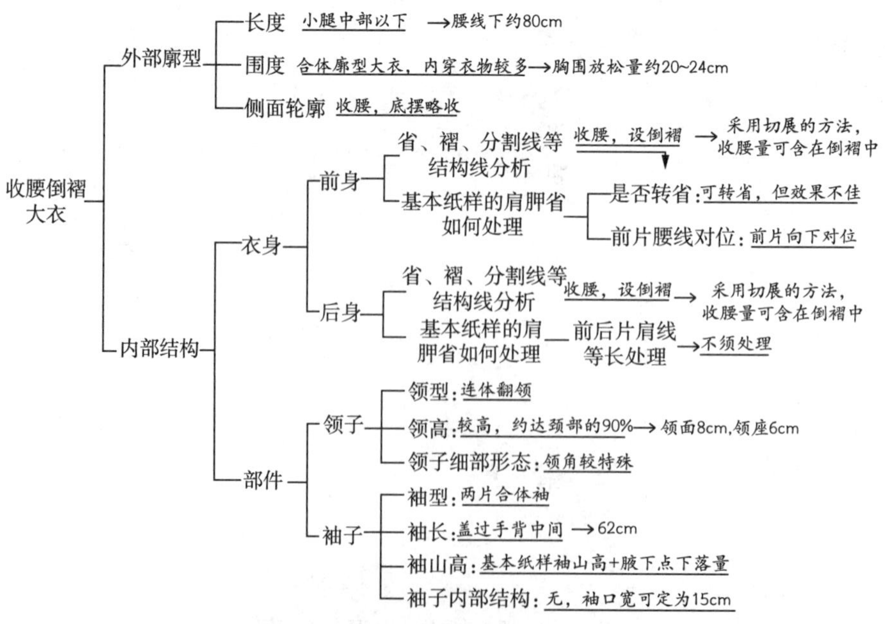

图 13-5 倒褶收腰大衣结构拆解与分析图

首先，根据图 13－5“外部廓型”的分析，修改基本纸样，加大胸围放松量，完成侧缝等长、肩线等长的处理(图 13－6、图 13－7)。

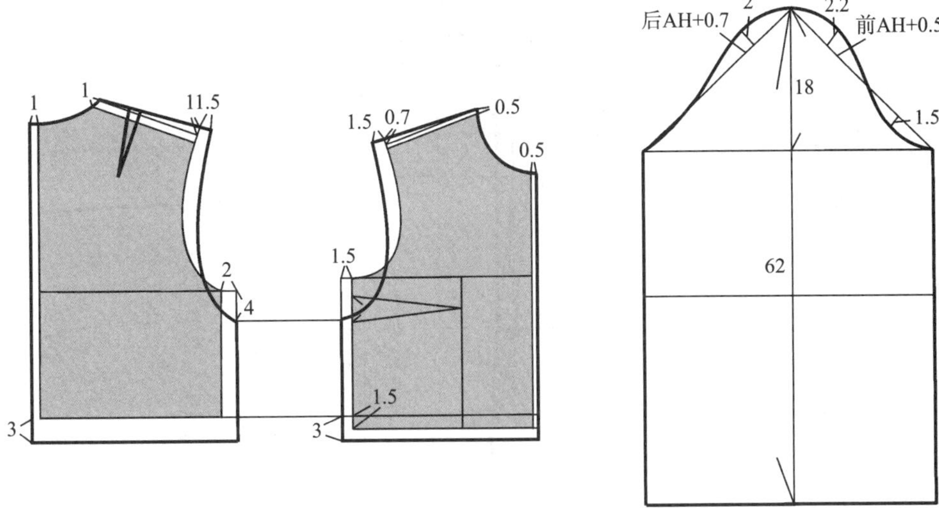

图 13－6 倒褶收腰大衣基本纸样修改

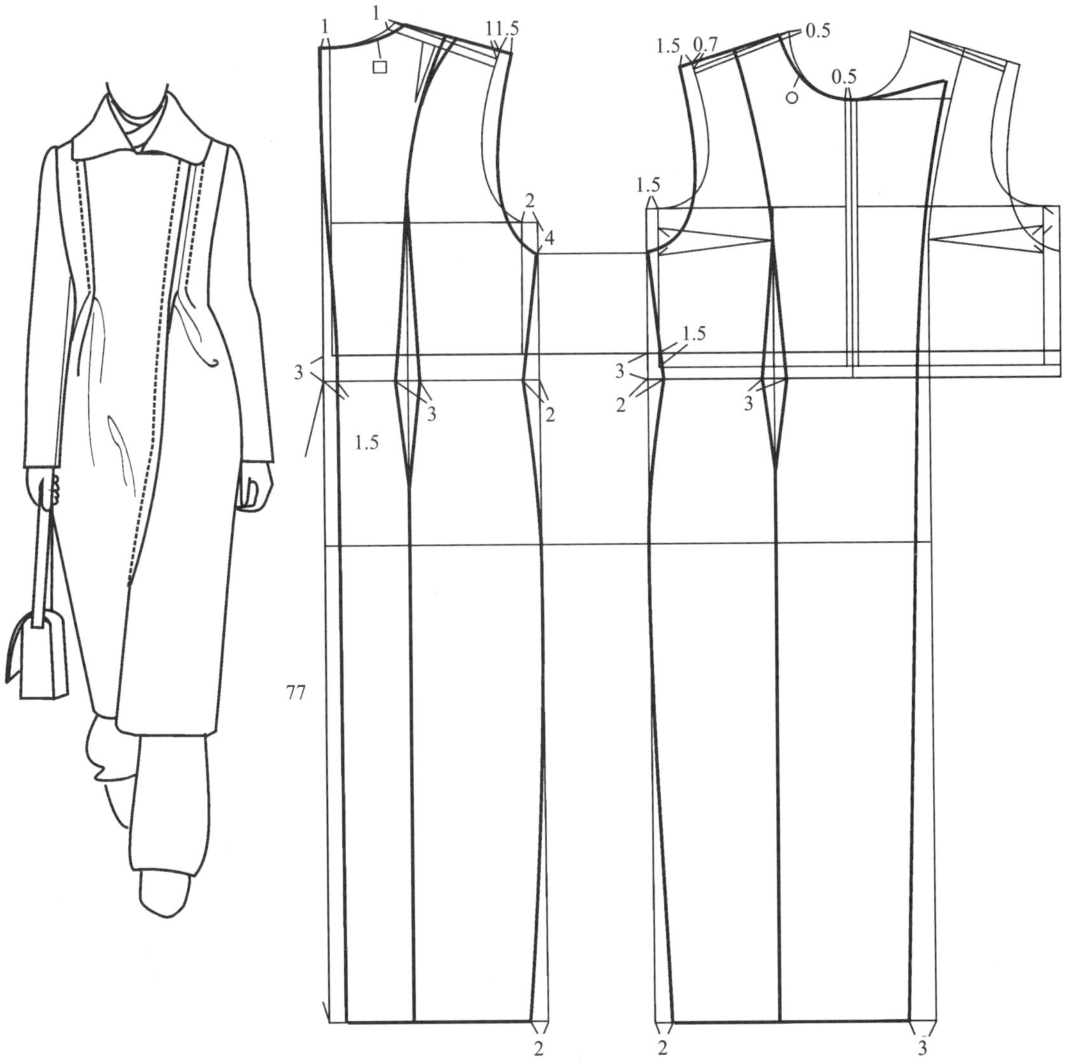

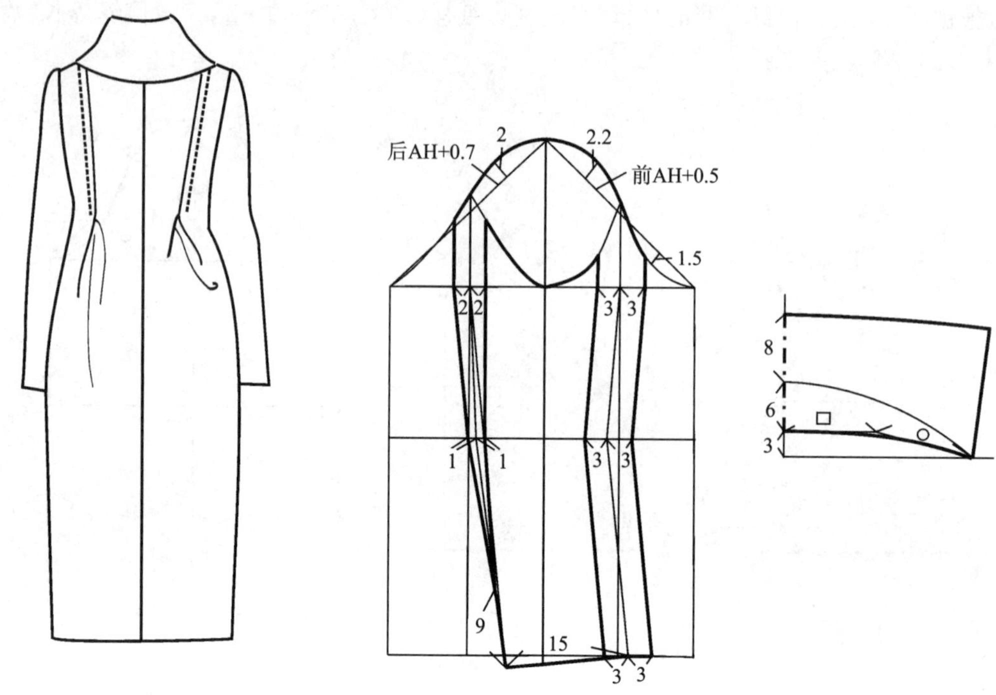

图 13-7 倒褶收腰大衣结构设计图

其次，根据图 13-5“内部结构”的分析，添加内部分割线、收腰位等，注意前片与后片、衣身与领子、衣身与袖子对应尺寸的一致。结构分解图只提供定性的分析和部分常规尺寸，其他制图尺寸——如收腰量、分割线位置、领角形状等，需要仔细分析、感受，结合经验与审美做出判断。

同样的款式外观，内在的工艺处理却可能存在不同，因此结构设计与工艺处理是紧密相关的。如图 13-8，如果面料较厚，直接缝合倒褶有可能使前身臃肿，改为第二种方法，就可以解决这个问题。

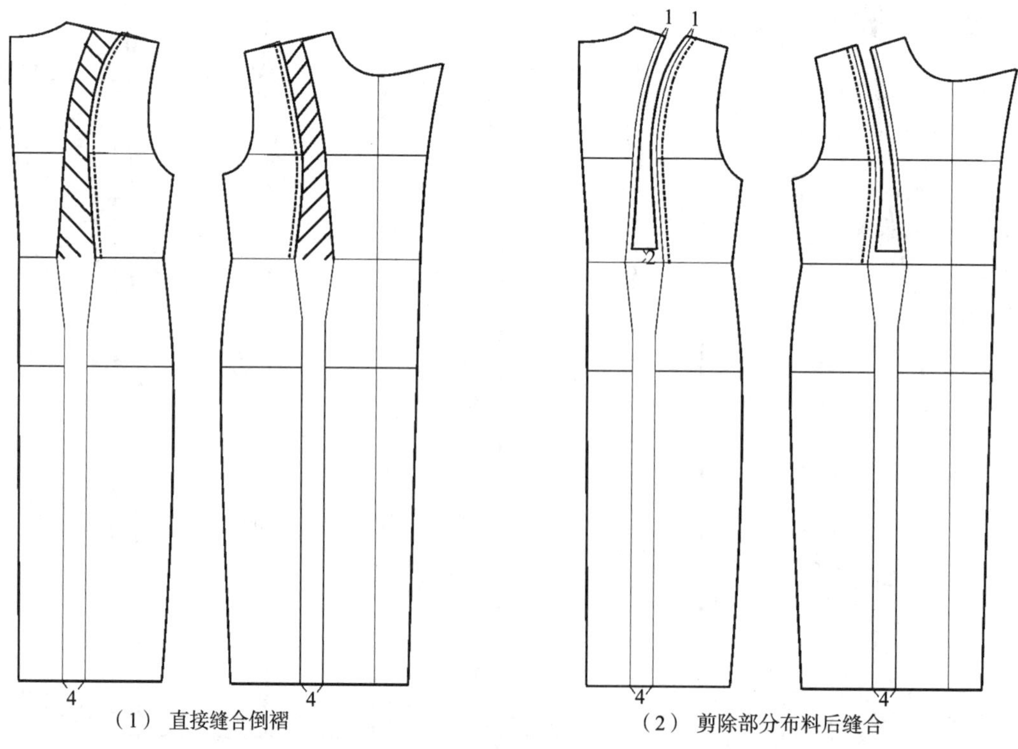

（1） 直接缝合倒褶　　（2） 剪除部分布料后缝合

图 13-8 大衣倒褶部分的不同工艺处理

第三节　服装结构设计的系统性方法三——改版法

改版法是“亚原型”方法的进一步应用。对服装结构的认识越清晰，就会发现款式之间其实都是相通的，从一个大衣的版型改到另一个连衣裙的版型，或从衬衫改到套装上衣，都变得易于操作。学习者可以练习这种方法，锻炼头脑，增加对结构的认识。当然，两个版型之间最好有一定的相似之处，否则最好仍使用基本纸样制图(图 13－9)。

图 13－9　两款连衣裙

在图 13－10(2)连衣裙的基础上，改成连衣裙变款 3，因为领口、袖口都较大，如果夏季单独穿着，腋下会出现较多松量，影响美观，因此，首先收紧袖口，其次调高腋下点。这种处理在夏季无袖连衣裙中是非常必要的，特别是当胸围放松量较大的时候。

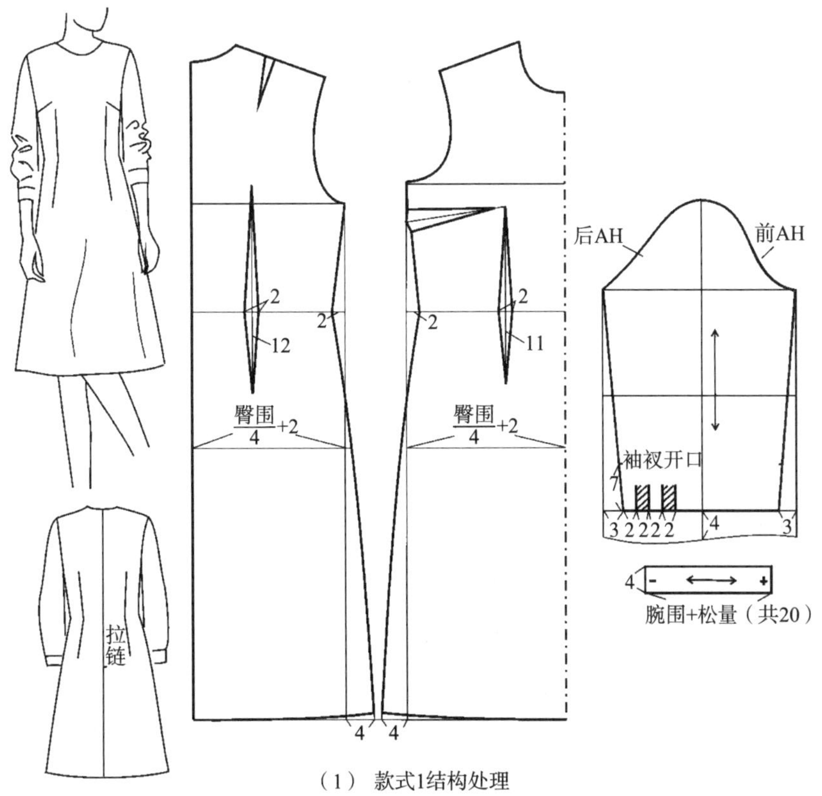

（1）　款式1结构处理

（2）在款式1的基础上处理款式2的结构

图 13-10　两款连衣裙的改版

图 13－11　连衣裙变款 3

第四节　分类服装结构设计

随着人们对时尚的态度越来越开放，各类服装之间的界限已经变得极为模糊，如衬衫裙、裙裤、类似衬衫款式的大衣等，面料在不同服装之间的界限中起到的区别作用已经超过款式。然而不同种类的服装在围度、长度、款式细节等处仍有一些差别。

一、衬衫与 T 恤(表 13－1)

按照合体程度，衬衫可分为紧身衬衫、合体衬衫、半合体衬衫、宽松衬衫等；

按照袖子长度，衬衫可分为短袖衬衫、中袖衬衫、七分袖衬衫、长袖衬衫等；

按照衬衫长度，衬衫可分为短款、中长款和长款衬衫。

T 恤的穿着季节、功能诉求与衬衫相似，因此虽然面料不同，但结构近似。

表 13－1　衬衫、T 恤的合体程度与胸围放松量关系　　(单位：cm)

合体程度	紧身	合体	半合体	宽松
胸围放松量	4～6	8～10	10～12	14 以上

图 13－12 是一款合体的短袖衬衫，胸围放松量设定为 8cm，前后侧缝各减去 1cm，采用刀背缝结构收腰。因为胸围放松量收紧，应注意臂围放松量是否充足，本例在刀背缝底摆处加入了 1cm 的松量，以

弥补臂围放松量的损失。

图 13－13 虽然没有内部结构，但款式非常肥大，胸围规格尺寸达到了 140cm，胸围放松量为 56cm。对于学习者来说，掌握极端放松廓型和最紧身廓型的款式实例，有助于明确各部位尺寸的界限和学习把握结构平衡。

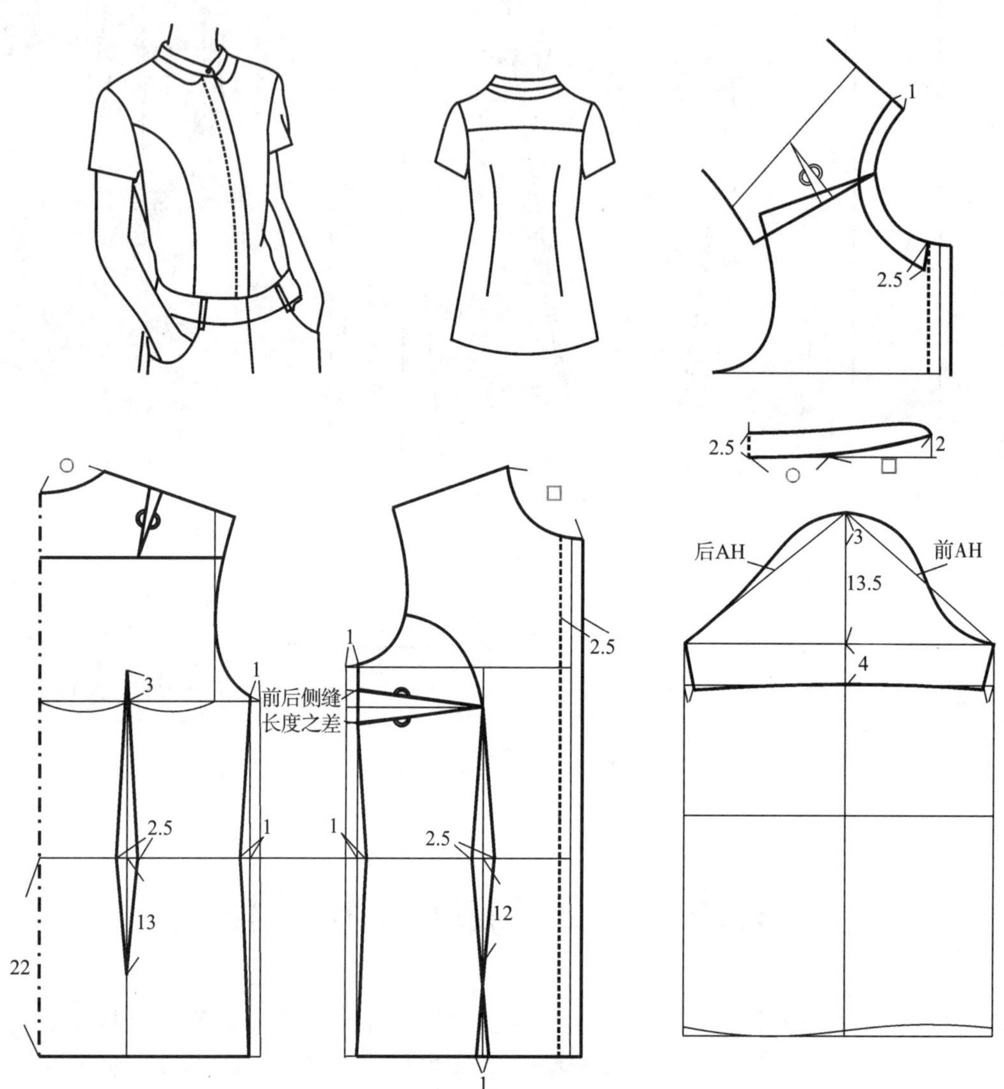

图 13－12 短袖刀背缝衬衫结构设计图

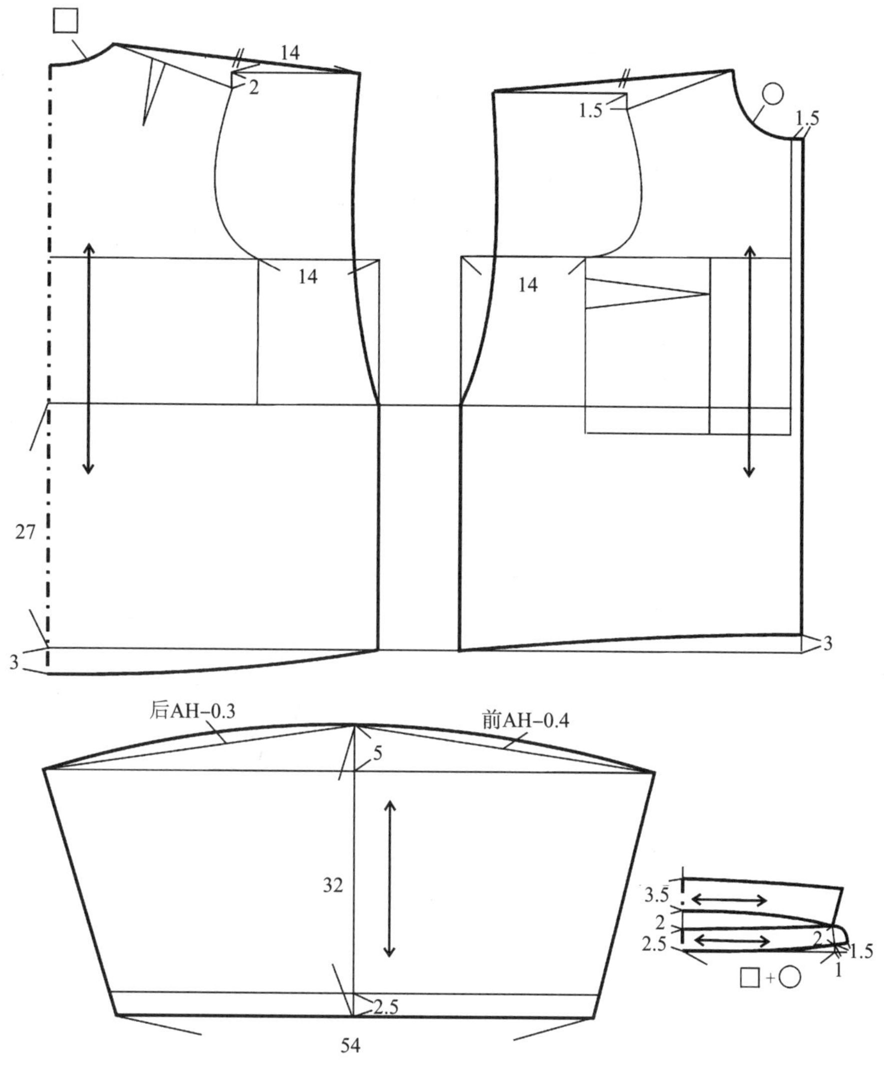

图 13－13　宽松休闲衬衫结构设计图

图 13－14 是一款在肩部连续打褶的 T 恤，值得学习的款式特点与结构处理方法是：

(1) 连身袖的画法。T 恤面料为针织面料，有一定的弹性，与梭织面料相比结构设计的自由度较大，同时，本例为短袖，因此可直接在衣片纸样的袖子位置画出短袖，注意肩线抬高，增加袖子纵向活动量，袖口尺寸应大于等于上臂围；

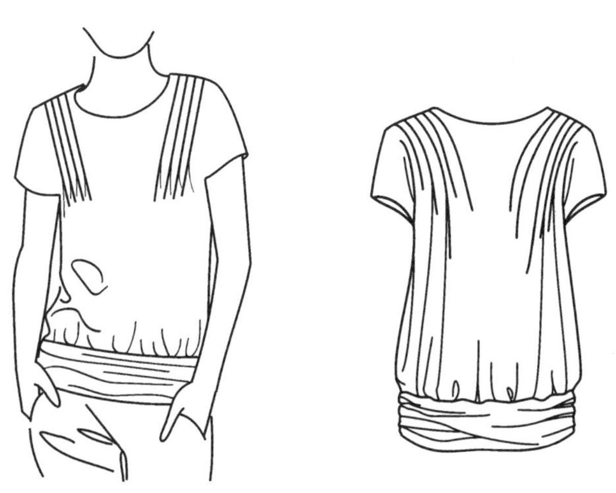

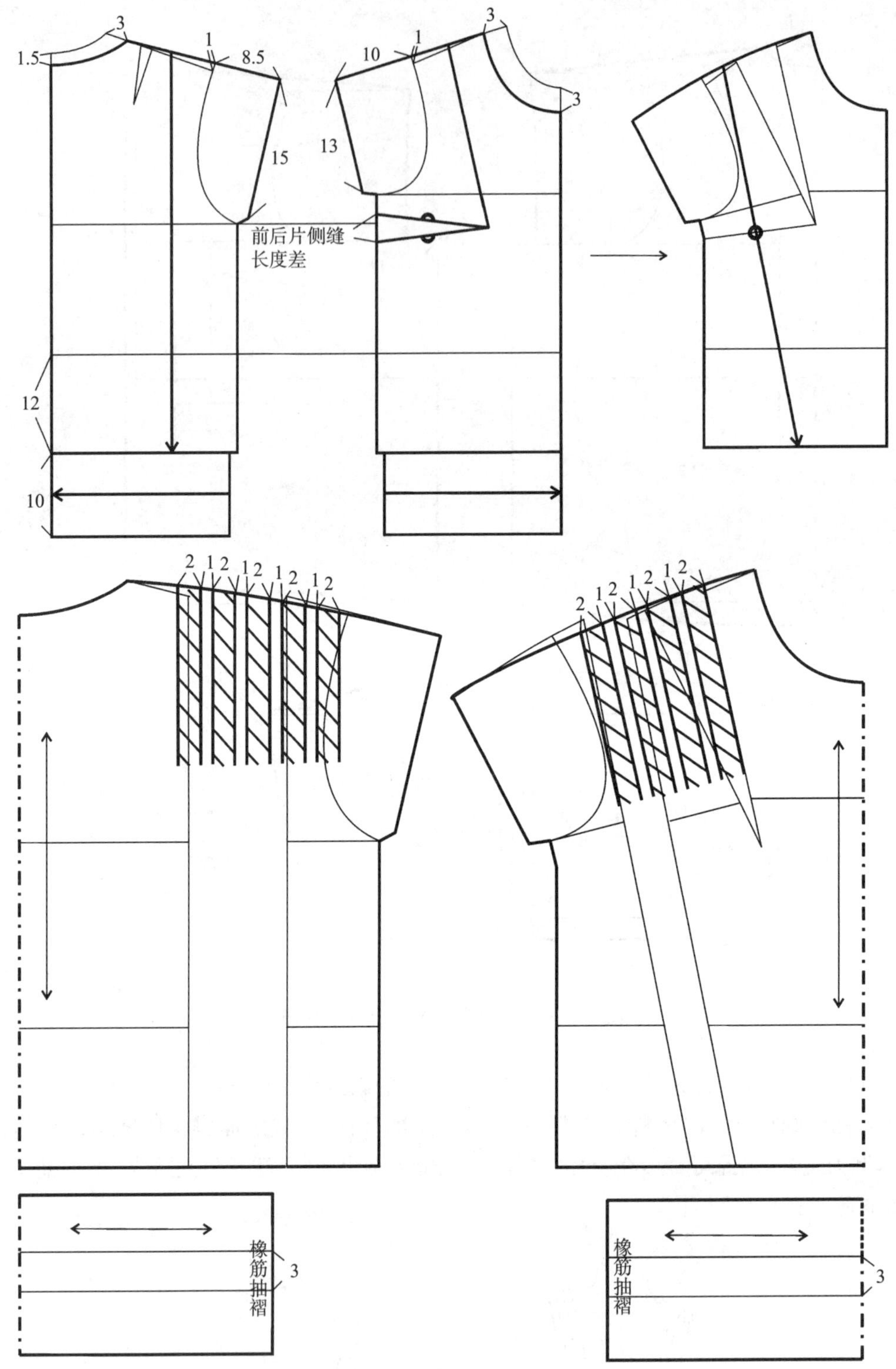

图 13－14　肩部打褶 T 恤结构设计图

(2) 本例在肩部使用了两种省处理方法，一是将腋下省转移至肩部，形成打褶量，这部分打褶量指向胸部，属于合体量，褶量不可控制；二是使用切展的方法，自行加入打褶量，褶指向衣摆，可根据设计效果控制褶量。腰部的束口也横向加入了褶量，又使用橡筋抽褶的方法固定褶位。

图 13－15 是一款长袖 T 恤，同样借助针织面料的弹性，设计出既合体、又不影响运动的连身长袖。此例还显示了罗纹面料的应用。

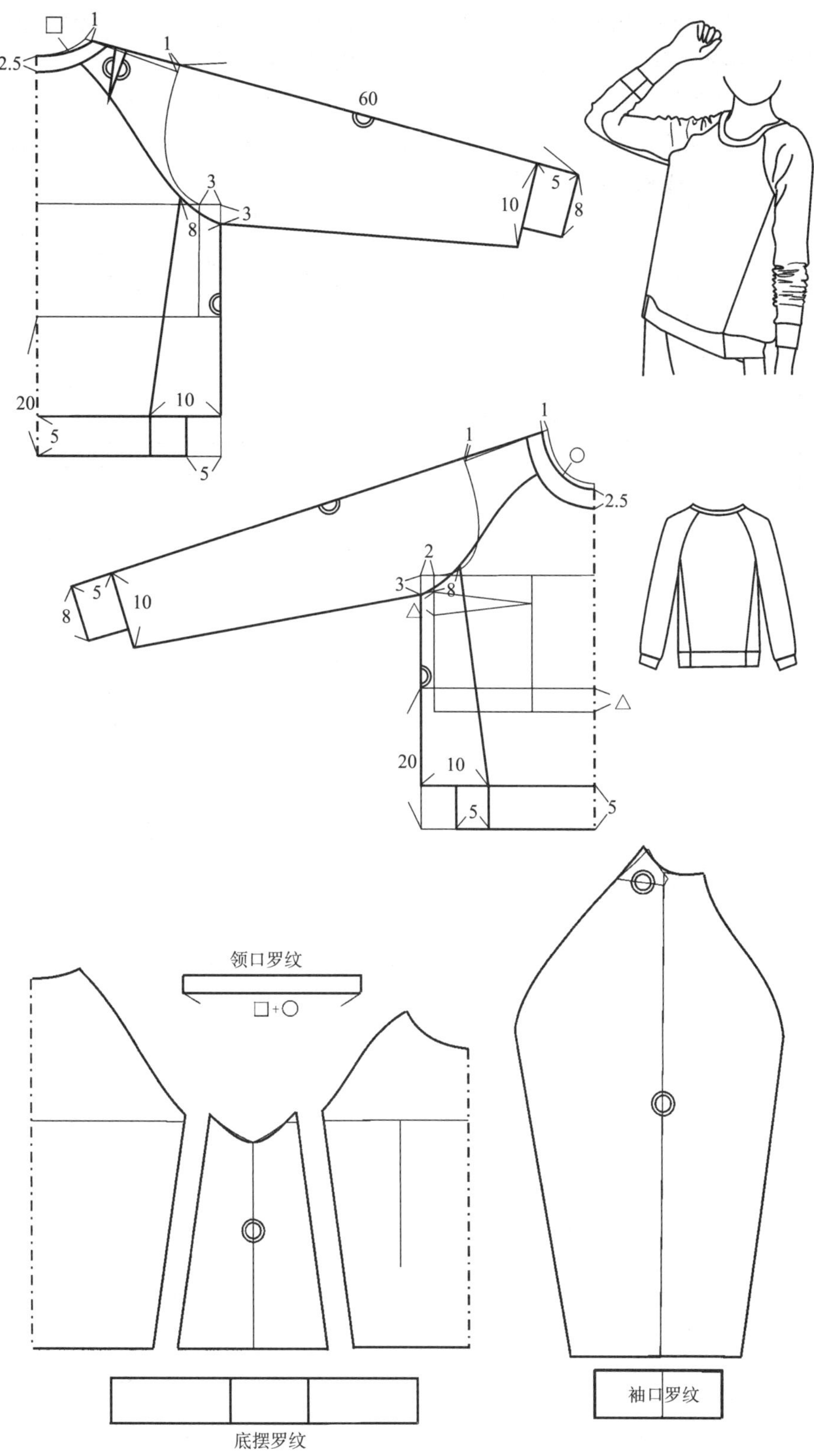

图 13－15　长袖 T 恤结构设计图

二、连衣裙

连衣裙胸围放松量与合体程度的对应效果与衬衫相同，衬衫有惯用的翻领、立领、扁领等领型，对面料也有特定的要求，除此之外，在衣身结构上与连衣裙没有大的差别。

连衣裙可分为有腰线分割线和无腰线分割线两类。有腰线分割线的连衣裙被腰部分割线分成上下两部分，可分别进行结构设计，需特别注意衣身与裙子腰线的对应关系。

无腰线分割线可认为是加长的衬衫或T恤，只需多考虑臀围和裙摆两个尺寸。

图13-16的荷叶边裙展示了三种荷叶边的展开方法，一种是领子和裙子荷叶边的切展法展开，第二种是袖子荷叶边的半圆或整圆形展开，第三种是裙子加上打褶量、改变腰线弧度的制图法展开。

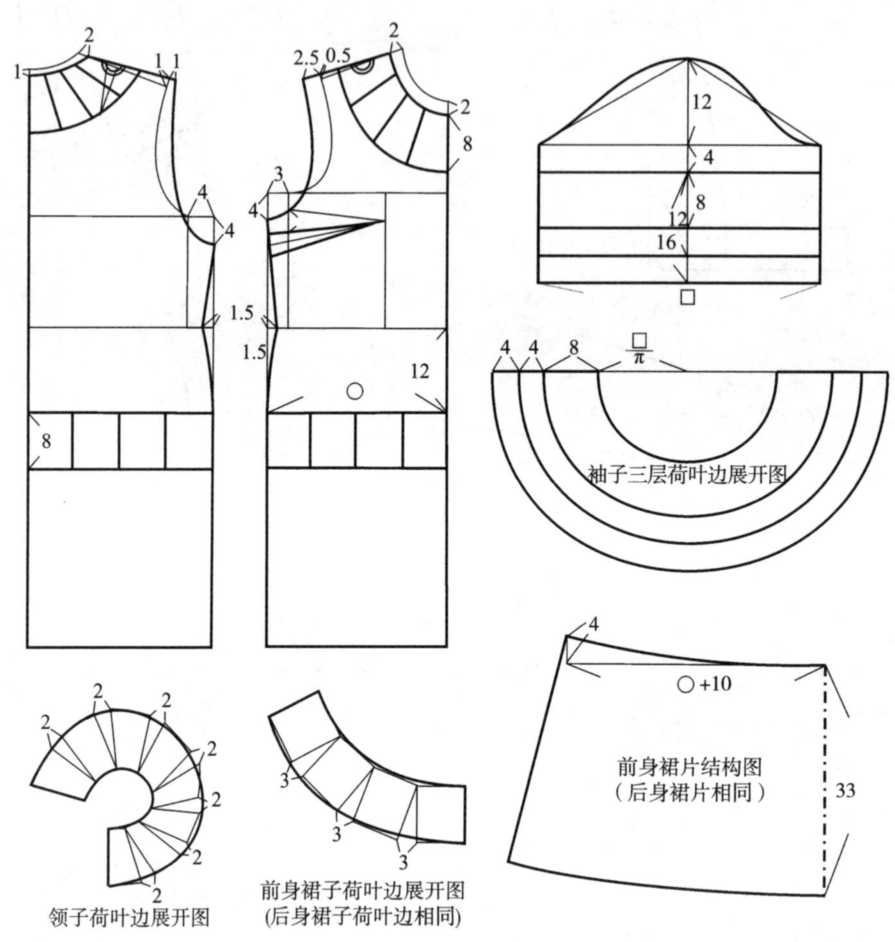

（1）结构设计图

（2）款式图

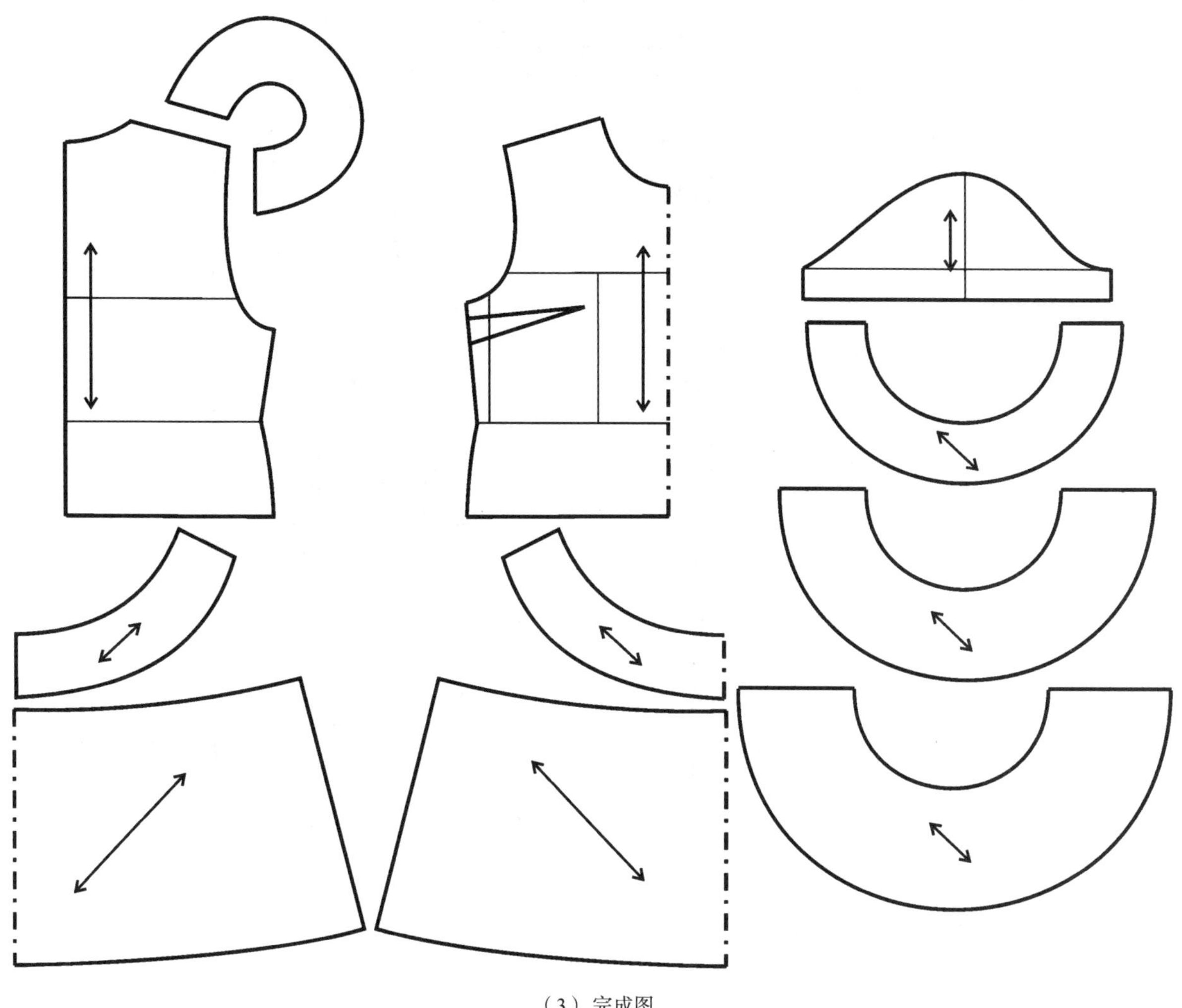

（3）完成图

图 13－16　荷叶边连衣裙结构设计与完成图

在所有的连衣裙里，旗袍是最合体的，它的结构有很好的借鉴作用，一方面，它是基本纸样各个围度收得最紧的典型例子，另一方面，它也可以作为紧身无腰线分割线连衣裙的“亚原型”，发展出很多款式。

图 13－17 的旗袍胸围放松量减小到 4cm，是无弹性面料服装的最小胸围放松量。按照胸围放松量的处理原则，在前片侧缝减去 3cm，后片侧缝减去 1cm，并注意臂围尺寸。

旗袍按照长度划分，有长款、中长款、短款之分，可运用在第九章裙子结构设计中介绍的长度界定方法，根据设计效果确定裙长。

抹袖是旗袍的常见袖型之一。旗袍常见袖型还有无袖、七分袖、长袖等，不再赘述。

在旗袍纸样的基础上改版，可得到图 13－18 高腰连衣裙的结构设计图。首先，胸围放松量可直接使用旗袍松量，也可在前片侧缝少减去 1cm，使胸围放松量变为 6cm，改善日常穿着的舒适性；其次，设计高腰分割线，将省位切为衣身和裙子两段。衣身的腋下省转移至腰省，采用打褶的工艺；裙子的楔形省分为两份，将其中一份平移至恰当位置。

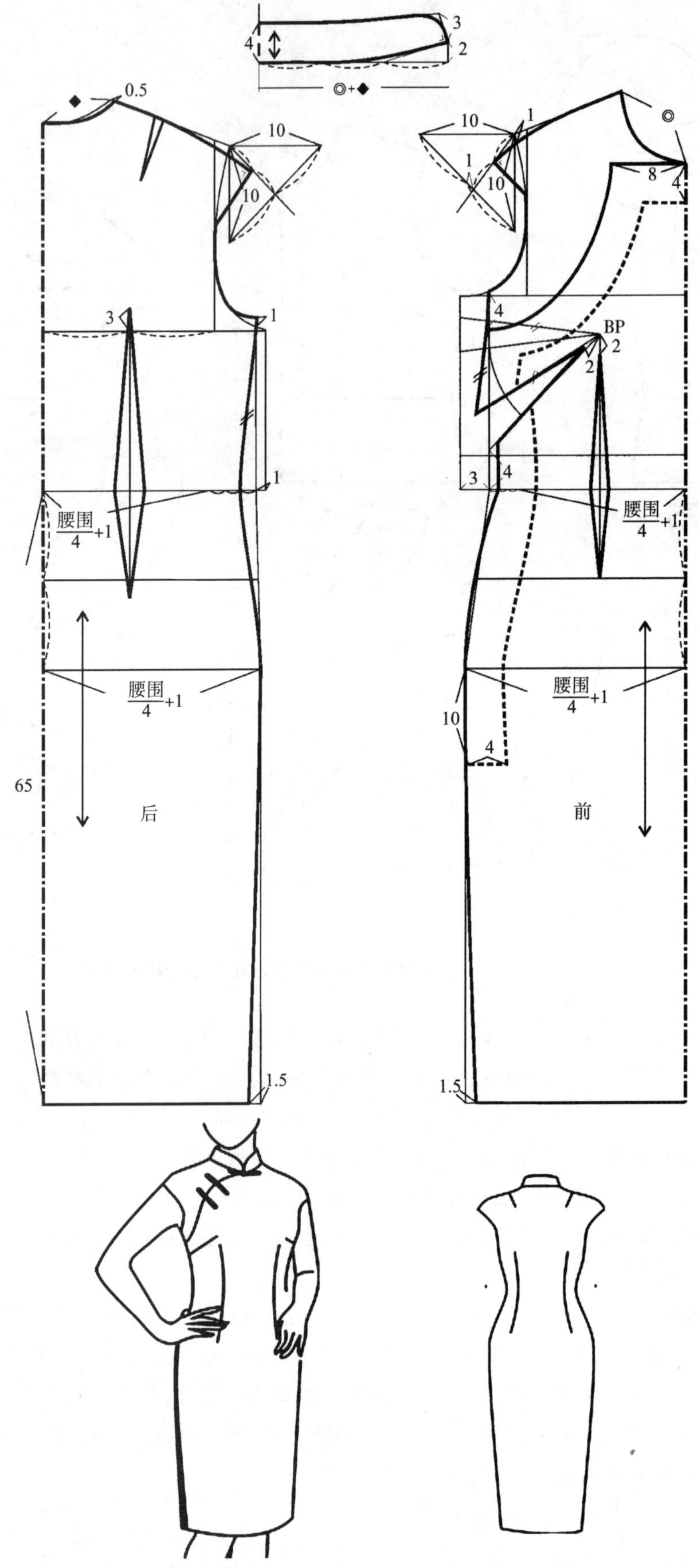

图 13－17　抹袖旗袍结构设计图

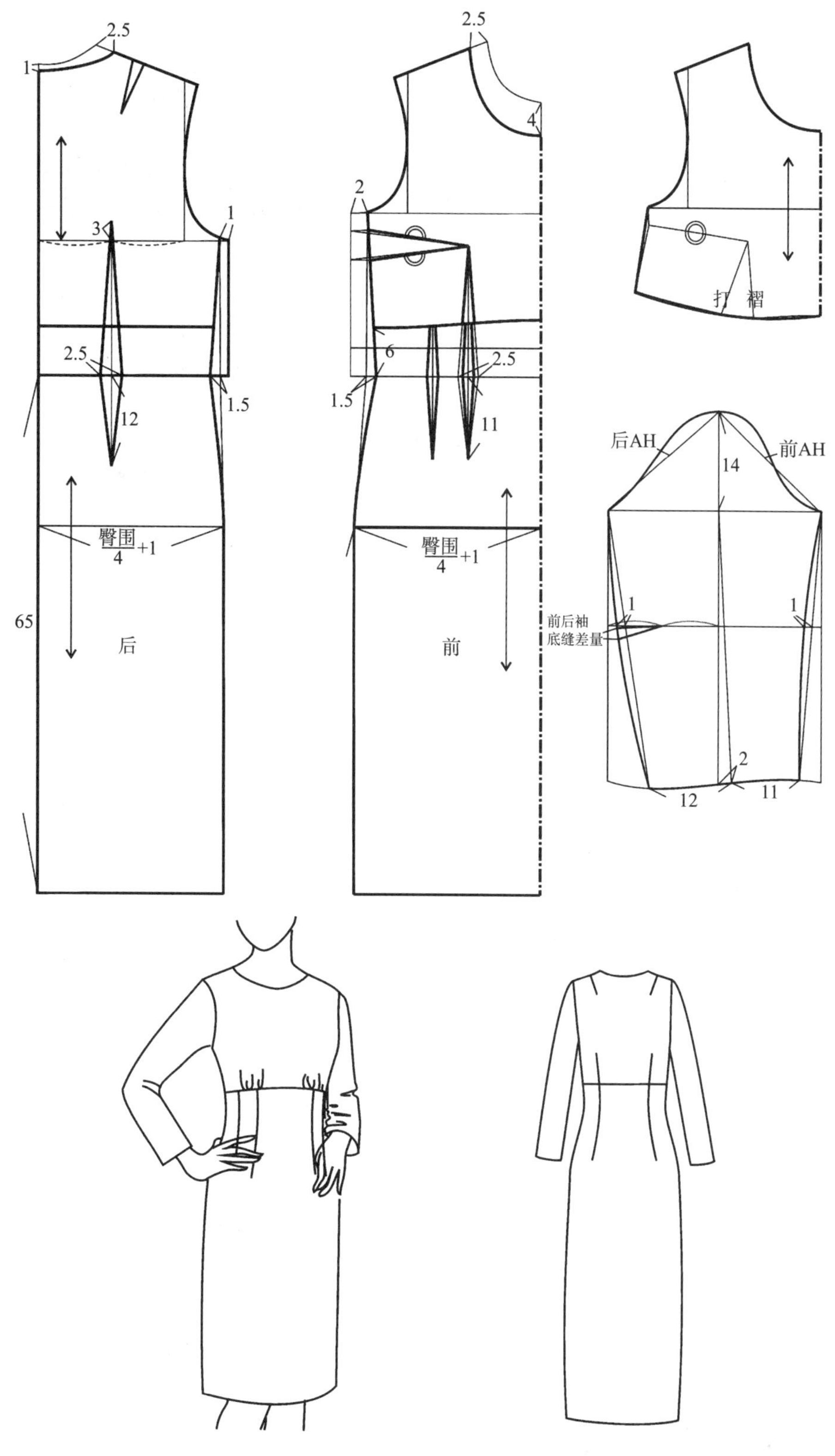

图 13-18　高腰连衣裙结构设计图

三、套装上衣

套装的胸围放松量一般为 10～14cm，长度在腰围至臀围之间，领型为西服领或无领，袖型为一片或两片合体袖。大多数套装上衣采用刀背缝结构，一方面能起到很好的收腰和臀部造型效果，另一方面刀背缝的形态与人体曲线近似，适合套装修身而优雅的外观要求。

1. 撇胸

套装对前胸部位的贴体度有较高的要求，特别是那些采用翻驳领的套装，由于领口较大，如果前胸部位不贴体，将降低整体效果。前胸部位至胸围部分是倾斜的，也是胸凸量的一部分，但是在基本纸样中对此做了弱化处理，将所有的胸凸量都归到腋下省里。对于套装这种结构精细的服装，应该把腋下省进行细分，转移至前中心线上，使前胸的胸凸造型也得以体现，从而收紧前胸松量(图 13－19)。

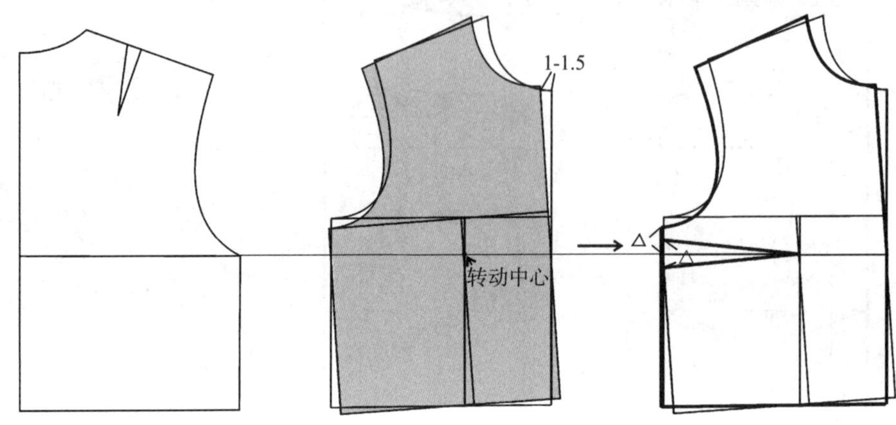

图 13－19　撇胸处理

这种处理方式叫作撇胸，多用在西服领的合体套装上衣和大衣等。其他类服装若想收紧前胸造型，也可采用这种处理方法。

2. 套装上衣结构设计

图 13－20、图 13－21 显示了套装结构设计的一般规律。

(1) 可直接使用基本纸样的胸围放松量，或略加减 1～2cm，肩线、袖窿都不用修改，如果绱垫肩，可将肩点抬高 0.7～1cm；

(2) 套装后中线往往设断缝，通过收腰、收臀(或放臀)的处理塑造后中线的贴体造型；

(3) 套装一般采用腋下片连裁的结构。

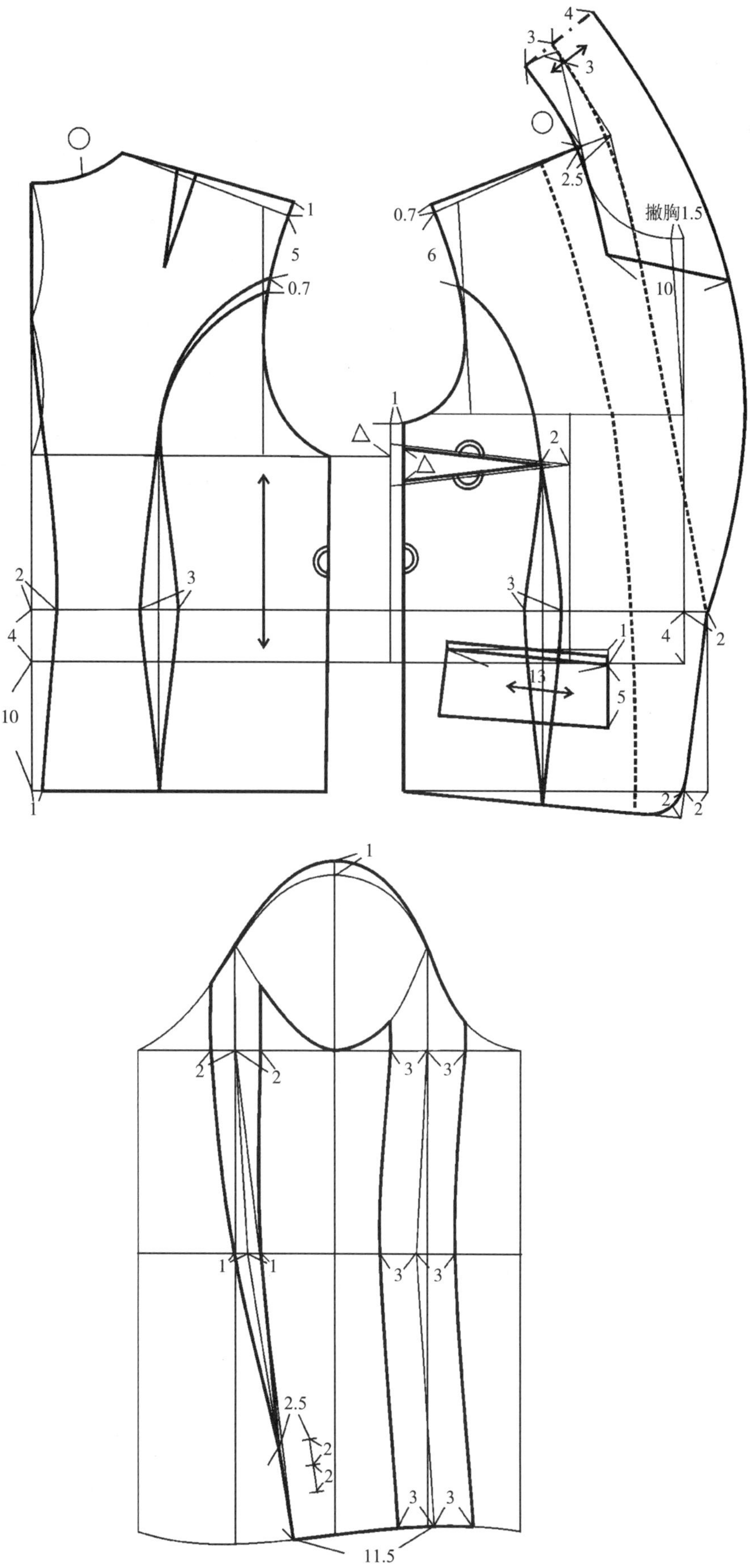

（1）结构设计图

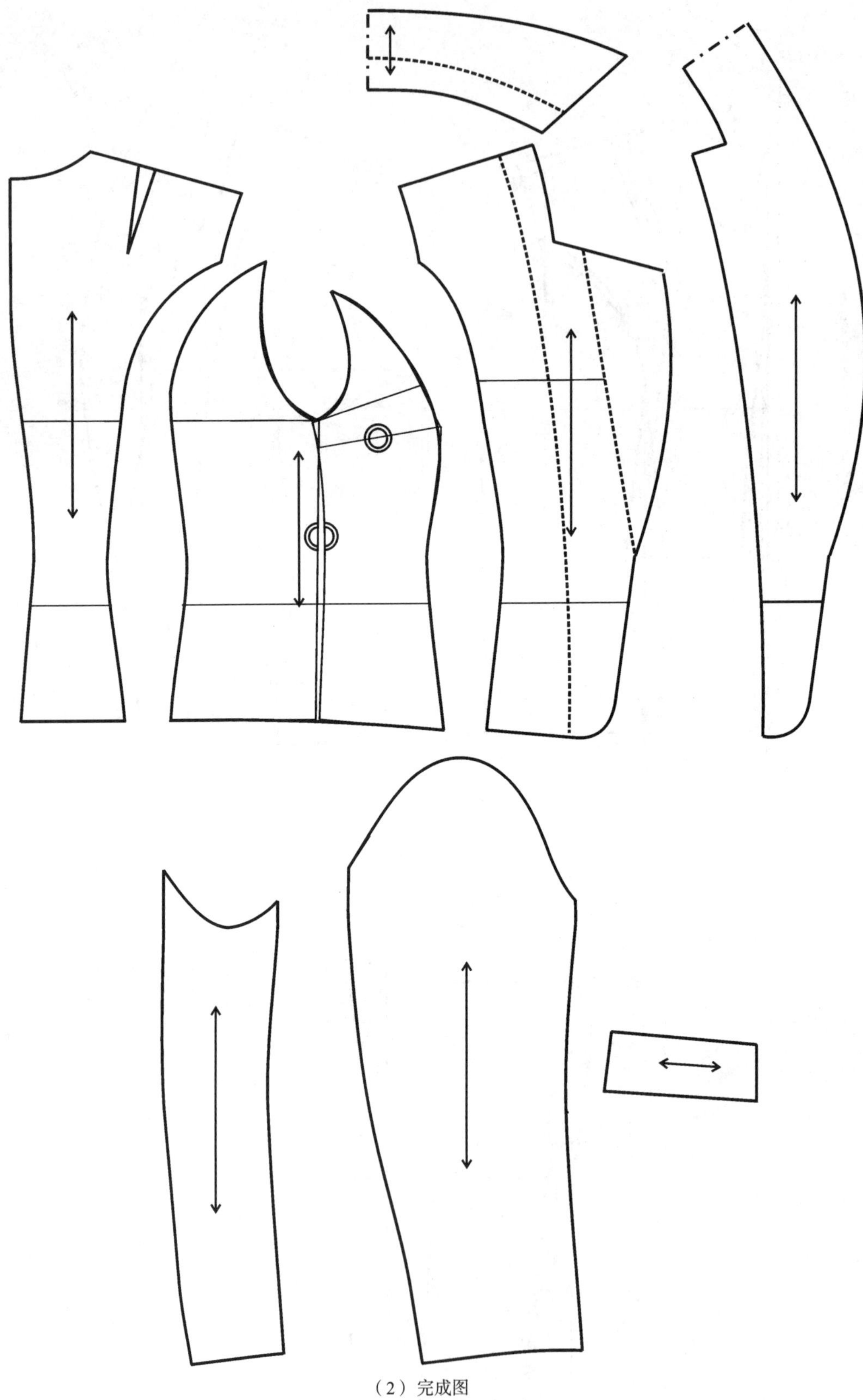

（2）完成图

图 13－20　短款小西服结构设计图

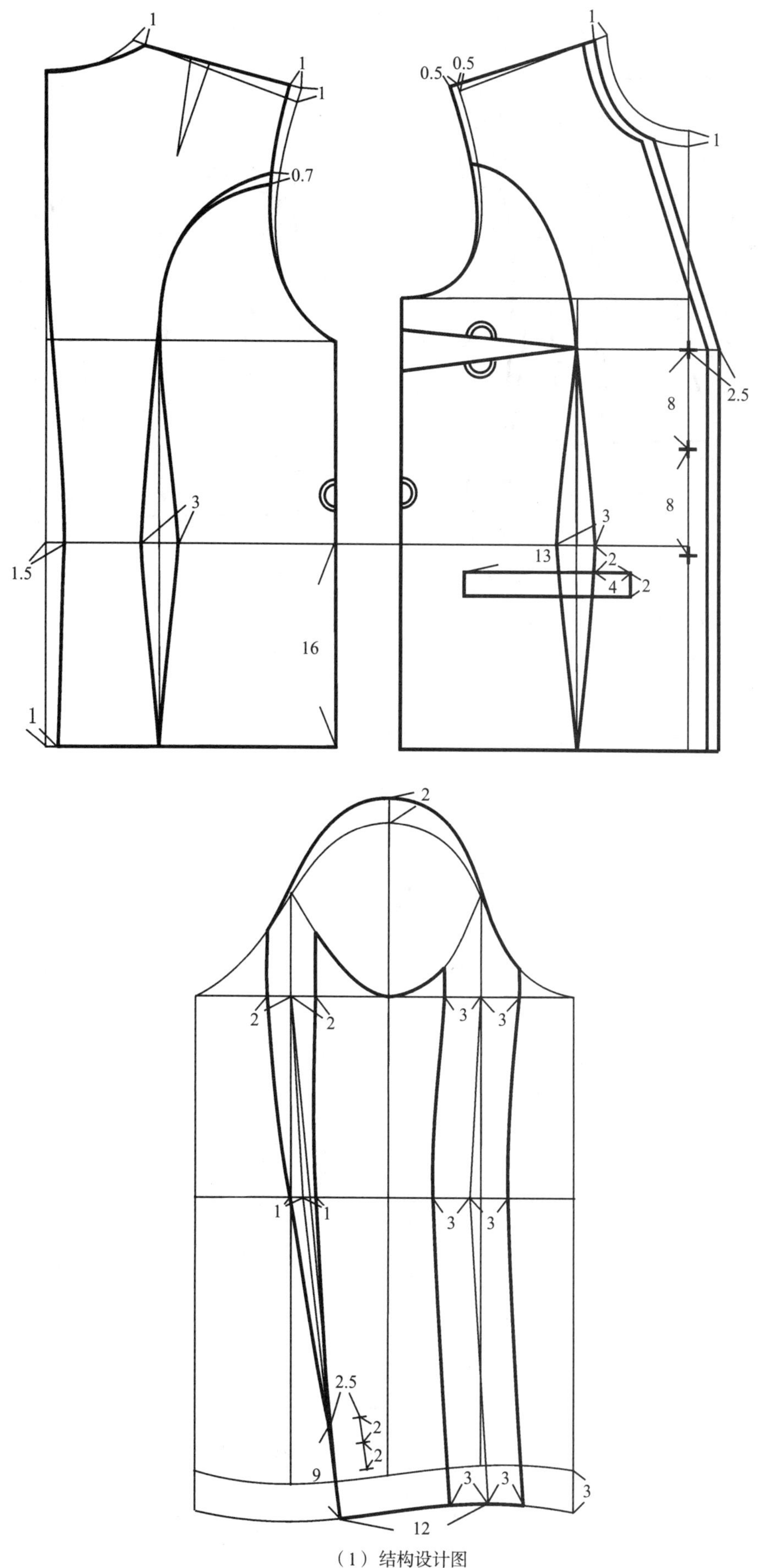

（1）结构设计图

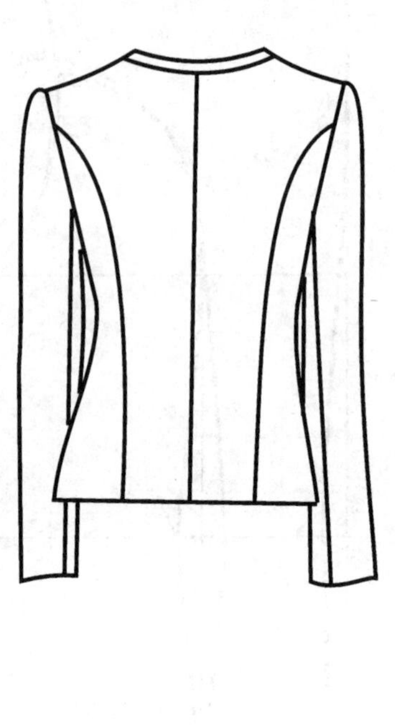

（1）款式图

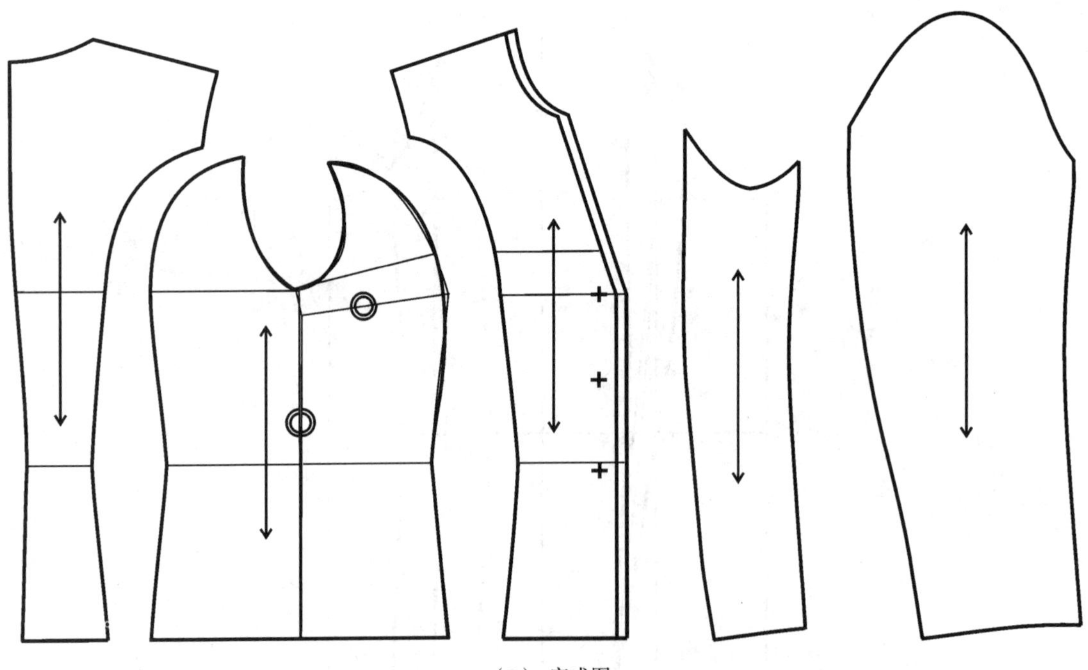

（2） 完成图

图 13－21　夏奈尔套装上衣结构设计图

四、外套与棉衣(图 13－22～图 13－25)

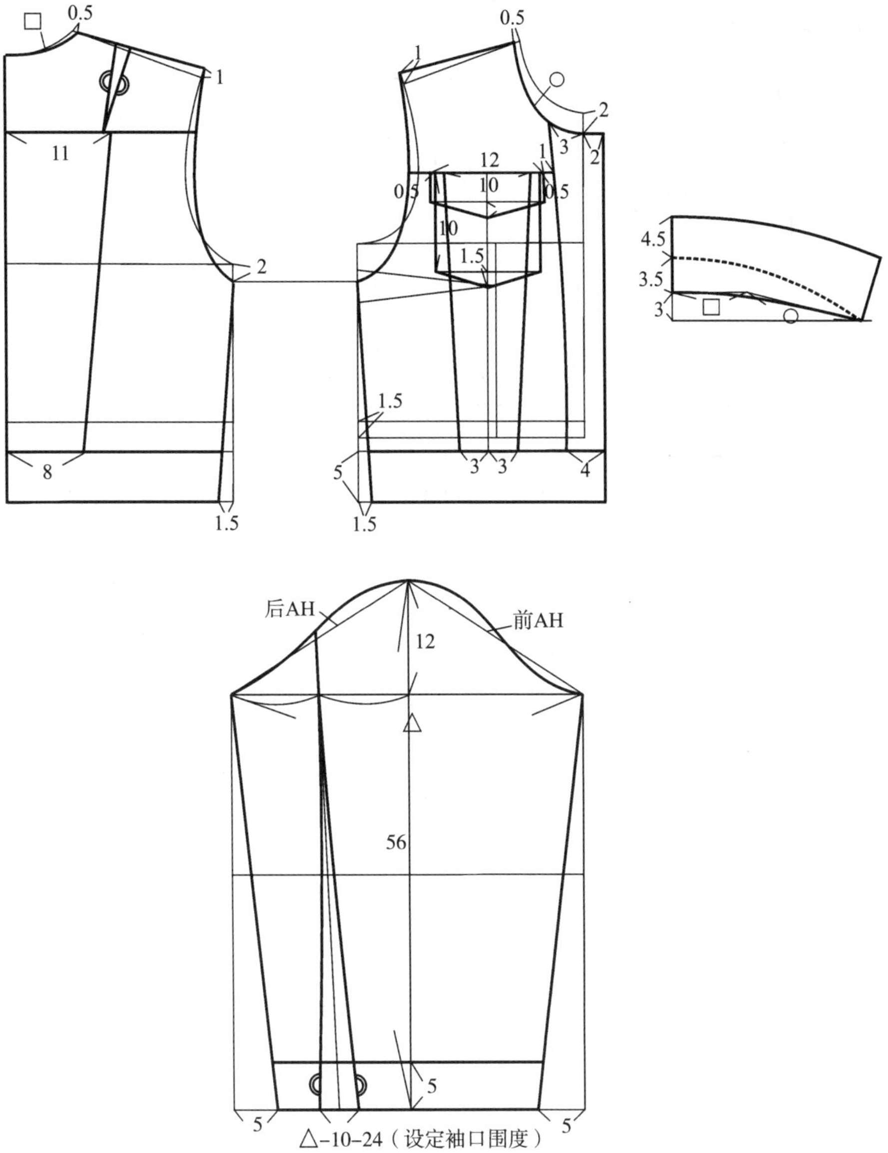

后AH　前AH

△-10-24（设定袖口围度）

（1）结构设计图

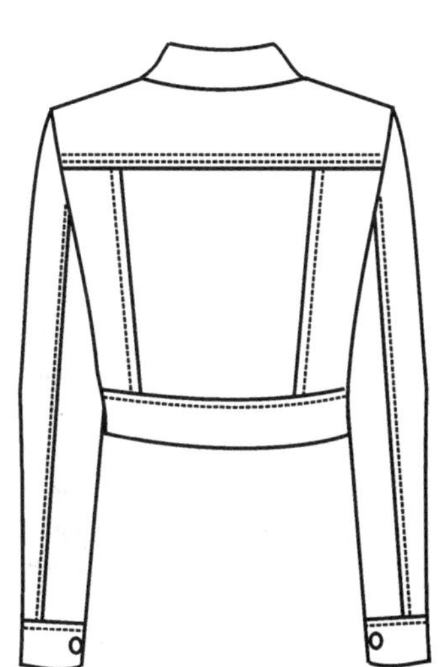

（2）款式图

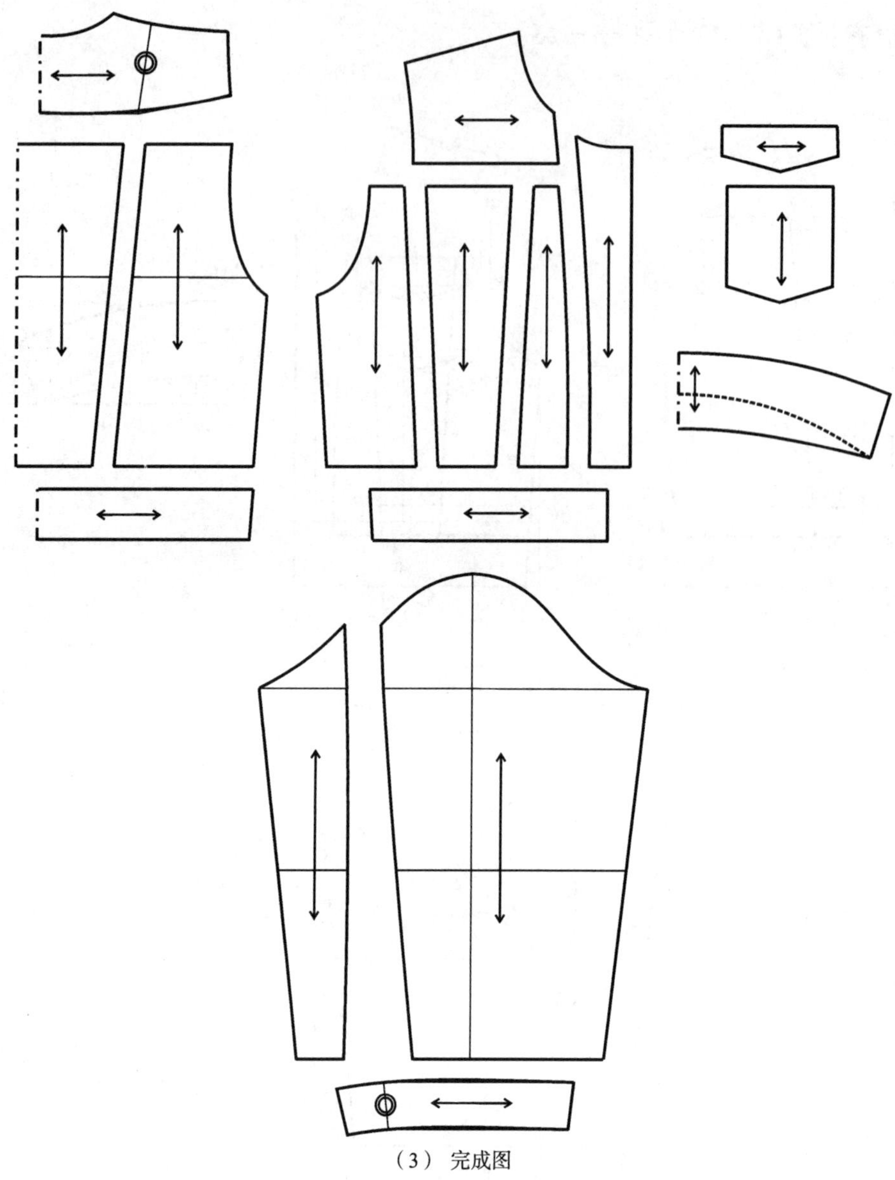

（3） 完成图

图 13－22　牛仔外套结构设计图

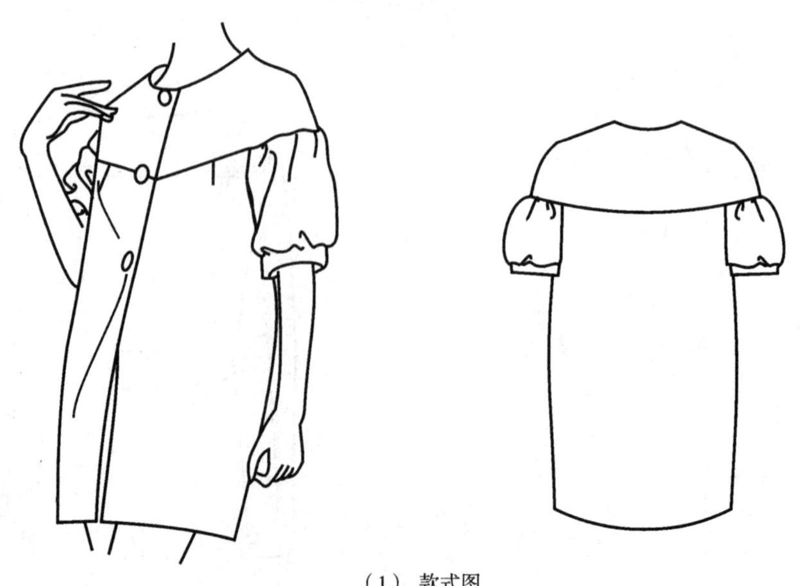

（1） 款式图

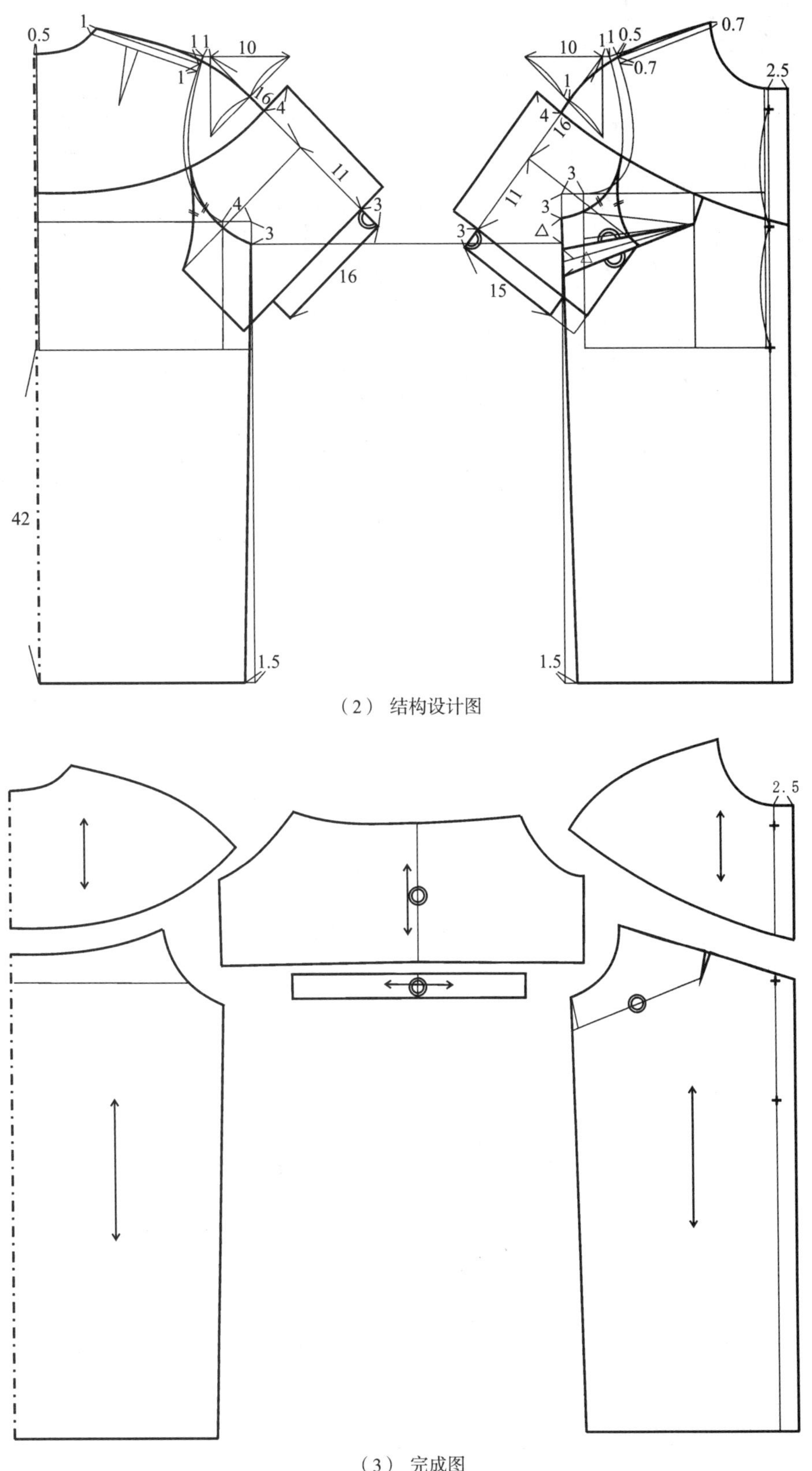

（2） 结构设计图

（3） 完成图

图 13－23 短袖插肩袖大衣结构设计图

（1）款式图

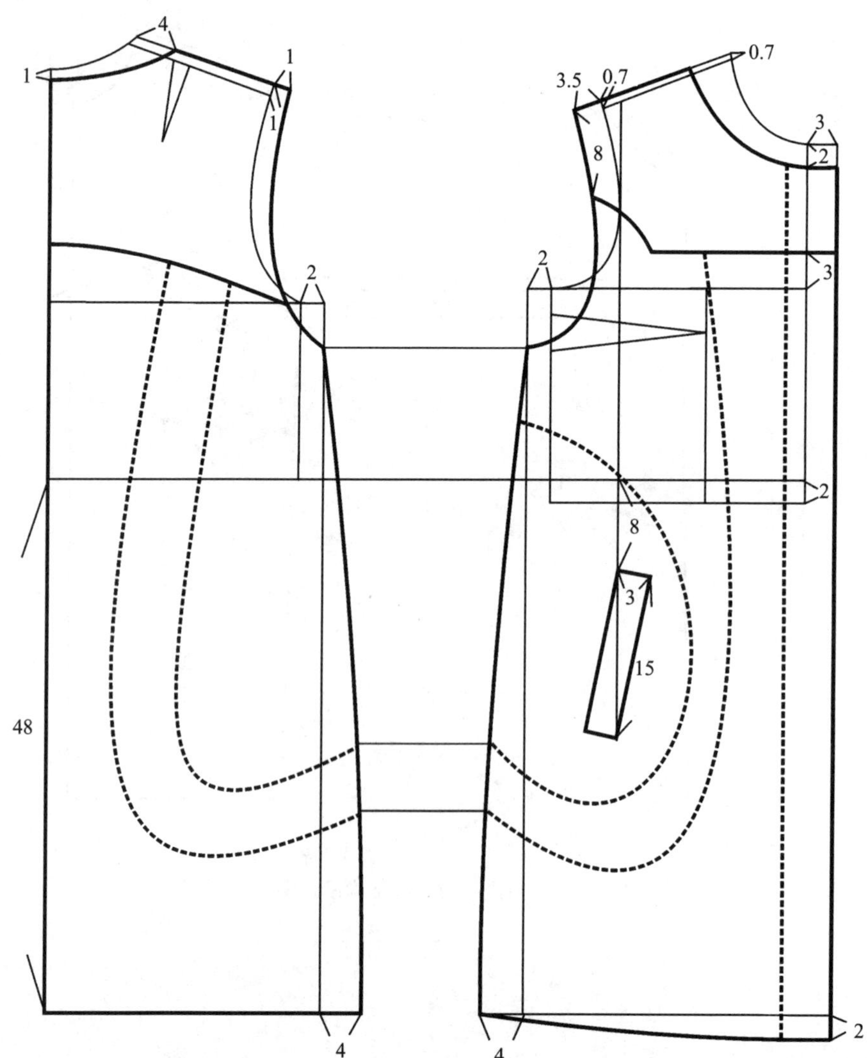

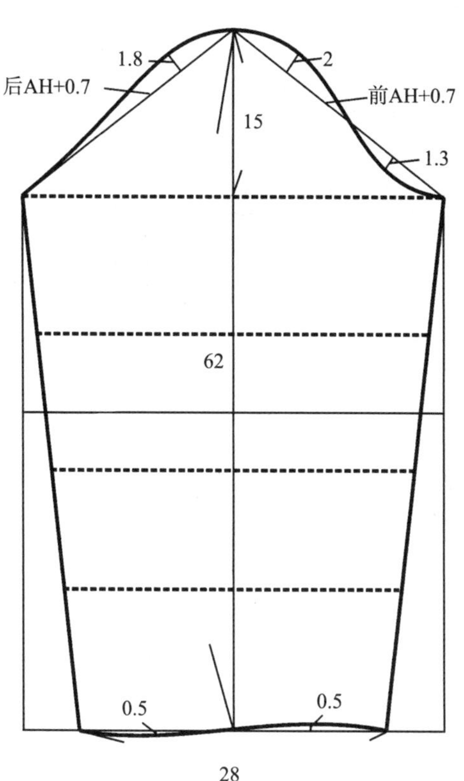

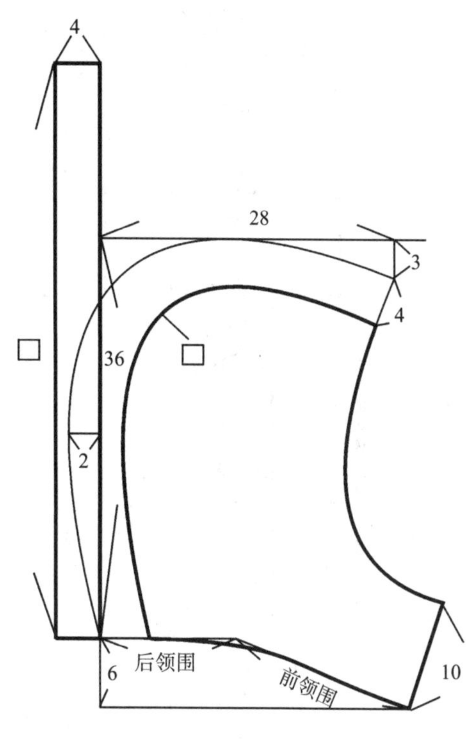

（2）结构设计图

图 13－24　连身帽棉衣大衣款式与结构设计图

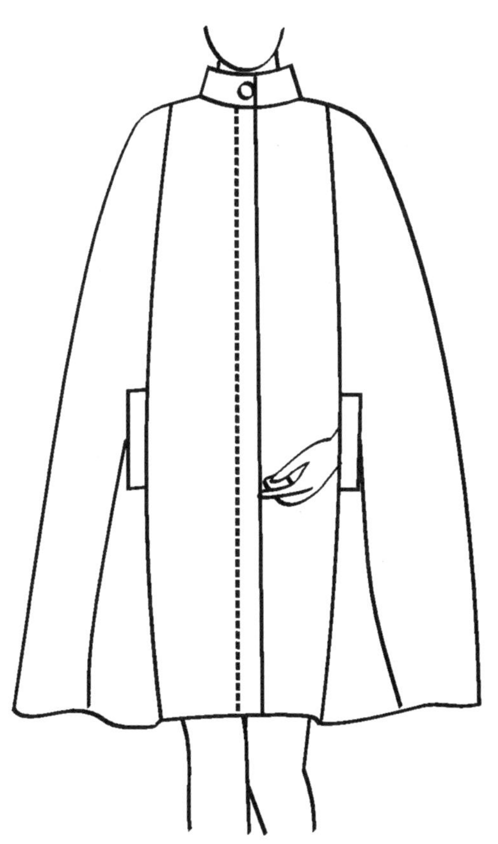

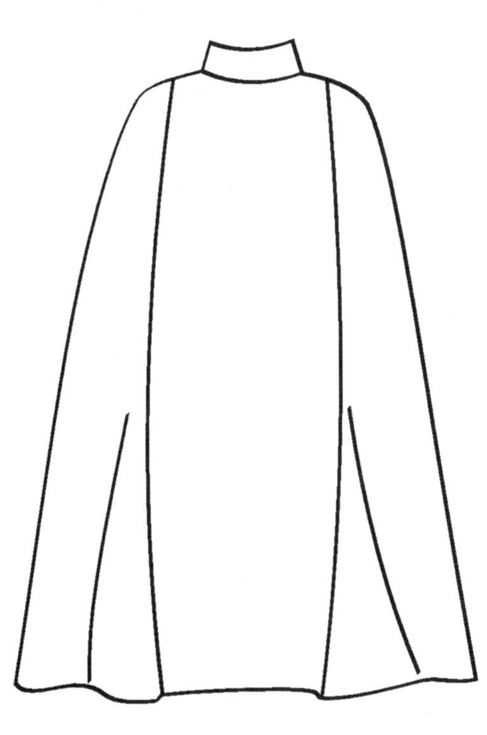

（1）款式图

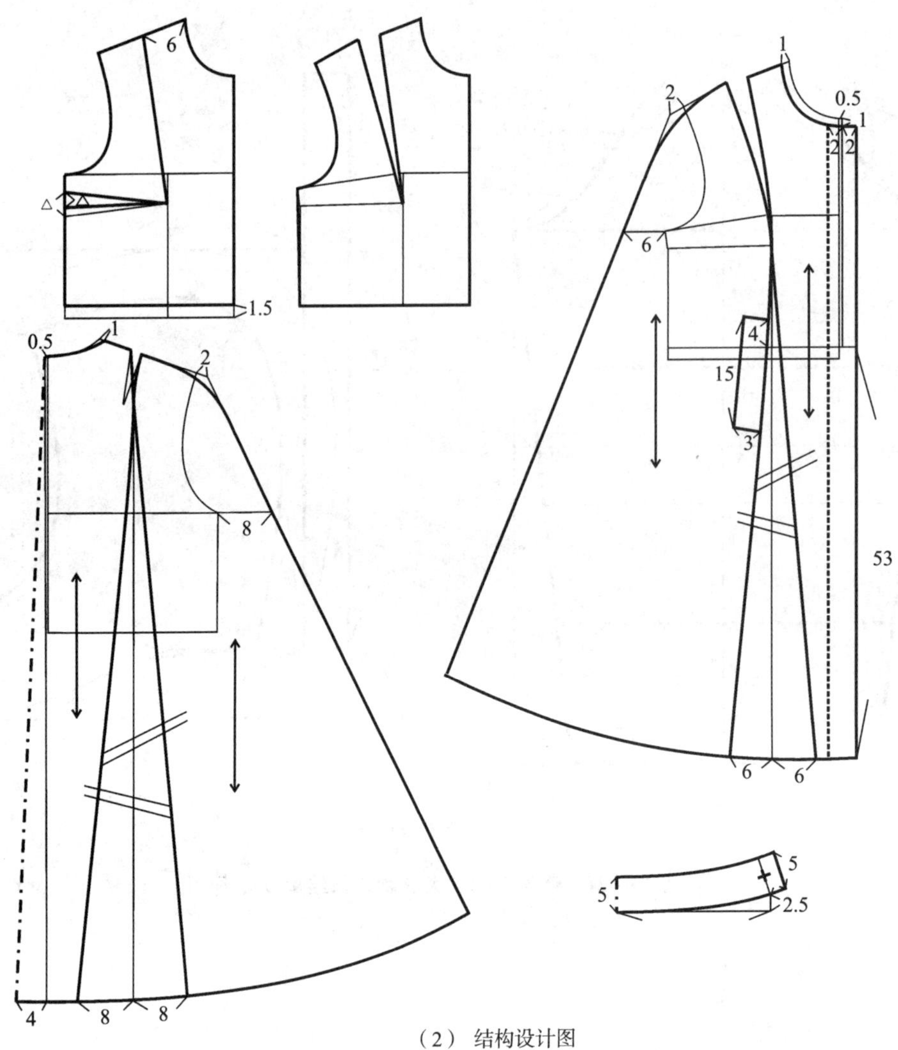

（2） 结构设计图

图 13－25　披风大衣款式与结构设计图

外套类的服装一般较为宽松，胸围放松量很少低于基本纸样的放松量。按照胸围放松量的加放原则，主要在后片侧缝、前片侧缝上加放松量。即使放松量不大，也要根据内穿衣物的情况，在前、后中线和前、后肩线加出内穿衣物的增厚量，特别是棉衣、大衣等服装，面料本身的厚度大，缝分拱起的厚度会使服装松量略有损耗，也需增加领口和肩线的尺寸以做弥补。

服装款式无穷无尽，结构设计技巧不一而足。最好的学习方法是掌握系统理论和基本技巧，科学而灵活地分析款式、设计结构，并务必通过试制样衣、反复改版的方法增加认识、提高水平。

服装结构设计从三维的设计图到平面的纸样，再从平面的纸样到三维的成衣，是思维与实践、理性与感性、理论与经验相结合的过程。只停留在画纸样的阶段，对这门学科的学习益处不大。读书的方法是“看不如读，读不如写”，结构设计的学习方法是“想不如画，画不如做”。完成整件衣服的结构设计与工艺制作，理解才完整，理性与感性才能得到碰撞，也才能真正成为实在的收获。

参考文献

1. 陈晓鹏. 最新女装结构设计[M]. 上海:上海科学技术出版社,2000

2. 刘瑞璞. 最新女装结构设计[M]. 北京:中国纺织出版社,2009

3. [日]文化服装学院. 文化服装讲座[M]. 北京:中国纺织出版社,2006

4. [日]中屋典子,三吉满智子. 服装造型学技术篇[M]. 北京:中国纺织出版社,2004

5. 柴丽芳,梁琳. 时尚女装结构设计与纸样[M]. 上海:东华大学出版社,2014